開台王
顏思齊

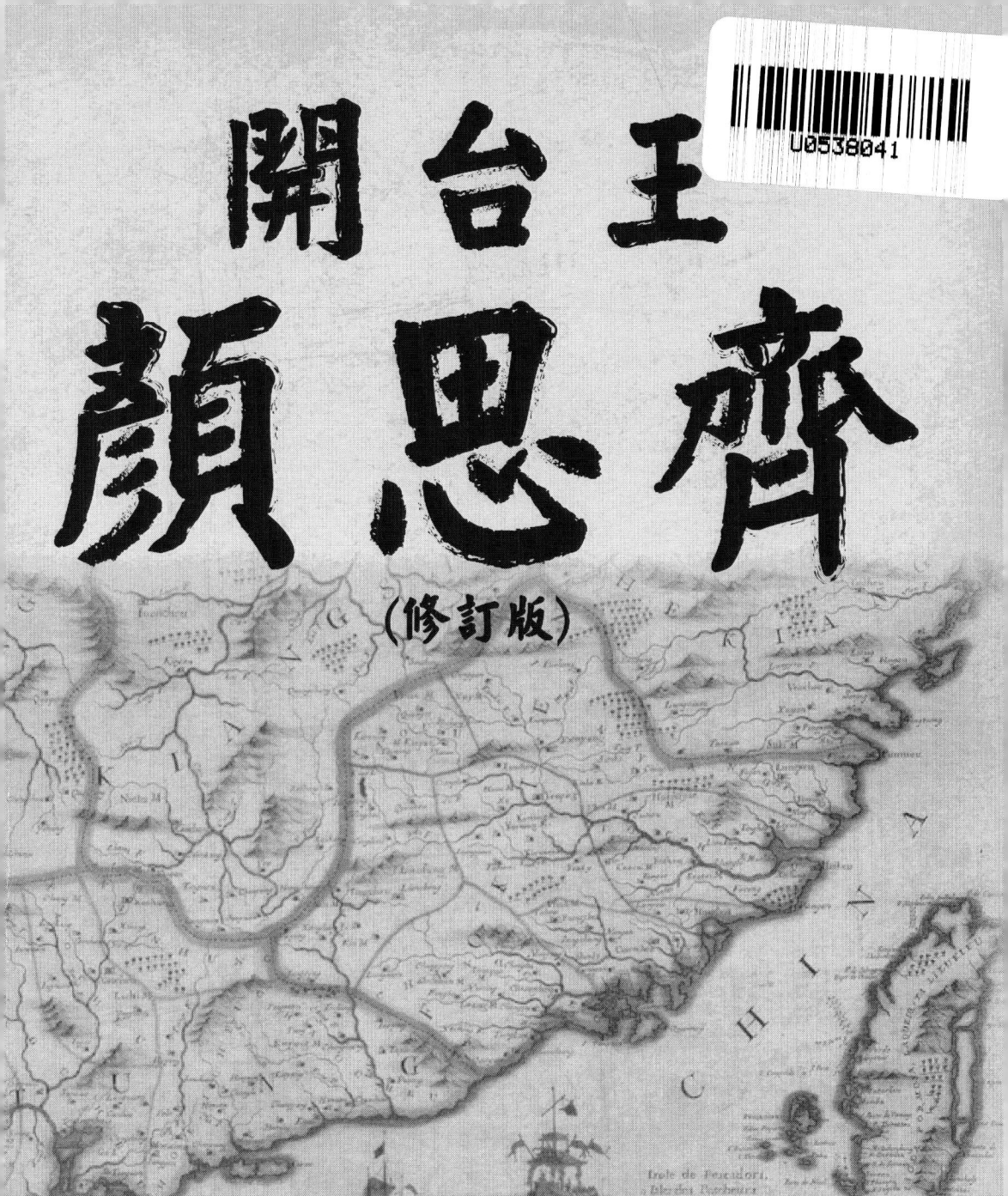

（修訂版）

一個豪爽仗義、胸懷壯志，卻被迫流亡於茫茫大海的男子
他的命運將何去何從？又會和哪些來自各方的勢力碰撞出火花？
在大風大浪裡漂泊半生，最終，他將在哪片土地落地生根？
他的名字，又將如何被民間所傳誦……

海迪 著

開臺王顏思齊（修訂版）

目錄

推薦序	5
第一章	8
第二章	20
第三章	33
第四章	44
第五章	56
第六章	66
第七章	78
第八章	94
第九章	110
第十章	126
第十一章	139
第十二章	155
第十三章	170
第十四章	189
第十五章	202
第十六章	214
第十七章	227

第十八章	244
第十九章	263
第二十章	275
第二十一章	291
第二十二章	308
第二十三章	324
第二十四章	340
第二十五章	357
第二十六章	370
第二十七章	387
後記	404

推薦序

　　海迪的長篇小說《開臺王顏思齊》正像他的小說引言說的，是一部全景式早期臺灣拓荒史。這本書以編年史的方式，描寫了海上武裝首領顏思齊瑰麗、壯美、多情的一生。他早年在福建閩南海澄縣因為得罪官宦家人，身負命案，出逃海上。從此成為明末東南海最大的一支海上武裝力量。顏思齊定居日本長崎時，因為同情農民起義，反對幕府統治，與幕府對抗，後從長崎出逃。他率領的擁有十三艘大小海船和二十八個兄弟的船隊，為了尋找海上的定居點，從而發現並且開發了臺灣的歷史。

　　應該說，發現和開發臺灣是帶有特定的歷史規律的。這取決於兩個條件，一個是在十五六世紀，為了適應全球海運發展的需要，造船技術得到快速的提高，航海航具變得發達而且大型化，特別是歐洲的沿海國家，其中荷蘭、西班牙、葡萄牙等為最發達國家和地區，並導致「航海世紀」的來臨。當時叫「大帆船」時代，這是其一。一個是當時世界陸地面積的狹小和有限性，致使人類和國家間對陸地利益的爭奪越來越激烈，導致人們到神祕莫測的大海大洋中，尋找理想的彼岸，尋找新的陸地。

　　海迪創作的長篇小說《開臺王顏思齊》基本上客觀表現了那樣的一段歷史。

　　顏思齊開發臺灣帶有很大的客觀偶然性，同時更帶有歷史的必然性。偶然性是顏思齊作為一支海上武裝，需要一個陸地的定居點，結果發現並且開發了臺灣。歷史的必然性那是不言而喻的。臺灣與大陸僅隔一道海峽，地理上基本與大陸連在一起，被發現和開發只是時間的問題。而顏思齊時代正處於全球「地理大發現」時期。地理的大發現主要依賴於航海的發展。

　　海迪的長篇小說基本圍繞這樣一段歷史事實進行：

開臺王顏思齊（修訂版）

　　首先是明末官府黑暗，朝廷腐敗，再加上天災人禍，民不聊生，導致大批農民破產。而當時全球性海運浪潮方興未艾，作為東南沿海最早的通商口岸月港早已興起。因為大陸人口生存的困難，而又地處東南海沿岸，導致很多破產農民紛紛從陸地走向大海。他們有很多人南下南洋，東出東洋。很多人透過海運貿易成了通商商人，也有人在海上建立了私人武裝，成為海上的武裝團夥。在那些亦商亦盜的組織中，最具代表性的人物就是顏思齊、鄭芝龍等人。

　　他們既參與了海上的通商貿易，又成了以武裝力量在海上攫取大量財富的武裝團夥，成為一支遊弋於東南海洋面，不受各國政府，包括明政府約束的海上武裝。

　　在小說《開臺王顏思齊》裡，作者把主角描繪成一個強悍的、無往不摧而且累獲成功的海盜首領。他同時還是一個在世界貿易中獲得巨額財富的富豪。在經商和海上劫掠中，他同時表現出了中國古老的俠義精神，高擎「替天行道」的大旗。在長崎對海外華人廣施恩德，普濟眾生，從而成為華人領袖，並獲幕府將軍賞識。

　　作者在小說中，還將顏思齊描寫成一個正面的政治領袖。在臺灣的開發過程中，他極力推行從大陸漳、泉一帶引進大批墾民的正確措施。從而掀起第一波從大陸移民，拓墾臺灣的浪潮。也可以說，自此之後直至現代，大陸民眾開始了大規模的，有組織和有計劃的向臺灣遷徙的運動。實際上也可以說，是漢民族從明末開始的一次氣勢恢宏的向外擴張！

　　在作品中，作者將顏思齊描寫成一個既不受封建朝庭和強權統治約束的海盜形象，作品還不斷揭示人物性格中，以天下為己任和志懷高遠的情操。

　　在整個臺灣的開發過程中，顏思齊表現出了一種堅忍的政治領袖的人格力量，和傑出的政治智慧與組織才能。顏思齊登臺後，對臺灣少數民族高山族人實行懷柔政策，優撫當地族群，並與其結成聯盟，共同抵抗荷蘭殖民主義入侵者，共同掃蕩倭寇的進犯。

　　小說在對作品中群體人物的描寫上，有一種極具震撼人的精神是，作者描寫了閩南人，具體說就是漳州人和泉州人的生命力的強勢。因為閩南遠離中央政權，且瀕臨東南海洋面。他們一經迫害就勇走大海。這是一群最早走向大海的群體。早期的臺灣居民，也就是閩南人，是一類生命力特別強盛的傢伙。這些傢伙的生命的強

推薦序

勢不是一般的強,是一種可以到處抗爭和成長的生命體的強勢。

這一類人天生不怕大海。他們是最早到海上謀生,在海上成就事業的人。是一個在大海的風浪中成長起來的漢民族族群!他們是一群以大海為生,與大海結成本體的生靈!

這部小說是根據顏思齊現有的資料虛構而成的。

經考證,顏思齊在歷史上確有其人。可是在正史中,對顏思齊卻只有片言隻語的說辭,更多的都是口頭傳說和野史記載。原因推究起來應該是,顏思齊在大陸時,就是個朝廷命犯,且在海上為劫掠團夥,在正史裡是個忌諱的人物,因而正史中有關顏思齊的史料幾乎忽略。

但是,另據別的一些資料,包括臺灣現存的史料和歷史遺存,此人在臺灣早期開發過程中,留下大量遺跡,存有大量歷史活動記錄,是個臺灣早期開發的核心人物。

在臺灣府志中,提到「臺灣有中國民,自思齊始」,所指即為顏思齊。

現在臺灣的嘉義縣新港鄉建有一座高達二十公尺、飛梁畫棟和金碧輝煌的雄偉建築「思齊閣」,就是臺灣居民為了緬懷這位開臺英雄興建的。

在臺灣的北港(原稱笨港)建有一座地標性建築物,為鎮中心的圓環。圓環中央建有一座標有「顏思齊先生開拓臺灣登陸紀念碑」,更確切說明了顏思齊的登陸地點。

傳說顏思齊墓位於臺灣嘉義縣水上鄉牛稠埔。但因風化之故,墓碑字跡不可辨識,無法確認。墓碑上有一劍痕,相傳為鄭成功所留下。

現經考證得知,顏思齊確實出生在明末福建閩南的海澄縣。他的真正的出身地點是現在的廈門市海滄青礁村。可海滄在歷史上曾歸現在龍海市前身之一的海澄縣管轄。海澄是明末的唯一通商港口月港的所在地。

蘇龍輝

開臺王顏思齊（修訂版）

第一章

　　顏思齊決定下海劫掠荷蘭商船，是在一次酒席上。他的三個拜把兄弟陳衷紀、李洪升和張掛帶著一支船隊，從海外航運回來。他請他們在海澄縣的一個小酒館裡喝酒。

　　「顏大哥，你知道我們這一路回來，就想著跟你幹一件什麼事嗎？」陳衷紀說。

　　「你們想著幹什麼呢？」顏思齊說。

　　「我們這一趟出海一路不順！沒做成什麼買賣，還總跟一艘大荷蘭商船作對！」陳衷紀說。「我們在海上悶壞了，回來就是想跟你好好喝幾天酒！」

　　「那好，好好喝幾天酒就好好喝幾天酒！」顏思齊說。

　　他們開始喝起了酒。海澄縣是古月港的所在地。這裡地處閩南地區九龍江口，瀕臨東南海洋面。從小酒館裡望出去，可以看到沿著海邊一個個駁岸碼頭，遠處海天一線。碼頭上停靠著一艘艘商船。其中有陳衷紀他們幾艘貨船。那是幾艘斑駁的木船，船上是落滿浪痕的船帆和生銹的鐵錨。海岸這邊到處是貨莊客棧。在明末的一百多年間，月港曾經是中國唯一的通商口岸。月港的興起和發達說明了一個簡單的事實，那就是全球性的海運時代的來臨。到了萬曆末年，月港雖然逐漸衰落了，可是沿岸的酒肆樓台仍然保持了某些往日的繁華。

　　「你說我們怎麼喝？」顏思齊站起來倒酒說。

　　「你說怎麼喝就怎麼喝！」張掛說。「我娘的就是沒有一把好刀！」

　　我說，我們來定個規矩怎麼樣？顏思齊說。行行行，定規矩就定規矩！李洪升說。我們全聽你的！我聽你的規矩！我真的得找一把好刀！張掛說。我的這把刀沒砍幾個人刀口就捲了！我們一人來喝兩缸，怎麼樣？顏思齊說。一人兩缸！一人兩缸就一人兩缸！誰怕誰！李洪升說。他們說的一人兩缸是兩大陶缸。用現在的計量

第一章

單位計算,那一缸酒差不多在十斤以上。那酒缸商標是一張棱形紅紙:「海澄米酒」。

「我真想把那個大白胖子船長宰了!」張掛說。「我就想著給他一個手起刀落!」

「你想把哪個大白胖子宰了?」顏思齊說。

「那是個荷蘭佬,滿臉的大鬍子,」陳衷紀說。「我說總在海上跟我們作對的就是那艘船。他們叫他約翰船長。」

「你怎麼想把他宰了?」

「他不知道我的祖爺爺就是三國時期的那個英雄!」張掛說。

「他怎麼了你們了?」顏思齊又說。

「他在長崎搶了我們的一筆海運生意,那是一批亞細亞紅木!」李洪升說。「在海上,他們還仗著他們船大,想撞了我們。一天夜裡,他們的一個小白人水手,帶了幾個鳥人上了我們的船,想洗劫了我們……」

「這可不行!他們是拿我們當軟蛋捏了?」顏思齊說。

他們正說著,小袖紅輕輕掀開布簾,笑吟吟走進來。思齊哥,你和衷紀哥他們談什麼啊?那時她已公開了與顏思齊的私情。小袖紅是個小寡婦。她長了一支白白香香的頸子。她的身材苗條。她站在哪裡都有一副亭亭玉立的味道。那年她剛剛二十來歲。她在縣衙門前開了家滷麵館。真的,我忘了打幾碗滷麵,剁幾條五香過來,讓大家下酒!小袖紅說。在海澄縣裡,小袖紅是個出名的美人。人們稱她為西門第一美女。可是她紅顏薄命。她夫婿兩年前出海,遇風浪命喪海上,從此守寡。她跟顏思齊相戀後,並不忌諱隱瞞他們的關係。結果他們的戀情把海澄縣鬧得沸沸揚揚。因為那在當時是一件駭世驚俗的事情。顏思齊當時是個出名的縫衣匠。一個小寡婦跟一個小裁縫私通,那在當時的海澄縣是個什麼事件?可想而知。可是人們對顏思齊不敢說三道四。因為顏思齊在地方上為人仗義。洪升哥,你們是什麼時候回呀?小袖紅說。顏思齊從小練就了一身武術,又有一手裁縫好手藝。在海澄縣裡,幾乎所有的達官貴人全請他縫紉服裝。所以在海澄縣也算是個有頭有臉的人,人們當面也就不敢太說道什麼。

「嫂子,你來了,你坐!」李洪升看見小袖紅走進來,站起來說。他們全不忌諱她跟顏思齊發生的私情,全稱她嫂子。「我們剛剛從海上回來!」

開臺王顏思齊（修訂版）

「你別叫我嫂子，你叫我小袖紅就好了！」小袖紅笑笑說。

「你是說，他們在長崎就把那一船貨搶走了？」顏思齊說。「他們還準備下海打劫你們？」

「在長崎有個日本老頭叫老山晃。他在長崎開了家商社，以前我們總是能從老山晃那裡運一些貨。」陳衷紀說。「那個日本老頭老山晃這回起先是把貨給了我們。就是那一船亞細亞紅木。可他給了我們，又反悔了。他又把貨轉給了那個大白胖子約翰船長。我們等於白跑了一趟長崎……」

在日本長崎港口。陳衷紀和李洪升、張掛一早從一個小旅館裡走出來。一股清冽的晨風從日本海藍色的海面吹來。老袋裝的，老袋裝的，大阪煙草！一個戴草帽的賣煙草的老人說。大阪土煙！今天天氣真好，我們今天把貨裝了，就可以出航了！陳衷紀說。我們先去喝兩碗粥怎麼樣？可是他們朝海邊的一個碼頭看去，明顯看到什麼事情不對頭。怎麼回事？他們怎麼回事？陳衷紀說。他們沒往我們的船上裝，他們往別人的船上裝！他們走到碼頭上一看，他們那幾艘中國木船被冷冷清清擠靠在一邊。一條大荷蘭商船靠在碼頭上。幾個日本伕工正從一個木材堆場上，往船上搬運紅木材料。他們把船裝錯了？李洪升喊。他們怎麼把貨往那艘荷蘭船裝了？原來他們早幾天來到長崎，就跟日本老頭老山晃說好了，他們船隊可以從他的商社運載一批亞細亞紅木到廣東南澳。他們除了運費周轉外，在中間還可以加一點差價，賺一點錢。他們也可以順路回海澄歇歇腳。可是他們莫名其妙，在一夜之間，把那生意丟了。老袋裝的，老袋裝的，那個日本老人說。大阪土煙，大阪煙！

「這是怎麼回事？他們是不是把船弄錯了？」陳衷紀說。

「那是艘荷蘭商船。」李洪升說。「他們沒往我們的船上裝。他們在往荷蘭的商船上裝船！」

陳衷紀看到一個日本工頭，走到那個工頭身旁。他跟他交談了一會兒，然後走回來。

「他說什麼？」張掛問。

「他說那個日本老頭老山晃變卦了！他沒讓他們裝我們的船，」陳衷紀說。「他讓他們把貨裝到那條荷蘭船上去了。」

第一章

「是那批亞細亞紅木?」

「是那批亞細亞紅木!」

「為什麼呢?」李洪升說。

「他說他們船大。他們的運費少,」陳衷紀說。「他說用我們的船要兩船才裝得完,他們裝一條船就夠了!」

「他們船大?船大,我一把火把它燒了!」張掛說。「大船也是一把火,小船也是一把火!我他娘的就是沒有一把好刀!」

「那我們這趟長崎不是白跑了?那日本老頭不是要跟我們結仇了?」李洪升說。

「走走!找那個白胖子船長和那個混帳社長去!」陳衷紀說。

「他們都在哪裡呢?」張掛說。

「我懂得那個約翰船長!我知道那些混帳白人!」陳衷紀說,「哪裡有鬼混的地方,準能在哪裡找到他!」

「櫻花啊,櫻花⋯⋯」在長椅的一個小酒館裡,不知有誰用一種暗啞的聲音在唱日本小調。陳衷紀他們終於找到這個小酒館。那時快中午了。我真的不想到海上去。我更想在這種地方待著,約翰船長說。海上有什麼呢?海上什麼也沒有。沒有酒吧,沒有女人。那是一個小包間。包間裡燈光幽暗。那個長了滿臉毫髮的荷蘭胖子約翰船長,正摟著一個日本雛妓,在與日本老頭老山晃喝酒。他們好像這樣醉生夢死好幾天了。你說那群中國人,那群中國豬佬,老山晃說。他們會怎麼樣?別說了,噓!別說,約翰船長說。我說還是枝子小姐好。那個流浪水手模樣的白人青年班傑明站在一旁,手裡握著一隻小酒瓶,有時百無聊賴地對著瓶口喝一口。他的臉龐消瘦,精神萎靡不振。「櫻花啊,櫻花⋯⋯」

「約翰船長,我想問你一下,你們今天能起航嗎?」日本老頭山晃說。

「山晃先生,你放心,我是不會誤了你的航程的!」大白胖子約翰船長說。「可是山晃社長,只要船還沒起航,還在岸上,我就要好好享受生活!」

「你說怎麼樣?枝子小姐怎麼樣?」老山晃說。

「從總的來說,我不喜歡海上的生活。我更喜歡陸地上的生活。」約翰船長說。「人是適合陸地生活的物種。你說在海上,你去哪裡找這樣一個枝子小姐,找日本小

開臺王顏思齊（修訂版）

調，找這樣的一個酒吧⋯⋯」

「你說那群中國人，那群豬佬⋯⋯」

「你說什麼中國人？你說枝子小姐嗎？」約翰船長說。「枝子小姐真像一隻讓人心蕩神搖的小母貓！」

他們繼續喝著酒。約翰船長把一隻手插進雛妓身上最貼身的地方。別別別，枝子小姐說，你別。我最喜歡的就是她的皮膚。一種年輕女性的皮膚。這是我喜歡長崎的原因之一，約翰船長說。我說班傑明先生，我不喜歡你這種悶悶不樂的樣子！你要學會享受生活！約翰船長又說。我跟你說吧，人最根本的問題是教養的問題。教養的問題往往是出身的問題。比如說，你要是不老往賭場裡跑，你的財務狀況就會好了好些！別別別，枝子小姐說。怎麼別呢？為什麼別？約翰船長說。

「你說中國人嗎？什麼中國人？」約翰船長說。

「我是說那些中國人，」老山晃說。「我生意給了他們，又給了你們！」

「這就不關我的事了！誰讓他們的船比我的小！」約翰船長說。他又跟白人青年說，「班傑明先生，這幾年你跟我在海上跑，我給你的酬報不少了吧？你每回跟我出海，我總是大把大把給你金幣！可你的錢總沒了！」

「可這回他們就跟我結仇了，那些中國人！」老山晃說。

「現在他們不行。中國人不行。現在在海上全是我們歐洲人！」約翰船長又說。他的一隻手一直插在枝子身上。他對她幾乎貪得無厭。他又問班傑明說，「你說你怎嗎？你怎麼好像總是悶悶不樂？我跟你說的這就是教養問題。你說你幹嘛要老往賭場跑？」

他又看班傑明一眼，他看見他正用一種無言憤懟和不尊敬的目光看他。別別別，那個藝妓又說。怎麼別呢？為什麼別？約翰船長看見那個白人水手那麼看他，好像明白了什麼，對班傑明緩緩點了一下頭。班傑明獲得了允許，馬上衝出包間。他在外面走廊上看見一個妓女，挑也沒挑，抓了就走了。陳衷紀、李洪升和張掛這時走到那個包間外，站著。

「你看，那不是那個混帳船長嗎？」張掛說。

「那個日本老頭也在那裡！」李洪升也說。

第一章

　　陳衷紀原本想找個人把那日本老頭叫出來。可是不可能,因為那包間外的走廊上沒有一個人。他們三人正準備走進去理論。可那日本老頭從眼角的地方看見了他們。他用腳踢了踢包廂隔牆,好像在暗示什麼。那個原本空蕩蕩的走廊上,突然出現了幾個帶刀的浪人,模樣兇狠,而且對陳衷紀等人做出明顯威脅的樣子。那個荷蘭佬若無其事地與那日本藝伎調笑喝酒,仰起那個長滿鬍子的臉哈哈大笑。陳衷紀看見那些浪人人多,而且全帶了刀,只好和李洪升、張掛退了出來。在長崎的那條小街上,好些日本妓女正在拉客。

　　「我特別痛恨那個小日本老頭山晃!」李洪升說。

　　「可我不知怎麼老想把那個荷蘭佬宰了!我真想給他一個手起刀落!」張掛說。「手起刀落是什麼意思?手起刀落就是手起了,刀就落了,那顆混帳白人的腦袋就沒了!」

　　「兄弟,你還是讓我來。」李洪升說,「我們家都練了三代掃堂腿了,我來先給他一個掃堂腿,你再給他一刀!」

　　「我說我他娘的,我也看著我們這幾條船不行!你看我們的船有多破!」陳衷紀仰頭看著他們的那張破船帆說。「你看我們那帆都破了那麼大一個口子了!回海澄得找人補補了!」

　　陳衷紀的船隊開始行駛在返航的路上。他們沒運載上那批亞細亞紅木,準備返航海澄月港。他們最後只是在長崎接攬了幾麻袋皮革。他們的船隊是三艘大小不同的木船。船體非常陳舊。船板斑駁,搖動的船櫓「咕嘎咕嘎」作響。海上風浪太大了。他們坐在船艙裡,臉上灑了一層鹽灰。因為天空晴朗,遠處的海面是一條直直的白線。

　　「你們知道回到了海澄縣,我最想幹的一件事是什麼嗎?」陳衷紀說。

　　「你想幹什麼?」李洪升說

　　「我就是沒有一把好刀!」張掛說。「我的這把刀真的不行了!」

　　「我回去就想著和顏思齊大哥好好喝上幾天酒!」陳衷紀說。「什麼事也不幹,連連喝幾天酒!」

　　「對對對,爛醉他幾天!」李洪升說。

開臺王顏思齊（修訂版）

　　他們正聊著天，一個船工在艙外喊了起來。

　　「他們想幹什麼？他們想幹什麼？」船工喊。「他們朝我們直直駛過來了！」

　　他們從船艙裡衝出去，看見一個巨大的黑影朝他們的船直直罩過來。他娘的，那船瘋了？船工喊。那是那艘大荷蘭商船從後面駛了過來。那是艘五桅的大船。那船的高大船帆豎在海上，就像一大片烏雲。陳衷紀船隊的船體原本都較小。他們的船速也慢。那艘荷蘭船桅高帆大，船速更快，結果就從後面趕上了。他們是想撞我們嗎？他們撞過來了！船工又喊。李洪升和張掛全撲向那根大櫓，衝過去幫忙舵工掌舵。

　　「打邊舵，快快，邊舵！左閃，」陳衷紀喊。

　　可是，那條大荷蘭船不知是有意還是無意，朝他們的船筆直駛來。兩艘船都快撞上了，才各自閃開。可那大船激起的大浪都撲到他們的船艙裡了。

　　「他是仗著他船大耍弄我們！」陳衷紀說。

　　「我真的遲早得把那條船燒了！」張掛說。「我夜裡偷偷地摸上船去，放它一把火！」

　　那船還和他們幾條木船並行時，那個小白人水手班傑明站在船舷一邊，正用手提著他褲襠裡的那個東西，對著他們的頭上撒尿。混蛋，你這個小白人混蛋，你等著！李洪升說。那荷蘭船大，他站在那船上都站在他們頭上了。張掛看見那小白人混蛋的東西特別大。他正誇張地用雙手提著那東西尿尿。大白胖子約翰船長又舉起那滿臉的鬍子哈哈大笑，露出一排可恨的白牙齒。

　　「我他娘的一個掃堂腿！」李洪升說。「你這個小白人混蛋！」

　　「我就是沒有一把好刀！我得換一把刀！」張掛說。「以後讓我碰到那個小白混蛋，我就把他那個東西割下來，扔到海裡去餵魚！」

　　「有海賊上船了！有海賊上船了！」陳衷紀喊。

　　這是一個夜色如馨的夜晚，海上風平浪靜。你是說海澄嗎？我們要回海澄了嗎？一個船工在睡夢裡說。遠處海面上一彎清清的冷月。那天，陳衷紀和幾個兄弟在暗夜裡睡去了。可是他突然感覺到船顛簸了一下，好像是觸了礁，或被什麼絆住了。海澄啊，我的小小心肝的海澄……那個船工又說。陳衷紀意識到什麼，爬起

第一章

身,提著刀衝出了船艙。可他剛出了艙門就有一道寒光從面前閃過。那是一道刀光。接著一個人影從旁邊躥過來,出現在他面前,他拔出刀跟那個人砍殺起來。

「海賊,海賊!有海賊上船了!」陳衷紀又喊。

李洪升和張掛聽見喊聲,與幾個船工從船艙裡衝了出來。他們一衝出船艙,就跟幾個賊人打起來。原來有七八個賊人上船了。張掛與一個海賊對砍起來。他直直的一刀,又橫橫的一刀。然後一刀削過去,把那個賊人砍翻了。

「他娘的,我的這把刀!我的這把刀!」他抱怨地喊。

李洪升往船頭上衝。陳衷紀正在那裡與兩個海賊對砍。李洪升在船頭的地方發現了一條索鉤。他這時才明白,船剛才顛簸了一下,就是被那索鉤拽住的。他一刀將那索鉤砍斷,接著又砍斷了一條索鉤。

「把他們一個個砍下去!不能讓他們留在船上!」陳衷紀說。「看看是哪一條路上來的匪賊!」

張掛砍翻了一個賊人,又一個賊人躥到他面前。好哇好哇,你來吧,你他娘的就看我沒有一把好刀!他又跟那賊人交起手來,可他暗暗覺得奇怪,那賊人使的是一柄長劍。他從沒見過那種長劍。那不是中國人使的劍。那柄長劍特別的修長,劍鋒鋒利。那劍不停地直刺過來,他把那劍連連擋開。那劍又刺過來,他又把那劍擋開,然後猛揮一刀。這把該死的刀!可是那賊人身手矯健,把那一刀躲過了。

「我就是沒一把好刀!我這把刀不行!」張掛又說。

他接著連連跟那柄長劍交手。可有一回交會時,他跟那個劍手靠得很近。他吃驚地看到,在暗夜的星光裡,他居然看見了那個流浪水手班傑明削瘦的臉龐。

「怎麼又是你呢?你這個小白混蛋!」張掛大嚷大叫喊。「你不是站在我們頭上撒尿嗎?你怎麼爬上我這船上來了呢?」

他和那個白人水手好一陣廝殺。陳衷紀那邊砍翻了一個賊人,李洪升一刀把一個賊子劈翻下海。張掛繼續砍殺。班傑明看見他們的人被砍翻了好幾個,張掛又一刀過來時,他本能地朝船下瞄了一眼。他看見船舷下面正好有一艘他們的小船。身子騰空一躍,在黑暗裡消失了。張掛雙手高舉起砍刀,在黑暗中瞪圓雙眼,可是那小白水手不見了。

開臺王顏思齊（修訂版）

「他怎麼沒了？他不是想尿嗎？」張掛仍然舉著刀，可是望著黑暗裡空蕩蕩的海面埋怨說。「我正想給他一個手起刀落，把他那東西割了，他怎麼就沒了！」

天亮之前，陳衷紀提著一盞燈，領著張掛和李洪升從船艙裡出來。昨晚經過一夜廝殺，船上橫七豎八躺著幾個賊人的屍體。他們走過去，一一翻看。你看看，一群烏合之眾！陳衷紀說。這個是個小東洋人，那個好像是個波斯人，還有這個像是馬來人！

「可我千真萬確看到了那個小白混蛋！那個荷蘭小白水手！」張掛說，「他使了一把長劍。我剛要把他一刀剁了，他就不見了！」

「行了行了，把他們扔下去！」陳衷紀說。「別讓他們把我們的船弄髒了！」

「我鬧不明白，怎麼總是那幾個荷蘭佬！」張掛說。「這回在這片海面上，他是跟我結仇了！」

他們看見潮水很好，風向也順。他們繼續往南往西航行。

「你說海澄還遠嗎？」一個船工說。

「海澄近了！」另一個船工說。

張掛仰面躺在船艙裡。他的頭下枕著那把刀。

「下回再碰到那兩個荷蘭佬，我得讓他們知道一下我是誰，我的祖爺爺是誰了！」他忿忿不平說。

「你說什麼？你祖爺爺是誰？」李洪升奇怪問。

「你也不知道我的祖爺爺是誰？」張掛不信地說。「我們都行船走海這麼久了，你還不知道我的祖爺爺是誰？」

「誰？誰？你的祖爺爺是誰？」李洪升說。

「你知道三國那會兒有一個英雄張飛吧？就是那個使丈八長矛的張飛！」張掛說。「他跟劉備和關羽拜把子，在桃園三結義，知道吧？就是那個在長阪坡上，一聲大喝，喝退了曹操八十萬大軍的張飛！」

「那張飛怎麼啦？」

「那張飛就是我的祖爺爺！怎嗎？」

「慢點，慢點，你說誰是你的祖爺爺？」李洪升又問。

第一章

「三國那會兒的張飛，」張掛說。

「不會吧？你是張飛的孫子？」

「張飛的孫子就是孫子，張飛的玄孫！」

「這不可能，你是張飛的孫子？你說你是什麼人？張飛是什麼人？」李洪升不屑地說。「人家是歷史上的英雄！你算什麼東西？你一個行船走海的，腳下不著地的人，你算啥？」

「這祖爺爺就是祖爺爺，玄孫子就是玄孫子，這能亂認的嗎？」張掛瞪直了眼。

李洪升坐直起身，朝張掛的臉上認真看了看。他看見張掛長了一張四方臉膛。臉上還長了一圈亂蓬蓬的大鬍子。從外表看上去，他確實有點像那個三國時代的歷史人物。

「不過，你是有點像，你確實有點像。這不就奇了！」李洪升承認說，「你確實有點像三國那會兒的張飛！你的長相像，脾氣也像。」

「這還能騙人的嗎？我是聽我老爹說的。我爹是張飛的三十四代孫，我是三十五代孫！」張掛說。「他們都說我長得像我祖爺爺。臉膛長得像，鬍子也像！所以他叫張飛，我叫張掛。只是我不使長矛，我使刀。我只是沒碰到一把好刀。這樣你懂了吧？」

你是說他們都用搶的了？他用搶的，我們也用搶的！顏思齊說。他們仍然在海澄縣的小酒館裡喝酒。那海上是沒有規矩的地方。他不講規矩，你也就別跟他們講規矩！他們繼續喝著酒。喝喝，一人兩缸！顏思齊說。我們說好了，一人兩缸就一人兩缸。你說這海上怎麼沒有規矩呢？主要是這海上沒人管。你那皇上老頭不管，誰也不管。他們要管實際上也管不了。那海上沒人管，那海上不就亂了。你說那個什麼狗屁約翰船長都用搶的了？你說他不就圖你海上是個沒規矩的地方嗎？他拍了一下桌子。可要我說，他們用搶的，我們怎麼就不能用搶的？

「他們還占了一個，」李洪升說。「他們還占了一個，他們船大，他們槍炮多！」

「他們船大，我們把他的船搶來了，我們船不也大了！」顏思齊說。「他們槍炮多，我們把他的槍炮奪來了，我們的槍炮不也多了！」

那天他們喝了很多酒，從白天喝到天黑。小袖紅一直站在顏思齊身後。

17

開臺王顏思齊（修訂版）

「嫂子，你怎麼不坐？你坐啊！」李洪升說。

「我站站就好，」小袖紅說。「你別叫我嫂子，你叫小袖紅就好！」

「按理說，這蒼天之下莫非皇土，這海上也在蒼天之下，這海面也是皇上的皇土。」顏思齊說，「可是這皇上從來不管海上的事。那是因為皇上怕海。他地面上的事都管不來了，哪裡管得來海上的事。所以這海上也就沒了規矩。」

顏思齊站了起來，把他的那一缸酒倒乾。

「來來，我喝了這一缸，再喝一缸！咱們說好了兩缸就得兩缸！兄弟啊，我在這海澄縣也不想待了。我真想跟你們一走了之。」他說，「那海上才是大地方。現在大明不行了。現在內地，很多人都活不下去了。你說你種個田吧，可是田產都被富人收走了。你說你做個生意吧，可你惡人多，官宦也多。」

「我就是沒有一把好刀！」張掛說。

「實際上，我心裡早就明事了，現在你想幹點大事情，你就得到海上去。」顏思齊說。「你看看，人家外國人都到海上來了。他們把船越造越大，把槍炮越造越多。他的地方待不夠了，就往海上跑了。人家把生意都做遍天下了。可我們還在海澄縣窩著！」

「你的意思是說，咱去跟他搶？」陳衷紀說。

「對，就是去跟他搶！他都搶到我們的海面上來了，我們憑什麼不搶了他！不搶白不搶！」顏思齊胸有成竹地說。「他們船隊大。我們把他的船奪了，我們的船隊也大了！到了海上，我們跟他們同樣幹。他幹啥咱幹啥，他幹麻我幹麻！他們打劫，我們也打劫！他們做生意搞貨運，我們也把生意做遍天下！」

「對對，在海上沒有我們不能幹的！」李洪升說。

「說到底就是搶！他們可以建大船隊，我們也可以建大船隊！」顏思齊說。「我們可以殺人越貨，也可以制暴除惡。我們可以替天行道，也可以在海上開疆拓土，為大明看好這一大片海面！」

「我碰到那個大白胖子就給他一個手起刀落！」張掛說。

「嫂子，你坐啊，你怎麼不坐？」陳衷紀又說。

「你別叫我嫂子，你叫我小袖紅就好了！」小袖紅又說。「我站站就好了！」

第一章

「這嫂子就是嫂子,這嫂子還能假啊!」李洪升說。

「我這嫂子當然是真的,可也不是真的!」小袖紅說。

小袖紅仍然站在顏思齊身後。她不知想到什麼笑起來。

「我跟你們顏大哥是相知相惜,可我們什麼也不是!就是說我們有名聲,可是沒名分,可我什麼也不管!」小袖紅說。「他是想娶我,可我不想嫁給他。他是大男人,我是個小寡婦。他一個大男人怎麼能娶了我這麼個小寡婦?」

小袖紅想了想又說:

「我想讓他坦坦蕩蕩做一個人!我不想讓我壞了他的名聲!」

「那麼你說,我們就搶了?」張掛說。

「我們就跟他搶了!」顏思齊說。

開臺王顏思齊（修訂版）

第二章

「思齊哥，你今兒怎麼了？你不是天天這時候就嚷著要吃滷麵了嗎？」小袖紅隔著那個小窗子說。「今兒怎麼沒聽見你說要吃滷麵？」

顏思齊原本每天半上午，總要到小袖紅的滷麵館裡吃上幾碗滷麵。他們那時還沒發生私情。他們的兩個店開在一起。他的成衣鋪與她的滷麵館中間隔著一條小巷，兩旁有兩個邊門相通。相鄰的牆上，又有兩個窗子可以相視相見。他的貨架上和牆上，掛著和放著好些縫紉好了的服裝。一張小案几上還擺了一本《桃花源記》。

「行行，你給我打幾碗麵，我等下過去吃，」顏思齊說。

「你要打幾碗？」

「你打五碗吧！」

「你是一碗一碗的打，還是五碗一起打？」小袖紅說。

「你五碗一起打，打完了給我晾著，」他說。

顏思齊那時就知道小袖紅長得美貌動人，特別是她走動時，腰間的那種自然晃動，幾乎吸引了海澄縣眾多男人的眼神。可他也知道寡婦門前是非多。他們兩個店雖然常在一起，可他對她從沒動過心。成衣鋪前面就是海澄縣衙大街。那是一條青石板路。他看她打完了麵，把身穿的白長衫提起來，搭在肩頭，從成衣鋪邊門走進滷麵館邊門。他總是穿一些白色長衫。他也不知道怎麼總是喜歡穿白長衫。滷麵館裡正好有兩個客人在吃滷麵。他什麼也沒說，在麵攤前坐下，端過一碗麵，用筷子三扒兩扒吃了。又端過一碗麵，唏哩嘩啦又吃了。他一口氣把那幾碗滷麵全吃了。

「你這是跟誰搶了吃了？」小袖紅看見了，忍住笑說。

「對對對，吃滷麵就得像土匪搶了一樣！」他說。「我們這裡人雖說全吃滷麵。可其實很多人不懂得吃滷麵。」

第二章

「吃滷麵就吃滷麵,吃滷麵還有什麼講究嗎?」一個正在吃滷麵的客人反駁說。

「吃滷麵你不能慢條斯理地吃,更不能櫻桃小口地吃,」顏思齊說。「吃滷麵要唏哩嘩啦的吃,狼吞虎嚥、獅子大開口的吃,那樣才能吃出滷麵的味兒來!」

「為什麼呢?」另一個正吃滷麵的客人抬頭不解地說。

「吃滷麵就圖那個痛快勁兒!你麵還沒吃,那麵已經在你肚子裡了,懂嗎?」顏思齊說。「你唏哩嘩啦、三扒兩扒把麵吃下去,然後把嘴一抹,那肚子說多舒服,就有多舒服!」

「像你說的那樣吃,那不是像土匪搶了一樣嗎?」小袖紅忍住笑又說。

「你這就說對了,我就是想著當個土匪!」顏思齊說。「我吃麵像土匪,我還一心一意想去海上當海賊了!」

「你說什麼?什麼死蟲子?哪來的死蟲子?」小袖紅說。

「這不是死蟲子嗎?這不是死蟲子嗎?」一個小無賴說。「你說你怎麼往麵裡下死蟲子?你下死蟲子不是要讓人吃死嗎?」

顏思齊這天正在成衣鋪裡剪裁,突然聽到隔壁的滷麵麵館裡吵了起來。他從窗門裡一看,那是幾個小無賴。他知道那是來鬧事的。他知道小袖紅長得貌美。她又年輕守寡。海澄縣好些心存不良的男人全對她心懷不端,垂涎欲滴。這就叫寡婦門前是非多。哪來的死蟲子?誰下的死蟲子?小袖紅說。你們不是一人一碗麵嗎?哪來的死蟲子?你往麵裡下的死蟲子,還誰下的死蟲子!另一個小無賴說。你下死蟲子不是想把我們害了?你看我們全年紀輕輕的,都風流倜儻。你夜裡心癢難耐。你想把我們全害了,一清兩清,一了百了!

「哎喲喲!我這肚子不是壞了?」一個無賴捧著肚子又跳又嚷。「她給了我隻死蟲子吃,你看這不?我把肚子吃壞了!」

「那怎麼辦?怎麼辦?他怕快死了!」另一個小無賴說。「那快送醫吧?不然報官!就說小袖紅的滷麵館吃死人了!」

「哎唷唷!」那個人又叫。

小無賴們全鬧起了閧。他們圍著小袖紅調笑起來。有的想摸她一把,有的想捏她一下。她把他們的手一一打開。這回你死到臨頭!小袖紅,你好好陪我們吧?我

開臺王顏思齊（修訂版）

們先不讓他報官！這時一個富家公子打扮的無賴就攪和進來了。咱先別報官。你報官有什麼好呢？報官她頂多獲一個大罪，打入了大牢，可你連個美人也看不見了！富家公子說。送醫也免了吧？人家小袖紅年輕守寡也是不容易的。你看她的頸子多白呀！我說，我給你些錢，你去看看肚子。我來讓小袖紅陪陪我吧！我們就這樣兩清了！可她要是不陪你呢？我都給錢了，她能不陪我嗎？

「好好，那就叫小袖紅陪陪你，哥！」一個小無賴說。

「小袖紅，你就陪我哥過一夜吧，咱們什麼事都私了！」那個鬧肚子的小無賴說。「你弄壞了我的肚子，你當然得賠我哥一個肚子！」

「你不是都要死了？」一個無賴問那個無賴說。

「死了就死了！」那無賴說，「你沒看小袖紅要跟咱們哥好了。」

顏思齊聽到隔壁那些無賴無理取鬧，看不過去了。他悄悄從成衣鋪邊門，走進滷麵館的邊門，在那個大碗櫥後面站著。那些小無賴又鬧起了鬨。小袖紅忍無可忍了，揚起手，抽了一個小無賴一巴掌。我怎麼你們啦？你們想耍我，休想！她說。小袖紅，你怎麼生氣起來了？你一生氣就更惹人疼了。我跟你說吧，他們是故意跟你胡鬧的。他根本就沒吃了什麼死蟲子！富家子弟這時候說。你那麵裡的死蟲子，是我讓他們帶來的。我讓他們帶來是想讓他們諛你！這為什麼呢？這就叫寡婦門前是非多。諛你你就理虧了。你理虧了，就從我了。你們滾！你們都給我滾！小袖紅喊。我就是寡婦，你們又怎啦？怎啦？也沒怎啦。你就總是讓我晝思夜想！富家子弟說。他說著就想去摸小袖紅了。小袖紅一把把他打開。那些小無賴更放肆了。他們全把小袖紅圍起來，推推擠擠地推撞她，然後哈哈大笑。

「你夜裡是怎麼過的呀？那夜不是很長嗎？」

「你一個人在床上不孤單呀？」

這時一個小無賴突然在空中踢蹬起了雙腿。

「爺！爺！你別！你別！你把我放下！你這是幹什麼呢？」那個無賴喊。

顏思齊原本站在旁邊看著。他看不過去了，把一個又矮又胖的小無賴一舉，扛起來，走到店門前，把那小無賴往前一扔，扔在街上，滾了兩三丈遠。他走了回來，那個富家子弟貼著牆根正想溜開。他走過去，拎住他的領子，把他靠在牆上

第二章

提了起來。

「爺！爺！大爺！你快放手，快快放手！」富家子弟說。

顏思齊把他壓擠在牆面上，用一隻巴掌從他的胸脯上輕輕撫過。撫了左邊，又撫了右邊。人們聽到肋骨一根根斷了的聲音。

「別別別，別這樣！爺，你這樣會把我弄死的！」那富家子弟大驚失色喊。「你沒聽到都弄斷了？骨頭都弄斷了！斷了好幾根了！」

顏思齊仍然把他壓在牆上。

「你跟我說說，那死蟲子是不是小袖紅下的？」顏思齊問。

「不是，不是！是我們下的，我們自己下的！」那富家子弟說，「是我讓他們帶來，自己下的！」

「你還敢說寡婦門前是非多嗎？」

「不敢說了，不敢說了！」那無賴說。「再也不敢說了！」

「你以後還來這裡招惹是非嗎？」顏思齊說。

「不敢了，不敢了！死也不敢了！」那無賴說。「我把小袖紅送給你好了。你以後就跟她好！我再也不敢想她，不敢招惹她了！我把她讓給你好了！」

「你混帳！你還瞎說！」

「是是，我混帳，我瞎說！」那無賴又說。「可你弄斷了我好幾根肋骨了！」

「我要不弄斷你幾根骨頭，你以後還來？」顏思齊說。

「我不敢了，我不要了！」無賴說。「我再也不會來了！」

「子不學，非所宜……」徐先啟先生念。

「子不學，非所宜……」書童們念。

「幼不學，老何為……」徐先啟又念。

「幼不學，老何為……」書童們又念。

「為……」徐先啟強調念。

「為……」書童們拖長聲音加強念。

在海澄縣的一個小私塾裡，徐先啟正在教一群小學童誦書。他是顏思齊青年時期的好朋友，也是他的好先生。

23

開臺王顏思齊（修訂版）

「學童們，你們知道這個『為』字為什麼要拖長了音調念嗎？因為我們念的是『三字經』。『三字經』是我們的國家經！」徐先啟說。「中國的孩子讀書都要從『三字經』開始。『經』有歌和謠的意思，所以讀書要像唱歌一樣。和尚念的是和尚經，我們念的是國家經。念經可以幫我們長記性，懂嗎？」

那個私塾是個類似宗祠的大建築物。書堂外面有一個天井和一圈正方形走廊。那時天近傍晚了。一棵大梔子花樹後斜射來幾抹夕輝。徐先啟誦書時，喜歡把身子轉過去，拿背對著孩子們。他這時又把身子轉過去。一手執書，一手背在背後又誦讀起來。

「玉不琢，不成器……」他又念。

「玉不琢，不成器……」書童們又念。

「人不學，不知義……」

「人不學，不知義……」

「義……」他又強調念。

「義……」書童們又拖長了聲音念。

可他正誦讀著書時，抬起頭就看見顏思齊和董貨郎的臉了。那裡剛好是書堂上方的一個視窗。那窗子外面是一個走道。顏思齊和董貨郎每回來找他，總是站在窗外跟他打招呼，結果他抬頭就跟他們打了個照面。

「你？你們？你們又來了？」他有點興奮地說。

顏思齊把手提的一個餐盒提高起來，讓他看。我又帶了一壺燒酒，兩塊封肉和幾條五香來了！顏思齊說，我和董貨郎兄先上你的書房去，我們今晚又可以耗到半夜了！好好好！徐先啟說。你得快點來，不然封肉就沒了。顏思齊說。行行行！你們可別把封肉都啃光了！徐先啟說。反正你快點！我再帶這些孩兒誦幾遍，就可以去了，徐先啟說。我今晚汗衫不換，腳也不洗了！過了一會兒，徐先啟就到書房裡來了。他把鞋脫了，穿著雙臭白布襪子在桌邊坐下，拿起酒杯就喝了。

「臭！臭！你的腳臭！」顏思齊說。

「你的汗衫也臭！」董貨郎皺皺眉頭也說。

「你怕有七八天沒洗腳了吧！」顏思齊說。

第二章

「你可能有幾個月沒洗汗衫了吧?」董貨郎也說。

徐先啟承認他有半個多月沒洗汗衫,有七八天沒洗腳了。可是他強詞奪理說,他是個廩生!廩生是吃皇糧的,吃皇糧的就得替皇上分憂解難。

「廩生洗腳洗汗衫幹什麼?廩生就得好好讀書,」徐先啟說。「廩生得胸懷天下,為天下解難,為民請命。這跟洗腳洗汗衫什麼關係?」

他們三人抵足而坐。天這時黑下來了,天井裡一片蛙聲。

「徐先生,你說我們這樣是不是有點太好酒了?」顏思齊說。

「你別叫我先生,你叫我兄弟就好了!」徐先啟說。

「可你怎麼的也是我的先生!」

「可我們怎麼的也是兄弟!」

「可你總是我的先生!」

「可我們總是兄弟!」

「那好吧,我們就不分兄弟和先生了!」顏思齊說。

「我們當然不分兄弟和先生!」徐先啟說。

「你說好酒?我們好酒?這話可不能這樣說。這天底下好酒的人多了!」徐先啟說。「你說自古以來聖賢有多少是好酒的!李詩仙曰:自古聖賢皆寂寞,唯有飲者留其名!李詩仙本身就是一個!」

「對對,酒可能是好東西,」顏思齊贊成說。「也許有了酒,才有了這大路朝天,才有了這農耕百業!」

「可我總覺得我們的大明朝廷好像快不行了!」徐先啟說。「你看從萬曆尾巴的這幾年算起,年年飢荒不斷,蟲蛇遍野!」

「我知道你又要罵皇帝了!背後罵皇帝是不好的!」董貨郎說。

「不然怎麼說山高皇帝遠?我們海澄縣就是山高皇帝遠。這裡是哪?這裡都在東南沿海邊上了!」徐先啟說,「他皇帝在他的京城裡坐朝,我在這海澄縣裡吹涼。這海澄縣離京城沒有十萬也有八千里了!你怎麼罵皇帝,他也聽不見的!」

「可你罵皇帝有什麼用啊?」董貨郎說。

「這皇帝該罵還是得罵!我罵皇帝是為了皇帝好!」徐先啟說。

開臺王顏思齊（修訂版）

徐先啟在椅子上挪了挪腳。他喜歡在椅子上打坐。可是，他的襪子臭不可聞。你還是別把腳放在那裡。你的腳臭！顏思齊說。你先別說別的，你就說咱們這東浯鄉吧！這幾年又旱又澇受了幾次災了，省台都撥了賑災銀了！可那銀兩哪裡去了？徐先啟罵痛快了繼續罵。還有那海澄知縣。他們說那知縣是個老婆迷，就懂得給老婆端夜壺。咱們縣是個財政大縣，單月港的收入就奇大了。可那縣衙窮得就剩那兩頭石獅子了！徐先啟說，他一年雖然只有二兩四錢不到的銀子。可他也是個吃皇糧的人。你吃了皇糧就得替皇上分憂解難！

「你這不是替皇上分憂解難，你這是在找咱們知縣大人的碴！」顏思齊說。「這知縣大人是皇上的人，你找知縣大人的碴就是找皇上的碴！」

「反正我不能眼睜睜看著大明江山爛下去！」徐先啟說。「天下興亡，匹夫有責。何況我是個廩生。你不為民請命，誰為民請命！」

「可我還是喜歡桃花源！」顏思齊說。

「沒有桃花源！」徐先啟嚴肅認真地說。

「怎麼沒有桃花源？你不是老要我讀桃花源？」顏思齊說。

「那是五柳先生要你的。他把桃花源寫得妙筆生花，然後跟你說那是子虛烏有的地方！」徐先啟說。「他只告訴你那是個人們的理想所在，可那種地方歷來難尋！」

「我就不信這個。五柳先生說的桃花源也許沒有！」顏思齊說，「可很難說，在這個世上就沒有了桃花源！」

「你說哪裡有桃花源？」徐先啟說。

「我總覺得這個世界上會有桃花源，海上那邊說不定就有桃花源！」顏思齊說。

「哪邊？」

「海上那邊！」

小袖紅啊，你這是何苦呢？你這是為了什麼？魯家少爺說。顏思齊平時常常看到一些小無賴到滷麵館裡，跟小袖紅糾纏，還看見一個自稱是泉州執事的小妻舅，在海澄縣也是個出名的惡少，還總說他是海澄縣的「官二代」和「富二代」的魯家少爺，隔三差五也總來找小袖紅拉拉扯扯。他跟她說話總是把臉伸到她面前很近的地方。好像在海澄縣裡他是一個特別風流倜儻的才子。你說你你你！你一副花容月

第二章

貌的,你就不想想凡世人間?人生是什麼做的?是泥土做的,你說你不是泥土做的嗎?魯家少爺總是把話說得很露骨。泥土就不管什麼了。泥土就不是什麼小寡婦了。泥土就得跟泥土攪和在一起。你是泥土,我也是泥土,我們倆就得攪和在一起,懂嗎?小袖紅不理他。她總是在滷麵店裡忙。洗洗碗,抹抹桌子。

「再說你這是何苦呢?你才十八九歲吧?你剛剛二十?你看你看,你這還不是花朵一樣麼,」魯家少爺說。「你夫婿沒了?沒了就沒了。他沒了,你不是還有我嗎?人生幹麻呀?人生就是男歡女愛。你說你不愛,可是我愛呀!你不圖自己快樂,你總得讓我快快樂麼!比如說,我們之間出個什麼事,那不是很快活的事情?這對你又不是弄壞了什麼?你守什麼寡呀?你是守著活受罪,懂嗎?」

小袖紅仍然忙自己的。

「你知道什麼叫泉州執事?我姐夫就是泉州執事。泉州執事就是在泉州辦大事!」魯家少爺又說。「他在他的泉州辦大事,我在咱們海澄縣也是辦大事。你看我們家那庭院,那樓堂。那是我爹留給我的。論起來我們家也是官宦人家。我爹是富一代,我是富二代。你跟我好了,你不能住到我家去。可我可以給你弄個外室呀。他們說這叫金屋藏嬌,我就讓你金屋藏嬌!」

小袖紅起先礙著面子,後來聽他越說越不不像話了,就把他往外趕。

「你走開,你給我走開!」小袖紅說,「我不想看到你!也不想認識你們家什麼富二代!」

「小袖紅,你真的不聽我的勸嗎?你真的不理我這個富二代嗎?那好吧,你信不信我說不定什麼時候就把你搶了!你惹得我耐不住,我熬不了!」魯家少爺半真半假地說。「太想你了!我就把你的人搶了!你知道什麼叫無法無天嗎?我就是無法無天。你說我把你搶了,誰又敢怎麼樣?我啥時真的弄個小轎子來,把你的門撬開把你搶了。我看你到了那會兒還順不順了我?」

那魯家少爺走後,小袖紅剛剛清閒下來,郭叔公就又帶著郭管家來了。

「叔公,你來了?你請坐,」小袖紅看見了說。

郭叔公算起來是小袖紅亡夫的堂叔。他是玉山郭氏的族長。在閩南,媳婦們對長輩通常都跟兒子一輩叫,所以小袖紅就叫他郭叔公了。郭叔公鄉下有良田千畝,

開臺王顏思齊（修訂版）

海澄縣還開了兩個米店，是個腰纏萬費的老地主。在海澄縣他也算是個大人物了。郭叔公那年四十多歲快五十歲了，可是他臉色紅潤，模樣精幹，身上完全是一副鄉下地主的模樣。郭叔公還是個好色的老族長。他鄉下已經娶了好幾房姨娘了，在鄉里扒灰他也是出了名的。可是他家中富有，輩分又高，誰也不敢說他什麼。他還一直想再找個填房。咱有的是錢，有的是良田千畝，咱就圖一個樂的了。你多弄一個在床上擺著，又礙了誰了？他常常跟郭管家說。他每回到海澄縣來，也總要蹓到滷麵館裡坐一坐，吃一碗麵，看小袖紅幾眼。明眼人知道，他其實也打起了小袖紅的主意。他想他要再找個填房，這個小袖紅不是正好。她算起來是他的姪媳婦。可她夫婿已經沒了，她不也就寡婦一個嗎？他把姪媳婦娶來做偏房，不也就納一個小寡婦來做偏房？那名分不是一樣？再說這是在明朝。明朝是什麼扒灰鑽洞的事情都有的！他頂多就是叔公不當，當他一個姪媳婦的郎君麼！他看見她模樣俊俏，小鼻子小嘴，特別是那支頸子又白又長。她在滷麵館裡走，腰間有一種自然的晃動。他想他就好一個色。人只要一上心了，也就不管什麼姪媳婦不姪媳婦，叔公不叔公了，就是扒灰鑽洞不也就一身灰嗎？

「小袖紅啊，聽說這裡早上出了啥事了？」郭叔公說。

「也沒啥事，就幾個臭無賴……」小袖紅說。

「臭無賴想幹什麼啊？」郭叔公說。

「也沒幹什麼。他們就看我一個小寡婦，想占我的便宜！」小袖紅說。

「那可不行！咱們郭家出門在外不是隨便讓人占便宜的！」郭叔公仗義說。「你給我看看那是些誰？以後再敢到店裡鬧事，我一個個收拾他們去！」

郭叔公在滷麵館裡坐下，小袖紅給他打了碗麵。郭叔公正要吃麵，可是馬上又覺後背癢癢起來了。他總感覺到後背癢癢，感覺皮膚瘙癢。他那時不知道，他其實是得了糖尿病了。糖尿病要打胰島素的，不過那時還沒發明胰島素。他出門總是帶了把撓撓。他總讓郭管家幫他撓背。

「郭管家，你快過來！你快幫我撓撓！」郭叔公說。「我奇怪，我的後背總是癢不停！」

可是他馬上嫌管家撓得不好了。

第二章

「不是那裡！不是那裡！是這裡，是這裡！」郭叔公說，「管家，你是會不會撓啊？你不會撓，你讓小袖紅來撓吧！」

「那可不行，我可撓不了那個！」小袖紅一聽著了慌，羞紅了臉說。

「我讓你撓，你就撓！你怕啥？」郭叔公說。

小袖紅沒辦法，又羞又怯幫郭叔公撓起了背。

「小袖紅，我跟你說啊，在這海澄縣，你叔公算起來也是有頭有臉的人了！」郭叔公又說，「咱家有的是良田千畝，金銀萬千。你叔公雖然有了妻妾多房，可心裡還想著再多個填房呢。」

他斜斜看小袖紅一眼，試探性地說：

「你算起來是我的侄媳婦，可這侄媳婦歸侄媳婦，侄媳婦拿來當填房不也沒啥嗎？再說你夫婿早就沒了，」他語氣曖昧地說。「我那鬼侄子都沒了。你算不算侄媳婦也沒啥了。我拿你來當填房，不也不欠誰的理嗎？你叔公現在正身強體壯。吃得下睡得著，一天操他幾個娘娘……我是說，其實，我拿你來做偏房也沒什麼？」

他坐著吃麵。他往下看見了小袖紅的一隻手。

「小袖紅，你說我們這會兒是什麼朝代？咱們是在明朝。我總聽說，咱們明朝是個扒灰鑽洞的年景，很多公公都爬到媳婦的床上去了！」郭叔公看著小袖紅的那隻手。他悄悄地把她那隻手握住。他握住了她的手，還想用另一隻手去拍她的手。「你說你覺得你叔公怎樣？你長得俊，叔公有的是勁兒。咱就是扒扒灰，鑽鑽洞，我想也沒什麼。反正咱們活在明朝。你雖說是我的侄媳婦，可拿你來做偏房也沒什麼。反正你沒嫁人也剩著！」

小袖紅越聽越不是滋味，把她的手掙開，把那支撓撓遞還給他。

「叔公，你這是說什麼呢？我可聽不懂！」小袖紅說。「你是我自家的叔公，你怎麼盡說些難聽的話呀？」

郭叔公聽她那麼說站起來，連麵也不吃了。

「管家，我們走吧。她想守著那分寡，就讓她守著那分寡吧！」郭叔公說。「可咱也把話說在前頭，這人啊，要是沒守住本分，那就沒什麼好面子看的了！我也不想扒灰了！」

開臺王顏思齊（修訂版）

「思齊哥，你開門！你快快開門！」

有一天夜裡，可能三更過後了。顏思齊睡在他的成衣鋪的二樓臥室裡。他突然聽到樓下有很輕的敲門聲傳來。他想夜都深了，誰會來敲門呢？他起先不是太在意，翻了身又要睡去。可是他又聽到很低的幾下敲門，小心翼翼的。他只好披了衣服，爬起床，點了盞小油燈下了樓。這時他聽更清楚了，是他的成衣鋪的通往滷麵館的邊門外有人敲門。

「思齊哥！思齊哥！」

「誰？」他問了一聲。

「思齊哥，是我！」他聽到小袖紅在門外說。她的聲音壓得很低。「你快開一下門！」

他開了門，小袖紅一下子從外面跌了進來，差點撲在他的身上。她身上衣裳不整，好像剛剛跟誰扭打過，逃了出來。

「思齊哥，他們真的來了，那個魯家少爺！」小袖紅說。

「什麼魯家少爺？」顏思齊說。

「就是那個總說要來搶我的人的那個人！說是泉州執事的小舅子的那個人！他真的來搶人了！」小袖紅說。她一臉的驚嚇，走投無路。「他帶了一群人，抬了一台小轎子。然後讓人撬開了我的門。他真的想把我的人搶走了！我是拚命掙扎才逃了出來。他們這會兒還在我的滷麵館裡！」

「這不是無法無天了嗎？」顏思齊說。

「他就是無法無天！」小袖紅說。

「你在這裡待著，別動！」顏思齊說。

他返身從牆上抽了把刀，把披著的衣服穿上，就從成衣鋪的邊門走進滷麵館的邊門。他看見那個魯家少爺正領著幾個黑衣人，舉著燈，在滷麵館裡上上下下搜尋。那幾個黑衣人估計都是魯家少爺的家丁。他們好像感覺奇怪，那年輕寡婦原本就在屋裡，怎麼不見了？顏思齊從口袋裡摸出一枚銅錢，隨手一擲，把魯少爺手中的那盞燈撲滅。滷麵館裡一片漆黑。他猛跨兩步躥到那個少爺面前，用刀拍在對方肩上。那魯少爺一驚。

第二章

「小心！小心！有俠客！」魯家少爺喊。「帶刀！有俠客帶刀！」

顏思齊在黑暗中，像耍戲一樣，跟魯家少爺對砍起來。他東晃一刀，西晃一刀，刻意不傷了對方。幾個家丁聽到聲音砍殺過來。他又用刀背東拍一下，西拍一下。一個家丁衝過來，他伸腿把他絆倒了。又有一個家丁衝過來，他把身子閃開，就勢一摜，推倒地上。可問題是，魯家少爺在黑暗中不知道對方是誰？

「誰？誰？請問義士你是誰？」

「你別問你爺是誰？你爺只是想主持天地公道！」

顏思齊把那些人逼到滷麵館門口，把他們一個個扔了出去。他看見門口真的放了一台黑色小轎子。快滾！快走！快把你們的轎子抬走！他喊。現在的世道是不興搶人的！那不是沒了王法了嗎？魯家少爺正要逃出去。他把刀一擋，又把刀橫在他胸前，然後把他抵在門上，讓他動彈不得。我跟你說清楚了，以後不准再到這裡來！顏思齊說。人家小寡婦是小寡婦，可小寡婦也是個大活人。你就是到了哪個朝代，也不能搶人家一個大活人！懂嗎？顏思齊把他們一個個推搡了出去，他看見他們幾個人跟跟蹌蹌抬起那個小轎子，跌跌撞撞走了。魯家少爺一邊落荒而逃，一邊不甘心地往回望。

「那人是誰呢？天上怎麼掉下一個刀客來？」魯家少爺在嘴裡嘟噥說。「她人在滷麵館裡突然不見了，可是卻出現了一個刀客！」

顏思齊回到他的成衣鋪裡時，小袖紅還躲在門背後發抖。她聽到他的聲音，幾乎不顧一切衝了出來，一下子撲在他的懷裡。

「思齊哥，我，我不敢再回滷麵館去了……」小袖紅說。

「他們走了……」顏思齊說。

「他們誰都來了！那些小無賴來了，魯家少爺來了，我那郭叔公也來了！」小袖紅說。「他們就欺我是個小寡婦。我夫婿沒了。我一人獨宿。他們就全來了。他們連搶人的事也敢了。」

顏思齊完全被懷裡這個女子的弱小和無助打動了。他不由自主把手放在她的肩膀上。他把刀一扔，一下子把她摟在懷裡了。

「沒事，沒事，他們不會再來了！」他安慰小袖紅說。「他們幾個人對付不了

開臺王顏思齊（修訂版）

我一個！」

　　他那天就和小袖紅發生戀情了。

　　「我夜裡再也不敢一個人待在滷麵館了，我怕！」小袖紅倚在他的身上說。

　　「沒事的！以後你夜裡不會再出事了！」顏思齊說。「你現在有我了呢！

第三章

　　顏大哥，你是說，我們就跟他用搶的了？陳衷紀說。跟那個荷蘭佬，跟那個白胖子約翰船長，也用搶的？對，就跟他用搶的！在海上誰怕誰呢？顏思齊說。你能搶了他，你就搶了他。你不搶白不搶！陳衷紀和張掛他們回海澄縣待了幾天，這天又要出海了。顏思齊戴了頂草帽，把他們送到海澄月港碼頭。他們那幾天連連喝了幾天的酒。這幾天喝得真痛快！李洪升說。我們什麼時候回來再跟你喝！他們看見出了月港，海面那邊海風習習。

　　「我碰到那個大白胖子，就給他一個手起刀落！」張掛說。

　　「在海上就是這樣！它沒規矩，你跟它講什麼規矩？」顏思齊說。「你說他們船大，他們搶炮多。可你把他們搶了，我們不也船大了，槍炮也多了。」

　　「對，搶了就白搶了！」李洪升說。「不搶白不搶！」

　　「這海上本就是沒有規矩的地方。你說這海上是誰的？現在誰都說不清是誰的了！你說是皇上的，可是他皇上都不管了！」顏思齊說。「你說那個荷蘭佬，那個約翰船長，他們都從西海岸那麼遠的地方來了，他們就憑這個海誰也管不了。他們就憑他們的船大，他們槍炮多，就在這海上到處胡作非為了！」

　　「對對，白胖子他們敢在海上橫行霸道，也就是這個！」陳衷紀說。

　　「簡單的一句話，以後就是他們幹啥，咱們幹啥！」顏思齊說。「他們用搶的我們也用搶的。他們做生意，我們也做生意。他們想在海上占地盤，我們也在海上占地盤，看看最後誰贏了誰！」

　　他們一直走到碼頭上。那就這樣，我們就這麼告辭了！你也回吧，陳衷紀說。我想要幹就得幹大的！我們得多些人手，得多招集些人！顏思齊說。我們在海上得多一些人馬。你們走了，我估計過幾天，楊經、陳德、李俊臣，他們也很快就要

開臺王顏思齊（修訂版）

回來了。我來聯絡他們一起幹！好，顏大哥，這岸上的事情就你來籌劃吧，陳衷紀說。你海上的朋友多。等人手夠了，我們就動手！

「可是，大哥，你要是真的下海了，那嫂子怎麼辦？」李洪升說。

「那就沒辦法了。我只能把她留在岸上，等我們以後成事了，我再回來看她！」顏思齊說。「小袖紅讓我放不下是，她是個有情有義的婦人！我想我們都鬧成這個樣了，我們都住在一起了。我想跟她結成親，可是她死活不肯。她說她只是個小寡婦，我是個大男人。她不想壞了我的名聲！」

「我就是沒有一把好刀！」張掛說。「我的這把刀不行。我這把刀沒砍幾個人，刀口就捲了！」

「顏大哥，你回去吧！」陳衷紀說。

「沒事，我送你們上船再說！」顏思齊說。

他們一直走到碼頭下面。那裡就停著陳衷紀他們那幾艘斑駁破舊的貨船了。那時候遠處的海面上正波濤洶湧，天海滄茫。顏思齊站在那裡，心裡好像有了種觸動。一陣風吹來，差點把他的草帽吹了。

「就是打劫，就是搶！我們不說別的，這打劫本身就是一樁好買賣！」李洪升越想越興奮地說。「你想想，我們只要劫下了一條船，那就是一筆多大的錢！」

「我是說，我們不幹不幹，要幹幹大的！這海面怎麼的也是中國的海面。是中國的海面，我們就可以到處行船！」顏思齊說。「他皇上不管，我們來管！所以我們得到海上去行船，去走海，去搶！我們不搶小船，要搶搶大船！全搶他娘的歐洲商船！我們把他們的船搶來變成我們的船，然後拿他們的貨去賣錢！我們就有了我們的武裝，有了自己的船隊！到那時候這海上的事情就全聽我們的了！我們想貨行天下就貨行天下，想開疆拓土就開疆拓土！要用搶的，我們也用搶的。我們就是海上的主宰，海上的王！」

陳衷紀那時已經快上船了。他聽顏思齊那麼說，又走了回來。他直直走到顏思齊面前站住，抬起雙手向他作了個揖。

「大哥，聽你這麼說，我想跟你說一句話，以後我陳衷紀全聽你的！」陳衷紀說。「你說行船，我行船，你說走海，我走海。天涯海角，地北天南，生死跟著你。

第三章

我的命無人可取,唯有大哥可取!」

「我也一樣,顏大哥,我也一輩子跟你!」張掛跟著說。「誰跟你過不去,我就給他一個手起刀落!」

「我也跟你,顏大哥!」李洪升也說。「打天下和殺人越貨,我全聽你的!」

他們這時已走到岸邊。陳衷紀轉過身,跳上了船。張掛和李洪升也上了船。

「顏大哥,你回吧,嫂子等著你呢!」陳衷紀說。

顏思齊雙手抱拳,高舉頭頂。

「平安!平安!早日返航!」

你說什麼?你說那縣上的告示說了啥?一個瞎了眼的菜販子問一個瘸了腿的菜販子說。那告示也沒說啥,那告示是說,縣上的內人患了偏頭疼了!瘸子菜販說。這是一個雨後太陽出的清晨,地上還是濕漉漉的,可是太陽明晃晃照著海澄縣衙大街。那是一溜的青石板路。顏思齊一早走出成衣鋪,感覺空氣清新,神清氣朗。他看見縣衙門前對面的那棵大榕樹下站了好些人。人們都在往前擠,好像在看一張告示。他想想沒事,也走了過去。

「還說什麼了?」瞎子又問。

「還說縣上的內人夜裡下床解手不方便,縣上只好親自起來給她端夜壺了!」瘸子又說。

「你這是瞎扯!他縣上的女人尿不了尿也寫進告示了?」

「你不信你自己讀嘛!」

「你沒看見我瞎了眼了!」

瞎子知道那瘸子菜販子是在耍他,又往前擠了擠。你說那告示是說了啥了?他問另一個縣民。那告示是說,我們縣衙門前的菜市場要關閉了!那個縣民說。他們不讓賣菜了!菜市場怎麼要關了?那不是不讓我們賣菜了嗎?瞎子說。不讓賣菜,那不是不讓我們活了?可我們在這裡都賣了幾十年菜了!他們正看著告示,從縣衙的那堵大圍牆下,幾個衙役敲著一面大鑼從街上走過。

一個師爺模樣的人在沿街宣告:

「廣大縣民聽著了!本縣縣衙公告:為了清理縣衙門前一條街,凡縣裡挑擔菜

開臺王顏思齊（修訂版）

販一律後退一百丈！沿街叫賣者，左右各閃五十丈。違者罰錢十文，重者罰錢三十文！本縣多時省察，縣衙門前設立集市有失風景，有礙觀瞻。市井喧嘩，有損本縣肅靜。更為甚者，市井買賣屢致縣民唯利是圖，世風日下，有傷民情。以美化縣衙，淨化民風計，本縣特許從今日起取締縣衙門前一條街，縣衙全民整治運動今日開始。本縣特遣差役組成城管緝拿，違者訓戒嚴處。大明萬曆三十五年八月十二日。」

「這是怎麼回事了？他們真的不讓我們賣菜了？」那個瞎子菜販說，「那不是不給我們飯吃了？」

「他們就是不給我們飯吃了！我們還不是一樣，你瞎了，可我是個瘸子。」那個瘸子菜販說。「我這腳瘸了好些年了，下不了地。我就靠賣這一點菜為生！你說那我們以後怎麼活呀？」

「城管緝拿？什麼叫城管緝拿？」旁邊一個縣民問。

「城管緝拿就是把你拿來是問！」另一個縣民說。「比如說，你是瞎子，你是瘸子，你路都走不動了，你還賣菜！你還賣菜，我就把你拿來是問！」

「那麼說，我們這縣上是不讓人過活了？」那個瞎子菜販灰心失望說。

「縣官也沒說不讓你過活，他只是不讓你在這裡賣菜！」剛才那個縣民說。

可我是個菜販，我還是個瞎子。我不在這裡賣菜，我能幹什麼呀？那個瞎子說，我在這裡都賣了十幾年菜了。他不讓我賣菜，不是不讓我活了？這倒也是，他好好當他的縣官，他怎麼管起人家賣菜呢？另外一個縣民說。再說，咱這海澄縣的縣衙集市可是嘉靖年間就有了的！又一個縣民說。咱這菜市場都有幾十年了，他怎麼說關就關了？

「我跟你說吧，你可能不知道，」一個知道內情的縣民說。「這個告示也不是咱們縣上的本意，那是咱縣上內人的本意！」

「怎麼會是縣上內人的本意呢？」剛才那個縣民說。「我們這個縣是縣官當的家，還是縣官老婆當的家？」

你不知道啊？我們今天的縣上懼內，人們都說他是個「老婆迷」！那個知道內情的縣民說。咱們縣上就怕老婆撒嬌。他那老婆只要往他的懷裡一躺，他就什麼辦

第三章

法都沒有了！他內人患有偏頭疼，夜裡睡不好覺。每天總要睡到半中午才起床。可這時節集市早就吵吵鬧鬧的了。她就趴在縣上的懷裡撒嬌了。縣太說，那個集市吵得她都睡不成覺了！她說那菜市場設在縣衙門前有礙觀瞻，集市影響縣衙肅靜。縣太讓縣上把集市關了，他能不關嗎？

「對對，這事我聽說過。我們縣上確實懼內，」另一個縣民這時插進來說。「你沒聽說，咱們縣上那老婆有時夜裡怕冷，連下床解手都不願了⋯⋯」

「那怎麼辦？你總不能不尿吧？」剛才那個縣民說，「你就是縣上的夫人也是要尿的！」

「我們縣上沒辦法只好親自起來了。」

「縣上親自起來幹什麼？」

「他只好親自起來給老婆端夜壺。」

「什麼？縣上給老婆端夜壺？」

「是啊，他端著夜壺，讓老婆在床上尿！」

「他們一個在床下，一個在床上，你知道嗎？」那個縣民繪聲繪色地說。「他們一個端著，一個尿！噓噓噓！嗞嗞嗞⋯⋯」

那個原本愁眉不展的瞎子菜販聽了，不由笑了起來。

「嘻嘻嘻，你那聲音學得真像！」那瞎子說。

「小袖紅，我看天黑了，咱把店關了吧？」顏思齊說。

「你再等等，再等一下，我再吆喝兩聲，」小袖紅說。「就剩這麼兩碗滷麵了。我再叫喊幾聲，看能不能賣掉！」

「算了，就剩那麼兩碗麵，留著自己吃好了！」顏思齊說。「你沒看見街上都沒人了！」

到了晚上，顏思齊總是從他的成衣鋪走過來，幫小袖紅把滷麵館的門關了。這時他們相知相戀的關係早已公開了。他們也不在乎別人怎麼看待他們了。那時候海澄街上基本沒人了。靠在縣衙門口那邊有一個用竹子搭成的涼亭和一棵老榕樹。那棵大榕樹在夜幕降臨時，變得蒼黑而且靜謐。他們關了門，小袖紅跟著他從那兩道邊門走回他的成衣鋪裡。

開臺王顏思齊（修訂版）

「這一陣子我省心多了。他們誰也沒再鬧了！」小袖紅說。「因為你，那些小無賴不敢來了，那個魯家少爺也不敢再來搶人了！」

「他們敢？你拿死蟲子下麵本就不該了！」顏思齊說，「這搶人的事就更無法無天了！」

「這是為了什麼你知道嗎？」

「為什麼？」

「因為我偷了漢子了。我偷了你，你知道嗎？」小袖紅笑起來說。

顏思齊的成衣鋪有一層二樓。那裡有一個臥房，一個庭閣和一個露台。顏思齊擎著一盞燈。他們上了樓。上了樓後，小袖紅幫顏思齊把他穿的白長衫脫了，讓他坐下。她又幫他把鞋脫了，把一雙布襪子解掉。我去給你打水，你燙一下腳吧？小袖紅說。我想再喝一會酒。你先給我打一壺酒！顏思齊說。小袖紅給顏思齊打來了酒。然後站在旁邊看著他喝酒。

「可我什麼也不管了！偷漢就偷漢！」小袖紅說。「再說，我這也不是偷的。我這是明裡白裡的勾搭你的！」

「小袖紅，我們結親吧？」顏思齊說。

我才不跟你結親！我不想讓我這個小寡婦壞了你的名聲！小袖紅說。我要你一生坦坦蕩蕩的過！你說，你好端端的一個大男人，娶一個小寡婦算什麼話？可我就是要跟你過，跟你好，可我就不嫁給你！他們罵我賤，我就賤！什麼你怕壞了我的名聲呢？我還講什麼名聲啊？顏思齊說，我都是想下海當賊的人了，我還講什麼名聲？他們坐在庭閣上，從那裡的一扇窗子裡，能聽到月港那邊一陣陣濤聲。夜變深沉了。小袖紅變得心事重重起來。

「思齊哥，你說你真的想幹那個事嗎？」小袖紅突然說。

「什麼事？」

就是那個事。你剛剛說的事，你那天跟陳衷紀他們說的事。小袖紅說，你不是說你們想要下海，想幹那種海盜的事，當賊的事……當然幹！憑什麼不幹！我可以去搶船！把他們的外國船全搶來！顏思齊說。他們有船隊，我們也可以有自己的船隊！我們拿他的貨去賣錢，拿他的船來當我們的船隊，你說還有什麼買賣比這個更

第三章

好！等到我們有了大船隊，我們就在海上占大地盤！

「那你最後不是要離開我了？」小袖紅小聲和不情願地說。

「所以我才想跟你結親！」顏思齊說。「結了親，你就是我明媒正娶的妻子了。他們想辱沒你也辱沒不了了！」

「我才不跟你成親！我才不嫁給你！你好端端的一個大男人，娶我一個小寡婦算什麼話？」小袖紅說，「可我不嫁給你，我就是要跟你好！我要你心地坦蕩地去幹你想幹的事情。我一個寡居的婦人，跟你好過這一陣子，也夠了！」

「可我要是真的走了呢？」顏思齊又說。

「要走你就走。他們罵我賤，我就賤！」小袖紅說。「我心裡算過，你走了，我這輩子也算過完了！」

「你胡說，你年紀還輕呢！」

「可我有過了你，我這輩子就過了！」

顏思齊想到什麼站起來。他轉過身拉了她一下。她以為他想擁摟她，自然而然依偎在他的懷裡。他從懷裡掏出兩支翠玉簪子，不聲不響插在她的髮髻上。小袖紅感覺到什麼，伸手一摸，摸到了那兩支翠玉簪子。她把那兩支玉簪全拔了下來。你這是什麼？你給我這個是幹啥呀？小袖紅不解不高興地說。這是兩支玉簪子。是我從漳州翡翠堂買來的。顏思齊說，那個開店的宋大拿是我的熟人。他說他有兩支玉簪，單那兩塊玉就值六兩銀子了。他只收了我六兩！我是想把這給你……我才不要這個東西！我知道你總是想給我買一些貴重東西！小袖紅說，你總是想讓我穿金戴玉，把我裝扮成一個海澄縣的貴娘子，可我不要！小袖紅，你聽我說，我是想下海走了，我要去當賊了，顏思齊說。可我總得給你留下一些東西，懂嗎？我們相好一場，你早就是我的人了，我得給你備下不時之需……

「可我不要你的東西！你想把我打扮得珠光寶氣的，好讓你臉上有光！」小袖紅說，「你怕我跟你相好，讓人瞧不起！可我不是衝著你的這些東西來的！」

「這是兩塊上等美玉，這東西值錢……」顏思齊說。

你就是天底下最好的玉我也不要！我知道你總覺得欠了我的情！我們相好一場，你總覺得欠了我的情！小袖紅委屈和傷心地說，你想把我打扮得光光鮮鮮的，

開臺王顏思齊（修訂版）

好讓人說不出我的醜話！可你明白你怎麼裝扮我，我也是個寡婦！我一個小寡婦穿金戴玉幹麼呀？顏思齊抓住她，堅決把那兩支玉簪又插在她的頭上。

「你一個單身女子總會碰到一些事的！有時你會碰到不時之需，」顏思齊說。「這是我給你備下的不時之需！我沒有別的用意。」

「可我不戴就是不戴！」小袖紅說。

她又摘下那兩支玉簪，他又去奪那兩支玉簪。她不知怎麼跟他撕扯起來。她胡亂打起了他。他起先任她打，後來他去抓她的手，不知怎麼也打了她兩下。可是他們打著打著，兩人就抱在一起了。

「我給你留下這兩個玉，是想給你攢一些錢。」顏思齊說，「這東西以後會長錢。以後我不在了，你說不定可以靠這個渡過難關！你真是個婦道人家，你看事情怎麼就不看長遠一點？」

「可我不會有什麼難關了。你走後，我這輩子也就過了，」小袖紅說。她把整張臉全埋在他的胸脯裡。她在他的懷裡哭了起來。「到那時候我就沒有什麼為難的事了！」

「可你一輩子不能這樣過了！」

「我的一輩了就是這樣過了！」

相公，你真的是太有才了！你這是哪裡搞來的呀？知縣夫人說。夫人，我知道你喜歡綾羅綢緞，喜歡養尊處優，還喜歡花縣裡銀庫的錢！海澄知縣說。我就讓人從蘇杭二州給你採辦來了這麼大批的衣料！我還全花縣裡銀庫的錢！這天一早，海澄知縣就在夫人臥房的一張案台上，擺了一大摞錦織布料。他等縣太梳洗完畢，一手扶著夫人，一手打著榧子，彎著腰，把夫人引到那張案台跟前。縣太看了那些布料，大喜過望。海澄知縣那時更喜歡在夫人的臥室裡消遣，也不喜歡坐堂。相公，你知道嗎？這縣裡的人都說你是個「老婆迷」了，知縣夫人說。「老婆迷」就「老婆迷」，還好我還沒包二奶！知縣說。你知道嗎？現在在咱們明朝像我這樣級別的官都包二奶了，知縣是哪個級別的你知道嗎？知縣是處級的了，而且是正處級。可我還從沒包過二奶！

「相公，你對我真是太好了！」知縣夫人知足地說。

第三章

「咱這為官一任，不對自己老婆好點，對誰好？」

「你說你這花的全是縣裡銀庫的錢？」

「全花縣裡銀庫的錢！全花縣財政的錢！」知縣滿足地說，「你說這錢我花得，我怎麼不花？咱們縣的財政大了。這裡是月港。縣財政有的是錢，你能花你憑什麼不花？」

「可是大人，我這會兒頭又有點疼了！你知道我一直有偏頭痛！」知縣夫人接著說。

「你頭怎麼又疼了？」知縣大人心疼地說。「你患偏頭痛，你就多睡一會兒覺，你起這麼早幹嘛？」

「可我能多睡一會兒嗎？我還想睡覺，可你那個菜市場就到處吵吵嚷嚷了！」夫人不滿地說，「我跟你說，我查遍了全中國上下，也沒有讓菜市場開在縣衙門前的！你說這縣衙是政府所在地，怎麼能跟菜市場開在一起？」

「要關了！要關了！那個菜市場馬上要關了！」知縣大人保證說。

知縣說，他今天告示都貼出去了，師爺也鳴鑼通告了。為了加強縣城管理，城管緝拿昨天也成立了！縣太過了一會兒才緩過氣來。相公，昨晚夜裡太冷了，我下不了床，只好又難為你了！知縣夫人裝不好意思的樣子笑了笑。昨晚又讓你辛苦了。你是說夜裡我給你端器皿的事嗎？知縣大人知足地說。那沒什麼，那是應該的！你說你要男人幹啥？你要男人不就是幹這個的嗎？

知縣夫人不知怎麼又蹙起了眉頭。

「我覺得我好像又緊了，我這會兒又有點內急了！」

「你是不是要我去端，端那個器皿……」知縣大人說。

「別別，別了，大人，你今天就不要去端了，」知縣夫人好像很過意不去說。「大白天的，我自己去就好了！夜裡辛苦你，白天就不要了！」

知縣夫人看著那些面料，不知怎麼又為難起來。相公啊，你說這麼多的絲綢面料，我拿來怎麼做呀？你把它全拿去做了衣服。你冬八套，夏八套，春秋再八套。知縣說，八套加八套，十六套。三八二十四，二十四套！知縣夫人走到一面銅鏡前，看了看自己的身子。她顯然對自己的身材很滿意。她像現代模特一樣，晃著

開臺王顏思齊（修訂版）

腰，學著走了走貓步。可這麼多面料，你說做什麼款式好呢？你要全做流行的。不是瘦腰嗎？現在女裝全流行瘦腰！知縣大人說。咱們這裡離京城遠。可你京城裡流行什麼，咱們就得做什麼。這樣才跟得上潮流，本大人也才長臉！

「還有呢，這麼多服裝咱請誰做呀？」夫人想想又為難起來。

「顏思齊！你怎麼忘了？我們縣裡有一個大裁縫，顏思齊！」知縣說。

「對對對，顏思齊！大裁縫顏思齊！」知縣夫人高興得氣喘吁吁嬌喘起來。「真是，我怎麼把個大裁縫給忘了？相公，你說我們讓他做這麼幾套衣服，也要給錢嗎？」

「你讓他縫衣服是咱看得起他，還要給錢？你說他是什麼人？我是什麼人？」知縣說。「他是個裁縫，是吧？我是個知縣，是吧？他那個裁縫可以白幹，我這個知縣能白幹嗎？」

「這是顏大官人，顏大裁縫的成衣鋪嗎？」縣衙管家問。

第二天，縣衙夫人就乘著一台小轎來到顏思齊的成衣鋪前了。顏思齊正在成衣鋪裡裁裁剪剪。他抬頭看見一批衙役提著棍棒列隊走到他的鋪前，接著緩緩來了一台小轎。小轎兩邊各跟了兩個婢女，那個戴了頂家丁帽的縣衙管家先探了路。小轎停下打開布簾後，從裡面走出了縣衙夫人。那婦人走上店前台階時，身子閃了一下，差點摔了。那管家連忙上前扶了一把。

「小心小心，夫人！」管家說。

那婦人斜了管家一眼，臉上含笑。兩個男女表情曖昧。縣衙夫人走進鋪子裡時，仍然走了下貓步。她對自己的身材和姿色相當滿足。那管家連忙跟進來，搬了把椅子讓那婦人坐下。她冷冷地看顏思齊一眼。

「這是現今縣上的夫人，」那管家說。

「你是顏思齊顏大官人嗎？我是縣上的夫人，」縣衙夫人說。「要是說，知縣是你們的父，那我就是你們的母了！我正幫著你們父母官管理縣裡的政事，我要把菜市場關了！」

縣衙夫人說，她聽說他是個大裁縫，特意讓人從蘇杭二州購來了大批錦織，當然，那全是花縣裡銀庫的錢。那縣裡銀庫的錢多，她不花白不花。我今天就是特意

第三章

光顧你的鋪子來的！縣衙夫人說。夫人說完，使了一下眼色。那兩個婢女各用雙手托著兩疊顏色豔麗的絲織綢緞，走進店裡。顏思齊連忙給知縣夫人和管家讓坐上茶。我們夫人想請你縫製春秋冬夏各式二十四套服裝。冬八套，夏八套，春秋八套。三八二十四套！管家說。我們縣上的夫人訂製服裝當然是花縣裡財政的錢！服裝款式要新，做工要細！你知道我們家主人的知縣是不能白當的！

「那是，那是，在咱們明朝，縣官都不是白當的。這我當然懂！」顏思齊說，「做工嗎？做工錯不了。你知道我們鋪子做工原本就不敢疏忽了。這又是縣裡的活，縣上夫人的錦衣玉服更沒說的了！」

「那樣式呢？」顏思齊又問。

「全要瘦腰的，腰身要瘦！」縣衙夫人說。「你知道現在京城流行的款式嗎？現在京城流行什麼，你就做什麼！」

「行行，那好！」顏思齊說。

「那我們什麼時候來取衣服？」管家說。

「有那麼幾個月也就行了！」

顏思齊接著跟管家商定了工錢。他少收了他三成，接著他要管家留下訂金。

「這是縣裡的活！」管家說。

「縣裡的活也得按規矩辦，」顏思齊說。「訂金是要交的！」

「你知道官府的活就好了。官府有的是錢！」管家最後說。「你只要把活做好就好！你怕官府裡沒錢？」

第四章

　　打起來了！打起來了！這天縣衙門前一早就有人喊起來了。顏思齊聽見喊聲走了出來。怎麼打起來了？他說。縣衙那邊打人了！一個縣民說。怎麼打人了？城管緝拿打菜販子了！一個路人喊。菜販子全挨城管緝拿打了！顏思齊走到街上，看見街上一片混亂。幾個挑擔子賣菜的小販奔逃而過。

　　「你們是怎麼了？那邊出什麼事了？」他問。

　　「縣裡開始清淨市場了。縣上要把那個菜市場關了！」那小販說。

　　「什麼叫清淨市場？」他說。

　　「就是不讓你賣菜！城管緝拿逢人就打了！他們說這是嚴管！」那個小販說。

　　「嚴管？什麼叫嚴管？」

　　「嚴管就是不問青紅皂白，逢人就打！你知道嗎？」那個小販說。「他們不讓你賣菜，就是不讓你賣菜！他們說不嚴管不行！」

　　顏思齊看見又有幾個菜販子挑著擔子奔逃而過。他上前攔下，想問具體情況。這時就有兩個衙役趕過來了。那些小販紛紛落荒而逃。兩個緝拿眼看要追上一小販了。顏思齊上前把那兩個緝拿擋了下來。兄弟，你就放他一馬吧。他們賣菜也就是圖個生活！顏思齊說。你們這辦的是縣上的公務，能緩一緩就緩一緩吧？顏大官人，你不知道，我們縣上說了，這城管要下大力度，要花大力氣！那兩個緝拿其中的一個認識顏思齊。我們都是縣上的雇員。縣上的雇員當然得聽縣裡的。縣上要嚴管，你不嚴管行嗎？

　　「可你嚴管也用不著打人呀，」顏思齊仗義說。

　　「嚴管就是不讓賣菜！你要賣我就是打！」另外那個緝拿說，「顏大官人，你不知道，那些小販刁著呢！你剛剛把他們趕了，可你一回頭，他們又來了！」

第四章

「這市場不關不行了！你不知道，我們縣上的內人犯了偏頭疼！」剛才那個緝拿說。「她夜裡睡不好覺！可白天你菜市場吵吵嚷嚷的，她怎能睡得好？所以這市場就得嚴管！」

顏思齊看到那裡街上人們仍然在奔來奔去。整個縣城一片混亂。縣衙門口那邊又傳來了一陣叫喊聲。他看見地上到處是一些坍倒的竹棚和貨架，一些傾翻的籮筐，一些打翻的蔬果。他聽到叫喊聲那邊，是一群城管緝拿正圍打兩個菜販子。他走近了一看，才看見那兩個瘸子和瞎子小販。他們因為又瘸又瞎跑得慢，結果就被城管緝拿圍住了。

「打他，就打他！他怎麼打也不跑！」一個城管說。

那個瞎子在地上摸摸索索，好像他什麼東西掉地上了。那個瘸子在地上爬來爬去。他的菜擔子被打翻在地，蘿蔔青菜灑了一地。

「我的錢，我的錢！我的錢掉哪裡去？」那瞎子說，「你們把我的一貫錢打丟了！我找不到錢了！」

「我的菜擔子！我的菜擔子！你們把我的菜擔子打爛了！」那瘸子抱住一個緝拿頭目不放。「你把我打死吧！不然你得還我菜擔子！」

你們還走不走？你們還走不走？你還想在這裡搗亂？那個緝拿頭目對那瘸子和瞎子說。你還找什麼呢？你還想找什麼錢？你把我的菜擔子打翻了！我還怎麼賣菜？那瘸子說。這裡不讓賣菜了，你還賣什麼菜！一個緝拿說。瘸子仍然抱著那個緝拿頭目的腿不放。你還不放手嗎？你還不放手嗎？那個頭目說，你是不是要讓我把你這條腿也弄斷？錢，你還我的錢！我就剩那幾個錢了，那瞎子說。你拉扯我，把那串錢弄沒了！

「你是不是眼瞎了？你那掛錢早就跑沒了！你去哪裡找錢？」另一個緝拿對那瞎子說。

「我就是瞎子麼！」那瞎子說，「你把我的錢弄丟了，你就得賠我的錢！」

那幾個城管緝拿繼續毆打那兩個菜販子。那瘸子和瞎子死活不走。

「你不就那幾個破銅板麼，你找什麼錢？」那個緝拿喊。

「我就剩那幾個破銅板了。我都沒錢了！」那瞎子說。

開臺王顏思齊（修訂版）

「你還不放開手嗎？你真的要我把你那條腿也弄斷嗎？」那個緝拿頭目說。

「你還我的菜擔子！不然你把我這條腿也弄斷吧！」那瘸子說。

顏思齊覺得看不過去了，走上前把那幾個城管緝拿擋了擋。

「你想幹什麼？你想幹什麼？」那幾個城管緝拿喊。「你想妨礙執行公務嗎？」

一個城管緝拿看見居然有人敢上前阻攔他們，提著棍子就衝了過來。顏思齊徒手接過那根棍子，就勢往後一拖，那緝拿把頭栽在一堆爛菜葉上。又一個緝拿舉著棍棒衝過來。他把身子一側，用手一托，把那緝拿送進一隻破籮筐裡。好幾個緝拿看見他身手不凡，全舉著棍棒擁過來。

「停停停！住手！你們瞎眼了？」那個緝拿頭目這時認出顏思齊。「這是顏大官人。這是顏大裁縫。他不是小販。」

那緝拿頭目把那群緝拿攔下來，走上前，對顏思齊作了一揖。

「顏大官人，在下正在執行公務，沒想把大官人驚動了！」他把頭轉向那些小緝拿。「你們是不是也瞎了眼了？你們怎麼連顏大裁縫都沒認出來？縣上是讓我們整治小販，讓你們整治顏大官人了嗎？我們縣上的夫人衣服都是在顏大官人那裡訂做的呢！」

「那當然不行！」那些小緝拿全認了錯。「縣上的夫人讓我們端夜壺，我們也得端！」

「快點快點，那兩個小販跑了！」一個緝拿喊。「那個瘸子和那個瞎子跑了！」

「快把他們捉拿回來！把他們拿回來嚴管！」緝拿頭目喊。「你不把他們嚴管了，他們明天還回來擺攤！」

「我周公，作周禮……」

「我周公，作周禮……」

「著六官，存治體……」

「著六官，存治體……」

徐先啟這天仍然在私塾裡教書。他背著身子，領著孩子們誦讀《三字經》。可他抬起頭時，又看見了顏思齊和董貨郎的臉。他們又站在那個窗前。顏思齊又向他晃了晃那只餐盒。又來了，又來了！還是那樣！顏思齊說。還有五香，還有封肉，

第四章

還是一壺燒酒！行行行，你們先上書房裡等我！徐先啟說，我再誦幾遍就完了！你們可別先把封肉啃光了！顏思齊走進書房時，聽到書房外有什麼響動，走出去一看，看見那瘸子和瞎子兩菜販躲在一堵牆的角落裡，好像正在吃東西。這時徐先啟進來了。

「他們怎麼在你這裡呢？」他問。

「罪孽，罪孽！他們賣菜犯了法啦！」徐先啟說。「那瘸子的一條腿瘸了。他們把他的菜擔子踩爛。他們追趕那瞎子，把那瞎子的一串錢弄沒了！」

「剛才是我幫他們擋了一擋，他們才逃了的！」顏思齊說。「他們還想把他們嚴打！」

所以我說沒有桃花源！徐先啟說。他們又坐下來喝酒。可是你的腳臭！你的襪子也臭！顏思齊說。你的汗衫也臭！你怕又有半月沒洗了吧！董貨郎也說。你說這海澄縣怎麼回事？你好好的一個菜市場不讓人賣菜？徐先啟說。你說人們上哪裡去買菜吃？那些賣菜的靠什麼過活？不是說，是因為縣上的夫人夜裡睡不好覺嗎？董貨郎說。你睡不好覺那更不行！睡不好覺是你家裡的事？可這菜市場是全縣人民的事，你怎麼能把菜市場關了？徐先啟說。我總覺得這個縣上不行！你說那省府的賑災銀怎麼回事？咱縣裡的庫銀怎麼回事？我們還沒查呢，他倒要把菜市場關了！

「你還是喝你的酒吧，你操心縣上的事情幹嘛？」

「可我不行，我是朝廷的廩生，我多少還是吃皇糧的，」徐先啟說。「我什麼時候稟見當今縣上，一定要把這些個事情問問清楚！」

「你不也知道，這個大明快完了！」顏思齊說。「這個大明不是別人把它搞完的，是他自己把自己搞完的！」

「我就是為了大明，為了朝廷，怎麼也得找找縣上！」徐先啟義憤添膺說。「你這為官一任，不要說造福一方，你至少不能為害一方麼！」

「可是你的腳臭！」顏思齊逗弄地把頭轉開。

「對對，我的腳臭，我是個窮書生！可我這個窮書生不為民請命，誰為民請命？」徐先啟端起一杯酒，一口喝乾。「還好，你們沒把這封肉都啃完了！我就不信你一個知縣可以假公濟私，貪贓枉法，胡作非為！」

開臺王顏思齊（修訂版）

你是不是又要罵皇帝了？董貨郎說。你總是這樣罵皇帝是不好的！罵皇帝又怎麼了？皇帝隔那麼遠也聽不到了！徐先啟說。可你看看這個縣，就知道大明越來越不行了！你說在大明天下，哪有見災不救，見菜販子就打的！徐先生，你知道我為什麼就喜歡跟你喝兩盅？顏思齊說。就因為跟你喝兩盅解氣！論讀書人，你才是一個讀書人！你一身的正氣！

「你別叫我先生，你就叫我兄弟就行了！」徐先啟說。

「可你畢竟是我的先生！」顏思齊說。

「可我們是兄弟！」徐先啟也說。

「可你還是我的先生！」

「你還是我的兄弟！」徐先啟說。「你說我一身正氣，可你剛才不是還說我腳臭來著？」

「你的腳是有點太臭了，可你為人正義！」顏思齊說。

「我們今天不談桃花源了？」顏思齊又說。

「不談了，談什麼桃花源！」

「可我覺得說不定在什麼地方能找到桃花源！」

「在什麼地方？」

「在那片海上……」

「不可能！那海不就是一片海嗎？」徐先啟說。

「怎麼不可能？那海上的地方大著呢！」顏思齊說。「說不定那裡就會有個桃花源的！」

「你說我們這樣是不是有點太好酒了？」徐先啟又說。

「這酒起碼能助你的忠肝義膽！」顏思齊說。

「你們怎麼了？怎麼全像叫化子了？」顏思齊問。

「這回下海風不順，潮不好，沒賣多少貨！」楊經說，「倒是被風浪弄慘了！一路頂風回來，衣裳都寒磣破了！」

像顏思齊說的，陳衷紀他們幾個人下海出航後不久，楊經、陳德、何錦和李俊臣等兄弟也從海上航行回來了。他們從海回來時，身上一身破衣爛裳的。陳德背了

第四章

一捆纜繩，李俊臣扛著根大槳。他們一直走到成衣鋪跟前了，顏思齊才把他們認出來。怎麼啦？怎麼拉？你們是下海去化齋嗎？他喊。他把他們請進成衣鋪，讓他們隨便換了身好點的衣服，過後，又請他們在那個小酒館喝酒。你瞧我怎麼說的？我說你們要回來了，你們不就回來了？顏思齊說。前幾天，陳衷紀他們剛剛回來，我就說你們也快回來了，你們不就回來了？

「我跟你們說，我跟陳衷紀他們約好了，我們準備下海去當賊！我們想去搶約翰船長的船！」顏思齊說。

「搶船？那不是當海盜了嗎？」楊經說。

「就是就是，就是當海盜！」顏思齊說。

「這樣正好，我們就跟他反了！」陳德說。

「這不是反了！我們是去替大明爭地盤！」顏思齊說。

「可這不跟反了一樣？反正動刀子，動槍炮，殺人放火！」李俊臣說。

「對對對，是反了！」顏思齊說。「反正在那海上沒有規矩，我們也不講規矩！」

顏思齊很喜歡這幾個兄弟，雖然他們從海上回來，一個個像叫化子一樣。他知道楊經出身於漳州一個名醫世家。他雖然也學醫，可他更喜歡走海行船。陳德個子矮墩，可是膂力過人。李俊臣是個機靈人，善於走動善於理事。顏大哥，反正我也聽你的！你說反了，我就跟他反了！何錦扭著柳條一樣的身子說。他說話女裡女氣的。端酒杯時，還把手彎成了蘭花指。他總是無意間把自己當成妹子。他站起來無緣無故扭了一下腰身。只要你需要妹子的地方，你儘管說。你別看妹子身子單薄，你妹子酒喝得多，人也殺得多！

「何錦兄弟，你真的越來越像個誰家的小婦人了！」顏思齊忍住笑說。

「你別叫我兄弟，你要叫我妹子，」何錦說。

「可你不明明是我的兄弟嗎？」

「我主要的是用他們科學家的話說，身上的女性荷爾蒙多了一些！」何錦忸怩作態地說。

「就是就是，我一直勸他趕緊找個婆家嫁了！」李俊臣說。

「找婆家？我就找你怎麼樣？咱自家兄弟不嫁？我嫁給誰？」何錦說。

49

開臺王顏思齊（修訂版）

「我才不娶你！」

「我要嫁也不嫁給你！兩棍子！」

他們開始又喝起了酒。

「楊經，你現在還行醫嗎？你還一邊走船一邊行醫嗎？」顏思齊說。

「我當然還行醫。這是祖傳法術，本生豈可放棄！」楊經說。

「我說你改行走海行船，可別把你的身家世業給忘了？」顏思齊說，

「那不可能。這叫作術法在身，無所不施。家世豈可忘懷？」楊經說。「大哥，你不知道，我們這些行醫的人就是這樣，我這幾年雖然下海了。可是，走海可以多長見識。我這幾年醫術不見退長，倒是有所見長！」

「這樣就好。以後咱們兄弟起大事了，說不定我用得上你的地方就多了！」顏思齊說。「這醫在世間作用是少不了的，你就是當了賊，賊也會鬧個病，發個燒！」

「那我就更得把我們家的世事家術發揚光大了！」楊經說。「你說得對，你就是當了海賊了，有時會有個三災五病！」

「你們這一趟出海還有什麼人回來了？」顏思齊想想又問。

「還有一個楊天生！我們回來一共有兩個船隊回來！」陳德說，「我們一隊回了月港，另外一隊是楊天生。他回泉州去了！」

「楊天生？是不是那個紅臉江湖楊天生？」顏思齊問。

「對對，就是那個紅臉船主楊天生。」陳德說

「這人我聽好些人說了。聽說他在爪哇、西門達臘一帶，到處散銀子。」顏思齊說，「這個人為人仗義。他有一支大船隊。他只要一看見華人就散銀子？」

「對對，他解救了好些華人！」陳德說。

「他是泉州人？」

「對，老家泉州！」

「可惜我還沒見過他，我真想見見他！」顏思齊說。

「那還不容易，什麼時候從海外回來，我把他帶來就是了！」楊經說。「他也說他早就想認識你了！」

他們正喝酒說道著時，顏思齊成衣鋪裡一個女工模樣的女子急匆匆走來。

第四章

「顏大官人,他們來了!」
「誰來了?他們誰來了?」顏思齊問。
「縣衙裡的人。他們來取縣衙夫人訂做的衣服了。」
「來了幾個人?」顏思齊說。
「還是那個管家和兩個丫環,還有四個衙役。他們全帶了刀,」那女工說。
「走走,回去看看,拿個衣服帶那麼多人幹嘛?」陳德說。
「是什麼衣服?是一些花衣裳嗎?」何錦聽了興致很高,說。「那我也去看看。我就喜歡那樣一些花衣服。她縣官老婆穿得,我肯定也穿得!」
他扭扭擺擺站了起來。
「我的腰身瘦,那女裝要是我穿了好看,我就讓那個縣官老婆送我一件。」
「管家,這工錢還是要的!」顏思齊說。
「你知道這是縣裡的活嗎?」管家說。
「縣裡的活也是要錢的!」顏思齊說。

顏思齊和他的幾個兄弟酒也不喝了,一群人回到了成衣鋪。他們遠遠地看見鋪子門前站了幾個衙役。他們全帶了刀。回到成衣鋪,顏思齊將縣衙夫人訂做的那二十幾套衣服打成幾隻包袱,放在檯面上。那管家示意那兩個丫環把包袱拿走。顏思齊上前擋了一擋。

「這我就不知道了。我只知道我們縣裡訂做活,是從來不給錢的!」管家說。「你說官府給你訂做個活,你收官府的錢?官府沒讓你送銀子就夠了!這是大明的天下,大明的官員都是貪錢的!我們縣上沒讓你送錢,你還想跟縣上要工錢?」

縣衙管家伸手要去取包袱,陳德一把按住了。怎嗎?這是縣太的服裝,你不讓拿嗎?管家說。你給了錢就行!陳德說。這光天化日之下,哪有做了活不給錢的!管家又要取包袱,陳德又把包袱壓住。

「怎嗎?你們是想反了嗎?」
「買賣論斤,做活給錢,這是天底下的規矩!」
那些衙役看見他們動起手來,全伸手去拔刀。
「幹什麼?你們想幹什麼?」楊經喊。

51

開臺王顏思齊（修訂版）

　　楊經、何錦和李俊臣看見衙役拔刀，也同時伸手握住了刀。什麼？怎嗎？你們敢嗎？那管家把頭戴的家丁帽子轉了一轉。你們真的想反了嗎？你們官府做活不給錢，那不就是賊一樣了？何錦扭扭擺擺走到那個管家身旁，用一根指頭戳了他一下，說，我們剛想下海當賊，你們早就是一群賊了！對對，我們是官府，也是賊，怎麼樣？管家承認說。你說話怎麼那麼股酸娘們味兒？

　　「娘們就是個娘們又怎麼樣？」何錦說。

　　管家抓住那兩個包袱不放，陳德跟他爭奪起來。他們爭來爭去，陳德把那管家一推，推倒在地。那幾個衙役看見了，全拔出了刀。

　　「這不是反了嗎？這不是反了嗎？」管家喊。

　　楊經、何錦、李俊臣看見那些衙役拔出了刀，也全拔出刀。衙役衝過來，他們就迎上去了。雙方便打了起來。緊接著是一片刀光劍影。整個海澄縣大亂。何錦一邊扭著腰身，一邊把刀使得像蛇一樣。他和陳德、李俊臣用刀逼退了那幾個衙役。海澄縣小，又在縣衙門口，騷亂很快地驚動了衙門。縣裡的捕快很快地增援過來了。顏思齊看見事情鬧大了，也從牆上取下了把刀。他把刀使得像流行歌曲一樣。那是一種行雲流水，一種韻律和曲線。他表面看過去不是太講究架勢和招式。可是招招出奇，刀刀重點。縣衙管家從地上爬起來，一邊往後退一邊嚷嚷。

　　「混帳！混帳！他，他，他就是反民顏思齊！」管家跺著腳喊。「他給縣太做衣服還要拿錢！他領著這群人反了！把他逮住，送、送縣裡！」

　　顏思齊一步跨到管家面前。

　　「你說什麼？」

　　「我說你做縣裡的活還要拿錢！」

　　「還說什麼？」

　　「我說你反民一個！」

　　顏思齊就用那種流行歌曲一樣的刀術，把刀拉到身後，然後朝前一晃。那刀口就落在管家的頸項處了。人們還沒看清什麼，那管家還站在那裡，可是頭顱已經脫離了頸部，飛到很遠的地方掉去了。那管家還站，可是鮮血直濺屋頂。顏思齊看見他把管家砍了，知道事情鬧大了。一不做二不休，領著楊經等人，索性跟那群衙役

第四章

大怒廝殺起來。他們連連砍翻了四五個衙役。那成衣鋪子基本全砸壞了。血濺四壁。

「哥，我們這鋪子就不要了！」陳德說。「我們原本就說要下海了！我們就下海算啦！」

我知道我這麼走了，最對不起的是你！顏思齊說。沒事，你走！你走！我沒什麼！小袖紅說。你走你的！顏思齊要下海出走了，小袖紅把他送到海灘上。他發現他們很奇怪，他們心情都很平靜，好像這是註定要發生的事情。這事全在他們預料之中。他們身後是一條倒翻過來的舢板。他們靠在舢板上站著。那是月港一處偏僻的海灘。海水退到很遠的地方去。沿著海邊是一片泥濘的灘塗。顏思齊這時才發現他對小袖紅特別留戀。

「我原本就知道我有一天會走的。我想去海上，痛痛快快地幹幾件惡事。殺人、放火、打劫！」顏思齊說。「可我沒想到這麼快就走了！聽說縣裡都要通緝我了。以後這裡，我們兩人的事，就全你一個人擔當了！」

「思齊哥，你說你會回來嗎？」小袖紅突然小聲喃喃地問。

「這我也不知道了！不過我想我會回來！」顏思齊說，「我怎麼走也就在這片海面上。只要在這片海面上，我就離海澄很近，也離你很近！」

小袖紅這時候做出了一個很古怪的舉動。她把顏思齊的一隻手抓了過去，把他的手放在她的小肚子上，讓他摸摸。

「你在那裡摸摸，往下摸摸！」小袖紅說。「再往下一點！使勁一點！」

「你讓我摸什麼呢？」顏思齊說。

「我跟你說，我有了！」她說。

「你什麼有了？」他說。

「你的骨血！我們的兒子！」小袖紅突然高興地大笑起來說。

「我的骨血？我們的兒子？」顏思齊一下子反應不過來。「你說什麼呢？我的骨血？我們有了兒子了？」

「你還說，你還說！」小袖紅羞紅了臉，可是心滿意足。「你說你夜裡，你夜裡，你總跟人家糾纏……」

「可你怎麼什麼都沒告訴我呢？你是什麼時候有的？」顏思齊著急了說。

開臺王顏思齊（修訂版）

「有兩個多月了。他原本就小，我那麼早告訴你幹嘛？」小袖紅說。

可是顏思齊黯然神傷，低垂下頭去。可是我要走了。我都快看不到你，也看不到他了！顏思齊說。你這時候才說！你覺得那個事情是小事情，可這個事情對我是個大事情！你知道嗎？也就是我要當爹了！可你怎麼不告訴我？我這時候都要走了你才說！可他是你的兒子。我們的兒子！你看不到了也是你的兒子！小袖紅說。你就是走了，他也是你的骨血！他是我們的。他是你的也是我的！你走了，他也會生下來！

「可我走了，你怎麼辦？」

「我要把他生下來！我要把他養大！」小袖紅說，「我要讓你知道，在海的這邊，在大陸的海澄，你有你的一個骨血！」

顏思齊緊緊地抱住了小袖紅。他吻遍了她的額頭和臉頰。他吻她，她也吻他。他們互相胡亂吻著對方。他把她的頭髮都弄亂了。這時海面那邊有一條小舢板靜靜地划過來，到了海邊上。顏思齊這時才把小袖紅放開。陳德和李俊臣坐在船上朝這邊喊。

「顏大哥，海水漲上來了。我們走吧！」

「可你一個婦道人家，要把一個孩子養大有多難呀！」他不忍心說。

「這不是你的事。這是我的事！」小袖紅說。

「顏大哥，上船了。上船了。水漲上來了！」陳德又喊。

「那我走了。小袖紅，」顏思齊說，「我就在這片海上！我以後只要找到時機就回來看你。」

顏思齊想了想。

「孩子生下來要是男的，就取名叫顏開疆。」顏思齊說，「等他長大了，讓他到海上去找我！跟他說他爹是海上一支大船隊的首領！」

「顏開疆？顏開疆？這個名字好！成，就叫這個名字！」小袖紅說。「思齊哥，我一定把孩子帶大，以後讓他到海上去找你！」

顏思齊都要走了，可是想到什麼，又走回來。他把他隨身帶的一隻包袱，放在那條破舢板倒翻過來的船底上解開。他從裡面取出一把剪刀遞給她。這把剪刀你留

第四章

著。你記住我曾經是個裁縫。他把剪刀放在她手裡。這把剪刀你帶著,有時可以防身。另外,以後也可以讓孩子對我有一個想念。

「思齊哥,其實我真得感謝你。」小袖紅滿足地笑笑說,「你想想,我都是個寡婦人家了,你卻讓我懷上了你的孩子!我們的孩子!」

陳德在海邊上喊:

「上船了,顏大哥!水漲上來了,顏大哥!」

「有時機我一定會回來看你。袖紅,其實你早就是我的人妻了,我們只是沒成親!可那又怎麼了?」顏思齊又把小袖紅抱了一下。「我知道,我以後會有一支大船隊。說不定什麼時候,我就領著那支大船隊回來看你了!」

第五章

「順著潮水走！別弄開出聲響，別划槳，」顏思齊吩咐兄弟們說。

一天暗夜，顏思齊領著一支船隊悄悄靠近了一條歐洲商船。那是一艘三桅船。船不是很大，可是在暗夜裡可以看到，那商船舷邊上聳著一門火炮。

「我們貼近了它，那火炮火槍就沒用了。」顏思齊對張掛和李俊臣說。「那玩意對遠處的目標還行，你貼近它，它就發作不起來了！」

那是一個風平浪靜的夜晚。他們的幾條小船悄沒聲息靠近了那條大船。那是在日本長崎的外海海面。那商船等著第二天卸貨，所以還沒靠岸。顏思齊一共出動了七八艘小艇。他們起先蟄伏在海面上，然後無聲無息地靠了上去。這時有幾個人影攀著那艘船的幾條纜繩，爬上了商船，又從上面將索梯放了下來。顏思齊從一條索梯上了船，兄弟們也一個個爬上索梯，上了船。

「幾個堵住後面艙口，幾個下到艙底，」顏思齊小聲吩咐說。「船樓上可能也有人，堵住舷梯！」

一個守夜的水手看見了他們的身影，一下子嚇得張口噤聲喊不出來。張掛揮刀橫劈下去。那水手沒出聲倒下了。

「他娘的，我這把刀真的不行！」張掛在嘴裡說。

一個歐洲水手懵懵懂懂從船艙裡走了出來，好像還在睡夢中，起來要解手。他沒看見他們，他們看見了他。只見刀光一閃，那手水倒下了。陳衷紀看了看手中的刀，抹了一下血跡。

「這船上又少了一個了！」他說。

一個白人水手好像聽到了什麼響聲，提著支槍，從船艙裡跑出來。可他來不及開槍，就被旁邊的顏思齊一刀砍翻了。那條大商船在黑暗裡渾然不知地被占領了。

第五章

「大哥，這裡還有幾個人！」李俊臣和何錦在一個船艙門口喊。

「別再動刀子了！把人看住了就好！」顏思齊說。

顏思齊領著眾多兄弟走進一個船艙裡。

「你說你們誰是船長？」顏思齊問。

那個船艙裡擠著好幾個人。一個中年白人只穿著條短褲衩，坐在一張小床上。李俊臣用一把火一照，那白人胸口露出一大撮絨毛。那白人不說話，顏思齊就知道那是船長了。

「他們這船都運的什麼？」顏思齊問。

「一些毛毯，還有一些皮製品，」一個兄弟說。

這時一艘小船平移了過來。他們把那個船長和幾個水手押解上了那艘船，想讓他們自己漂開。可顏思齊想到什麼，又走進他們劫持的商船的廚艙裡，找了瓶水，隔著船遞給那個白人船長。然後比比船長的嘴，又比他的肚皮。

「這是給你的。你帶著。你別以為東方的強盜都是壞人！」

顏思齊在日本長崎落下腳後，又開了個成衣鋪，重操舊業。他感到奇怪的是，他在長崎開的成衣鋪，他做的日本和服，同樣受到日本上層人士的歡迎。長崎的很多達官貴人又全到他的縫紉店訂製服裝。那成衣鋪坐落在長崎的一條小街上。那是一條鵝卵石小街，一個典型的日本店鋪。鋪前掛了盞方形的日本宮燈，鋪面和櫃檯全是一些杉木板，裁剪台也是杉木板。正面牆上掛了幾件新製成的男女和服。那條小街上不時有一些日本武士和外國的海員走過。陳衷紀這時一身武士打扮，從成衣鋪外走了進來。

「顏大哥，我們的那一船貨全脫手了！」陳衷紀喜滋滋小聲地說。

「是嗎？就是我們做的那條荷蘭商船？」

「就是那一船的毛毯和皮革！那天晚上我們到手的貨！」

「是嗎？價錢怎麼樣？」顏思齊說。

「我把那船貨全賣給一艘中國船。我聽他們說，中國眼下正缺那些貨。」陳衷紀說。「我把它們賣了八千多兩銀子！毛毯賣了五千多兩，皮革賣了三千多兩！」

「是嗎？八千多兩！」顏思齊興奮地說。「那幹這個劫掠真的比什麼買賣都要

開臺王顏思齊（修訂版）

來錢了！」

「那些錢得找個銀莊先存起來，以後會有大用處，」顏思齊接著又說。

「我已開了銀票了！」陳衷紀說。

陳衷紀在成衣鋪裡走走看看。他看到鋪子裡到處掛著些男女和服。

「大哥，你這種服裝也做呀？」陳衷紀說。

「你是說和服嗎？這和服其實跟我們大明漢服差不多。他們也是學我們的。」顏思齊說。「我們漢服一代又一代改變了很多。可是和服保留了更多的古代的色彩。他們還保留了寬袖和寬領。」

「大哥，我奇怪的是，你不就一個海賊嗎？你卻開起了成衣鋪！你一邊當裁縫，一邊又當強盜！你這是算啥呀！」陳衷紀打趣說。「你是不是想在日本當王爺了，還給人家做裁縫呀？可我想不到的是，你在海上幹著搶劫的勾當，成衣鋪子的生意卻也好像很旺！」

「對對，看來，我這行當還行！」顏思齊說。

「你說什麼？誰被通緝了？」徐先啟說。

「我們的顏大兄弟！顏思齊大兄弟被通緝了！」董貨郎說。

董貨郎挑著他那擔貨郎擔，搖搖晃晃，引著徐先啟往縣衙門前走。徐先啟一手提著長衫，一隻手還拿著書本。他本還在書堂裡教書，可是被董貨郎叫了出來。他們走到那棵大榕樹下，看見樹上貼著張通緝令。通緝令上的畫像正是顏思齊。

「這裡面肯定有隱情。我的這個大兄弟為人仗義。他不是為非作歹的人！」徐先啟看著通緝令輕輕地說。「他就是殺了人，也肯定有他的不平！別的人我不知道，這顏大兄弟我清楚。他是個懂得綱常大法的人！」

「那你說會是什麼事呢？」董貨郎說。

「不會是誰誣了他吧？不然就是誰先對他無理！」徐先啟說。「總之你說到死我也不信，他會平白無故殺了人！」

「你不會又要罵大明皇帝了吧？這跟大明皇帝可是無關？」董貨郎說。

「怎麼無關！正是他們的治國無能，才會出現這麼大的冤屈！」徐先啟說。「這一下完了！我再也不會有人提著燒酒，帶著封肉和五香來找我喝酒了！更沒有人會

第五章

無事聽我窮聊到半夜！」

徐先啟先生精神顯得沮喪。

「這他娘的這麼好的人，怎麼都被逼得逃離了海澄！這海澄縣還能容得下人嗎？」徐先啟又說。

「徐先生，你怎麼罵人了？」董貨郎說。

「我哪裡罵人了？」

「你罵了他娘的！」

對對，我罵了他娘的！我就是罵他娘的！徐先啟說。這以後也沒人再聽我罵皇帝，罵官府了！他娘的！也沒人跟你論說《桃花源記》了！董貨郎說。這回我這個窮書生可就真的窮到底了！徐先啟說。我是體制內的，他是體制外的。可我這個體制內的總是得等那個體制外的給我送酒。現在你就是再好酒也沒人給你送酒了！他娘的！

「不過，這下也好了！」董貨郎說，「他走了，以後也不會再有誰罵你腳臭了！」

「這倒也是，我腳臭礙他什麼事！」徐先啟說。「別人都不敢說我，就他敢說我腳臭！」

「再說，也不會有人一邊稱你先生，又一邊跟你稱兄道弟了！」

這也是，他總是稱我先生，又稱兄弟！我都弄不懂我究竟是他的先生，還是兄弟！他現在逃亡在路，他總說要到海上去。我估摸他是到海上去了！不過，這是個志存高遠的人，徐先啟說。他要是真的到海上去，以後我們要是在內地真混不下去，生活不濟了，倒是可以到海上去找他！找到他我們不是又有吃有喝了？我太知道這兄弟的稟性了，他為人慷慨。只要找到他，弄點吃吃喝喝的總是有的！說不準以後我們還真的得去找他！

徐先啟接著輕蔑地說：

「他們官府想通緝他？抓到他？根本不可能！」

「現在我們得做兩個事情，一個是招兵買馬，擴大海上勢力，一個是繼續尋找目標，虜獲大船！」這天，顏思齊把陳衷紀、楊經、李洪升幾個人叫到一起說。「我們兩手都要抓，兩手都要硬！」

開臺王顏思齊（修訂版）

　　他們沿著一條海岸走。那裡的岸下停靠著他們的幾艘海船。

　　「你們想想，我們剛下海多久？我們就有了這麼好幾艘賊船了！我們想在海上形成大的勢力，我們就得廣招人馬。」顏思齊說，「只要大陸來的華人，我們都要招攬進來。我想建一個贍住館，把內地出來的人全留下來！還有我們得繼續盯住海上的目標，只要是大魚，外海來的大貨，不管它是三桅的，或者五桅的，就把它收了。我們來到海上就是以劫掠為生的……」

　　一天，陳衷紀和楊經走到一個碼頭上，看到一群人密密麻麻圍在一起。不知道那裡發生了什麼事，兩人一塊走過去。

　　「快死了！那裡一個人！」一個長崎人說。

　　「他們只好在那裡等死了！他們是被人從船上卸下來的！」另一個日本人說。「你看那樣子都快沒氣了！也不知道得的什麼病？」

　　陳衷紀和楊經擠進去一看，看見人群裡地上躺著一個青年人。那人臉色焦黃，面無血色，嘴唇乾裂，基本沒有氣息了。一個老人側身坐在那年輕人身邊，一臉聽天由命和無可奈何的樣子。一個女子跪在旁邊哭。他們全一身漢人打扮。我說我們不！我們別出來！你偏偏要！這海外哪有什麼好地方呢！老人說。你說給他治吧，可這裡哪來的醫生？哪來的藥？咱出來盤纏也差不多用完了！老伯，這是怎啦？你們是怎麼來的？楊經問。病了。在船上病了。我們想去新宿。可是卻在這裡被扔下來了，那老人說。

　　「這是你的誰？」陳衷紀問。

　　「我兒。」老人說。

　　「你們怎麼來到這裡的？」楊經問。

　　我們想去新宿投奔他叔。新宿有他們一個叔父。他叔萬曆初年就出來了，老人說。可在船上，我兒病了！也不知道什麼病？反正眼看著不行了！船主怕他活不下去，也怕把病傳給別人。就讓我們在這裡上岸了，昨晚把我們一家從船上卸了下來。

　　「老伯，你們這裡都沒有親屬吧？」陳衷紀問。

　　「沒有。這裡是什麼地方？是長崎？可我們是去新宿，」老伯說。「現在我們新宿去不成，兒子病不好，錢也沒了！」

第五章

「老伯我跟你說，這是我的一個兄弟！他是名醫世家出生。他懂醫術！」陳衷紀把楊經介紹了一下。「我讓我兄弟給你兒子看看病。可你們得先住下來。對了，我想起來了。你們等等，我去找一個人來！」

陳衷紀走開了，楊經開始給那年輕人看起病。過了一會兒，陳衷紀領著顏思齊撥開人群走了進來。

「就是他們嗎？」顏思齊問。

「就是他們，」陳衷紀說。

走走，把他們先帶回去！楊經兄弟，你回去給他看看，看他什麼病了！顏思齊跟楊經說。有藥給他抓一些藥，能救把他救了！現在內地出來的人太多了！可他們得先住下來，陳衷紀說。先讓他們住客棧裡去吧，不然就住我那裡去！顏思齊說。我們得趕快把贍住館建起來！弄不好我們得建一個閩南城！我們得設法把海外的華人盡量收留下來！

那老人站起來，給顏思齊長長作了個揖。

「老伯，你們是內地哪兒的？」顏思齊問。

「老家龍溪。」

「這麼說，我們是同鄉了！我是海澄人，你是龍溪人，我們就隔一個縣！走走，你們先住我那裡去！我去叫兩個人把你兒子抬了！」顏思齊說。「我這個楊經兄弟在漳州老家是名醫世家，他父親叫楊滄溪。回去我讓他給你兒子看看，開個方子吃吃藥，說不定病就好了！」

「這不難為你了？」老伯說。

「什麼叫難為呢？」顏思齊說。

「我們都快沒盤纏了……」

「別提盤纏的事了！」顏思齊說，「你兒叫什麼呢？」

「叫李英。」

顏思齊很快地在長崎建起兩座日本大屋。他讓人在那屋脊上豎了一面旗幡。旗幡上書有幾個大字：「東瀛洲華人贍住館」。他們用贍住館周濟了幾乎所有到長崎來的華人，結果投靠他們的人越來越多了。他們又連連劫獲了幾艘歐洲商船。奇怪的

開臺王顏思齊（修訂版）

是，對於長崎大名幕府來說，他們是一夥海上的武裝，全在海上幹一些劫掠虜獲的事情。他們長期潛伏在長崎，可是長崎的幕府全蒙在鼓裡，一點也不知道實情。

「衷紀弟，你說，我們建這兩個大屋花了多少銀子了？」顏思齊問。

「我們存的銀子差不多花完了。我把銀票子全拿去兌了！」陳衷紀說。

「沒事，我們來錢容易！」顏思齊說。「我們再做上幾艘船，不就又什麼都有了！」

顏思齊這天領著幾個兄弟沿著那個瞻住館到處走了走。最後在一個大廳裡坐下。那個大廳後來成了他們的議事大廳。那大廳面積很大，四周擺滿了各種兵器，一面牆上還掛著幾把火槍。

「你們想吃壽司嗎？今天大家好像還沒吃，」陳衷紀說。「我去買幾分壽司大家吃！」

他們正說著，何錦與李俊臣吵吵嚷嚷走了進來。他奶裡奶氣，扭扭擺擺走來，把腰搖得像一根柳條。

「思齊哥，你說說，我是你的誰？我是你的妹子，是不是？」何錦說。「我說我還不想嫁人，李俊臣總要我嫁人。他還總要我嫁給那個日本薄長，我又不是瞎了眼！」

「他怎麼要你嫁給什麼日本薄長呢？」顏思齊問。

「事情是這樣，何錦妹子跟那個日本薄長鬼混上了！」李俊臣說。「那薄長一看見何錦，就直盯著他的臉蛋瞧！」

「還瞅臉蛋呢，他直盯著我的褲襠！」何錦說。

「對對對，他直盯著你的褲襠！所以我就說，何錦妹子你乾脆嫁給他算啦！」李俊臣說。

你們怎麼跟什麼日本薄長鬼混上了？顏思齊問。那日本薄長跟我們何錦小妹打得火熱，主要是我們很快就會再獲得一樁大買賣了！那薄長是個港口書記官。李俊臣說。我請那個薄長喝酒，何錦妹子跟他勾勾搭搭，他就把港口所有的事全告訴我們了！

「一筆大買賣？什麼大買賣？」陳衷紀剛剛出去叫了壽司回來，一聽說又有了買

第五章

賣,叫嚷起來。「我們正需要再做幾筆大買賣,我們得再弄幾筆錢!」

一艘西班牙船,你知道嗎?一艘西班牙船要出港了!李俊臣說。那全是那個薄長透的口風!那西班牙船是艘大船。據說是五桅,四十多丈長。那船全載了各種銀製品和香料,還有一些布匹。那船值錢,那銀製品也值錢。你說那薄長對我們有多好。人家是有情於我們,我才勸我們何錦兄弟嫁給他麼!

「你啐!我才不嫁給什麼日本男人,更不嫁給什麼薄長!」何錦說。「你看見他那副色眯眯的樣子,你心裡就起雞皮疙瘩了!」

「那船上有多少人員?他們裝備了什麼傢伙?」顏思齊又問。

「這個我們也打聽清楚了,好像有二十多個船員。」李俊臣說。「那船有四門火炮!船員好像都配備了火槍!」

「那船配備了火力,也得搶了它!」陳衷紀說。

「對,絕不能放了它!我們就是幹這個的!」顏思齊說。

「你說他們會來嗎?」李洪升說。

「保準會來,陳衷紀給他們的錢不少了!」顏思齊說。

在長崎的一個小港灣裡,天色漆黑。一堵陡峭的海岸下,兩條船好像很偶然地停在海邊。顏思齊和陳德、張掛、李洪升幾個人坐在船艙裡,互相看了看。

「我們是跟誰買的?那些槍炮?」陳德又問。

「聽中野武士說,是一群荷蘭人!」顏思齊說。「那是一群軍火商!」

「我們真的要用一些真槍真炮了?那我那刀不是使不上了?」張掛說。「我張爺爺也要使上那些洋槍洋炮了?」

他們靜悄悄地隱匿在那個小港灣裡。天雖然很黑,可是從長崎那個巨大的島影裡,還是可以看到岸上幾個巡夜的傜夫的身影。他們一邊敲著鑼,一邊叫喊著封港了。在江戶時期,日本跟大明一樣實行海禁政策。那種鑼聲響起,船隻就不能進出港了。任何船進出港都將遭受嚴懲。這天晚上,顏思齊決定透過一個名叫中野少佐的日本武士作為中間人,向幾個荷蘭商人購買一批火力武器。當時荷蘭人的武器是最先進和最精良的。顏思齊知道,當時在海上強權就是武裝,擁有武裝就擁有海上的統治力量。實際上當時東南亞太平洋周邊國家的政府,對海上的控制能力是有限

開臺王顏思齊（修訂版）

的。各國政府對海的作用認識很淺，對海的監管和統治也就很少。結果很多擁有私人武裝的船隊就擁有了海上的控制權。但是日本幕府當時除了禁港鎖國外，特別禁止武器交易。因為武器交易可能導致海上秩序更亂，甚至危及幕府統治。那天他們的交易是在海上進行的。他們坐在船艙裡聽到從海岸上，從那些黑黑的山崖下面，不時傳來的巡夜的傜伕們的呼號聲：

「封港啦！」

「封港啦！」

「禁止船隻出入港了！」

可就在這時，右側岸邊的一條水道，有一條小船無聲地劃來。中野武士出現在船上。兩船靠近在一起時，顏思齊用手比劃一下，說，貨能來嗎？中野用一種堅決的動作比了一下，說，能！又過了一會兒，一艘幾乎沒有任何聲息和隱在夜幕中的海船也平移而來。船上是兩個長著連鬢鬍子的歐洲船員和幾個本地水手。他們划著船靠近過來。中野把顏思齊和對方的船長叫到他的船上，實際上也是互為人質。那個船長想跟顏思齊握手，顏思齊不懂那個禮節，擺擺手。歐洲船長大惑不解，聳了聳肩。顏思齊給那位船長作了個長揖。那船長學了一下，樣子笨拙。他們都在船艙中坐下。中野給他們兩人倒了兩杯酒。他做了個手勢，請他們兩人喝酒。三人開始飲酒。

「你帶錢來了？」中野武士問。

顏思齊點了點頭。

「你帶貨來了？」中野又問。

那個健壯的歐洲人也點了點頭。

「我必須強調一點的是，今晚的交易是在保密的情況下進行的！」中野武士說。他拔出一支箭弩，使使勁，當眾折斷。

「誰洩了密，誰就會像這支箭一樣！」中野少佐說，「今天在場的人必須明白，這件事情發生了，也就消失了！這也可以理解為，以後的交易還可以繼續進行！」

這時對方的那條荷蘭小船駛了過來，與顏思齊的船並排停在一起。顏思齊在夜幕裡看見，對方那條船的幾個船員開始搬運過來一些包裝箱。李洪升和張掛點起了

第五章

一個小火把,開始驗收。他們打開一隻大箱子看看,裡面是一門大火炮筒。又打開一隻,又是一門大火炮。對方接著又搬過來一箱箱的物品,陳德又一箱箱打開看了看,看見其中的幾箱是一桿桿火槍。那船把所有的二十幾箱包裝箱全搬完了。李洪升看看顏思齊,顏思齊點了點頭。李洪升就從那邊船上跳過來,跨到中野這邊船上。他帶來了一口布袋,裡面全是金幣。他將那袋金幣,交給顏思齊,又由顏思齊交給中野先生,讓中野先生轉交給那個歐洲船長。那歐洲船長打開布袋,往裡面看了看,表示滿意。

「我們得迅速離開這裡。我們得馬上在這裡消失!」中野少佐說。「我們要是讓德川將軍巡夜的兵士發現,事情就全完了!」

「再會,」顏思齊學會了跟那個船長握了握手。

「祝交易成功!」那個白人船長說。

在夜幕裡,那幾條船突然消失得無影無蹤。

「那些貨你都看了?」顏思齊在返航的路上問。

「全是真槍真炮!」陳德說。

65

第六章

　　方勝和鄭玉商量後決定到長崎投奔顏思齊。我們與其在這裡挖煤，人不人，鬼不鬼，方勝說。我們還不如去投奔他，說不定能成大事！那時整個東南海到處風傳著一個訊息。東南海洋面上出現了一個海盜顏思齊。他正在招兵買馬，擴大地盤。只要找到他就有銀子分。那消息在幾乎所有的碼頭上流傳。兩條船靠在一起，人們就談這個事。方勝和鄭玉那時是待在長野的一個礦區裡。這天，他們和一群礦工背著煤筐從巷道裡往上爬。巷道裡空氣稀薄。他們每回爬出巷道氣都喘不過來了。一個礦工一爬出地面，一下子就撲倒在地上，把煤灑了一地。

　　「你怎麼把煤灑在這裡呢？」一個工頭說。

　　巷道口上站著兩個日本工頭，其中一個一直笑容可掬地看著他們。他們看見那個礦工摔倒在礦道井口，就走過去了。那個工頭臉上始終帶著微笑。

　　「快起來，把這些煤撿起來！」

　　「你是真走不動了嗎？你就不能再走兩步？把煤倒到煤堆去？」另外那個工頭說。

　　那個礦工掙了兩掙沒爬起來。他好像徹底虛脫了。那兩個工頭突然同時舉起棍子，狠狠揍在那礦工身上。那工頭臉上仍然帶著微笑。那礦工再也沒爬起來，叫也沒叫。那棍子落在他的身上，就像落在一隻麻袋上，沒有聲響，也沒反彈。礦長，礦長，你停停手！方勝把煤倒了，回來求情說。他那煤我來幫他撿吧。礦長，你們等等。我來摸摸看，看他還有沒有氣！鄭玉說。他要是還有氣，你們就再打！沒氣就算了！

　　「怎嗎？你們也想要嗎？」那個滿臉含笑的工頭說。

　　「你是嫌待在井下不舒服了？」另個那個工頭威脅說。

第六章

　　那兩個工頭繼續毆打那個礦工,臉上一副認真神聖的表情。那對他們來說是一份道義。因為他們要對煤礦負責。他們不能容忍幹一半活倒在地上,更不能容許把好不容易從地層底下採來的煤灑在地上。這就是煤礦精神!我們的煤礦精神就是採煤!不斷地採煤!那工頭說。那個礦工再也沒有爬起來,主要是他的肺部再也不能呼吸了。他嘴角慢慢地沁出了一絲血。這時從礦下又走出了幾個礦工,坑口有十幾個礦工了。方勝和鄭玉一人握著一把鑊頭,朝那兩個工頭走去。

　　「你們想幹什麼?」一個工頭說。

　　「這是在我們礦上,你們想幹什麼?」那滿臉笑容的工頭也吃驚地說。「你們不知道什麼叫煤礦精神嗎?」

　　他們幾乎同時把那兩把鑊頭砸在那兩個工頭身上。那十幾個礦工一同走來,他們把隨手找到的武器,全打在那兩個工頭身上。

　　「媽呀!我的眼睛打出血了!」那兩個工頭一個喊。

　　「睪丸!睪丸!」那個原本臉上總是帶笑的工頭,雙手抱住褲襠也喊。「我的褲襠,我的睪丸啊!他們把我的睪丸踢爛了!」

　　方勝看見旁邊有一塊大矸石。他走過去,抱起大矸石。走回來,朝一個工頭頭上砸下去,又抱起來,朝另一個也砸下去。那兩個工頭全倒在地上,死了。如果你們有想跟顏思齊的,跟我們走!方勝喊。我看我們在這裡是不能幹了!那兩個工頭是我處死的!方勝說。那會兒天空陰沉,空中有幾隻烏鴉在叫著盤旋。那幾個礦工互相看看,不知怎麼表態好。

　　「我還是想在這煤礦幹。背煤是辛苦,可我們需要糊口呀!」一個礦工猶豫地說。

　　「我們那麼遠從唐山過來,不就圖過個活嗎?」另一個礦工說。

　　「就是要過日子,就是要發點財,你才得去找顏思齊!」方勝說。「他們做的是大買賣。劫船,你懂嗎?劫歐洲的大船。每回劫一艘船,你就能分到好些銀子。因為那是搶來的!」

　　「可我還有一床棉絮放在礦上⋯⋯」一個礦工說。「我得去把棉絮取回來!」

　　「你就算了?到了長崎,住進贍住館,你還會怕沒有一床棉絮!」

開臺王顏思齊（修訂版）

你們的，花花姑娘的！你們都是我花錢從森村手裡買下來的。你們現在就是我的兩筆財產，兩件活動的實物。日本浪人解釋和申明說。在札幌的一條小街上，一個日本浪人披散著頭髮，佩著劍，領著兩個年輕女子在雪地上走。遠處是一個小酒館的幽暗的燈光。他們朝酒館走去。我這麼說你們懂了吧？你們兩個，你們兩個是我的兩件實實在在、有血有肉的值錢的財產，兩件實物！你們給我聽清楚了，在日本，我有權利處置我的個人財產。我可以隨便處置你們。我可以拿你們解決我個人身理上的需要，也可以拿你們以交換的方式去賣錢。

「浦之上啊，雲水間……」那小酒館裡傳出一陣暗啞的歌聲。

在小酒館裡，高貫和余祖坐在一個小包間裡喝酒。我跟你說，我們是唐山人，唐山人就不能總是當孫子！高貫說。他們也正在商量投奔顏思齊的事。他們是偶然相遇在一起的。高貫的祖上已移居日本兩代人了。他基本全講日語了。他說他在福崗開了個小銀器店，可他與一個日本浪人結仇。有一天夜裡他的銀器店被那個浪人燒了。他隻身從火災中逃了出來。我也是，我也是，我受日本浪人的氣也多！余祖在札幌也開了個皮革店，可是一天夜，幾個日本浪人衝了進來，把皮革也全搶了。我們浪人都活不下去了，你們中國人倒是活爽了！那些浪人說。店反正燒了，本錢也沒有了，余祖說。行，走吧，就去找顏思齊！

「花花姑娘的，十五株！要不要？陪喝陪笑。」那個佩劍的日本浪人領著那兩個女子，走進他們包間。「有進一步的需要再加十五株！陪睡，懂嗎？十五株再加十五株！」

高貫揮揮手，表示拒絕。

「這個這個，聽話。傻，你知道嗎？」浪人說。「一隻完完全全的男人的枕頭。你可以把她夾在胯下。她年輕，才十五歲！」

「我自己就是札幌人。什麼花花枕頭？」高貫用日語說。「朋友，你還是把她們領走吧！」

「你說什麼？你也是日本人？可你怎麼也講老家河洛話？」余祖說。

「我們父母是從泉州遷來的，我是第二代人。」高貫說，「所以我日本話會講，河洛話也會講。」

第六章

余祖聽見那兩個女子說了句什麼，聽出她們講的也是家鄉閩南話。她們好像在日本碰到了兩個老鄉感到很驚奇。

「你們是哪裡來的？聽說話你們也是唐山人？」他問。

「唐山人？對對！內地，大陸。」

「大陸？什麼地方？」

「泉州晉江！」

又是一些泉州人，又是一些漳州人！余祖說。這幾年泉州漳州出來了多少人啊！你們走吧！你們走吧！高貫說。我們這兩老爺子不吃葷菜，我們全吃素的。那個日本浪人只好領著那兩個女孩，又走進另一個包間。過了一會兒，那浪人自己出來。他臉上有一絲做成了生意的滿意。可是他剛退出來，那包間裡的一個女孩就被踢出來了，摔倒在通道上。另一個女孩緊接著也被趕了出來。這是哪裡趕來的兩匹母馬呀！那包間裡有男人罵。她還不讓碰呢！不讓碰還算女人嗎？另一個男人說。那浪人把那兩個泉州女孩拉了就走，就好像拖走了兩件活動的實物。這是我的第一筆投資，你們是我的私人財產。我理所當然得從買賣中獲利！那浪人抱怨說。他拔出劍在雪地上揮了揮。現在浪人不行了！浪人還不如一條狗！現在的幕府是不要浪人了！

「我真想把你們宰了！現在幕府都不要我們去當差了！」那浪人對那兩女子說。「你們又賣不到錢，那我要你們幹什麼呢？」

「走走，我們看看她們去！」高貫說。

「她們跟我們什麼關係呢？」余祖說，「我們還沒想好要不要去長崎呢？」

「我看我們去！我覺得跟了顏大哥不會錯。他們能成大事。你想想他們搶的是外國船！」高貫說。「我怕那個日本瘋子真的把她們宰了！她們怎麼也是我們泉州人！」

「他不會把她們宰了。你沒聽他說，她們是他的一筆投資！」余祖說。

那浪人拖著兩個女孩又走到雪地上。他威脅她們說，他要強姦了她們。我先強姦你一個，再強姦她一個。浪人說，我要讓你們明白，你們大唐來的女人，都是拿來讓男人強姦的嗎？高貫和余祖這時從後面趕上來。高貫從前面攔住了浪人。

69

開臺王顏思齊（修訂版）

「將軍，請留步，我這裡有件事想跟你商量！」高貫說。

「什麼事？什麼事？你們是不是想要了？花花姑娘？」浪人說，「大哥你不知道，現在日本浪人全不行了。幕府的人更看重商人，看重工商份子。武士們生活大減。月錢還不夠買酒喝。我只好自己進行個人投資。這兩個花花姑娘就是我的投資。你要嗎？你要弄走一個，還是兩個都要？」

「我想借用你的刀使使，然後把她們全帶走！」高貫說。

他說著靠上前去。那浪人還不知道他使的什麼動作，那把武士刀已被抽走了。浪人十分惱火。刀被奪走，等於被解除了武裝。他把身子往下一挫，做出一個準備相撲的動作。余祖出現在他身後，雙手捉住他的腰帶，然後輕輕巧巧將他舉起來。

「去那邊躺著喘一會兒息吧！」余祖說。

他將那個日本浪人扔在雪地上，和高貫帶上那兩個泉州女子頭沒回就走了。

「我們這時候就去長崎？」余祖說。

「我們這時候就去長崎！」高貫說。

看起來風停了，楊天生說。可是天氣還很不好，王平說。我看還會下雨！楊天生沒想到他們從北海道返航的路上會碰到那麼場風暴。他們在途中的一個荒島避了三天風，才又出航。可是那天天氣還十分陰沉，而最主要的是，因為途中耽誤，他們返回浙江原本可以維持十一二天的淡水和米，現在只能維持八九天了。王平，我早上讓你去看看水和米，你去看了？楊天生問。看了，王平說。水和米夠嗎？我看不夠了，回浙江不夠了，王平說。

「那只好省著吃，省著喝了！」楊天生說，「我們半路上又沒什麼地方可以加水加糧！」

他們仍然在海上航行。那時風浪還很大。楊天生看見一個大浪捲來，把船高高抬起，又將船拋入浪底。可他們又從浪谷裡冒出來，遠遠又看見了海上出現了一個小島。那是個荒島。

「你看，你看，那是什麼？」兩個正在划槳的船工突然喊。「那島上有煙！那島上好像有人！」

那天因為風暴剛過，遼闊的海面上波濤洶湧，空氣潮濕。楊天生朝那島上注視

第六章

了一會兒。那荒島看上去偏僻荒涼，渺無人跡。可在這時，他真的看見在一片叢林後面，霍然有一縷濃濃的青煙升起。

「那島上有人！」他說。

「那島上怎麼會有人呢？」王平說。

「會不會因為風暴刮上去的呢？」楊天生說。

「他們的船可能沉了！」王平說。

「我們把船靠過去！」楊天生決定說。「看看是什麼人？先把人救了！」

「那可不行，我們水和米都不夠了！」王平說。「我們還有十一二天的航程！他們上了船吃什麼？喝什麼？」

「那怎麼辦？你總不能看著那島上有人，卻見死不救？」楊天生說。

「我看我們繼續往前走。我們碰到別的船了，讓他們過來！」王平說。

可他們正說著時，看見那島的海邊沙灘上，突然出現了七八個小小的人影。他們在島上好像在大喊大叫，拚命揮手，呼喊著什麼。這不行，我們得靠上去，得把人救了！楊天生說。這大海茫茫，去哪裡找船？要是沒別的船，那些人不全死在那島上了？可我們確實不行！我們自己都救不了了，王平說。他們上船，我們不是連自己也要餓死了嗎？楊天生突然想起什麼，開始親自把舵，把船往那小島上靠。

「你這麼一急，我倒是想起一個人來了！」楊天生下了決心說。「你沒聽到這東南海洋面上，到處在風傳著一個消息。這一大片海上出現了一個大人物！」

「誰呢？什麼人？」

「顏思齊！」楊天生說。

「顏思齊怎麼了？」

「他正在建一支大船隊！他在海上占地盤！」楊天生說。「他正在做一些大買賣！我過去的好幾個兄弟現在全在他那裡幹。楊經、陳德、何錦都在他那裡幹！他在長崎有一個贍住館！」

「贍住館怎麼了？」

「我們把這些人救起來，先到長崎去。我們把這些人送到他那贍住館，」楊天生說，「我們可以在他那里加糧加水，然後再回浙江。其實我早就想見見顏思齊了！弄

71

開臺王顏思齊（修訂版）

不好我們也投奔了他，幹大事就得投奔了他！」

他們把船往小島上靠去。可是一個大浪把他們推了回來。他們又往上靠。那海島邊出現了一群人。他們全是華人打扮。

「拋錨！給我拋錨！」楊天生喊。「你瞧，你瞧，又是一批華人！」

你說你叫什麼？叫桃源紀子？顏思齊說。你這個名字很奇怪。你這個名字不像日本名字，倒像中國名字。顏思齊認識桃源紀子是在他的成衣鋪裡。是嗎？我的名字像中國名？桃源紀子說。中國有一本書叫《桃花源記》。那也是桃源，你也是桃源，那不是像中國名字了嗎？顏思齊說。只是那個桃源不是真實的地方，因為從來沒人見過。你倒是實實在在的！顏思齊在長崎又開了成衣鋪子。他的鋪子不知怎麼驚動了長崎的大名德川幕府將軍。將軍夫人的服裝全拿到他的鋪子裡縫製。結果他就認識了桃源紀子了。桃源紀子是將軍府的侍女。她總是來取將軍夫人訂製的和服。這天她又和一個小丫環來到他的成衣鋪子裡。

「你說你家女主人，將軍夫人喜歡我做的和服？我想，她很可能是喜歡大明的服裝吧？」顏思齊又說，「因為我替你主人做的這些和服，我盡量把它做得像大明的女裝。那領口和袖口的樣式，還有那些雲彩金縷線，就是明朝的樣式。」

「是，是，我們主人喜歡大明的東西。」桃源紀子說，「我們女主人喜歡人們從大明帶來的珠寶、玉器，男主人德川將軍喜歡中國書道。」

「他們還喜歡什麼？」

「我們將軍還喜歡射箭。他收集了很多明朝的弓箭，」桃源紀子說。「現在他的客廳屏上，就掛了一把長弓，叫『流泉弓』。那也是他讓人從明朝搜集來的一把名弓！」

「對對，紀子小姐說的對。我們女主人是個漢服迷！」另外那丫環說。「我們家男女主人全喜歡紀子小姐。我們雖說是他們家裡的使女，可他們都把她當女兒看。她懂事，她又會畫浮世繪。」

顏思齊看見桃源紀子一直在觀賞他做的一套桃紅色和服。

「你好像很喜歡那套和服？」顏思齊問。

「我喜歡那種顏色和那個樣式，」桃源紀子有點不好意思說。

第六章

「為什麼呢？」

「那顏色像櫻花的顏色。那樣式正像你說的，有點像大明的服裝！」

「你要的話，你試著穿穿，我以後再給你做一套！」顏思齊說。

桃源紀子真的走到後面把那套和服換上。她又出來時，顏思齊好像是被一道粉色的光亮照進眼裡。他心裡暗暗稱奇。一種彌漫的，漂浮和浸潤的粉色，罩在桃源紀子身上，幻化成一道柔美的亮光，幾乎讓他眼前一陣暈眩。桃源紀子穿上那套和服後，顯得特別清純端莊。她的雙肩柔軟嬌小，她的脖頸修長香豔，透著粉色。她笑起來嘴角兩邊露出兩條美妙無比的笑紋。

「紀子小姐，紀子小姐！我突然知道了！」那個小丫環突然喊。「你在我們將軍府裡得到那麼多的寵愛，我知道是什麼原因了！」

「你知道什麼呢？」桃源紀子說。

「你不像長崎的女子，你不像大和日本的女子⋯⋯」顏思齊也說。

「我們將軍和夫人全寵愛你，是因為你身上有一種軟氣，」那個丫環用痴痴的嗓音說，「你穿這套女服脖子好像還透著白白的香味！」

「你說我不像日本的女孩，那你說我像什麼呢？顏大官人，」桃源紀子說。

「你更像我們老家九龍江口那些清晨浣紗的女子。我們唐山老家是在九龍江口。你知道九龍江嗎？那是一條一直流入海裡的江！」顏思齊用一種回想往事的嗓音說。「我們唐山的女子一般不輕易外出。她們總是天沒亮就出來浣紗了。那時候九龍江剛剛出現些曦光。那些浣紗的女子一個個像露珠一樣！」

顏思齊一直用有點驚異的目光看她。

「紀子小姐，你知道嗎？你就像是我們那裡的九龍江的女兒！」

「你就是楊長兄楊天生？」顏思齊說。

「在下正是，在下正是！楊天生，」楊天生說。

這天顏思齊正在贍住館的園子裡跟楊經弈棋。他來到長崎後，把很多漳州的東西都搬到長崎。他在贍住館外擺了幾隻石凳石桌，空閒下來就找人弈棋。他贏了棋很高興，輸了棋就不讓人走。那天楊天生在長崎靠了岸。他一上岸就找到陳德。陳德馬上把他帶來見顏思齊。我早就聽說你了！我還沒見過你！顏思齊說。他一聽

73

開臺王顏思齊（修訂版）

說陳德帶來的那個人就是楊天生，連忙從石桌旁站起來。他一邊用一隻腳在地上找鞋。一邊用一隻手去拿捏楊天生的一隻手。楊天生也伸手去抓他的手。他們臉上全有一種相見恨晚的表情。他們都用不合適的手去拿捏對方的手。他的腳在地上沒找到鞋，身子一歪，楊天生連忙把他扶住了。他們因為兩人姿勢都不合適，身體都有點歪了。他們全笑起來。「顏大哥，你看看我給你領了什麼人來了！」陳德說。

「世界上再也沒有比我們漳州這種石凳石桌更舒服的了！」顏思齊說。

他們互相拉扯著在石桌旁坐下。

「我很早就聽說你了！」顏思齊說。「他們都叫你紅臉江湖楊天生！」

「對對，我臉紅。我想可能是這個緣故。我們泉州幾百年前就來了些阿拉伯人。他們那裡乾旱！他們臉紅，我也就臉紅了！」楊天生說。「還有就是泉州陽光更大，海風也大。我又喜歡一喝兩缸酒，所以就臉紅了！」

「你也喜歡一喝兩缸？」顏思齊說。

「我也很早就聽說你了！在這片海上行船的都聽說你了！」楊天生說，「你好像在幹一些大勾當！」

「對對，我搶船！只要歐洲來的船，我就搶了它！」顏思齊說。「你想想，那是一筆多大的買賣？我們把他的船搶來，建我們的船隊。把他們的貨拿去賣掉，我們能賣錢！」

「那我就來加入你好了？」

「我原本就有幾支船隊了，再加上你，那船隊就更大了！」

顏思齊望著楊天生笑了笑。

「我還知道你比我長了兩歲。以後我就叫你天生兄了！」

「你怎麼知道我長你兩歲？」

「我早把你什麼事都打聽過了！」

楊天生接著說，他從一個荒島上救起了一批華人。他們是遇到颱風被拋在那島上的。他的船又缺水缺糧了，他只好先把那些人帶到長崎來，讓他們住進贍住館裡。楊天生領著他來到海邊，讓他看了他的船。王平已經在長崎加了水和糧。楊天生說，他還有一船印度亞麻要運回中國。他從浙江回來，就直接到長崎投奔他了。

第六章

「行行行,我的贍住館就是這個意思,」顏思齊說。「這些年,中國出來的人太多了。我弄個地方就是為了接濟他們!」

「思齊弟,那我就走了。我很快就會回來。等我返航回來,我就回長崎了。」楊天生說。「你這裡就是我的港口了。你得給我的船隊留一個泊位!我有一個來月就能回來了!」

顏思齊從望遠鏡裡往後看見,一艘西班牙船慢慢駛進了他們的兩個船隊的縱隊中間。那是一艘高大的五桅船,因為主桅很高,看上去雄偉壯美,而且船速很快。那天他的兩支船隊形成縱隊,在海上航行。他們全在船上安裝了火炮。那是他們從荷蘭人手裡買的火炮。他們慢慢地等那艘西班牙船靠近過來。他們怕暴露裝備,用帆布蓋住了炮筒。

「我們就是需要這樣一艘船!我們就是需要這樣一船銀製品和皮革。那船上全裝那貨,那貨有多值錢!」顏思齊用望遠鏡朝後望著海面。他在嘴裡對楊經和李洪升說。「我們得等它慢慢靠近過來,然後把它的主桅打斷,再把它的幾根次桅幹掉,它就只能在海上打轉轉了!」

「我們這是要打海戰了嗎?我們這是要打海戰了嗎?我從小到大沒見過海戰!」張掛說,「可我還是喜歡使用腰刀。我喜歡手起刀落!手一起刀就落了,一顆混帳的腦袋就沒了!」

「在海上,你那刀沒用了,我的掃堂腿也沒用了!」李洪升有點喪氣地說。

「那船上全是銀製品和皮革!那是那個日本薄長告訴我的。」何錦居功擺好說,「那薄長都想跟我相好了!我才不嫁給他!」

他們看見那艘西班牙船慢慢駛近了。他們已經知道那艘商船的航線,事先把他的兩個縱隊安排在兩邊。

「你看你看,他們真的開進我們的航道了!」何錦用那種女裡女氣的嗓音喊。「他們進入我們的射程了。我的好好的親親日本薄長!」

「這回真絕了!他們真的走了這條航道!」楊經說。「他不懂我們是些什麼人,主要是他們不知道我們是一群賊!」

「把帆布掀開,把火炮對準那根大桅!」顏思齊下了命令。他看到射擊的角度正

開臺王顏思齊（修訂版）

好，幾乎馬上喊。「放炮！」

「嘣！」一炮，接著又「嘣！」的一炮。可是他們只打掉了一根小桅。陳德馬上率領炮手迅速裝炮。而這時又有兩聲炮聲響起。那是陳衷紀率領的對面縱隊幹的。那西班牙商船上的大桅轟然倒掉了。顏思齊這邊船隊又打了兩炮，那艘商船的桅杆幾乎都被打掉了。船帆全落了下來。那船幾乎失去了航行能力。顏思齊把劍一揮，率他的兩個船隊七八艘戰船全向西班牙船包圍過去。對方船上起先被突然的炮火炸暈了，可是馬上醒過來。那左右舷邊的火炮旁邊，馬上聚起炮手準備還擊。可是顏思齊的船隊已經靠近了。他讓所有的火槍手猛烈掃射。對方炮手集中不起來，結果火炮全失去作用。

「他娘的，這很有意思！就這麼打嗎？」張掛手持火槍，也打了一槍。打完了轉過身，興奮地大嚷。「這火槍真奇了！這槍一響，那船上一個兵士就死了！」

顏思齊船隊迅速占領了那艘西班牙船。因為那艘船所有的桅杆全被打掉了，那船隻能在海上打轉。他們拋出多條索勾，將西班牙船牢牢拴住。顏思齊上了船後，突然有兩聲槍聲響起。那是從船長倉裡射出來的。很明顯那裡還有船員想進行抵抗。張掛聽見了，持槍就往前衝。

「你他娘的，你別以為我只會使刀，不會使槍！」張掛喊。「你看我一個個收拾了你們！」

「張掛，快躲開！」顏思齊喊。「不能莽撞！對方可能開槍！」

可是張掛倒在甲板上了。他被對方打了一槍。顏思齊迅速組織起槍手，也朝對方密集射擊。他們的火力更猛烈。那個艙板幾乎被打爛了。船艙裡很快地有人挑出了一件白衣服，裡面有人用日語叫喊投降。

「請停止射擊！請停止射擊！我們船長說，我們準備尊嚴的投降！」那聲音說。「你們要什麼都可以拿走！這船上的財產全歸你們！可你們不能傷害我們船上的船員！」

「要投降先把武器扔出來！我們絕不再傷害你們船員！」高貫也用日語喊。「然後你們一個個出來。我們安排船隻把你們送走。我們只要留下這艘船！」

顏思齊衝到張掛身邊，想把他扶起來，可是張掛渾身是血。那一槍擊中胸口，

第六章

口裡也吐出大量的血。

「我，我不會死！你們別怕！」張掛說，「我祖爺爺死不了，我也死不了！」

他說完就昏厥過去了。顏思齊第一回使用火力，截獲了那艘西班牙船。那船長艙裡，有七八支槍扔了出來。接著一個情緒沮喪，穿了制服的年輕船長走了出來，然後七八個船員一個個魚貫而出。他們將對方船員全拘押起來。最後安排了條小船，讓對方船員下了船，然後讓他們自行漂流而去。他們從船上擄獲了大批的銀製品和皮革，同時把那條嶄新的大船占為己有。

「顏大哥，這船上那些人，我們把他們放了？」高貫說。

「我把他們全放了！我給了他們一條生路，」顏思齊說。

「把他們放了？他們要是到幕府去，告發了我們……」

「這個不管。這是在公海上，這是死無對證的事情！」顏思齊說，「你說誰知道我們動用武力奪了條西班牙船？再說幕府裡，我們有一個桃源紀子在那裡照應……」

第七章

　　他爹⋯⋯他，他，他爹⋯⋯顏思齊離開海澄縣，出走數月後，小袖紅就臨盆了。那是個月色清冷的夜晚。她從鄰村請來了個接生婆。她在床上不斷地翻滾，不斷地叫喚顏思齊。那叫聲既含一種悲愴，又滿含滿腔愛意。那接生婆是個容貌兇狠的老婦人。她那時已經知道小袖紅是寡婦生子。她寡居在家，卻跟人私通懷孕，知道她懷的不是正經人家的孩子。這在當時是一件傷風敗俗和大逆不道的事情。而那個跟她私通的男人，又犯了命案在逃。你叫？你叫什麼叫？那個接生婆說。你說你還有臉叫嗎？

　　小袖紅雙手抓住床沿，因為痛苦臉都扭歪了。

　　「孩子，孩子，你快了嗎？你快了嗎？」小袖紅對肚子裡的孩子說，然後又喊。「他爹⋯⋯你他爹在哪啊⋯⋯」

　　「你個不知體面的貨，你還有臉叫？」接生婆又喊。「你說他爹是誰？」那接生婆知道她是私通懷孕，故意輕慢她和辱沒她。

　　「你說你男人都沒一個。你男人不是早就出海沒了？」接生婆說。「你又哪來的孩子？他爹是誰？你說得上來嗎？你說你這不是懷了誰的野種嗎？」

　　「我請你來，是來侍候我的，」小袖紅起先不敢得罪接生婆，說。「我不是請你來辱罵我的！」

　　小袖紅知道不能怠慢和得罪了接生婆。她知道孩子出生得靠她幫忙。她沒生過孩子。那孩子是顏思齊的孩子。她決心讓孩子順利生產下來，然後撫養成人。所以她對接生婆忍氣吞聲。可那接生婆對她又是憎惡又是忌恨。她憎惡她偷了男人，而且大膽地懷孕生子，又忌恨她的年輕美貌，她獲得了那個跟她有情的男人的鍾愛，並且讓她懷上了孩子。接生婆一直在房間裡磨磨蹭蹭，可是連水都沒燒，也不給孩

第七章

子鋪個被，更沒給小袖紅一點體貼和撫慰。

「你行行好，你先給孩子燒個水吧？」小袖紅央求她說。

「野種也要燒熱水嗎？」

「你把那鋪蓋鋪一下，孩子一出來總得給他蓋點什麼？」

「你是說襁褓嗎？給他鋪個襁褓嗎？野種也得包襁褓？」

接生婆好像知道了小袖紅的無力和軟弱。她是個寡婦，可是她要生下一個別人的孩子。她偷的那個男人是朝廷命犯，現在正犯案在逃。她是個孤身的女子，她連個親近的人也沒有，所以肆意侮辱她和詛咒她。你說他爹是誰？他還有爹嗎？你是跟他爹怎麼有的孩子？接生婆說。你是上了他的床？還是在野地裡私通的？你說你肚子裡那個不是野種嗎？

「他怎麼沒爹？他爹是個大男人，他爹是個大爹！」小袖紅忍不住回答說。

「那他爹哪裡去了？他怎麼把你弄出了孩子，自己卻跑了？」接生婆可惡地又說。

「他爹是個大英雄。他到海上去當好漢了！他去海上占地盤！」小袖紅喊。「他有一天會帶一支大船隊回來，船上全是火槍火炮！他回來要把這海澄縣的街頭，全用銀子鋪滿！」

可你男人還是偷的。你說你男人不是偷的嗎？對對，是我偷了他。可他跟我互相傾心！懂嗎？小袖紅不知想到什麼笑起來。他疼我，也愛我！我們夜裡常常在一起。我們就有了孩子了！我這一生有過這樣一個男人，也就夠了！

「你的男人是偷的，那你生的就是野種！」接生婆說。

「你給我再說一遍！」

「野種就是野種！」

「你滾！你給我滾！你給我走開！」小袖紅忍無可忍喊。

可是她又是一陣陣痛。

「他，他爹！……」

可是接生婆要走了，還跟她要銀子。她知道她馬上要生產了，可是故意拋下她，讓她自己一個去作難！你要我走可以，可你就得給我銀子！接生婆說。去去，

開臺王顏思齊（修訂版）

你滾！那邊床墊下，有三錢銀子，小袖紅說。

「那是給你的。你別再待在我面前！」

小袖紅後來就獨自把孩子生下來了。接生婆走了後，她又在床上叫了半天，她又是扭身子，又是翻滾，最後就把孩子生下來了。那會兒孩子還帶著胎盤。她真的不知道怎麼辦。可是她馬上清楚，孩子生下來，什麼事情都得靠她自己了。她聽到了孩子的號哭。她知道她身上的肉掉下來了。那是顏思齊的孩子。她正不知道怎麼辦？可她很快就想到顏思齊給她留了一把剪刀。她從床上翻出了那把用小布包包著的剪刀，把孩子的臍帶剪斷。她給孩子包了包後，又下床燒了水，把孩子擦一擦，就用襁褓把孩子包起來，抱在懷裡了。

「還好你爹給我留下了把剪刀，不然我怎麼把你接生下來呢？」小袖紅說。奇怪的是，她身上一點也不苦痛了。「他們說是我偷了你爹，我就偷了你爹。我偷了你爹，才有了你！」

她搖晃著孩子，親著他的臉。

「他們說你是誰的種，你就是顏思齊的種！」小袖紅最後說。「你爹讓我叫你顏開疆，你就叫顏開疆！你爹是顏思齊，你是顏思齊的兒子顏開疆！」

顏兄長，你說，一個人想在天地之間行走，身材是不是要有一個高度？桃源紀子說。人要是沒有一定的高度，你說你能看得出他是個在天地之間行走的人嗎？比如說你？顏思齊慢慢感覺到，他喜歡桃源紀子出現在他的成衣鋪裡。他希望看到她在面前走動。桃源紀子好像也特別喜歡到他的成衣鋪裡來。她有事沒事總要到他的成衣鋪來走走看看。他還發現她有時會說一些不著邊際的話。什麼在天地之間行走呢？你這是說什麼呢？我聽不懂！顏思齊說。什麼身材的高度？我的意思是說有的人在天地之間行走，可是看上去不是在天地之間行走！桃源紀子說。有的人在地面上行走，可你一看他是就在天地之間行走！我總覺得這跟人的身高有關係，你的身材就是很高。可有時也不是這樣，因為有的人身高也很高，可就是看不出他是在天地之間行走呀！

「我真的聽不懂，我不知道你說的是什麼？」顏思齊說。

「我覺得你就是一個在天地之間行走的人。你的眼神總是很遠！」桃源紀子說，

第七章

「你好像要做一件什麼事情了,總是會做得很乾脆。我感覺得到你現在好像就在做一件大事情!」

「我正在建一支大船隊,我想成為這東海海面上的一支力量!」顏思齊不隱瞞地說。「可這跟在天地之行走有關係嗎?」

這說明了我的感覺是對的!你不是一般的人!你就是個在天地之間行走的人!桃源紀子又說。你一邊開著成衣鋪,一邊在建船隊!我奇怪的是你的縫紉手藝也好!我們家女主人就喜歡你縫紉的衣服,我也喜歡你縫紉的衣服!可我總覺得我是個平常的人!顏思齊說。我是在地上走,可怎麼才算是在天地之間行走?因為你是個在天地之間行走的人,因為你身材很高。桃源紀子說,我知道有的人也是在地上走,可是看過去他卻匍匐在地。有的人身材也很高,可是他看上去比別人低!

「我還是聽不懂你的話!我也不想跟你說這個事!」顏思齊說。「可是紀子小姐,你有沒有想到,你剛才開口叫我顏兄長了。我怎麼成了你的兄長了?」

「是嗎?我剛才叫你顏兄長了?」

「你剛才叫我顏兄長了!你叫我兄長,那你是我的妹子了!」

坦白地說,我心裡真的很希望有你這樣一個兄長。桃源紀子絲毫不掩飾她對他的好感說,我喜歡像你這樣的一個高度,喜歡你在天地之間行走的樣子。可我們是兩個不同的人!顏思齊說。

「怎麼不同呢?哪兒不同?」

「首先我是唐山人。你是長崎人!」顏思齊說。

「那有什麼呢?你是唐山人,可是你來到了長崎,」桃源紀子說。「你現在住長崎,你就可以是我的兄長!」

桃源紀子像想起了什麼,站起來要走了。我得回去了,我們主人,將軍夫人說不定又要找我了。桃源紀子說,她今天是讓我到外面辦點事,我不知不覺就跑你這裡來了!桃源紀子都要走了,可是顏思齊把她叫住。他讓一個女工拿出一套桃紅色的、跟那天她試穿的那件一樣的女式和服。

「紀子,你把這套服裝拿走。」

「你讓我把這衣服拿走?你給我?」

開臺王顏思齊（修訂版）

「這是我給你做的。你不是喜歡那套服裝？我給你另做了一套！」他說。

「這可不行。我怎麼能穿這麼高貴的服裝？」桃源紀子拒絕說。「我只是幕府將軍家的一個使女，這樣的和服我可穿不起！」

我讓你穿，你就得穿！我喜歡你穿我縫製的服裝！顏思齊說。你說我那天說你什麼來著？我說你穿了這樣一件服裝，像我們老家九龍江口那些清晨浣紗的女子！我說我就喜歡你像我們那裡的九龍江的女子！

「可我不行。我不能拿呀！」桃源紀子仍然拒絕說，「這一套和服多貴呀！」

「可這是兄長送你的。你不是說你很需要一個像我這樣的兄長？」顏思齊說。「你都拿我當兄長了，也叫我兄長了。我也就是你的兄長了！你就拿這當兄長送你的不行啊？」

就是這樣幹，就得這樣幹！你那邊打他的主桅，我這邊打他的二桅和三桅！顏思齊興奮地說。顏思齊第一回使用火力武器，征服了那艘西班牙船，從船上掠獲了大量的皮革和銀製品。他們把那些貨運到長崎，讓陳衷紀在岸上拍賣了，賣了數量可觀的銀錢。他從此更相信在海上的強權就是武裝。只要你有足夠的力量，足夠的武裝，你就是海上的統治者。你沒想到你就這麼把他制伏了。你總以為他們船大，他們槍炮多。可你只要打掉他的桅杆，他就在那裡打轉，停在那裡，隨你擺布了！他又說。只是那天張掛也被對方打傷了。他朝對方的水手打了一槍，對方的水手也給了他一槍。他和陳衷紀在住地看了張掛。張掛身體強壯，楊經又給他敷了藥，傷勢開始好轉了。

「那沒什麼，那天我也撂倒了他們的一個火炮手！我從沒使過槍！」張掛躺在床上說。「就像你說的，我往火槍裡裝了火藥和散彈，然後住那混帳臉上打。那混蛋被我打得血肉模糊，就躺倒了！」

「衷紀弟，你說那西班牙船上的貨都處理了？都倒手給誰了？」顏思齊問陳衷紀說。

「我都倒賣給一條英國船了。他們拉往呂宋去了。」

「你怎麼倒的？」

「我把貨卸在岸上，然後拍賣。」

第七章

「這回得銀多少？」

「一萬兩千多兩！」

「我們還得這樣幹呀！我們得再物色一個新目標，不幹不幹，要幹大幹！」顏思齊說。「兄弟啊，我們在這東洋一帶，不再懼怕誰了！」

「對，讓我碰到那個大白胖子，我就給他當頭一槍！」張掛說。

「那艘西班牙船呢？」

「我把它泊在後嶼那邊島礁後面。那裡有一片海灣，地方隱蔽，」陳衷紀說。「我們把那幾根損壞的桅杆重新修好裝上。我給它起名叫『龍溪號』！」

「行行，就叫『龍溪號』。龍溪縣也是我們老家！」顏思齊又說。

他們正想去看看那艘船。高貫和王平就找他們來了。他們走到一片海岸上。

「大哥，我想領你去看一個人！那人特別有意思。我跟他說你是個絲綢商人，他那對眼睛都發出藍光來了。他們歐洲人全喜歡中國絲綢！」高貫說，「這是一樁更大的買賣。那是個荷蘭籍船長。我們叫他布朗船長。他領了一艘世界級大船正在長崎裝貨。那是一個很有意思的老頭！他喜歡日本妞，特別是十五六歲的妞兒。他總是跟那樣的女孩一見鍾情。我們已跟他打下了很好的交道。他都拿我們當國際友人了！那是一艘他說是全世界最大的船。他想讓你跟我們去看看他們的船！」

「他邀我去看他的船？」顏思齊說。

「對，他讓你去看他們的船。他想向所有的人炫耀他的大船！」高貫說。「可是他特別喜歡交你這樣的大絲綢商！」

布朗先生，我跟您介紹一下，這是我的一位好兄長，他叫顏思齊。高貫和王平把顏思齊介紹給一個白人船長。我跟您說的那個大絲綢商人就是他。他有一批紗錠想運往西海岸。他說他想看看你的船。顏思齊跟著高貫在一個大日本排檔裡見到了布朗船長。行行行，我們歡迎來自四海的朋友，布朗船長說。那是一個年老但是風度翩翩的白人。他正把一個日本的年輕女孩抵在一張餐椅上。他們像一對情人一樣，正情投意合在舔舌頭。他舔她一下，她也舔他一下。他說著轉過身來，與顏思齊握了握手，跟高貫說。這就是你的顏大先生？聽說你是個大絲綢商人。本人對絲綢有極大和良好的興趣。你知道中國絲綢在歐洲非常受歡迎。聽說您有大批紗錠要

開臺王顏思齊（修訂版）

運往西海岸？

「我喜歡您的大船。我跟你一樣，我對特別大的船特別有興趣！」顏思齊說。

「那我們就不喝酒了。你們全去看我的大船！」布朗船長快活而又直爽地說。「我的這艘『瑪莉號』是當今世界上最大的航船，就是在今天的荷蘭也是艘大型的、無與倫比的商船。」

布朗船長領著他們都要走了，又走到那個日本女孩跟前。

「你就在這裡等我，親愛的，我晚上帶你去找個房間，」布朗船長說。他又拿舌頭舔她，她也回舔了他一下。「這就對了，乖乖。你等我回來。我們得珍惜這份偶然的愛情。我今晚給你一個金幣怎麼樣？」

他們乘了兩輛馬車來到海岸上。顏思齊一眼就看見在長崎的港口裡，在那一片一艘連著一艘的大小商船中，有一艘特別大的大塊頭挺立其中。像是在一片矮屋子下面豎著一個大城堡。

「布朗先生，你這船可是個大傢伙！你這個船簡直就像個宮殿，」顏思齊說。「不不，像是一個大城堡！我真的太喜歡你的這艘船了！不過我要提醒你，你一不小心，說不定我就把它搶了！」

他們登上了「瑪莉號」後，才知道這個世界已經造出了多麼大的大船。那船差不多有六七十丈長，七八丈寬，上了那船就像上了一個寬廣的操練場了。那是一艘七桅的大船，其中的三根大桅高聳雲天。船上有一個四層的舷艙，走上去，站在上面，用一隻望遠鏡，可以看到二十裡外的海面。那船在海上行駛就像移動一座大樓，或者一座城堡。船上有多個密封箱和一邊兩排十次座的排槳，一個六尺多高的輪舵。從那規模看，那船上起碼有數十個船員。那船的船體全用了一種大鉚釘。那鉚釘有碗口粗。那船體結構因而看上去結實堅固。那船因為船體巨大，載重量因而十分巨大。他在船上走了一圈，他看到船側兩邊裝了多門口徑很大的鋼炮。那船有著極強的自衛能力。在海上，那不是什麼船都可以靠近的。

「顏大哥，我和王平跟這個布朗船長交往有好幾天了。」高貫說，「我會講日語，王平也會講一點。他一直拿我當日本人。這個荷蘭佬偏偏喜歡跟日本人交往。」

「他特別喜歡日本女孩！」王平補充說。

第七章

「我們剛才看到的那個女孩還是我們給他找的!」高貫說。「他都拿出我們當國際友人了! 我們多次向他介紹你,他對你已經有好感!」

他們走到最高的舷艙上。顏思齊站在那裡,看見日本海一片蔚藍。他看見那整條船無論是甲板、桅杆、船帆、纜繩和排槳都是一些龐然大物。

「我的這船載重量大,排水量也大,航速也快。」布朗船長抖動著白色眉毛,神情激動地說。「這個世界只要有足夠大的港口,我們完全可以販賣和搬運整個國家!」

他們從最高的舷艙上下來。布朗船長給他們煮了一壺英國咖啡。他請顏思齊在一把單腳的彈簧咖啡椅上坐下。

「這椅子能坐嗎?可別把我摔了」他裝成沒見識的樣子說。

「沒事,那椅子就是這樣坐的,」布朗說。

「可它怎麼就一根腿呀?我們的椅子都是四條腿的,」他說。

「這椅子就是這樣。這椅子可以上下升降,」高貫說。「它裡面裝了彈簧。我跟布朗先生成了國際友人。我常常到他的船長艙裡喝咖啡。」

「這麼說,你真的跟他打得火熱了?」顏思齊說。

「我們都稱兄道弟了。」王平說。「他每天都請我們喝酒,喝西洋酒!」

「布朗船長,你的這條船這麼好,你就不怕有人圖謀了它?」顏思齊說。「比如說一些強盜,一群狂徒,他們使用劫掠的方式,或者直接占領?」

「這絕不可能!我們在建造這艘大船時,就考慮了它的防衛能力,」布朗船長說。「我們船上擁有各種大小類型的火力武器。這船不是誰都可以靠在近的!我的船上配有好幾門大口徑的鋼炮,誰想靠近我,我就把他打成碎片!」

「要是我呢?我真的太喜歡這艘船了!」顏思齊說。「我要是也有這樣一艘船,我就把它編入我的船隊……」

「這更不可能,你的高貫和王平先生都是我的國際友人了!」布朗船長說。「我們之間不可能發生什麼衝突。我們有的只是重大的商業利益!」

你別坐這裡,你坐在這裡晦氣!李俊臣說。我為什麼不能坐這裡?何錦說。你說你是什麼人?我什麼人?你是婦人,你是娘們!李俊臣說。娘們坐這裡汙穢,

開臺王顏思齊（修訂版）

懂嗎？顏思齊看了布朗船長的「瑪莉號」後，決心像打劫那艘西班牙船那樣劫持下它，甚至不惜再次動用火力。他又把兄弟們召集在一起。他們四散坐在「龍溪號」上。李俊臣與何錦為了爭坐在一門火炮的炮筒上，爭執了起來。他們都覺得坐在炮筒上舒服。

「可我偏偏要坐呢？」何錦說。

「你就是不能坐！」李俊臣說。

我那天一看到那艘船就動心了！我從沒見過那麼大，那麼偉漢的船！兄弟們四散坐下後，顏思齊說。他坐在甲板舷梯的一塊舷板上。他說他們荷蘭人真的把船造絕版了！我看那船最可怕的是那根大桅了，還有那些大密封艙了！那大桅怕有四五丈高吧！還有那船的排水量和吃水量！兄弟們，我跟你們說了，那船真的讓我看上眼了。那船讓一個賊看上眼了，你們說，那船就不落在他手上嗎？那船載重量有多大？楊天生問。他是個海運商人，他更想了解那船的運載量。我聽那布朗船長說了，那船滿載能載五千擔貨物！高貫靠在一根桅杆上說。

「那真的是一艘大海船了！你想想，你一出洋就是五千擔。那跑一趟貿易，就是多大的紅利呀！」顏思齊又說。「所以我說我們一定得把它虜下來！你想在這片海上成為霸主，成就霸業，我們就得有這樣一艘大船！」

「對，不能讓它從我們的眼皮下溜了！」陳衷紀說。「現在的問題是怎麼把它虜下來？那船自衛能力那麼強，我們不能跟他硬打。硬打說不定打不贏他們，弄不好還把船打壞了！」

「那船在長崎停很久了，他們是想運載什麼貨物？」顏思齊問。

「這個我們也打聽清楚了！」高貫說，「我聽那船長說，他們是在裝載一船銅礦石！」

「是嗎？銅礦石？是銅礦石嗎？」陳衷紀說。「那銅礦石可就又值錢了！」

「怎麼值錢？」顏思齊問。

「那礦石不要說到了西洋，你就在大勒比和怡六岸一帶，一擔銅礦石也值一斗銀了！」

「真的？」

第七章

「真的！」

何錦和李俊臣還在爭著坐那支炮筒。可我為什麼不能坐呢？何錦說。你不是要我叫你妹子嗎？妹子不就是婦人了？我就是個婦人，就是個娘們，何錦說。可我為什麼就不能坐？你說這炮筒是幹什麼用的？李俊臣說。這還用問嗎？打炮用的！這打炮用的炮筒你能坐嗎？我為什麼不能坐？

「你說你是娘們，娘們胯下不乾淨，懂嗎？」李俊臣說。「這炮筒讓你一坐，就不吉利了。你胯下汙穢。你這一坐，別弄得炮都打不響了！」

高貫靠在那根大桅杆上，看見何錦扭扭捏捏的樣子，不由陰陰地笑起來。

「我看見何錦妹子那女裡女氣的樣子，我又想到個主意了，」他說，「我們能把那布朗船長用日本女孩收買了，我們怎麼不也把他那船上的船員也收買了？」

「怎麼收買呢？」陳衷紀說。

「我知道你又想什麼餿主意了。你又想拿我去勾引他們了！」何錦扭了扭身子說。

「人家誰要你了？人家布朗船長全要日本妞，懂嗎？」高貫說。「他們那些船員肯定也喜歡日本妞，我們就用日本妞把他們全收買了！」

高貫接著說，他可以用收買布朗船長的方法，再次收買他手下的船員。他們全相信我和王平。因為我們跟那布朗船長熟悉，那些船員全信任他們，高貫說。我們就再請他們上酒店尋歡作樂。那些船員全喜歡吃喝玩樂，我們就請他吃喝玩樂。他們想要女人，我們就給他們送日本妞。最後我們還可以給他們一些金幣作為酬報。那你收買他們幹什麼呢？顏思齊說。我們收買那些船員只要他們幹一件事。那就是等我們劫船時，讓他們不抵抗或者半抵抗，讓我們的船靠近了布朗的大船，並把他們的船劫持下來。

「那不可能，他們那些船員怎麼可能全聽你擺布？」楊天生說。

我不能說是我要他們幹的，我得說是布朗船長讓他們幹的。我就說布朗船長想把那船賣掉，他賭博欠了巨額債務，高貫說。他賣了船，又不想讓他國內公司的股東們知道，你知道造那樣一艘船肯定有很多股東。所以才讓我出面布置的，我讓他們佯裝海戰失敗，船就被擄走了。布朗船長不想讓這個事傳出去，讓他們之間互守

開臺王顏思齊（修訂版）

祕密。他們都知道我跟布朗船長的交情。他們對我不會懷疑。另外，我們可以先給他們一人發幾個金幣！

「那你們就試一試，」顏思齊說。

「我們也不要他們幹什麼。我們只要他們不抵抗，或者半抵抗，」高貫說。「讓他們把火炮弄啞了，或者把炮火隨便亂射一通！這時，我們大量船隻擁上去，那船不就落在我們手裡了？」

何錦仍然在跟李俊臣爭著坐在炮筒上。

「可我怎麼就不能坐炮筒呢？」

「你坐炮筒會把炮筒坐晦氣了！」

「可我跟你一樣也是個漢子。我只是有點女裡女氣的，」何錦說。

「你是不是娘們我不知道。反正這炮筒不是你坐的！」

「大副，你說你是哪裡人？」

「我是阿巴斯人。」

「你呢？二副。」

「我孟買人！」

高貫和王平這天挑了幾個「瑪莉號」船上地位比較高的船員，在一個大飯店裡喝酒。他們拚命往他們的杯子裡倒酒。乾，乾！你們在『瑪莉號』幹多久了？我幹兩年了！我差不多幹了兩季了。高貫說，他知道在船上最辛苦的是沒有女人了。你每天看到的就是無邊無際的海！那個大副說，對對。他說他們一上岸就專找有女人的地方鑽。那是在一個大飯店的包間裡。王平問大副在「瑪莉號」上，他除了當大副還幹啥？大副說他們出航前，全接受過軍事訓練。他除了當大副，還是主炮手。他說他們那麼大的船，在海上沒有防衛力量不行。高貫這時就朝包間外拍了一下手。酒店的一個侍者就帶了一群日本妓女，一個個打扮得花枝招展走了進來。高貫讓大副先挑個女孩。他把大副的一隻巴掌打開，往巴掌裡放進了一塊金幣。大副喜笑顏開領了一個妓女走了。那些船員一個個拿了金幣，領了一個女孩走了。

「你們玩完了還得到這裡來，我們還得再喝！」王平喊。「我們今天一定要把酒喝醉了。你們布朗船長還有事交代你們！」

第七章

　　高貫和王平與那些海員和水手繼續尋歡作樂。那些水手一個又一個要了好些女孩。他們喝了很多酒。那大副和二副全喝醉了。他們一人懷裡都摟著個女孩。

　　「幹，幹。大副，你非得把這杯酒幹了！」王平說。「不然我今天不告訴你，你即將獲得一筆豐厚的收入！」

　　「我不要了。我喝多了。什麼豐厚的收入？」大副說。

　　高貫這時才站起來，舉起手裡的一隻皮口袋。

　　「先生們，我今天得告訴你們一件事情。」高貫說，「等下喝完了，我一人還會再給你們兩塊金幣。這是布朗船長支付給你們的。」

　　「可這是為什麼呢？布朗船長怎麼要給我們錢？」一個「瑪莉號」船員說。「你們又給金幣，又給女人是為什麼呢？」

　　高貫這時才說，那是布朗船長作出的一筆預算。根據那筆預算他們在場的那些船員和水手，最後每人都會獲得五塊金幣的收入。

　　「諸位，諸位！你們知道，我是你們布朗船長的國際友人，我們一直在為你們船長服務，你們知道吧？」高貫說。「我今天已經給了你們一塊金幣。等下還會再給你們一人一塊金幣。在你們完成了布朗布置的一個行動後，你們最後都會得到五塊金幣的收入！」

　　「五塊金幣的收入？為什麼呢？你得把原因說說！」他們的一個水手說。

　　這是你們布朗船長讓我出面跟你們布置的一件事情！我估計事情的發生會是這樣，高貫說。我們的「瑪莉號」這回出海可能會遇上一些麻煩，不過也不是什麼麻煩。主要是我們這回出海會碰到一次劫船！我們會碰到一群匪幫。那匪幫是跟布朗船長約好的。也就是說，那群匪幫是應布朗船長的要求來的。所以我要求你們在任何情況下，最好都別進行抵抗。另外我還想讓你們事先想辦法把船上的火炮弄啞了！

　　「為什麼呢？」

　　「因為我想讓『瑪莉號』讓對方占領。」

　　「這是誰交代的？」

　　「布朗船長。」

開臺王顏思齊（修訂版）

「布朗船長？他？為什麼呢？」那幾個船員疑惑地又說。

這裡面涉及一些商業利益。不過，我可以把情況跟你們說得更清楚和明白一點。原因是布朗船長想在半路上把這艘船賣掉，高貫說。你們都知道，這艘船很昂貴，造價很高，很值錢！把這艘船賣掉就意味著一次商業性的成功！可布朗船長又不想讓他國內的股東們知道，所以才讓我出面的！你們在航行途中，得裝成被劫持了一樣！不過，這事就說到這裡這止，說到這裡就好了！你們也別跟誰提起，更別跟布郎船長提起。他不想暴露自己，我這麼說你們懂嗎？也就是船碰到被劫持事件，可是布朗船長事先並不知道。

「你說得把炮弄啞了，怎麼弄啞了呢？」一個船員說。

「引信！你知道嗎？火炮的發射是用引信引發的！」王平說，「你把引信掐斷不就行了。引信掐斷就引爆不了火炮了！」

「不然你們把火炮隨便亂射在海上也行！」高貫說。「就像你們胯下的那杆槍一樣，亂射一陣子就好！總之你們不能對圍攻的船隻進行反擊！」

「胯下什麼槍呢？」

「你們胯下不是有一支槍嗎？」

「這樣也好，我就害怕打仗。我從吃奶的時候就害怕打仗了，」一個船員說。「我只是個普通船員，我幹麻要打仗？他們想把船劫了就劫了吧！」

「對對，他們就是想劫船，絕不傷害你們。」高貫說，「事情完後，我再一人付給你們三塊金幣。這樣你們一人就獲得五個金幣了。我們仍然在這個酒館裡見面！」

荷蘭商船「瑪莉號」慢慢使出了長崎港。李洪升、張掛、陳德和方玉等率眾多水手駕了七八艘快船，在後面遠遠地跟蹤。

「瑪莉號」慢慢駛向了外海。長崎變成了一個島影。

「瑪莉號」繼續在大海中乘風破浪。

「瑪莉號」旁邊平行出現了兩艘來歷不明的船，形成同行之勢。

「瑪莉號」仍然無所顧忌往前航行。

這時海平面的正麵線上出現了一個黑點，接著兩旁等距離又出現了幾個黑點。那些黑點越來越近，可以看出那是一些散開航行的哨船。那是一些單桅船。旁邊還

第七章

有些雙桅船和三桅船。正面的那艘大船越來越近了。這時可以看出，那是顏思齊的那艘「龍溪號」。顏思齊和楊天生站在船樓上，正朝「瑪莉號」方向觀望。

「多麼雄壯的一艘太平洋艦船啊！」顏思齊用一支單管望遠鏡望著「瑪莉號」，在嘴裡輕輕翕動說。「駕這麼艘巨艦，馳騁海疆，此生吾願足矣！」

這時兩旁的多艘戰船正在集結過來了，並向「瑪莉號」合攏。「瑪莉號」還處在不知覺中。這時李洪升、張掛、陳德和方玉率領的那些哨船快速逼近了「瑪莉號」。顏思齊看見對「瑪莉號」的包圍已經形成，讓一個令兵使勁揮一陣子旗，四周的大小船隻全向「瑪莉號」逼近。

「瑪莉號」上的布朗船長這時才發現，他的船被大量的船隻包圍了的情況。他衝上舷塔，用望遠鏡一看，大驚失色。而特別讓他膽戰心驚的是，好些單桅和雙桅的哨船已經兵臨船下了。

「發炮！快發炮！」他在船樓上下命令說。

可是他只聽到三三兩兩的炮聲，而且那些火炮全炸在海上，掀起幾根水注，對方的賊船絲毫無損。

「見鬼！莫名其妙！」他喊。

他從舷塔上下來，親自衝到一門大炮的炮位前，把一個水手拉開，親自點燃了一門炮。可是引信「嗤嗤」響一陣後，熄了。大炮無聲無息的。

「怎麼回事？這是怎麼回事！」布朗船長暴跳如雷喊。

就在這時，顏思齊的水手已紛紛登上「瑪莉號」了。他們用小船把「瑪莉號」團團包圍起來，然後拋出索鉤，抓住「瑪莉號」。接著開始有水手攀上大船，放下索梯讓更多的水手攀登上船。「瑪莉號」上的水手幾乎都不作抵抗。布朗船長把幾個白人大副和船員逼進船長艙裡，關上門準備抵抗。顏思齊幾乎不開一槍一炮，迅速占領了「瑪莉號」。他的「龍溪號」與「瑪莉號」靠近時，李洪升和十幾個水手一齊伸出一根根鉤竿，將對方大船抓牢。這時，「瑪莉號」的大小船帆全降下來了。那是被顏思齊的兄弟降下來的。「瑪莉號」基本失去了航行能力。顏思齊、楊天生和高貫等人從「龍溪號」登上了「瑪莉號」。這時一個白人水手從一個舷窗裡，朝顏思齊這邊「砰」的開了一槍，顏思齊也舉起槍。張掛突然出現在那個船艙裡，站在那個

開臺王顏思齊（修訂版）

水手面前，一刀下去剁掉了半個臉。

「我就是喜歡這樣手起刀落！」張掛說。「他娘的，以前我的祖爺爺！我就是沒碰到一把好刀！」

接著，又有一個水手從大船下面的貨艙裡偷偷冒出來，用一支短統槍也開了一槍。李俊臣剛好站在貨艙的艙蓋旁，朝那水手臉上也「砰」的一槍，把那張白臉打成了一片花。再接著「瑪莉號」就放棄一切抵抗了。

「奇怪，布朗船長呢？」顏思齊在甲板上走時問。

「我知道在哪裡？」高貫說。「他准在他的船長艙裡。他可能還想抵抗，不然就是準備投降！」

高貫和王平領著一群兄弟下了舷梯，朝船長艙走去。高貫敲了敲艙門。

「布朗先生！布朗船長！」高貫叫。

「砰！」裡面往外開了一槍。高貫連忙拔起刀。他們這邊好幾個水手也舉起槍，準備往裡面射擊。高貫抬了抬手，把他們制止。

「布朗先生！布朗船長！」高貫又叫。「你出來吧，你的船完全被我們占領了！」

布朗船長知道抵抗沒用了，一生氣把艙門狠狠打開。他起先不知道叫他的名字的是誰，打開艙門一看是高貫，愣在那裡了。

「怎麼是你？我的國，國際友人？」布朗在嘴裡嘟嚷說。「這是怎麼回事？」

「布朗先生，你沒想到吧？」高貫嬉皮笑臉說。顏思齊這時也走過來了。高貫又說，「來來來，這裡還有我們的一個大哥，你也認得！」

「這，這不是那個絲綢商人？你不是要運載大批紗錠去西海岸嗎？」布朗先生說。「你還在我這個船長艙裡喝過咖啡呢？」

「布朗船長，謝謝你的咖啡。你真的能煮一手好咖啡！」顏思齊說。

「可是布朗先生，我想跟你說明白，我們這些人是些什麼人？」高貫說。「布朗先生，你沒想到吧，我們是一群賊。我們是一批江洋大盜，一群海賊。一夥海上武裝，你知道嗎？我們專門幹一些打劫越貨的行當。我們喜歡你這艘船，這是目前世上最好最大的船。七帆船。單那支大櫓就好幾丈長了。你說這船多好哇。」

第七章

「那你們是專門衝著我的這艘船來的？」布朗船長說。

「是呀，對呀，所以我們成了你的國際友人！」王平插進來說。「我們真的喜歡您這艘船，一直在打您這船的主意！所以我們設計了您！」

「你們是一群賊？」

「對，對對！我們是一群賊！」

「你們是，一群海盜？」

「我們是一群海盜！」

開臺王顏思齊（修訂版）

第八章

　　我說我們得給這艘船重起一個號。它這艘船都成了我們的船了，我們總不能還叫它外國名吧？顏思齊說。天生兄，我想讓你把這艘船開到南洋什麼地方去，把貨賣了，再把船開回來！這天顏思齊領著楊天生和一幫兄弟在「瑪莉號」上走。他們下到艙底，看見那裡滿載著一筐筐銅礦石。他興奮得大笑。他看見他們站在那貨艙裡，那個貨艙容量很大。

　　「對對，得另外起個名字，」楊天生說。「這名字得有中國味道和中國氣派！」

　　「你說，這就是我們的一擔一斗銀的銅礦石了嗎？」顏思齊又說。

　　「對對，」陳衷紀說。「一擔銅礦石一斗銀！」

　　「這就是我們的無本生意了，這有好幾百擔吧？」顏思齊又說。「我們一個銅板也沒花？就把它搶了！你說這些銅礦石我們能賣多少錢啊！」

　　起個名？你說起個什麼名？陳衷紀說。我們得把這艘船重新裝飾一下，把它裝得更像中國船。那船樓的頂端可以插上一面青龍旗！對對，得重新起個號！這裡有一個掩人耳目的問題，還有一個是另起爐灶，重開張的意思，顏思齊說。你說這船原本叫什麼「瑪莉號」嗎？「瑪莉號」是個人名。那人說不定是他們的公主，說不定還是他們的女皇！李俊臣說，他們喜歡用人名起號，我們怎麼不也用人名起號？

　　「要我說，我們用顏大哥的名字命名怎麼樣？」李俊臣說。「我們就叫『顏思齊號』怎麼樣？」

　　「這可不行！第一你不能用我的名字。這船是大家兄弟搶來的，大家一擁上前搶來的，怎麼能用我的名！顏思齊馬上反對說。第二你們說我是什麼人，我不就個海賊嗎？我是個海賊，我不能無緣無故暴露了自己。用我的名，那你說以後哪國官府要抓，一抓不就是我了！那用什麼名呢？高貫說。我看就叫『中國號』吧，咱們都

第八章

是中國人！」王平說。

「『中國號』太大了點！中國人又大又多。」顏思齊說，「大家都用『中國號』，那以後海上的船不全叫『中國號』了！」

「不然叫『唐山號』怎麼樣？『唐山號』也是『中國號』的意思！陳衷紀說。叫『唐山號』更雅致，也更有味道！」

「『唐山號』不錯！可是我覺得還是虛了些，」顏思齊說「我想起個比較實在的名號。」

他們從底艙爬上來，走到舷塔上去。他們站在那船的制高點，一下子感覺視野開闊。他們站在船廊上感覺海風習習，晴空萬里。海面上白浪滔滔。

「站在這裡，我總是想到了我們老家福建的海面！」顏思齊說。他突然叫起來喊。「啊呀！我們怎麼沒想到，有一個字型大小叫起來特別好聽，特別響亮！」

「什麼名字？」陳衷紀和楊天生都問。

「你說你是哪裡人？」顏思齊問。

「我泉州人！」楊天生說。

「你呢？你哪裡人？」顏思齊問陳衷紀。

「我跟你一樣，我們是漳州人！」陳衷紀說。

顏思齊仰天大笑。

「你說這不就對了？我們都是些漳州人和泉州人！咱們漳州人和泉州人從來都是些最大膽妄為的人！」顏思齊說。

「我們從來不怕海！我們很多人從小就開始走海踏浪了！我們是大陸人，可我們不怕海！海就是我們，我們就是海！」顏思齊繼續說，「人家是下火海，上刀山，我們是把這一片海疆活生生逛了個遍！你說這一片大洋，哪個角落不留下咱們漳州人和泉州人的痕跡！你說在這海上最敢闖的人是誰？不就咱們漳州人和泉州人？」

「對對，就是咱們漳州人和泉州人！」眾兄弟跟著說。「最敢闖海，最敢在這片海裡死去活來的就是咱漳州人和泉州人！」

「所以我說，我們把這條船叫『漳泉號』怎麼樣？」顏思齊說。「這名字叫起來響亮，而且人們一聽就明白，這是哪兒人的船！這是漳州人和泉州人的船！所以就

開臺王顏思齊（修訂版）

叫『漳泉號』！」

「行行行，就叫『漳泉號』！」眾兄弟們一致同意喊。

天生兄，我想我就把這事交給你了。你是海上的貿易老手！顏思齊把楊天生拉到一邊。我想讓你把這船銅礦石拉到南洋去，在呂宋或者暹羅什麼地方賣掉，然後把船駛回來！這樣我們就有了一艘主船，一艘帥船了！等你回來我還想建一個商社。你說什麼？建一個商社？做大生意？楊天生說。你是說，我們在海上除了劫掠，除了搶，我們也要把海上貿易做大起來？

「對對，就是海上貿易，就是商社！」顏思齊說。「你說，現在在海上，在世界上，最賺錢的是行當什麼？不就是海上貿易嗎？」

「那是。我原本就是幹這行的，海上貿易最賺錢！」楊天生說。

「所以我說，以後我們海盜得幹，買賣也得做！顏思齊說。我們海盜當得，買賣也要做。我們現在有了這麼大的船隊，你說我們什麼貿易什麼生意不能做呀！對對，我們完全可以把生意做得翻江倒海！」楊天生說。

「我們有這麼大的船隊，你天大的生意我也敢包攬！我心裡是這麼想，我們當海盜得當江洋大盜，做貿易也得做大貿易！」顏思齊接著說，「你先把這船銅礦石拉出去賣了！等你回來，我準備建一個大商社！我想給它取名叫『大金華』商！我知道你對海運和貿易熟悉，我想把這一攤子事全交給你管！」

顏思齊最後說：

「我們搶劫要搶遍這一塊海面，做生意要做遍整個天下！」

「對對，我們在海上可以搞它一個貨通四海，搞一個萬國販運！」楊天生說。

顏兄長，我今天倒是真的要好好看看你了！桃源紀子說。這是一個陽光明媚的日子，長崎的那條小街灑滿陽光。顏思齊正在案板上裁剪，一抬頭，看見桃源紀子掀開了簾布，露出了一張桃花一樣的笑臉，喜盈盈走了進來。看我什麼呢？你不是天天都在看我？顏思齊說。他站直起身，不解地看她。

「你是來取你女主人的服裝的嗎？那服裝還在縫。」他說。

桃源紀子臉上透出一種內心的興奮，好像有一個天大的喜訊想告訴他。她徑直走到顏思齊跟前，朝他的臉上認認真真看了看。

第八章

「顏兄長,我今天是真想來看看,我們將軍怎麼也那樣看你?」桃源紀子說。

「你們將軍看我什麼?」顏思齊說。

「我不是跟你說了?我從一開始就看見,有一個人是個在天地之間行走的人!」桃源紀子認真地字斟句酌地說,好像要拚命把她的想法表達清楚。「我總覺得一個人身材得有一個高度。一個人的身材有了高度,你才看得出那是一個在天地之間走的人!可也不是這樣。可你就是這樣一個即有身材高度,又是一個在天地之間走的人!」

「我知道你又要胡說八道什麼了?」顏思齊說。「什麼在天地之間行走?什麼叫在天地之間行走?你說的我完全聽不懂!」

我是說,人要有一個高度,可好像又不是。我說的那個高度不一定就是身材的高度。桃源紀子又說。我不知道我得怎麼說才好。我說不清楚。那高度好像是身材的高度,可也不單單是身材的高度,也可以說那是為人的高度。我知道你是在胡說,顏思齊說。可那高度好像還是個精神氣質上的事。也就是你說的是人,可也不一定是人。桃源紀子說,可有一點是,一個人能在天地之間行走,那他肯定能在天地之間行走!紀子,我真的不想跟你說了。你真的越說我越不明白了!顏思齊有點著急說,你這麼顛三倒四的說,我都被你說糊塗了?什麼在天地之間行走呢?人們不都在天地之間行走嗎?

「不不不,不是這樣!人們是都走在地面上。可有的人走在地面上,可他看過去卻匍匐在地。」桃源紀子說,「走在地面上和行走在天地之間,那是兩種事情,兩個含意!有的人也是在地面上走,可你看過去,他就是在天地之間行走!」

「紀子,我真的聽不明白,我聽不懂你說的什麼!」顏思齊說。

「我跟你說了吧!我們的主人德川將軍讓我來通知你,他什麼時候想會見你了!」桃源紀子忍不住抬頭,含笑睨他一眼。她因為對自己主人德川將軍的敬重,轉換成對顏思齊的敬重。「我發現我們將軍很賞識你。他好像也知道你是個大有作為的人。」

她接著說:「主要是我們將軍夫人說你的縫紉手藝好。她很喜歡你縫紉的服裝。」

桃源紀子繼續說:「不不不,不是,是我們將軍也看出了,你是個在天地之間行

開臺王顏思齊（修訂版）

走的人！他覺得你在長崎能起一個很好的作用！」

「紀子，你真的很可笑。我發現你連說話都說不明白了！」顏思齊故意嘲笑她說。「你簡簡單單的一句話，可是越說越不明白，我越聽越不懂！」

「我是說，我們將軍想見你！因為你地位重要，懂嗎？我們將軍說，你在這裡樂善好施，你建了個賑住館，收留了很多海上的流落者。」桃源紀子說，「他說你有一種中國式的慈悲心，另外，他說你在這裡的華人中有很高的威望。我們將軍對大明有好感。」桃源紀子繼續說。「他喜歡你們華人。他說你在長崎起了一種作用，一種安穩人心的安定作用！現在長崎的華人越來越多了。這說明長崎適合華人居住。他想讓你參與長崎的社會管理。他可能想讓你當華人社圈的一個頭！要封你一個職位！」

「那我可不敢當！我在這裡只是一個裁縫。」顏思齊說。「在長崎我是做了一些善事。可這不都是應該做的嗎？行善是為人的本分！」

「可你不是在建一支船隊？」桃源紀子說，「很多人投奔你不就是因為你在建一支船隊？」

「對對，我想建一支大船隊！我也想搞海運！」顏思齊說。「我還想辦一個大商社。我有好些兄弟是搞海運出身的！」

這裡的華人全敬重你……桃源紀子說。談不上敬重。他們有事是喜歡找我商量……他說。這就是有的人讓人看起來，是在天地之間行走的人！義舉還有行善，這全給長崎帶來了好處！桃源紀子說。我們主人也知道你在建船隊！投奔長崎的人多了，這讓長崎變得繁榮！我們將軍跟你一樣，他也不喜歡傳播西教的人，可是喜歡中國人！他說中國人給日本帶來了禮節，給日本帶來了財富。桃源紀子看見顏思齊還有好幾件衣物沒熨，拿起一個銅熨斗幫他熨起來。

「顏兄長，你送我的那套和服我一直捨不得穿。」桃源紀子想想又說。「你送我那麼貴重禮物，我一直過意不去！」

「紀子，你再這樣說，你就別叫我兄長了！」顏思齊說。他的口氣顯得很不高興。「你要叫我兄長，你就別說這樣的話！」

可我什麼時候一定得穿給你看看！我穿了那和服不給別人看，就給你一個人

第八章

　　看！桃源紀子說。她的神情中不禁流露出種傾向的表情。你說我穿了那服裝真的好看嗎？你也喜歡那種淺淡的紅色？我也喜歡那種顏色！顏思齊說。主要是你的樣式！你的樣式總帶有點明朝的特點。你說明朝很遠嗎？你說我穿了像你們那裡的什麼江？

　　「九龍江！」

　　「對對，九龍江！我穿了像你們那裡的，九龍江的，在江邊浣紗的女子是嗎？」桃源紀子好像墜入了一種遐想。「你還說過桃花源。我弄不清楚什麼叫桃花源？那些女子總是在天剛亮的時候出來。她們浣了紗，就回去紡紗，是嗎？那時太陽剛剛露出一些金線？」

　　「是是，桃花源！是是，金線！太陽的金線！」顏思齊附和著說。

　　不過，你說的桃花源，我倒是想起了一個桃花源！桃源紀子說。你說你們中國的桃花源很虛幻？那是子虛烏有的，那是個世外桃源。人們只看見過一回，過後就再也沒人看見了？是是，後來再也沒人見過，沒人去過了！顏思齊說。人們為什麼會喜歡那種地方，就在於它是個子虛烏有之鄉，理想的家園！

　　「可顏兄長，我跟你說，我們這裡倒是有一個實實在在的桃花源。就在我們長崎，那是一個舊造船場。」桃源紀子說。

　　「是嗎？長崎有這樣一個地方？」顏思齊說。「那我倒是真的想去看看了！」

　　「不過那桃花源長的不是桃花，長的是櫻花。」桃源紀子說「那是個造船廠，後來造船廠衰落了。不知誰在那裡種下一些櫻花，那裡現在就滿山遍野全長櫻花了！」

　　「真的嗎？長崎有這樣的地方？」顏思齊興趣盎然說。

　　「我什麼時候帶你去看看，那真的是一個美麗的所在！」桃源紀子想起了什麼，她又說她要走了。「我只是來通知你。我們家主人什麼時候想見你，就要見你了。我們家主人很賞識你。我得走了，我得回去了！」

　　「你說那個桃花源是什麼呢？那在哪呀？」顏思齊滿懷興趣又說。

　　「你是說那片櫻花吧？那片櫻花還沒開放，」桃源紀子說。「等櫻花開了，我帶你去看！我可以穿那套和服。我帶你去看！」

開臺王顏思齊（修訂版）

　　何錦兄弟，你說你這扭的什麼啊？我怎麼不知道你也有這一手？顏思齊遠遠望著何錦笑著喊。這是一個天氣晴朗的日子，太陽照著長崎的一片海岸。顏思齊的船隊停在那一片海岸下。那是一片連接在一起的船隻，成排的豎起在空中的桅杆。白浪和海灘。在空中飛舞的鷗鳥。你別叫我兄弟，你要叫我妹子！何錦一邊扭著跳舞，一邊用尖尖的嗓門說。顏思齊與陳衷紀、張掛、李洪升等人正掄著大錘，圍成一圈，在敲打一隻生鏽的大鐵錨。他們總是利用停航的日子，維修整理船仗。幾個木匠正在修理幾根長長的桅杆，余祖、高貫、鄭玉幾個人在給兩艘倒翻過來小艇上油。他看見何錦在遠處的海灘上撐著一把花傘，扭著身段在跳一種很鄉間俚俗的舞蹈。

　　「他這跳的是什麼呢？」張掛問。

　　「大鼓涼傘！」顏思齊說。

　　「什麼叫大鼓涼傘？」張掛又問。「我他娘的就是沒有一把好刀！」

　　「那是咱們老家海澄鄉下的一種鄉間傘舞。你知道吧？男的擂鼓，女的擎傘。」顏思齊說，「快快，我們把這個鐵錨敲了，再敲那個！這些鐵錨鏽得快。再不敲敲都鏽完了！敲完了錨，讓他們上上漆！」

　　「可我怎麼不知道有這種大鼓涼傘？」張掛說。「我看見那個約翰船長就給他一刀！」

　　你是個粗人，你哪裡知道什麼大鼓涼傘？你只知道手起刀落！陳衷紀取笑說。你知道吧，在我們老家鄉下，村子裡有個紅白喜事，神靈祭日，村中男女走到一起，男的打鼓，女的舞傘，就叫大鼓晾傘！反正是鄉下人樂一樂的作派和意思！

　　「何錦兄弟，我只知道你學過戲子，你怎麼也能跳這種舞啊？」顏思齊又對何錦說。

　　「大哥，你怎麼老鬧錯了？你忘了我是妹子，老叫我兄弟？」何錦把腰扭得像蛇一樣。他舞著傘時，手指彎得像蘭花一樣。「你沒看見妹子就是個唱戲和弄舞的料嗎？」

　　「可我只會手起刀落！手起刀就落了乾脆！」張掛說。

　　「還是讓我來個掃堂腿吧？我們家練掃堂腿都練三代人了！」李洪升說。

第八章

「我說我看他這麼跳，心都有點癢癢起來了！」顏思齊說。「小時候我在我們村子裡，也跟人跳過這個！」

「還是我來給大家一個刀術吧，我來一個手起刀落！」張掛說。

「那好哇！顏大哥也能跳這個，那你下去跳，反正大家樂一樂！」高貫鼓動說。

只是沒有大鼓和鈸子了！有了大鼓和鈸子，就更熱鬧了！顏思齊說。怎麼沒有大鼓和鈸子？我們那邊艦船上不都有大鼓和鈸子？陳衷紀說，你們誰誰去取過來！我們剛剛劫了「漳泉號」，天氣又這麼好，大家怎麼不樂一樂！

「我就喜歡喝兩缸！」陳德說，「一人兩缸！」

「我喜歡掃堂腿，等下我來給大家一個掃堂腿！」李洪升說。

顏思齊看見很快有人取來了大鼓和銅鈸子。又有人又拿來一條紅綢帶，把鼓繫上。顏思齊把大鼓背上，就跟何錦舞起來了。顏大哥，你真的也會這一手呀？何錦說。我在家裡鄉下正好也喜歡這個，顏思齊說。他們兩人一個擎起涼傘，一個打著大鼓。一個裝扮男生，一個裝扮女生。他們前進三步，後退兩步，然後下蹲。顏思齊擂著大鼓，腳步抑揚頓挫。何錦揮著涼傘，又是扭腰，又是走腳步，然後蹲一下身子。

「好！」眾兄弟們喊。「好！」

藍色飄飄。紅色飄飄。那是海邊滿船的旗子。這時站在旁邊的一些船工看見了，也胡亂加進去跳。他們全是一些漳州鄉親，看見顏思齊和何錦跳得熱鬧，也紛紛加進去跳。

「何錦兄弟，你喜歡舞舞弄弄的，你說你還能玩啥？」顏思齊問。

「你別叫我兄弟，你要叫我妹子！」何錦說。

「哦，對對，何錦妹子，你說，你還能玩什麼活？」

「你不是要找婆家了？你還沒嫁人呀？」李俊臣說。

「我還會敲打大八音和小八音，」何錦說。

「什麼叫大八音和小八音？」張掛在旁邊又問。

「你有沒有看過和尚做道事？看見過兒女婚嫁？」何錦說。

「就是那種叮叮噹噹的那種？」

開臺王顏思齊（修訂版）

「就是叮叮噹噹的那種！」

「你別以為那叮叮噹噹的簡單，我聽老人們說，那還是南宋時，從北京宮廷裡傳入咱們漳州的！」陳衷紀說。

「有這事嗎？有這事就更好！我們在長崎都可以當在老家漳州過了！」顏思齊對何錦說。「我說，我們什麼時候讓人從老家給捎一些家什來，你給我帶幫人學學。有時大家圖個熱鬧怎麼樣？」

「行，那行！李俊臣，我得跟你說明白了，」何錦說。「我年紀還輕，我還不想嫁人！我還想跟咱們顏大哥走南闖北做大買賣呢！我幹嘛要嫁人？」

海澄五香！海澄五香咧！海澄滷麵！海澄滷麵咧！小袖紅懷裡抱著孩子，站在滷麵攤後，用一種乾巴巴無力的聲音喊。五香滷麵！五香滷麵咧！海澄五香，海澄滷麵！顏開疆出生以後，小袖紅仍然開著五香滷麵館。她每天開了滷，炮製了五香，就抱著孩子在門前照看生意。那會兒海澄縣的人民全都知道，她是一個小寡婦，可她跟滷麵館隔壁的一個小裁縫相戀，生下了一個兒子。那裡子是她跟那個小裁縫生的野種。那人已經殺人犯案在逃。這在當時的海澄縣已經是個大逆不道、駭人聽聞的事情了，可她不管不顧。她完全成了一個傷風敗俗的女人，可她天天抱著小顏開疆，坐在滷麵館門口，叫喚著賣滷麵，就更惹人白眼了。滷麵館的生意也一落千丈。她以前的很多老客人從她的滷麵館經過，正眼都不看一眼，揚長而去。有的人還沒走到門前，一看見她就掉轉頭走了。

「疆兒，你等娘把這鍋滷麵賣了，就抱你去睡覺，」她跟兒子說。

「你說那算什麼事啊？這可還在萬曆年間呢！你說她天天抱著個來路不明的野種，坐在店門口，那算丟哪分的臉啊？」離滷麵館不遠的地方，兩個尖嘴利舌的婦人站在那裡，故意大聲叫叫嚷嚷地說。「你說你一個守寡的女人，不正經守在家裡，跟什麼野漢勾勾搭搭。我聽說還是她硬跟人家男人上的床，看養下了這麼個野種，你這滷麵館還開呀？」

「你沒聽說嗎？你沒聽說嗎？那孩子還是自己接生了斷的！你說那算家養的，還是野地裡生的呀？」另外那個女人拉扯一下那個女人說。「她花了大銀兩，請人接生呀，人家都不接她的種！你說一個婦道人家連名聲都沒了，那滷麵還賣

第八章

誰吃呀？」

「你看她好好的一個本家叔公不嫁,偏偏去跟一個小裁縫私通,」郭叔公跟郭管家說。

郭叔公還是有事沒事要到海澄縣裡走一趟。他出門總是帶著郭管家。郭叔公過去常常在小袖紅的滷麵館裡坐一會兒,吃一碗麵。現在看見她寡居生子,心裡不知怎麼對她無端生恨。

「嫁自家叔公也是有點扒灰的意思,可你都守寡了,也就顧不上了。」郭叔公說,「可怎麼也總比你弄出了個野種,坐在店門前丟人現眼強!」

「是是,那是,那時候她要是聽你的話,堂堂正正讓你納為妾,」郭管家說。「這時不也是金枝玉葉一樣,享盡榮華富貴了!你還管他叔不叔公的!」

「這是在明朝哪!」郭叔公說,「在明朝這種事還少嗎?」

「是呀,這是在明朝!她要是納到叔公房裡來,她都成了我叔婆了!」郭管家說。「我這不還得孝敬她,那臉上多風光!」

郭叔公每回到了海澄縣,看到她抱個孩子坐在滷麵館前,心中總是妒火中燒。他看見縣衙門前閒人很多,就走過去了。你們說說,那是有傷風化啊!你說她抱著個孽種坐在海澄縣衙門前,那丟的哪分臉啊!郭叔公在縣衙門前的人群裡,大事聲張說。你說你連個男人也沒有。你都守寡幾年了,可突然又有了孩子。這不明擺著通姦犯科,不守婦道嗎?你這不是往海澄縣的人民臉上抹黑是什麼啊?那是那是,那成什麼體統?一個秀才模樣的人酸裡酸氣也說。這海澄縣的女人要全學這個樣,全來野的,全弄來一些野種的。這不滿街的破鞋了嗎?這海澄縣還臉上有光呀?

「小袖紅啊,我的小親親娘娘啊!」一個惡少說。

對小袖紅來說,特別糟糕的事是,她守著寡,可她人又長得美貌姣好。她雖然懷裡抱著個兒子,可她的身材依然婀娜。結果她的滷麵館裡總是惹來了一大群無賴和惡少。他們有的公然走上前,有人沒人就跟她拉拉扯扯起來,都把她當輕賤女人對待。

「你這孩子是怎麼有的啊?這孩子的來路不明,你是怎麼有的?」那惡少說。「你可以跟他有,你怎麼不可以跟我有啊!」

開臺王顏思齊（修訂版）

「小袖紅呀，我偷告你一聲，你哥我呀，什麼也不比人差！」另一個惡少說，「吃喝穿戴不用說了，夜裡準侍候得你骨頭都酥了。」

小袖紅，你說說，你說說，你說你犯得著嗎？剛才那個惡少又說。你說你年紀輕輕守這分活寡值嗎？你夜裡開個門，不然開個窗。我從窗裡爬進去，我們不就可以銷魂到天亮了啊？小袖紅碰到那樣的無賴幾乎沒有辦法。她發現她完全孤立無援。有時有的無賴鬧得太厲害了，她只好一手抱著孩子，一手拿起掃把亂抽亂打。我讓你們欺負！我讓你們欺負！她發瘋地喊，我就生個兒子啦，那是顏思齊的兒子，那又怎麼樣！她正與那兩個惡少拉拉扯扯，這時，幾個小無賴一路吆喝叫著走了過來。他們幾個人扛著桶大糞，走到她的滷麵館門口。

「倒嘍！」他們一齊喊。

「什麼叫寡婦門前是非多，這就叫寡婦門前是非多！」

那幾個人公然將那桶大糞倒在小袖紅的滷麵館門口，然後延長而去。

「這回就更臭不可聞了。你說你個小寡婦，生個野種在店裡，就難看了！」店門外那兩個長舌婦又說。「這時又有人把大糞往你店門前倒，你說你的人和店不全臭了？」

「小開疆，我們走吧，我們還是回吧！」小袖紅抱著孩子說。

小袖紅後來只好把五香滷麵館關了。她帶著件小包裹，將顏思齊給她的那把剪刀掖進包裹裡，然後抱著小顏開疆，就離開了海澄縣。她想回夫家村子裡去住。她想老家村裡可能會對她好點，村裡人可能厚道一些，不會太欺侮她。她唯一的望想就是把小顏開疆養大了。

「咱回老家，我養兩口豬，種點菜，也會把你養大！」她又跟小顏開疆說。

她從那兩個長舌婦跟前走過。

「小開疆，你不是沒爹，你爹是個大爹！你爹是個大人物！你爹叫顏思齊！」她故意大聲對兒子說。「他現在到海上去了。他帶著個大船隊，他把生意做通天了！他發了跡就會回來找我們的！到了那會兒，你娘就夫榮子貴了，懂嗎？」

你這一回來就好了！天生兄，我們的商社可以開張了！顏思齊喊。他看見「漳泉號」巨大的船體慢慢靠了岸，一步就跨上船了。我就等著你回來！我們是得運轉

第八章

起來了！我是說商社的事情！這商社一開張，我們的萬國販運，就無不風行了！顏思齊說。楊天生接了他，他們在大艙裡坐下。

「那銅礦石怎麼樣？那些石頭賣了好價錢嗎？」他問。

「賣了，賣了好價錢！」楊天生說。「我們都兌成銀票帶回來了！」

「所以我們還得劫掠，還得搶！」顏思齊毫不掩飾說。「就是占海為王！」

我們有了這樣一條大船，我就更惦著商社的事了！顏思齊說，我們一定得把商社辦起來。有了這艘船我們完全可以貨行四海，把買賣做遍天下了！顏大哥，你知道吧，我們駛著這樣的船，到了南洋，人家都把你當大東家看了！王平說。他和高貫、李洪升也一塊下了南洋。我和陳衷紀大哥也走一輩子船了，從沒使過這樣的船！李洪升說。你們瞧，我們的謀劃都在進行中，我們在海上連連得手，我們的船隊全建起來了，顏思齊信心十足說，這商社一成立，我們真的可以把生意做遍天下了。

「我感到驚奇和興趣的是，日本幕府好像也想跟我們交好了！」顏思齊說，「大名德川將軍前幾天說想要跟我見見面！」

「他可能是看見我們勢力大了！這是好事！」楊天生說。

「德川將軍好像要委我一個什麼職務。他們想把華人籠絡起來！」顏思齊說。「我是這麼想，我們在長崎完全可放手幹了。有了幕府的關係，我們就更諸事無憂矣！」

「你是說他們德川幕府也想倚重我們了？」高貫問。

「好像是這個意思！你知道我那成衣鋪，將軍夫人總在我那裡縫製衣服，」顏思齊說，「他那裡有個小姐，桃源紀子，你知道吧？她是將軍府的使女。她一直在跟我聯絡！」

「他們不會知道我們在外海幹的那些事吧？」

「應該不知道！即使有所察覺，幕府目前大約也不會做出反應！」顏思齊說，「日本幕府跟大明朝廷一樣不喜歡西教和西洋人！我們只要不損害幕府的利益，他們不至於限制我們！」

「我是說，我們大貿易得做，海上的那個勾當也得繼續幹！」楊天生說，「貿易

開臺王顏思齊（修訂版）

是我們的本行，劫掠也是我們的本行！」

「對對，貿易錢來得快，劫船的事也得幹！」顏思齊說，「這就叫兩手都要抓，兩手都要硬！」

「對對，商社，還有船隊！」楊天生說。「我們現在就得乘機大幹起來！我們只有擁有了巨額財富，才能橫行天下！」

「天生兄，你跟我差不多同一個心思！」他們爬上了高高的船樓。顏思齊站在船廊上，拍了一下一根柱子。「巨額財富，就是巨額財富！只要把金錢和銀子堆得像長崎的山一樣高，天底下我們還有什麼事辦不成？」

你說你喝不喝呢？我把酒給你倒了，你喝不喝？王平說。王平給何錦滿滿倒了一杯酒。那一陣子，長崎聚集起來的華人越來越多。他們很多是來投奔顏思齊的，有的是直接來加入船隊來的。我是搖大櫓的。我是個舵工！他們有人喊。我划槳也行，當刀手也行！只要是船上的活我都可以！華人的勢力變得越來越大，跟日本本土人發生的摩擦也越來越多。我剛從婆羅洲回來。兄弟們就得陪我喝！高貫說。這天他們在長崎的一個小酒家裡喝酒，大聲吆吆喝喝地喊。張掛原本嗓門就大，這時聲音更像洪鐘大呂。

「你想怎麼喝就怎麼喝！」張掛說。「我他娘的就是沒有一把好刀！」

「我們又一人兩缸怎麼樣？」李俊臣說。

那個小酒家進門一點的地方，兩個日本武士也正在那裡對酌。他們只是互相默默地對飲。一個武士在輕輕地哼著「櫻花啊櫻花……」。

「我就是這麼點小脾氣，我看誰不順眼，就給誰一個手起刀落！」張掛說。「我這把刀割的頭可多了，擺起來就像砵子一樣，一擺起來一溜！」

「我不喝酒了，我不想喝了，我給你們唱一個錦歌吧？」何錦說。

「誰聽你的錦歌！你去嫁人吧！」李俊臣說。

「我想划拳。你們誰想划拳？我跟他划拳！」鄭玉把頭趴在桌上也喊。

這天，張掛、王平、李俊臣七八個人全喝醉了。高貫和鄭玉站起來劃起了拳。七七巧來，八八仙！五魁首呀，六六順！那兩個武士起先沒有說話，只是默默地喝酒。可是聽到他們吵鬧得太厲害了。一個武士惱怒地看著他們。

第八章

「你們的！嘎嘎的！吵吵鬧鬧地！」武士喊。「這裡的，不是唐山的！這裡是大日本大大的，長崎的！」

「你他娘的想操嗎？你想跟誰操呢？」張掛搖搖晃晃站起來。「我他娘的操了你娘的！」

「你想幹什麼？你想幹什麼？」另外那個日本武士說。「你們幾個臭中國衰人，你們想幹什麼？」

張掛朝那兩個日本武士走過去，那兩個武士全拔出刀來。行啊，行啊！你們來吧！張掛說。他也拔出了刀。我好些日子沒殺人，手癢癢的！我正好來給你們一個手起刀落！他們想幹什麼？那小武士想幹什麼？他想惹我們嗎？李俊臣喊。高貫、王平、余祖、鄭玉和李俊臣看見日本人拔出了刀，也全站起來。他們好幾個沒帶武器，可高貫馬上拖過一把椅子，鄭玉操起一張凳子。一個日本武士衝過來，對何錦就是一刀。高貫橫橫地把那把椅子掃過去，把那把刀擋開。另外那個武士雙手舉起刀，也朝王平直劈下去，王平把身子閃開，一腳把那張擺滿酒菜的酒桌踢翻了。那把刀正好落在酒桌上。接著雙方就打起來了。王平、余祖、李俊臣在酒家裡隨手找到什麼，就拿什麼當武器。何錦不知從什麼地方找來了一根棍子。他一邊揮舞著棍子，一邊扭著腰。那兩個武士看他扭著腰，看花了眼。何錦又扭一下腰，一腳踢在一個武士的褲襠上。

「唷……他媽的！他的婆婆奶奶的！他一腳就踢在我的褲襠裡的！」那個日本武士拖長聲調喊。「他他他，他娘的，他把我的睾丸踢碎了的！」

兩個日本武士人少，張掛他們人多。兩武士抵擋不住，從酒店裡退了出去。

「行，我讓著你們，我讓你們先走。」張掛喊，「你們去叫人，我們在這裡等你！」

漢人！漢人！漢人反了！漢人不聽我們幕府約束！反了！好幾個武士在街上喊。高貫看見只一會兒工夫，長崎的那條街上突然出現了滿街的武士。他們全帶著刀，咿咿呀呀吼喊著朝酒家衝來。張掛、高貫等人從酒店裡迎了出去。日本武士把他們團團圍起來。張掛揮著刀，連連擋開了七八把刀。王平和高貫七八個人全拿椅子凳子亂砸亂擋。整個長崎港口大亂，日本武士越來越多。贍住館裡，顏思齊的

開臺王顏思齊（修訂版）

很多兄弟聽見出了事情，也紛紛趕來。何錦還在那裡扭著身子。他一邊舞著那根棍子，一邊像一個嬌柔女子扭著身子。他的模樣可能把那些日本武士惹怒了，三四把武士刀幾乎同時砍過來。就在這時候一個人躍進裡面，一把刀將那三四把刀擋住了。何錦一看是楊天生。

「楊大哥！你也來了？」張掛喊，李俊臣也喊。「紅臉江湖楊天生也來了！」

「反啦！反啦！漢人！漢人！」街上很多日本人喊。

「到將軍府去！到大名將軍府去！」更多的日本人喊。

「去去去，快叫德川將軍發兵！出兵剿滅中國人！」

「他娘的小日本武士欺侮咱！」余祖喊。「我們不就喝酒划拳嗎，誰惹他了？」

「就反啦！看他拿爺們怎麼辦！」張掛喊。「他們怕也不知道我的祖爺爺是誰？」

咱敢到它小日本爭地盤，就不怕他能治了咱！方勝喊。我他娘的今天出門忘了帶刀！誰回去取幾把刀來！他們從小酒店裡衝出來，就跟那些日本武士遭遇了。長崎的那條小街原本就窄，街兩旁原本全是店鋪。這時整條街筒突然充滿衝突雙方的人。一眼望過去，到處都是武士和漢人。長崎的社會空氣驟然緊張。漢人！漢人！漢人反啦！那些武士咿咿呀呀地喊。他們冒犯了咱們的大武士道！冒犯了我們的大和精神！他們漢人反了！我看他們誰敢惹了我這個唐山大爺！我讓他像這把凳子一樣，余祖舉著一張散了架的板凳喊，漢人就在他日本土地上撒尿，我看他敢拿我的屌怎麼辦？余祖和高貫一人舉著一把板凳，跟好幾個武士對打起來。高貫一個板凳橫掃過去，把四五把刀擋了回去。武士們呀呀亂叫，又舉刀衝過來。余祖和高貫又雙雙舉起凳子。這時一道寒光閃過，一把劍將一排武士刀齊齊擋住。

「停了！停了！住手！」顏思齊突然出現在眾人面前。「這是在長崎又不是在別的什麼地方！」

他用劍指著一個武士的咽喉喊。他讓張掛等人先退去，也讓那些武士往後退。

「大家都往後退！你們退下去，我們也退！」顏思齊說。

「這人是誰？」一個日本武士問。

「顏思齊，」另一個武士說。

第八章

「他是這些漢人的什麼人?」

「他是他們的頭!」

「退下去!你們退下去,我們也退!」顏思齊說。

嘎嘎的!呀呀的!眾多日本武士還不服,想再往前衝擊。顏思齊仍然把劍指著那個武士的咽喉。那些武士把他團團圍起來,並把劍指在地上。顏思齊知道那是一起動手的訊號。他雖然並不畏懼,可他想沒必要跟他們做對。他突然把劍收起來,插進劍鞘裡,然後抬起雙手作揖。將軍們,我們今天就此打住吧!這裡可能有什麼事情誤會了!我的兄弟們不識大禮,對諸位有所冒犯,我這裡謝罪了!顏思齊說。我們並不想與諸位衝突!這是長崎又不是別的地方。我們長期居住長崎。你們是長崎人,我們也是長崎人!大家都是長崎人。我們是些做海運生意的人。每年都向幕府上繳稅銀。我和你們,常常見面。這裡沒別的意思。我們沒必要衝突!呀呀的,嘎嘎的!那些武士有的還不甘休,特別是剛才那兩個喝酒的武士。他們舉著刀還要往前擠。這是我們的長崎,不是你們的唐山的!

「將軍,將軍,止住!」顏思齊仍然站在那裡。他把雙手抱在胸前。「你看我們都放棄了武器,他們很多人沒帶武器,我們就此打住吧!」

可那天長崎街上聚集起太多的武士,仍然有武士想往前衝。這時中野少佐武士突然也出現在人們面前。

「中野!」高貫喊。「中野武士來了!」

中野就是那個曾經作為中間人,介紹顏思齊向荷蘭人購買軍火的中野少佐武士。

「各位浪人朋友,這是我的漢人朋友,他叫顏思齊。」中野武士說。

你們可能不認識他,可他是個義士!他也講究忠義!我們大家都在這碼頭上掙飯吃,你們遲早都會認識的。我說我們雙方就和解了吧!中野跟那些武士們說。像顏武士說的,他們並沒帶武器,並不想跟諸位衝突。今天誤會了!以後諸位有什麼難處可以找我中野少佐,也可以找他,找顏思齊。

「他樂善好施。誰有難處了找他,他給銀子!」中野武士又說。「敝人以為雙方多多交往,總是能好好相處的,你們說是吧?」

開臺王顏思齊（修訂版）

第九章

「主人，你請的顏思齊，顏大義士和他的兩位陪同來了，在院外門邊等著你呢，」桃源紀子說。

「是嗎？他們來了？」德川將軍說。

在德川將軍的宅第裡，將軍用一條手絹擤著鼻子，在幾個武士的陪同下，從一個大屏風後面走出來。那屏風正面擺了張桌。那是主座。兩旁對列擺了幾張小桌。那是客座。大屏風上面掛著一把黑色長弓。那是一把很出名的弓，叫流泉弓。那弓也是從中國傳進日本來的。那弓通體的黑色，是一種名木製成。弓身很長，可百步穿楊。

「將軍，你今天還沒漱口呢？」一個侍從端著一個托盤走到將軍跟前。

「我今天不漱口了」將軍說。

「你好像在輕輕咳嗽？」桃源紀子說。

「我喉嚨好像又有點炎症了。」將軍說。

「你不是都漱口了才見客？」那侍從說。

「我今天不漱口了」將軍又說。

大名德川將軍留著兩撇清爽的小鬍子，身上像一般武士一樣打扮。他的呼吸系統好像出了毛病，在不停地輕輕咳嗽。你讓他們進來嗎？桃源紀子朝德川將軍微微鞠了一躬說。我是讓他們今天來的嗎？主人你怎麼忘了？你是昨天讓我去通知他們的！對對，我怎麼忘不了了！你好像還在咳嗽。我可能有點炎症。大名將軍揮了下手，表示請進。他又輕咳了兩聲。一個武士連忙上前，輕捶項背，緩其咳嗽。那個端托盤的侍從一直跟在他身後。

「我說不漱口就不漱口了！」將軍又說。他朝那個侍從揮了下手。「你怎麼老拿

第九章

著個托盤跟著我?」

「德川將軍,上見,」顏思齊稱呼說。

顏思齊領著陳衷紀與楊經走了進來。顏思齊仍然穿了身白衣白袍。他們全都身軀筆挺,走到德川將軍面前,以日本武士的姿勢向將軍致了禮。

「顏思齊,顏義士,顏將軍,久聞大名。」德川將軍說,「我聽說你有很好的手藝。你的裁縫。我夫人的衣物也全是你縫紉的。」

將軍讓他們幾個人坐下。

「我最近總聽紀子小姐提起你,她說你是一個在天地間行走的人!」將軍說,「我真的很想見見這個人。我沒想到你就是這樣一個人!」

「將軍,我也總是聽紀子小姐說到你,」顏思齊說。「她說你喜歡大明的東西。你的那把流泉弓,還有你的中國書道。」

「是是,我喜歡大明的東西。我夫人喜歡大明的服飾!」德川將軍說。

「紀子小姐也說,你是個在天地之間行走的人!」顏思齊說。

「這只是一種說法而已!難堪,難堪!」德川將軍說。

「你怎麼還在這裡呢?我不是說我今天不漱口了嗎?」德川將軍對那個端托盤的侍從說。不過我覺得這個說法不錯。在天地之間行走!這是有區別的。人通常都是在地面上走,在天底下走,就是在天地之間行走。可這是有區別的。有的人在天地之間行走,可你可以看見他頭頂著天,腳踏著地。那是一種挺直的軀幹,一種強大的表現。而一些人也是在天地間走,他們也走在地面上,可他看過去那麼懦弱,那麼貧乏,無所適從而且無能為力。這是一種區別。區別也就在這裡。所以我同意這種說法。「顏義士,顏將軍,我聽說你前幾天剛剛幫我平息了一次無謂的衝突。一些本土的武士與你們的武士,互相之間有了誤解。我聽說都動起手來了。這是很不好的事情。」

德川將軍又輕咳了兩聲。他用一條手絹抹了抹嘴。他看見那個侍候漱口的侍從還站在那裡。

「我們幕府與大明親善。你們華人能大批定居長崎,說明長崎是個適合華人居住的地方,像在你們大陸一樣。這使我感到欣慰和榮耀。所以我不希望再出這種事

開臺王顏思齊（修訂版）

情。」德川將軍說，「此次事件聽說是你平息下來的，你制止了衝突。這足於說明你目光長遠，襟懷開闊，對社會能起一種良好的作用，是可以合作的夥伴。另外據說你正在組建一支大船隊，你跟西教和西洋人不合作。在這方面我們有共同的看法。我們東方人跟西方人是有所區別的。你們在長崎從事多種事業，華人有大量的稅銀上繳。這都是很好的事情。你們對地方不形成侵擾，對社會貢獻很大。從總的方面來說，你等大都是日本的良民。本將軍十分欣賞你！」

「謝謝將軍讚賞！」顏思齊說。

「我希望你們以後長期留居長崎。你哪裡也別去。你就留在長崎，為幕府效勞。」德川將軍繼續說，「以顏大義士的壯舉，我已向東京最高幕府邀請犒賞。長崎華人仍須你加於統管。本將軍已獲批准，可新設一蕃。並提議封你的為『甲螺』，實職則為華人首領。」

大名德川將軍說完朝後面揮了下手。幾個將軍府使女各用托盤托了徽章、綬帶和佩劍出來。

「你想想，我們從海澄出來時，想到過會獲此封賞嗎？」他跟陳衷紀和楊經說。

德川將軍一邊咳嗽，一邊替顏思齊戴上徽章，披上綬帶，贈與佩劍。顏思齊三人站起來，接受了封賞。顏思齊聽見將軍不停地咳嗽，表情難受，遂將楊經介紹給他。

「將軍，如你不悋嫌隙，我可命我兄弟楊經，楊義士給你診診脈。讓其為你細設一方，或可除此咳嗽時疾。」顏思齊說，「楊義士乃我唐山漳州名醫楊滄溪之後。其祖上楊滄溪在我唐山素有以滄瀾之溪，普治世人的美譽。在內地漳州盡人皆知。其方良也，其效善也！」

「那就有勞大駕了。」

大名將軍聽說大為感動，連忙請他們幾個重新就座，並讓楊經給他診脈。楊經認真診起脈。將軍起先好像並無大疾，只是偶感風寒。楊經邊診脈邊說。本人竊想，將軍可能身體強健，所以忽略了療治，不想卻導致肺部感染。對對，本將軍極少病患，且身體強健。大名將軍說。那把弓，那把弓你看了吧？那把弓叫流泉弓，我常用這張弓射箭。診完脈後，楊經認真開了一個處方，然後留與將軍。這肺部感

第九章

染倒是比較麻煩，因為肺部是人體比較脆弱的部位。楊經說，還好我家祖上有專治肺炎的單方。我給將軍開具下來，吃幾服看看，說不定不日就可痊癒！

「那弓也是中國傳進來的，弓身是檀木製成的。」德川將軍說，「那把弓幾乎沒有人能拉滿。我有事沒事喜歡用那張弓射射箭！」

他們從將軍府邸告辭出來，德川將軍熱情揮手送客。

「你說這不是很奇怪嗎？我說不漱口就是不漱口，」德川將軍埋怨說。「我今天要見顏思齊。顏思齊是個重要人物。我不想漱口，他卻總端著個盤子跟我！」

「我沒想到將軍如此良善，」走出府邸後，顏思齊對桃源紀子說。

「我不是跟你說了，我們家主人非常賞識你，」桃源紀子對顏思齊明確地笑笑。「他說你在長崎有很大的社會價值，你對長崎的社會管理有良好的作用。你說不是嗎？」

我讓你吹，你就得吹！何錦說。我為什麼要吹？張掛說。我又不是吹這個的人！你不吹你那天幹嘛學著吹？我覺得有意思，就學著吹吹。我學著吹吹不行嗎？張掛說。你學吹了就得吹！因為這個沒人吹！何錦說。「大金華商社」開張的那天，何錦按顏思齊的意思，組織了幾個遊街的方陣。顏思齊是想借商社開張熱鬧一番，讓商社圖個彩頭，其實也就是做做廣告的意思。

「對對，讓整個長崎喧鬧起來！」陳衷紀贊同說。

那天那幾個方陣都擺在街上了。第一個方陣是大八音，第二個方陣是小八音，第三個方陣是何錦的重頭戲大鼓涼傘。最後是「關帝爺」和「媽祖婆」神像巡遊。何錦喊，把大八音敲起來！李俊臣跟著喊，把大八音敲起來！可這時何錦才發現大八音裡「噠子」沒人吹。「噠子」就是嗩吶。閩南人把嗩吶稱為「噠子」。他記得前兩天是他教張掛吹的「噠子」。他安排了張掛學吹「噠子」。張掛人高馬大，肺活量大，學吹「噠子」是最合適的了。張掛也高高興興學了，可這時人卻不見了，臨陣脫逃。

「張掛呢？張掛呢？張掛怎麼不見了？」何錦不高興問。「張掛沒見了，『噠子』就沒人吹了！」

「你昨天是不是說好了讓張掛吹？」李俊臣問。

113

開臺王顏思齊（修訂版）

「我們說好了讓他吹嗎？」何錦說。

「他怎麼會幫你吹那個東西呢？」李俊臣說。

「這可不行，我們說好了就說好了！」何錦說。「他前天還學著吹了吹！他都學會吹了！他不能說今天不吹就不吹！」

「你說他祖爺爺是誰？他祖爺爺是在長阪坡上喝退千軍萬馬的張飛，」李俊臣說。「他哪會跟在你的屁股後面，嘀嘀噠噠，吹那東西！」

「他不吹也得吹！他昨天都說好了，怎麼能想吹就吹，不吹就不吹！他不能一個人誤了人家一攤子大事！」何錦認真地說。「他祖爺爺是他祖爺爺的事，這吹噠子是吹噠子的事！三國那時候你就讓你祖爺爺吹，他祖爺爺張飛也得吹。這是組織紀律性的問題！」

何錦扭著輕飄飄柔軟的身子往回找。他好不容易才在人群裡找到張掛。

「張掛，你怎麼躲藏在這裡？我就不信你妹子找不到你！」

張掛正跟誰說著笑，仰起那張滿臉的鬍子哈哈大笑。

你找我幹麻？找你去吹！吹什麼？吹「噠子」？我才不吹那個東西！張掛說。你昨天不是說好了，你吹，你今天怎麼能不吹？你知道我是誰嗎？我祖爺爺是幹什麼的嗎？他們兩人在街上拉拉扯扯起來，張掛喊。他老人家在長阪坡上一聲大喊，嚇退了千軍萬馬？我去跟你在街上吹那個什麼東西？

「我才不管你的祖爺爺是誰！你昨天答應我吹，你就得去吹！」何錦說。

「我昨天是跟你鬧著玩的，我真跟你去吹呀！」

「可你昨天吹了，今天就得吹」

「我只是學著吹吹，那怎麼啦？」

「你學了吹，就得吹！」

「我要不吹呢？」

「你不吹，我就讓顏大哥把你從商社裡除名？」何錦威脅說。

「除名是什麼意思？」

「除名就是你不是商社的人了！我們現在都是商社的東家，你除了名，你就不是商社的東家了。」何錦說，「以後我們賺了錢，分紅利，吃香的喝辣的，也沒你

第九章

的份了！」

「那分錢呢？分錢有沒有我的份？」

「分錢哪有你的份！」

「怎麼能沒我的份？」

「你都不是商社的東家了，分錢哪有你的份！」

可我是跟顏大哥從海澄出來的！這個誰也不管了！可那些船都是我跟顏大哥一塊搶的！張掛說。那頂多也就給你一點辛苦錢。你不是東家就不能分紅利了！何錦說。分紅利錢多，還是辛苦費錢多？當然分紅利錢多！何錦說。

「那可不行。那我去吹！吹那個也沒什麼！不就吹吹喇叭！」張掛說，「我祖爺爺在長阪坡上大喊，我在這裡吹喇叭！這事你可別跟顏大哥說了！」

「怎麼不能跟顏大哥說？」

「顏大哥知道了，還以為我跟商社有了二心！以為我辦事不認真，」張掛說。「你們別想把我從商社裡除名！懂嗎？你知道我的祖爺爺……」

「我不認識你祖爺爺！」

「大金華商社」開張這天，陳衷紀和何錦把整個長崎鬧騰翻了。他們的幾個陣仗過來，把幾乎所有的長崎人都吸引了出來。

「何兄弟，我們顏大哥說你是個人才，你真的是個人才，」李俊臣說。

「我不是你的兄弟，我是你妹子！」何錦搖著涼傘說。

他一邊走一邊扭著身子。

「你又能扭身子，又能擺譜，還會唱戲。你身上還有一身的奶奶味！」李俊臣奉承他說。

那時我說，我們投奔顏大哥算啦，你看這大事不就成了！方勝說。要不我們還在長野挖煤呢！你哪知道我們會開起了商社？方勝和鄭玉一人抬著一擔供品在人群裡走。這商社是什麼意思？鄭玉問。商社就是做大生意，做大買賣。我們用船隊把全世界的東西拉來賣了，賺了錢大家分！你說我們最後能分幾個金錠子回家嗎？我老想回家。鄭玉說。我出來的時候，我娘就讓我早點回家了！我們出洋不就是想賺些錢回家嗎？還分幾個金錠子呢，我們能分一個金山！方勝說。只要你跟著顏大哥

115

開臺王顏思齊（修訂版）

走，你還怕賺不到大錢？那幾個陣仗一個個走過來，吹吹打打，彈彈唱唱。長崎街上，擠滿了密密麻麻的人。他們兄弟有的敲鑼，有的打鼓。張掛吹著嗩吶，吹得搖頭晃腦。那滿頭滿臉的黑鬍子跟著搖晃。這麼說我們以後肯定發財了！鄭玉說。那當然了！方勝說。跟著顏大哥肯定沒錯！你看你這時不是吹得挺歡？你還說不吹？何錦說。我是看在顏大哥面上，才幫你吹這個的！張掛說，你想想，我祖爺爺在長阪坡上！我不認識你祖爺爺！何錦說。

「讓開！讓開！」這時人群裡有人喊。

「關帝爺來了！」

「媽祖婆來了！」

「跳過火了，跳過火了！」又有人喊。

「把炭火燒旺一點！再添一些火炭！」有人大喊。

那些陣仗剛過，有人急匆匆急奔而來。原來那是一群抬著神像巡遊的人。陳衷紀抬著神像走在前面。那是兩座神像，一座是關帝，一座是媽祖。人們用兩台八扛的大轎子，抬著神像奔騰而至。他們完全按照老家漳州的習俗，人們沿途焚香燒紙錢，有的人一路放鞭炮。關帝？關帝是什麼菩薩？高貫問。關帝是護佑一方平安的神明。媽祖保你出海逢凶化吉！商社門前，有人預先燒了一堆平鋪在地上的炭火。再添一些，再添一些。這炭火越旺越好！有人喊。陳衷紀領著那些人，打著赤腳，抬著神從灼熱的炭火上踩過。一隻赤腳抬起來，又一隻腳踏上去。腳踏下去時，濺起一片片炭火。跳過火嘍！跳過火嘍！人們一齊喊。他們就這麼赤腳踩過去了？很多觀看的人喊。他們從沒見過那樣的場面和陣式，吃驚神奇地大叫。他們就從那麼燙的火炭上踩過去了？他們不傷了腳嗎？那神像不是很大，可是抬的人多，而且是奔騰而來，整個儀式也就有了一種威鎮避邪的神威。人們把神像放下後，陳衷紀在一張擺滿供品的供桌前，拈香膜拜起來。

「天地正氣，財源橫流，保我華商，共襄基業！」陳衷紀喊。

「天地正氣，財源橫流，保我華商，共襄基業！」人們跟著喊。

「你們，誰，是這裡的頭？誰，是會首？」這時有人問。

商會門前正一片歡鬧，鑼鼓喧天時，幾個洋人模樣的商人排成一個小隊伍，斯

第九章

文、規矩地從商社的另一條頭走來。「大金華商社」就坐落在長崎街口。

「我們想跟他談一筆貿易！一筆生意。你們會首？」一個為首的洋人用不流暢的漢語問。

那些洋人全穿了西裝馬甲和燕尾服。為首的一個洋人留了兩撇小鬍子。而讓人感到莫名其妙和驚奇的是，他們在街上走，竟然規規矩矩排成了一支小隊，一個接著一個魚貫而來。

「什麼事？你們找顏大哥什麼事？」陳衷紀拜完神像走過來問。

「我們，是，葡萄牙人。我們是來購運絲綢的，中國，絲綢。湖絲，懂嗎？」那洋人生硬地說。「你們會首，是誰？我們想跟他，見一見面，談一談。生意。商社，都是大生意。我們的大生意。你們能嗎？我找你們會首，能從中國，搞、搞過來嗎？能賣我們嗎？中國的湖絲！我的意思是，中國的碼頭不好。朝廷不讓。進，進不去。」

「行行，」陳衷紀大約理解了他們的意思，對一個兄弟說。「你把他們引進去，去見顏大哥。」

我們，我們全帶了刀來！一個武士說。你們是誰？你們帶刀想幹什麼？張掛喊。他正搖頭晃腦吹著嗩吶。他看見幾個帶刀的日本浪人走來，連忙把嗩吶放下，握住了刀。那些浪人是從長崎老街那邊走來的。何錦一扭一扭地扭著大鼓涼傘，也馬上也把手放在腰刀上。那些武士一直走到商社門前才停下。

「將軍，諸位將軍，請問有何貴幹？」陳衷紀怕出什麼事，連忙上前擋了一擋，同時雙手作揖。「本會所今天剛剛開張，歡迎諸位光臨。請問有什麼吩咐？」

「我們的，今天全帶了刀來的，」那些浪人中的一個說。

「帶刀幹什麼呢？帶刀怎麼了？」陳衷紀警覺地問。「本會所是個商業機構。我們剛剛開張。我們本意是想本本分分，平平安安的做生意。我們不喜歡帶刀什麼的。我們不怕人搶了我們……」

「你見過這樣的刀嗎？」一個浪人說著「嚓」一聲，抽出一把刀。走上前，讓陳衷紀看。「這是上野家的！我們都是受過剌封的武士！」

「我這把刀是龜田家的！我們也是受過剌封的武士！」另一個浪人也拔出刀說。

開臺王顏思齊（修訂版）

「我是鳩山家的！我也是，我也是受過刺封的武士！」另一個浪人說。

「對對，請先別拿刀！我們這裡也有很多刀手！」陳衷紀婉言相勸說。「是是，將軍們全是武士！像我這個兄弟，他特別喜歡手起刀落！」

「我們想見見你們會首，他說不定會給我們一些賞銀，」那浪人說。

「顏會首這時候正忙，你們過一陣子再來吧？」陳衷紀說。

「他沒空，我們就在這裡站著。你們這裡，今天，沒人鬧事吧？」那個浪人說，「有人鬧事，我們就跟他嘎嘎地！你們的顏會首是個忠義之人。我們日本武士可以為忠義而戰！」

「沒有，沒有。什麼事也沒有的，沒人鬧事的！」

「那好，我們幾個就在這裡替你們站差，你有事就吩咐我們，」那武士說。「今天貴商社成立是咱們長崎的大喜事！我們絕不能讓人在這裡搞破壞！」

你們到裡面喝茶吧？陳衷紀說。他原本不知道那幾個浪人的意思是想幹什麼，可看過去他們並沒有什麼惡意。他看見他們分開兩邊在會館旁邊站下，一副商社的維護者的模樣。陳衷紀這時才明白，那幾個日本浪人是看見這裡熱鬧，過來幫忙維持秩序的。

「諸位，你們是過來幫助維持的？」

「正是正是！」

「那就有勞了！」

「沒事沒事，你忙你的去吧！」

張掛和何錦這才把臉放了下來，把刀放回去。兩人又跳大鼓涼傘和吹嗩吶去了。長崎仍然歡天喜地。

「將軍，你們還是到裡面喝一會兒茶吧？」陳衷紀說。

「不不，我們在這裡幫忙照看一下，」那幾個浪人說。他們一個個手握武士刀，又開雙腿，作保衛者狀。「你們在這裡搞商社的，大大地好！我們就是喜歡你們的賺錢地！你們的利益就是我們的利益的！」

我看這可以成交！只要你們把訂金下了，這生意可以做！顏思齊說。在「大金華商」的會客廳裡。顏思齊與那幾個葡萄牙人各自看著一張契約的條文。那幾個葡

第九章

　　萄牙人是來求購一批中國湖絲。當時中國湖絲在國際市場上走俏。可是中國朝廷實行海禁，外國商船很難進入中國港口，中國湖絲更是稀缺難得的物品。他們想透過中國船隻偷偷進港，從中國私運湖絲。他們看見「大金華商社」成立，知道這是一個商機。他們找到商社商談。顏思齊果斷地跟他們定了合約，欲從內地購取三百擔優質湖絲，提供給那幾個葡萄牙商人。價格比當時市面上加了三成。顏思齊心裡樂壞了，因為那是「大金華商社」簽訂的第一筆生意。

　　「行行行，三百擔湖絲！」顏思齊說。

　　「這是訂金，十二塊金幣！」那個為首的葡萄牙人說。

　　他掏出一個皮口袋，從裡面摸出十二塊金幣。顏思齊看著一張寫好了的契約。

　　「我就是把中國朝廷驚動了，把他的海岸線撕裂了，也把你的三百擔湖絲搞出來！」他向那幾個葡萄牙人保證說。

　　「行，那我們現在就約定在先！」那葡萄牙人說。

　　「你在這裡簽上字！」顏思齊說。

　　「行行，我簽！」

　　「你也在這裡簽。」那葡萄牙人說。

　　「行行，我簽！」顏思齊說。

　　「大人，請問你的姓名？」他問那個為首的葡萄牙人。

　　「卡洛斯，卡洛斯中校！」那葡萄牙人說。

　　這麼說，大人您服過役？我在海軍服過役。海軍中校。顏思齊送了那幾個洋人出來。他們顯然對那筆生意互相都很滿意，顏思齊滿臉堆笑，那些洋人更是興致勃勃。他們是排成一小隊來的，出來時他們仍然排成一個小隊，魚貫而出。你們上街都是這樣的嗎？一個個排成隊？陳衷紀看見了覺得好笑問。我們想用更軍事化的手段經商。卡洛斯中校說，我們想讓人知道我們是很規範，很守信譽的人。出門排成隊，很容易讓人產生這種印象！他們從商社出來，門口仍然鑼鼓喧天。我這回真的長眼了！我從沒見過這麼規矩的人了！李洪升說。我們在街上都是隨便的走路，哪有排成一個小隊的！高貫說。這真他娘的有意思！這洋人什麼古怪舉動都有！那些洋人出來後，顏思齊跟他們一個個作揖。那些洋人也想學著作揖，可看上去很笨，

119

開臺王顏思齊（修訂版）

很難看。最後，他們一個個跟顏思齊握了握手，然後離去。

「顏會首，我們，我們向你告辭了！」卡洛斯中校最後說。「湖絲，中國湖絲，就看貴商社了！」

「行行，再會！」顏思齊說。「中國的事情我們懂。你們等候消息好了！」

顏思齊走到門外，才看見那幾個日本浪人在門口為商社護衛。臉上有了一絲的感動。長崎街上仍然熱鬧喧嘩。張掛搖頭晃腦吹著嗩吶，何錦正領著一群人在跳大鼓涼傘。顏思齊向那幾個日本浪人抱了抱拳。

「辛苦了，將軍，幾位將軍辛苦了！」

「顏大義士，有什麼事你儘管跟我們說！」那幾個浪人回禮說。

「今天真是勞駕了！」顏思齊真心感慨說。

「忠義肝膽，這是我們的家訓。你看看我這把刀，我是上野家的！」剛才那個武士說。「我們都是受過賜封的武士！我們為忠義而戰！」

「我是龜田家的！」另一個武士說。

「我是鳩山家的！」又一個武士說。

「顏大義士寬厚待人，予禮予信，英雄豪邁！」剛才那個武士說。「貴商社的事，是我們竭盡維護的事情。我等武士當以義武忠勇之精神為守則！視如生命星辰維護之！」

顏大官人，顏大船長，我是聽人說起你，特地趕來請你喝一杯的！一個衣著邋邋、白人水手模樣的人說。他手裡舉著一瓶洋酒，從人群外面擠進來。你？你請我喝酒？顏思齊用一根手指指了指他，又指了指自己。這是白蘭地！你喜歡白蘭地嗎？那白人水手說。我是真心想跟你喝一杯！

「嗨！」那幾個浪人看見那個白人，做出拔刀的樣子喊。

「我，我想與顏大船長，喝喝，我們就喝！喝一杯酒！」那白人水手又說。

我想跟顏，顏大船長說幾句話！我沒，沒別的意思！白人水手說。我們喝？我們在哪兒喝？顏思齊說。就在，就在這裡！行行，你想喝，我陪你喝喝。顏思齊客氣地說。你說，我們是進去喝，還是站在這裡喝？就這裡喝吧！我站在這裡，你站在那邊。我們就這麼隨便喝一杯，然後我，我就走了，那白人說。他看見那些日本

第九章

武士對他怒目而視的樣子。你們別,你們別動手。你讓那些日本將軍別動手!我是個和平主義者。我是個和平水手!

「那就在這裡喝?」

「行行,就在這裡喝!」

顏大船長,顏大官人,你知道嗎?我們是從大洋那邊漂,漂過來的,白人水手說。顏思齊站在會館門外的樓廊下,無可奈何地笑笑。那會兒張掛正搖頭晃腦吹著嗩吶,何錦還跳著大鼓涼傘。關帝爺和媽祖婆的神像仍然擺在那裡。那個白人水手歪歪扭扭靠在一根柱子上。他不知從什麼地方摸出了杯子,用那瓶洋酒將酒杯倒滿。我們是從大西洋那邊,從裡海那邊,又從太平洋,從那邊的海面上漂過來的!我們是從大海的那端漂到了這端!

那水手遞給他那杯酒。

「我想建議你喝了,喝了這杯酒。你會不會在意我的這杯酒?這杯酒沒事吧!」那水手說。「我是想跟你說,我們得喝了這杯酒,我們得建立友誼。這天底下除了友誼,再也沒有更好的東西和名堂了!」

顏思齊接過那杯酒,可是沒喝。

「過去在那片海上,說真的,那裡沒什麼人。就我們葡萄牙人,西班牙人和荷蘭人。」

我是說,在那個整片的太平洋上就那麼幾艘船。那會兒洋面上船太少了!就我們西班牙船,葡萄牙船,荷蘭船!當然也有你們的中國船。可你們的中國船太少了。你們的船是擺樣子的,我們的船是搞販運的!那白人水手說。他仰起脖子,嘴對著酒瓶喝了一口。你知道在太平洋上,最苦最難耐的是什麼?是寂寞和孤獨。那太平洋有多大呀!那是一片白茫茫的大海。可那麼大的海面上才那麼幾艘船。你每天駛著船,你從早晨看著太陽從海的那邊升起來,到了晚上,又看著太陽從另一邊海上沉下去。你看到的就是太陽。太陽,太陽。還有就是海浪,海浪!無邊的海浪!別的就什麼也沒有了!

顏思齊一直微笑著看那個白人水手。

「所以我們得喝是吧?」他說。

開臺王顏思齊（修訂版）

對對，得喝！你知道嗎？我們以前不知道有你們中國人，我們從沒看到過中國人！我們要看到中國人，得到中國去。那白人水手說。可那時候中國太遙遠了，中國的皇帝還不讓上岸。我們的不幸就在這裡，那麼大一片海，可我們看不到中國人，有時好幾天都看不到一艘船，看不到一個人！所以我聽說你，你在長崎開辦了這個公司，你們創辦了幾支船隊，我很高興。我帶了酒來，我要跟你乾杯。因為我們以後，在海上，在這片這麼大的海上，有時，我們就會看到你們的船了！

「對對對，」顏思齊說。「你們以後就會看到我們的船，我們也會看到你們的船！」

「這樣就好了。你看到我們的船，就搖搖旗！我們也搖搖旗！」白人水手說。

「那行，那好，我們就互相搖搖旗！」顏思齊說。

「那我們以後就在這片海上跑了？」

「對對，一起在這片海上跑！」

「那你把這杯酒喝了！為了友誼！」白人水手說。

「為了友誼，我把這杯酒喝了！」顏思齊說。

「顏大哥，顏會首！你出來，你看誰來了？」顏思齊和陳衷紀幾個人正在「大金華商」二樓會所商談什麼，在樓下接客的楊經突然喊，同時大聲說，「將軍，大將軍，請留步，我們會首迎你來了！」

失敬了！失敬了！有失遠迎！顏思齊在樓上聽說，知道是怎麼回事了，連忙從樓上迎下去。可剛到了會所大廳，就看見德川將軍走進來了。他一身軍士打扮。上身披了披風，佩了劍。身邊有幾個隨扈。顏思齊眼睛亮了一下。他看見桃源紀子手裡端著個托盤，也跟在德川將軍身後。

「恭喜，恭喜！慶賀，慶賀！」德川將軍表示慶賀說。

「將軍，勞駕了。我還沒迎出去，你就進來了！」顏思齊平實地說。

「你是不是還要我讓人通知你一聲啊？」德川將軍說。

我說來了就來了，這才說明我們的關係不一般。顏將軍，你是我敬重的義士，我還要你迎那就見外了！德川將軍說。不是，不是，我是怕驚動了將軍！顏思齊說。我們只是一群中國商人！我看了你的牌匾了。「大金華商」！好好，有氣派，

第九章

　　顏大義士真是辦大事的人！我還是想起了桃源紀子的那句話，一個在天地之間行走的人！好，好！「大金華商」！你生意做大了，我給你一塊地，你就在長崎給我建一條大金華街，建一個中國城！日本國裡的中國城！以後你們是中國人，也是長崎人！他們在大廳裡坐下，一個侍女獻了茶。我心中確信，有將軍的關照，大金華商肯定日月同輝！顏思齊說。德川將軍朝桃源紀子揮了下手。紀子走上前舉起托盤。

　　「我也沒什麼好慶賀的，送幾個字，」德川將軍說。他又吸了吸鼻子。「你們這位楊先生脈診得好。他們家那方子也好，我鼻子不抽了！」

　　兩個隨扈走上前，掀開桃源紀子手中托盤的綢巾，取出一幅字畫，徐徐展開。

　　「顏兄長，這是我們家主人親筆寫的，」桃源紀子說。「我不是跟你說過，我們主人喜歡中國書道？」

　　她說完用一種欣喜和暗含蜜意的目光看了看他。顏思齊看見那四個大字是漢字：「財源亨通。」

　　我沒想到的是，第一天就簽了份合約！三百擔湖絲！顏思齊說。對對！要說什麼是大買賣，這就是一筆大買賣了！陳衷紀也說。特別是價格多了三成！他們坐在「大金華商」會所的頂樓樓廊上喝茶。我給你們帶一包鐵觀音來。楊天生說，那是我那回駛「漳泉號」到了羅婆洲，從南洋帶回來的。他從外面走進來，帶來了一隻錫罐。他們開始沏起了茶。他們坐在那裡，可以看見整個長崎和港口那片灑滿陽光的海面。那批湖絲？你是說那些葡萄牙人是嗎？楊天生說。我是說，我們要是沒開商社，這筆生意可能就不會上門，陳衷紀說。特別有意思的是，那些葡萄牙人出門上街還排成了一個隊伍走路！李洪升說。我聽他們說了，他們服過役，是一群軍人。顏思齊說，那個為首的還是個海軍退役中校。我覺得他們這樣做對，楊天生想了想，以軍人的身分做生意更講究信譽！他排隊上街就是為了說明，他們是講究規矩的人！顏思齊說，你沒看見他們做事全按規章制度辦！他們生意剛談成，就把訂金留下了！

　　「天生兄，我看這個擔子又要落在你身上了！這回又要你去走遠海了！」顏思齊說。「你是泉州人。你得回泉州去一趟。現在中國港口全都禁了！也許只有泉州能買到湖絲，我們只能到泉州去私運。」

開臺王顏思齊（修訂版）

「中國湖絲？什麼叫中國湖絲？」李洪升不懂問。

「一種浙江湖州生產的蠶絲，」陳衷紀說。

「那蠶絲很好很貴嗎？」李洪升說。

「當然貴了，當然好了，特別是頭蠶絲和七里絲！」陳衷紀說。

「他們要多少湖絲？」李洪升說。

「三百擔，」顏思齊說。

「要三百擔湖絲？他們自己不會去買？」高貫說。他是日本華裔，他對中國的事情不懂。

中國進不去呀！你不知道，現在中國海關很緊，陳衷紀說。可你這鐵觀茶不太好，都沒什麼鐵觀音味了！顏思齊說，還是咱們老家的鐵觀茶好！這茶當然不可能好。這茶是他們有人從大陸內地運出去的，我又從南洋買了回來，楊天生說。那路程有多遠？時間久了，那茶味都變了！我想可能是這樣，因為中國朝廷一直實行海禁，他們外國船隊進不去，所以他們才看上了我們商社。陳衷紀說，他們想讓我們從中國進口湖絲，再轉賣給他們！他們給了比原來高出三成的價錢！這倒是讓我想起來，這對我們來說，倒是一個商機。顏思齊朝楊天生臉上望了兩三望。他朝廷港口禁得越緊，中國貨賣得就越好，價格也更高！他們外國船進不去中國，我們對中國熟！你就是偷就是走私，你什麼湖絲，我們也能從中國私運出來！

「我說我們能不能這樣說？原本我們只是一群海賊，我們幹的全是劫船越貨的事，」陳衷紀插進來說。「現在我們船也搶，生意也做了。我們明裡是生意人，暗裡是海盜！思齊大哥，你說我們是不是這樣啊？」

所以我跟天生兄說，我們兩手都要抓，兩手都要硬！我們原本就是這樣的！我們本身就是一群海賊！可海賊是一樁買賣，經商也是一樁買賣！你看，我們的大金華商今天剛剛掛牌開張，生意就上門了？茶泡了？茶泡了，顏思齊喊。他喝了口茶。這鐵觀音倒是好些日子沒喝了！你們知道嗎？剛才那幾個葡萄牙人，怎麼一來就找到我們？他們就是看到我們剛剛掛牌開了商社，就找上門來了。他們知道找到我們，準能搞到那三百擔上好的中國湖絲！也只有我們能搞到湖絲，因為我們是中國人！他們繼續喝著茶。

第九章

「可是，這鐵觀音不是太好，」顏思齊說。「這味兒全變了！這鐵觀音不像我們老家那裡的好！」

「我不是跟你說了，這茶是人家帶到南洋，我又從那裡帶來的！」楊天生說，「這茶味兒當然沒有老家的好了！」

「這倒是又讓我想了起來。我們開的不就是商社嗎？」顏思齊又說，「商社不是什麼生意都做了？我們可以從中國將湖絲運出來，怎麼不能把鐵觀茶也運出來？我們不是什麼都可以運出來嗎？」

「大哥，你說的對，這倒是讓中國封港封得越死越好了！」陳衷紀說，「他封得緊，外國船就進不去中國海關了，我們怎麼偷偷摸摸也能進出那個海關！」

「以後我們就把他們外面沒有的，全運出來。裡面沒有的，全運進去！」顏思齊說，不由昂頭對天大笑。「我們搶的都敢搶了，走私的買賣不敢做？你說我們又是偷又是搶又是走私，我們『大金華商』能不發達嗎？」

「那我明天就走了，我回泉州港去！」楊天生說。

「行，你明天就走，快去快回！」顏思齊說，「那些葡萄牙人正拿著整袋的金幣等著給我們！」

第十章

「我們要德化瓷的，官窯的。一律的上品！民窯的我們不要！」幾個中東人說。他們全穿長袍，裹了頭巾。他們用手比比劃劃的。「我們全用金幣支付。穆罕默德王宮的用品，懂嗎？這可是一筆大宗的總體的買賣！金幣全現付。可你們得在太平洋颱風到來之前交貨！」

在「大金華商」的二樓，陳衷紀和幾個阿拉伯人在交談。

「你們喝茶吧？」陳衷紀說。「我給你們沏一壺中國綠茶！」

「我們喝不慣這種茶。我們喝英國紅茶！」那個阿拉伯人說。

「好，我煮一壺英國紅茶。其實英國紅茶也是我們中國茶。」陳衷紀說，「那瓷器沒問題！穆罕默德王宮要用的嗎？德化官窯就在我們老家泉州。」

「慢點慢點，你說英國紅茶也是你們中國茶？」那幾個阿拉伯人說。

「英國紅茶當然是中國茶，你說你們什麼時候聽說過英國出產茶葉了？」陳衷紀說。

「可這怎麼會呢？英國紅茶是你們中國茶？」

英國紅茶原本是中國綠茶。所有的英國茶全是中國茶！可是中國綠茶為什麼變成英國紅茶呢？陳衷紀說，這裡有一個道理。你們可能沒聽說過，那是因為中國綠茶運往英國航程很遠，還要經過炎熱地區。茶葉怕熱，熱了就發酵。也就等於中國綠茶進行了第二次發酵，結果到了英國，綠茶就變成紅茶了。這也就是英國紅茶的來歷！

「這麼說，英國紅茶也是中國茶了？」那個阿拉伯人說。「可怎麼人們不說中國紅茶，全說英國紅茶？」

我跟你們說吧，這是因為目前中國海運比較落後。他們英國海運發達，他們從

第十章

中國購買了大量的茶葉,然後把中國茶葉賣給了全世界,所以人們全以為那紅茶是英國紅茶!陳衷紀說,我現在也告訴你一點,我們商社也馬上要經營紅綠茶了。我們可以從中國販運大量的紅綠茶出來!我們商社現在最大宗的買賣是絲綢,再來就是瓷器。再接著我們也要經營茶葉了!到那時候,你就知道那紅茶是英國紅茶,還是中國紅茶?

「你們來,試試,看看是這個中國綠茶好,還是英國紅茶好!」陳衷紀又說。

「我們要官窯的,要德化瓷,要一律的上品!」剛才那個阿拉伯人又說。

「一定的官窯,一定的德化瓷!當然的上品!」陳衷紀保證說,「我剛才不是對你們說了,德化官窯就在我們老家。我們最懂行的也就是瓷器了。我肯定能讓你們把最上等的瓷器搬回你們的王宮!」

「那行,那好,那我們就回去向國王稟報了。我們在艾哈巴哈等你們的船隊!」那個阿拉伯人說。他喝了一杯茶。「是,是,還是這個中國綠茶好!」

「行,我們一定在太平洋颶風到來之前!」陳衷紀說。「你要喜歡中國綠茶,也可以在我們這裡下訂單!」

顏大會首,你請留步!一個留了兩撇紅鬍子的歐洲商人轉身跟顏思齊握手說。你就送到這裡了,你就別送了!那好,那我就不送了,顏思齊說。顏思齊把那個歐洲商人送到「大金華商」門口。他的「大金華商社」開辦了後,大宗買賣來往不斷。他們組成了幾支船隊,把長崎當作基地,以日本和南洋為緯線,以泉州和長崎為經線,實際上參與了當時所有的國際營運。他們什麼生意都做。不過當時日本的統治當局江戶幕府同樣也採取閉關鎖國政策,禁止海運,對各國船隻和貨物有諸多限制。其中包括申報制度和船舶停航時間,對物品種類限制更多。他那天和紅鬍子剛剛談了一筆油脂生意。那油脂就是長崎海關限制的。那紅鬍子大意是要由「大金華商」向南洋群島的幾個地方供應那種油脂。那是一種東非生產的油脂。那種油脂只有「大金華商」知道產地,而且在長崎本島就有儲存。他們是避開幕府的限制,將那種油脂私運進長崎,並儲存起來的。那些南洋生產商要求長期供貨。紅鬍子是那筆交易的中間人。

「顏會首,我知道你們原本就存有這種原料。你們現在根本不用到東非販運,」

127

開臺王顏思齊（修訂版）

那個紅鬍子說。「這批油脂我們可以加價很高！」

「你怎麼知道我在長崎就有存貨？」顏思齊說。「私運這種東西是違反幕府限制的！」

我知道你們的船隊更熟悉長崎的水道，你們總是在運一些幕府限制的物品，紅鬍子說。可他們的定貨量太少了，才三十桶！顏思齊說。我們從東非運出來航程很長！還東非呢？你們長崎不就有啦？紅鬍子說。他們訂貨是少，可是他們需要長期供貨。每回三十桶也是很大的進貨量了！他們最後把生意談妥了。那紅鬍子的佣金可能也十分可觀。他們談得很投機。那麼我們就把生意談妥了！算啦，三十桶就三十根！顏思齊說。紅鬍子作為中間人，生意談妥了，特別的興奮。他都把紅鬍子送到街上了，可他們還在高興地攀談。我聽說你還能提供一種熱帶香料？紅鬍子說。你有這方面的需求嗎？顏思齊說。我跟你說吧？你要這個世界上的什麼東西，我們「大金華商」基本都能搞到！

「你抽一支這個吧？」紅鬍子摸出一支雪茄。「你可能沒抽過這東西？」

「我不抽那個。可我喜歡喝一些酒，」顏思齊說。

「那好，等我們把第一批三十桶油脂做成了，我請你喝一回！」

「還是我請你入宴吧。這是共同獲利的事情！叫做利益共用！」顏思齊說。「我覺得你人很不錯。你不像那個混帳白人約翰船長！你說你的鬍子怎麼是紅的？」

「我喜歡坐在酒吧裡，慢慢抽著雪茄，然後等待貨款進帳！」紅鬍子說。「你說你在暹羅、滿剌加、古里，還有什麼生意夥伴？」

「你去那裡打聽打聽『大金華商』就知道了」顏思齊說。

你說，你喜歡喝酒，你喜歡喝什麼酒？紅鬍子說。我喜歡一種白酒，海澄米酒，顏思齊說。我總是弄不懂，你怎麼會長了兩撇紅鬍子？你說紅鬍子嗎？我的紅鬍子是長出來嚇人的！他們一直往前走，紅鬍子說。你知道吧？這世界上總是有一些海盜。海盜你懂嗎？那是一些惡人！他們什麼事都幹，劫船越貨。他們把別人的船搶去，拿人家的貨去賣掉，把搶來的船變成自己的船。那些海盜在我們歐洲通常都長了兩撇紅鬍子！這麼說，你是搶過船的人了？你當過海盜？你搶過船？你可能不知道，站在你面前這個人，才是個真正的海盜。我夜裡總是從我的船爬上別人

第十章

的船。顏思齊說，不聲不響的，懂嗎？拔出刀來，一刀一個！他要是有槍。我就先掏出槍來，先幹掉他！他要是有火炮，我的火炮口徑總是比他大！我們什麼船都搶！這麼說，你是個真海盜了？你搶過什麼船？紅鬍子說，那你們那個商社是個海盜窩？可看過去你怎麼也不像個海盜。你倒像個裁縫。你是個海盜，你怎麼沒長兩撇紅鬍子？像你那樣長兩撇紅鬍子嗎？

「長那紅鬍子是裝來嚇人的！」顏思齊說。

「可我就長了兩撇紅鬍子！」紅鬍子說。

「真正幹海盜的人是不長紅鬍子的！」

「對對對，所以你長了一隻白臉！」

他們一直沿著長崎的小街走。

「行了行了，你別送了！」紅鬍子說。「我喜歡跟你交談。我真的會向你訂一些香料！」

「你要是還想再要香料，你來找我！」

「這就是商社，這就是生意！」顏思齊說。「你看，我們的生意全來了。現在我們得考慮一件事情。我們得讓我們的船隊全動起來。讓他們全在海面上行駛！」

「我那天看見你跟那個紅鬍子談得很好，」李洪升說。

「那些阿拉伯人也不錯，」陳衷紀說。「他們為他們王宮定了一批德化瓷。他聽說英國紅茶就是中國茶，也要中國茶！」

我們得讓我們的船隊全行駛起來。船隊就是行駛在海上的。你只有讓船隊行駛起來，才有錢賺。船隊停下了，就說明我們的生意出了問題！哥，那沒什麼說的，我們原本就是一群走海的人！張掛說。你讓我走哪一個船隊，我就走哪個船隊！顏思齊站在「漳泉號」的甲板上。他看見那裡有一圈纜繩沒圈好。那是一圈錨繩。他走過去圈了圈。幾個兄弟幫他圈了起來。船隊就是我們的資本，我們的手段。顏思齊說，我們有多大的船隊就有多大的資本！所以我們得讓船隊全部行駛起來，全在海上航行！

「我們的很多船隊都動了。楊天生回泉州去運那批湖絲，」他繼續說。「我估計他很快就回來了。我們還有幾個大宗買賣全都得做！」

開臺王顏思齊（修訂版）

　　我覺得有意思，那些阿拉伯人怎麼全留了部大鬍子，全纏頭巾？余祖說。他們臉上怎麼只露出兩隻眼睛？我看那個紅鬍子特別好笑。你說他們歐洲商人全長紅鬍子嗎？何錦說。他說他們那裡的海盜全長紅鬍子！他說他們像海賊，我們反倒不像了！你是不是喜歡他了？李俊臣說。你喜歡他，我給你做媒，我去跟他說，讓你嫁給他！

　　「我說，李洪升、陳德、李俊臣，你們幾個兄弟恐怕都得帶船隊出航了！你們都是行船的好手！」顏思齊說。

　　「你讓我走哪個航線呢？這一陣子待在岸上，我都待得心慌了。」陳德說。

　　「你走爪哇、蘇門達臘，從那裡販運香料。」顏思齊說，「你再挑兩個兄弟作你的幫手！那個紅鬍子那天說要一批香料！」

　　「我才不嫁那個紅鬍子！」何錦裝害羞的樣子，搖了搖身子。「你不懂得，白人更喜歡講究愛情！」

　　「何錦，你和李俊臣兩人多駕幾條戰船，運那三十桶油脂到暹羅和滿刺加。這條航線較短，」顏思齊說。「這幾十桶油脂數量也不是很多，可那些油脂利潤很高。現在水路盜匪猖獗。多幾條戰船可以多帶些火槍手，怕路上出現不測！」

　　「那沒事。我們是搶人的，哪有被人搶的事？」李俊臣說。

　　「我們搶人沒商量，人家搶你還跟你商量呀！」陳衷紀說。

　　你看看，你看看！那裡幾艘船！他們正說著商議著事情，有人看見前面遠遠的海面上出現了幾艘船隻。看上去那是一個完整的船隊。我們的湖絲！我們的中國湖絲回來了，顏思齊喊。我才不喜歡白人的愛情。那種愛情太虛偽了。何錦說，咱們中國人更喜歡成親！我們沒有愛情也可以成親！這麼說我又得和李俊臣走南洋了？我不喜歡跟李俊臣走船！你不喜歡，我也不喜歡！李俊臣說。我喜歡中國的男婚女嫁！恩恩愛愛把家還！何錦說。你們說，那不是楊天生的船隊嗎？顏思齊說。他一邊圈著那圈纜繩一邊望著海面。那三百擔中國湖絲回來，我們這回就又賺了一大把了！

　　「這回把那些葡萄牙人樂了！」陳衷紀說。

　　「我還是弄不明白，他們走路怎麼要排成一個隊。」鄭玉說。

第十章

這就是那些湖絲嗎？中國湖絲嗎？那些葡萄牙人說。楊天生的船隊從泉州返航後，將船隊停在長崎港口。那是三大船湖絲。顏思齊第二天就讓人把那些葡萄牙人找來了。那些葡萄牙人仍然排成一個小隊走了過來。他們列著隊從海岸走來，然後列著隊拐上碼頭，又列著隊走上船。他們來到船上，顏思齊讓人打開了一隻麻包。那個為首的葡萄牙人卡洛斯急著想看那些綢絲，擠上前，可是一腳踩空了船舷，差點跌落海裡。顏思齊連忙將他扶起。

「卡洛斯中校，你別急，這些湖絲來了就跑不了了！」他笑笑說。

「我不會跌入海裡的。我在海軍服過役！」那個葡萄牙人自尊地說。

「就是我忘了？我想問你個事。你說你們走路怎麼要排成一排？」顏思齊問。

「沒什麼。我們這支船隊全在海軍服過役，我就建議他們上街全排成隊了！」卡洛斯中校說。「這可以讓人們看見我們的形象，說明我們的信譽，也是我們的一種自我保護！」

「哦，是這樣啊，有意思！」鄭玉說。

你看看，你看看，這湖絲全是清一色的頭蠶絲，清一色的七里絲，全是湖絲上品，楊天生說。你知道這綢絲怎麼叫湖絲嗎？因為這東西全出產在浙江湖州，所以叫湖絲。顏思齊說，用這綢絲織出來的綢緞全是上等的面料！湖絲只出產在湖州，所以產量很小。這種綢絲不要說在歐洲，在南洋各地也全是俏貨！那幾個葡萄牙人認真地察看湖絲，用手揉搓和拉抻，試看湖絲的柔軟程度。

「這個我們懂！我們懂得湖絲！看起來這是上等湖絲！」卡洛斯中校說。

「現在這東西難搞。你們知道大明朝庭嗎？中國朝廷是混帳朝廷！朝廷不讓這貨物上船，港口全封了！朝廷認為這些東西賣給外國人，是損傷了國力，丟了朝廷的面子！」楊天生說。「所以湖絲從來都是一種緊缺物品。朝廷寧願讓它爛在內地，也不讓它外流。我們都是從一些小港口上船的。我們將船停在港口外面，然後雇用小船運過來裝貨，懂嗎？這也就叫私運！就是走私。這湖絲是什麼東西？是人命！你知道嗎？喀擦！命就沒了！」

楊天生用手作抹脖子的動作。

「什麼叫作『喀擦』？」一個葡萄牙人說。

開臺王顏思齊（修訂版）

「『喀擦』就是抹脖子的事，也就是割頭的事！」楊天生說。「你說拿刀在你的脖子上『喀擦』一下，你頭都沒了，你還能活嗎？」

「那不是風險很大的事嗎？」那個葡萄牙人又說。

「是是，是風險！」楊天生說。「朝廷的官兵抓這個抓得緊，我們運這東西，命全壓在這船上了！」

他們接著下了船。那些葡萄牙人又列成一隊，跟他們來到了商社。在商社裡，那些葡萄牙人看了看貨單，在上面簽了名。他們以銀票的方式付清了貨款，然後又列隊離開。這幾個番仔真讓我開眼了！何錦用尖尖的嗓門尖笑起來。他一扭一扭的像風吹楊柳。他們走路還排成一支小隊！

「我看世界上再沒有比他們更規矩的人了！」何錦說。

那我們就去卸貨了！楊天生說。長崎港口，一條葡萄牙大商船駛了過來，與楊天生的幾條貨船靠在一起。一雙雙的大腳踩過長長的跳板。搬運的伕工開始在那幾條船上裝卸貨物。那些葡萄牙人急著趕時間，連夜開始卸貨和裝貨。

「封港了！封港了！」遠處有徭役在喊。

這時天快黑了，從船上望過去，在高高的島影下面，遠遠的地方幾個看守港口的日本軍士在那裡走來走去。

「封港了！封港了！」徭役又喊。

「顏大會首，我向你介紹一個人，」卡洛斯中校說。「我們的中國朋友，尼古拉·一官，」

「什麼？尼古拉·一官？」顏思齊說。

「不不，那是我的葡萄牙名，」鄭一官自己介紹說。「我的中國名叫鄭一官，又叫鄭芝龍！」

顏大會首，不知閣下喜歡哪一種好酒？卡洛斯中校說。在長崎當時的一個大酒店裡，顏思齊和陳衷紀幾個人，被那個為首的葡萄牙人卡洛斯中校引進一間餐室。那是當時長崎唯一的一個帶有西洋風格的餐廳。實際上那也只是個日本長屋。只是那個長屋多裝了幾個歐式的門窗而已。當時的長崎有很多這樣不倫不類的建築物。卡洛斯中校是因為那批湖絲交易成功，特地在那個酒店設宴慶功，款待顏思齊。那

第十章

餐室的一個酒櫃裡擺滿各色好酒。我什麼酒都不喜歡，我只喜歡海澄米酒，顏思齊說。什麼海澄米酒？我們老家一種自釀的米酒！我聽你那麼說，那酒肯定是天下的一種美酒！卡洛斯說。很香嗎？香！十分香，而且醉人！可這裡就沒有那種酒了。卡洛斯說，我這裡只有威士忌。這還是我從船上帶來的！

「那就喝威士忌吧！」

「你也喝威士忌？」

我給你們的是中國湖絲，那是拿命換來的！你們卻讓我喝威士忌！顏思齊故作不高興說。對不起，顏大會首，我真心向你道歉，卡洛斯說。走進那個餐室後，顏思齊發現有一個漢人打扮的人，一直活動在那幾個葡萄牙人中間。他一會兒跟一個葡萄牙人說著什麼，一會兒與另一個葡萄牙人解釋什麼。他跟他們全講葡語。可是他身上的中國人的氣質特別濃，舉止投足都像國人。他身上有一種幹練和聰穎，眉宇間有一股英氣。他的嘴角線條分明，顯示了一種剛毅氣質。

「這麼說，你就是鄭一官，鄭芝龍？」顏思齊說。「我是顏思齊。我知道你，我聽說過你！」

「顏思齊？你就是顏思齊？」鄭芝龍也說。「你在東洋一帶，你在長崎可是個大名人！」

顏思齊與鄭芝龍交談起來，兩人一見如故。

「你是鄭一官？」

「你是顏思齊？」

兩個具有英雄氣質的人相見恨晚。

「看過去像！」顏思齊說。

「我看你也像！」鄭芝龍說。

像什麼？像顏思齊！你也像！像什麼？像鄭芝龍！兩人哈哈大笑。你老家唐山什麼地方？顏思齊問。泉州南安石井。你呢？漳州海澄！那你是漳州人？你是泉州人？顏思齊說完，拍手大笑。又是漳州人，又是泉州人！又是泉州人，又是漳州人！對，又是漳州人，又是泉州人！又是泉州人，又是漳州人！鄭芝龍也喊。論起來我們也是老鄉。聽說你會裁縫？鄭芝龍又說。裁縫是我的本業，搶劫是我的

開臺王顏思齊（修訂版）

專業！顏思齊半開玩笑說。兄弟，你來東瀛多久了？我也打家劫舍，只要順手了，我也搶！我一直在這一帶海面上經營，鄭芝龍說。我也有一支船隊。我也做一些買賣！你知道有一個李旦先生吧？南洋的一個大富商。他是我養父！鄭芝龍說。顏思齊看見鄭芝龍的佩劍也繫了一綹紅穗子。你也喜歡紅穗子？顏思齊說。我也喜歡紅穗子！鄭芝龍。你也做生意？你做什麼生意？顏思齊說。紅糖、黃楠、麝香，什麼都做！鄭芝龍說。我起先是跟我義父做的些買賣。你這麼說我知道了，你們家有好幾支船隊，跑東洋和南洋。顏思齊說，你們還跟東印度公司做生意，跟大不列顛公司做生意，也跟葡萄牙人做生意。你的葡萄牙語就是跟他們學的。正是正是！鄭芝龍說。你因為懂得葡語，你還做過他們的通事？顏思齊說。是是，我現在還是他們的通事！我有時還是他們的生意上的合夥人！

「你也幹一些海上的買賣！哈哈！」顏思齊說。

「顏大哥，這你是老手，你幹的比我多！哈哈哈！」

我奇怪的是，你也喜歡紅穗子！顏思齊又說。我知道你在平戶見過最高幕府大將軍，他們日本人也器重你？談不上器重！你不也喜歡紅穗子？鄭芝龍說，你在長崎不是也跟那裡的大名將軍很融洽？我知道，你府上貴夫人是田川氏，是田川家的，是不是？顏思齊又說。田川家的是日本重臣，是日本的望族。正是正是，敝人內人正是田川氏，鄭芝龍說。說了慚愧，敝人內人還是德川大將軍做的媒。你跟她育有一子，名叫鄭成功？顏思齊說。敝人犬子正是。犬子鄭成功現尚年幼，鄭芝龍說。顏大兄長對我真的是瞭若指掌啊！那個葡萄牙中校看見他們談得這麼投趣，他雖然聽不太懂他們話，可是一直興致很高地在旁邊作陪。顏思齊看著鄭芝龍情不自禁拿過他的一隻手。他用自己的手拍拍他的手，表示一種知遇和一見如故。

「兄弟，你說現在陸地上為什麼不行了？」

「因為駝隊不行了！人們總是靠駝隊不行了！」鄭芝龍說。

「那海上呢？」

「海上我們靠的是船隊！」

「芝龍弟，我跟你說，你在這片海上幹，我也在這片海上幹！我想把事情鬧大！」顏思齊說。「我有一個想法，我希望你以後能來加入我們！我們在海上合在

第十章

一起,肯定會把事情辦得更大。現在陸地上不行了!現在財富全在海上了!」

「你的意思我懂!你說的完全合我的意,合在一起,非吾何人?」鄭芝龍說。「我們想的完全一樣!對我來說,遇上顏兄長,是我的平生之幸!」

「你平時都住在平戶?」顏思齊說。

「對,我大都住平戶,」鄭芝龍說。

「我們全住在長崎。我這裡有好多兄弟!」顏思齊說。「我們剛剛弄到一條大船。我們叫『漳泉號』!」

「你們還有一個『大金華商』,有一個贍住館。」鄭芝龍說,「你們眼下正在做一筆中國湖絲生意!你還想在長崎建一座閩南城!」

「我有一個好兄弟也是泉州人!」顏思齊說。

「楊天生?是吧?紅臉船主楊天生!」

「對對!你也認識他?」顏思齊說。

「我跟你說吧,你說說,你們的『漳泉號』不會是人家的『瑪莉號』吧?」鄭芝龍揭底說。

「可我已經把它改成『漳泉號』了!你怎麼也知道中國湖絲?」顏思齊說。

「這裡是什麼地方?這裡是東洋洋面!」鄭芝龍說,「在這東洋洋面上,什麼事我不知道?」

「怎麼樣?你說怎麼樣?加入我們怎麼樣?」顏思齊興奮異常說。

「好!這樣就好!有一天我一定會跟你一起幹!」鄭芝龍說。「跟了你幹,我就不管這海上要刮什麼風和起什麼浪了!」

「來來,大家入座吧!」一個葡萄牙人說。

「你們談得真好。顏大會首,我們入座吧!」卡洛斯中校說。「我發現你和尼古拉・一官談得很好!你要什麼酒,你自己拿!我希望我們以後還能繼續合作,並且是成功的合作!」

顏兄長,你喜歡的也是這種顏色嗎?桃源紀子說。我也喜歡這種淺淡的紅色。這是櫻花開放的顏色。這是三月的一天,顏思齊得了一個閒暇。他在商社會所的院子裡練起了刀術。他的刀術講究一種簡單、洗練和流暢。一陣銀蛇亂舞,一陣白水

開臺王顏思齊（修訂版）

潑月。你這是在老家河邊學的吧，我看了你好一會兒刀法了，桃源紀子又說。我可以想得出來，你家鄉那裡肯定一片青山綠水！顏思齊聽了收住刀。他回頭看見桃源紀子靠在一根柱子上。他剛看見她時，眼裡差點被一道粉色的光亮迷住了眼。他發現她第一回穿了他送給她的那套淺紅色和服。她穿了那套和服，看上去鮮豔欲滴。你瞧，我把這套和服穿上了。她羞赧地對自己笑笑。我是穿了來讓你看看的！她笑起來嘴角兩邊露出兩條動人的笑紋。

「紀子，你真的美呆了！」他脫口說。

我今天是來看你舞劍的！我是穿了這套和服來讓你看的！桃源紀子說。我今天是想來帶你去看那片世外桃源！紀子連連說，可他好像聽不懂她是說什麼。你忘了，你說你們中國有一個桃花源？可你說，你們那個源是虛幻的。是一個子虛烏有的地方。我跟你說我們這裡也有一個桃花源。只是我們這裡不開桃花，我們開櫻花！你是說那個造船廠？對對，舊造船廠！我跟你說，那裡櫻花開了！可我剛才看了你的舞劍。我想我得穿穿這套和服讓你看看。我想，你是我的兄長！

「紀子，有時我都聽不懂你說的什麼。你總是跳來跳去！」顏思齊說。

「有時我覺得我想跟你說的話太多了，」紀子對自己笑了起來。「我急著想跟你說清楚，結果就跳來跳去，把話都說急了。」

「你是說，那個桃花源桃花開了？」

「不是桃花，是櫻花！」桃源紀子說。

「兄長，你說我穿你這套和服好看嗎？」她接著說。

「你簡直就是一朵鮮豔欲滴的桃花，一朵櫻花！」

迷亂的櫻花。全是櫻花。滿山遍野的櫻花。顏思齊跟桃源紀子在一片野地裡走。他又穿了套白長裳，像一個現代的剛剛從早稻田大學裡走出來的男生。你說你真的當過海賊？你在海上當過劫匪？桃源紀子半逗笑，半認真地說。我跟你說真的，你也不信，我確實在海上搶過外國船！顏思齊說，我跟你坦白地說一點，我真到現在還在當劫犯！可你看過去不像。不像就不像吧！可我覺得你可能！不是可能，是真的！這裡怎麼長出了滿山遍野的櫻花呢？顏思齊感嘆說。你不是總說要看一個桃花源？這不就是一個桃花源嗎？是是，是桃花源！可我覺得奇怪，這片櫻

第十章

　　花好像不是長在山坡上面,倒像是長在那一片大海下面。他們站在一個高坡上,他們看見櫻花一片連著一片,到處花團錦簇,而大海卻在那一片高坡上。在那片高坡之上是那片蔚藍色的海面。紀子,你說這不是很奇怪嗎?海怎麼會在山的上面呢?我想這就是天地之間的緣故吧!天地之間是什麼事都可能的!他們繼續在那一片櫻花叢中走。

　　「紀子,我有時真的很喜歡長崎!我喜歡這片櫻花!這才是一個世外桃源!」顏思齊說。「我也不知怎麼總在找一個桃花源的地方。可是沒人知道桃花源在哪裡。你說你會不會覺得我有點太倔了?」

　　「顏兄長,我跟你說真的,我喜歡你的身材高度。你跟我比真的有點太高了,」桃源紀子笑笑說。「可我喜歡你的身高。我覺得只有你長這麼高了,才看得出那是一個在天地之間行走的人!」

　　「奇怪,我總覺得那片海怎麼會在這櫻花的上面?」顏思齊說。

　　顏兄長,我想問你一個事。我說你是唐山人,你會不會有一天又回唐山去了?桃源紀子突然問。這我就說不準了。我是個華人,我說不定會回唐山去。顏思齊說,可我現在在長崎。我已經在長崎住很久了!桃源紀子臉上不知怎麼突然出現一種迷茫和失落的表情。就好像在那一片櫻花樹中行走,突然迷失了自己。你說你說不定會回唐山去?可你怎麼沒想到,有一些事情很難辦?她說。她好像替他感到為難。什麼事情難辦?比如你一直住在長崎,你在長崎肯定會留下很多東西,桃源紀子說。什麼東西?比如你的成衣鋪,你的船隊,還有你的商社和那個贈住館什麼的。當然,有些你可以帶走,可有些是你帶不走的!

　　「紀子,你怎麼問這些事呢?我還沒想過這些事呢!」顏思齊說。「可我在長崎住很久了,我可能還會住更久!」

　　「可有一些事是會發生的!」桃源紀子肯定地說。

　　「什麼事呢?」

　　「有些事情我跟你說不清了!」桃源紀子任性地說。「比如說,如果有一天你走了,你在長崎會留下一個人!」

　　「一個人?什麼人?」

開臺王顏思齊（修訂版）

　　桃源紀子沒作聲爬上了一個小山坡。顏思齊過了一會兒，出現在她身後。桃源紀子什麼也沒說，她從隨身帶的一個小手包裡，取出一個小木匣子。她把木匣子打開，從裡面取出一把雕花細木扇子來。那是一把製作工藝很精緻的小扇子。

　　「我說你要是走了，留下的一個人就是我！你不覺得你不該把我留在這裡嗎？」桃源紀子說。「這是我們家主人送我的。我教我們主人畫浮世繪，他送給了我這把扇子。我這把扇子，給你！」

　　她把扇子遞給他。可她又從那個手包裡掏出一個晶瑩的玉珮墜子。她又把那把小扇子拿回，將玉珮繫在扇子上，又遞給他。

　　「這是我從娘家出來時，我的瞎眼母親給我的。我們家家境原本還可以，可是後來破產了！」桃源紀子說。「我把這塊玉珮墜子連同這把扇子送你，是我要你留在長崎。我一直在找一個在天地之間行走的人。你就是要離開長崎，你也得把我帶走。你不能把我一個人留下！我要你把這把扇子和玉墜全留下，那就是要你答應我！」

　　「答應你什麼？」

　　「答應我要你答應的！」

第十一章

第十一章

　　「你怎麼知道我的名字？你怎麼知道我叫約翰？」大白胖子約翰船長說。「您祭拜的這座神像是誰？是不是他們說的你們中國的聖母瑪莉亞？」

　　顏思齊和陳衷紀幾個人一早起來，在一個供著媽祖和關帝神君等一些神靈的神龕前，拈香祭拜。這是他們每天清晨必做的祈願。這時一個商社的職員進來說，有幾個白人船員想拜訪他。他讓他把他們帶進來。陳衷紀一眼就看到約翰船長了。那就是白胖子約翰船長了！陳衷紀說。我真想給他一個手起刀落！張掛說。我今天這把刀還沒殺人，還沒捲口！兄弟，別亂來！顏思齊說。約翰船長，我怎麼不認識你呢？我這裡有好些兄弟跟你打過交道。他們也都在海上行船！他回頭看看陳衷紀。我這兄弟就認識你了！你說的這位菩薩嗎？她是我們的護佑神媽祖婆！約翰船長在嘴裡乾笑了兩聲，又仰起臉。是是，生意！生意！哦！媽祖婆！約翰船長說。我們，只要在這東洋洋面一帶行船，總會有碰面的機會！

　　「顏大船長，顏大會首，你說我們漂洋過海，直直從歐洲海岸過來找你，直接來到長崎找到你？我們是為了什麼啊？」約翰船長接著說。「我是聽說你這邊能搞到中國湖絲！你們跟葡萄牙人有過一筆交易！我們才找上你來的」。

　　他接著壓低了嗓音說，我把我的幾艘商船停在長崎港口，你說安不安全？我聽說這裡出了一群匪幫。他們全幹打劫海船的事！我這裡有一個日本朋友，叫山晃，山晃老頭。他說這群匪幫就潛伏在長崎！你說他會不會碰我的船？這我就不清楚了。匪幫？也就是海賊？海盜？顏思齊說。那你可得小心點！對對，我聽說過了，說這裡很多外國船都被搶了！

　　「我聽說，有一個葡萄牙的商業機構從你們這裡購買過湖絲。現在的中國，船第一進不去，第二出不來。」約翰船長繼續說，「聽說只有你們能從中國搞出來，你們

139

開臺王顏思齊（修訂版）

從中國搞出來過湖絲！我找你就是，我們也想進一批湖絲。價錢好說。我們要的數量可能比葡萄牙人多得多！」

「你等一下，我們正在祭拜媽祖婆。我們每天都得燒香！」顏思齊說。「我們上香時，不喜歡別人干擾！你說什麼？你也想要湖絲？」

等等，你也給他們一人一炷香！顏思齊跟那個商社職員說。約翰船長聽顏思齊那樣說後，只好站在旁邊等候。你怎麼不讓他們跟著我們一樣拜一拜？你一人給他們點一炷香？顏思齊說，你跟他說，媽祖能保護我們，也能保護他們！不不，我們是主的羔羊，約翰船長弄明白顏思齊的意思後說，我們心中只有我主耶穌基督！可這是在日本長崎，這不是在你們荷蘭！這裡只有媽祖，沒有基督！

「你說你們要多少湖絲？」顏思齊拜完香後，轉身對約翰船長說，

「沒有限量！只要你有多少，我們就買多少！」約翰船長說。

「很抱歉，船長，你想要的湖絲，我們再也搞不到了！」顏思齊說。

「為什麼呢？」

「你不知道中國朝廷是個混帳的朝廷！」顏思齊罵。

「對對，中國朝廷是個混帳朝廷！」約翰船長跟著罵。

這個中國朝廷我們可以罵，你不能罵！顏思齊嚴正地說。為什麼呢？因為中國朝廷是我們自己的朝廷。中國朝廷是我們的事情！顏思齊說，我們自己的朝廷我們當然可以罵！可中國朝廷跟你們什麼關係！你們罵中國朝廷，那不是讓外人罵了自家人嗎？中國朝廷好壞是我們家裡的事！可你怎麼可以跟著我們罵朝廷？是是，中國朝廷我們罵不得！約翰船長忍氣吞聲說。因為我們這些人是外人！那麼請問一下，中國朝廷是怎麼混帳？

「他們全禁起來了！」

「禁什麼？」

「湖絲！」

你說你們拜的這個媽祖婆是什麼神呀？你們怎麼也要讓我們拜一拜？約翰船長問。她是海上的神啊！你不懂？張掛說。我真想給你一個手起……張掛一看見約翰船長，就怒氣沖沖，怒目圓睜。約翰船長看他一眼，心裡吃了一驚。他隱約記得

第十一章

他，可他確實把他忘了。約翰船長想，他們是在哪裡見過面呢？他看見張掛那麼生氣，以為他們拒絕祭拜神靈，顏思齊才拒絕供給他們中國湖絲。行行，那你也給我們一人點一炷香。我們也拜一拜！約翰船長讓步說。約翰船長也一人拿了一炷香，動作古怪而又笨拙地拜起了媽祖神像。你們要跪下去！顏思齊說。我們要下跪嗎？約翰船長說。當然要下跪！跪了才虔誠。約翰船長真的跪了下去，對著媽祖婆神像祭拜起來。顏大船長，這中國湖絲的事，還是得拜託你，還得請你考慮考慮！約翰船長說，這是生意上的事，你說你跟他們葡萄牙人做得，怎麼跟我們做不得？

「顏大船長，你說我們的船安全嗎？我們把船停在長崎港口。」約翰船長又說。「我聽說這裡出了一幫匪幫。那是老山晃說的。日本老頭老山晃！他說，他們在海上是一支武裝。他們有一支船隊。你說他們會不會動了我們的船？」

「約翰船長，你還記得山晃，那個山晃老頭？那就對了！」陳衷紀說，「你可能忘了我們了？可你不會忘了那批亞細亞紅木吧？從長崎運往南澳的紅木？」

「紅木？哦！哦！紅木？你們是……你們是那些中國商船？這真是太巧了，沒想到又碰到你們！」約翰船長想起來了。他舉起雙手又放下，晃了晃肩膀。好像他什麼都明白了。「這真的太幸運了，沒想到又碰到你們。這真是我的天大的榮幸！」

船長，那回是老山晃搞錯了。我們內心實際是對你們很友好的！他不該給了你們的生意，又轉手給了我們！你也還記得吧？那回從長崎出港，你們還想用大船撞我們的小船！張掛說。對對，我現在全想起來了！約翰船長又說。那是我們鬧著玩的，因為我們的船比你們的大！我們怎麼會故意碰你們呢？我沒想到碰到的是你們的船！你的這個兄弟還拿著他褲襠裡的那個東西對著我們尿！張掛拍拍班傑明的肩膀說。沒有啊！那個白人水手委屈地喊。我就是尿，也不是故意對著你們尿的！你們夜裡還偷偷上了我們的船。你想洗劫了我們！張掛說，那時我就一直想給你們一個手起刀落了！手起刀落是什麼意思嗎？手起刀落就是手起了，刀就落了，你的那顆混帳的白人腦袋也就沒了！懂嗎？

「約翰船長，我跟你說沒了就沒了，不可能了，湖絲！」他們拜完神後，顏思齊跟約翰船長說。「中國湖絲再也搞不到了！」

「怎麼沒了？我知道你們能！我們不能因為過去的一些小摩擦，而影響雙方的

開臺王顏思齊（修訂版）

商業利益！」約翰船長說，「顏大船長，我們只是一群生意人。我們沒別的目的，我們只是想認真地跟你們做一筆大大的生意！」

『喀擦』一聲！你知道嗎？這是抹脖子的事！顏思齊學楊天生的口氣說。他用手抹了一下脖子。你知道中國朝廷！是是，是混帳！約翰船長說。這不是你們罵的！是是，這不是我們罵的！他們把海疆全封鎖起來了！中國的皇帝膽小，他怕外國的東西進去，讓他的皇位坐不牢！顏思齊在大廳裡走來走去。他不給白胖子約翰船長讓座。他只好跟著他走來走去。顏大船長，你怎麼不坐下來認真的談一呢？白胖子約翰船長建議說。

「我喜歡這麼走來走去！」顏思齊說。

「那我也只好陪著你走來走去了！」白胖子無可奈何說。

「他們寧願讓湖絲全爛在中國，也不讓你往外運，懂嗎？」顏思齊說。「我們皇上就是這麼想的！你想私運他們就砍你的脖子！喀擦！你不連命都沒了？」

「這麼說，中國湖絲是真的難搞了！」約翰船長說。

「難搞了。約翰船長，真對不起！你委託的事，我無能為力！」顏思齊說，「陳衷紀兄弟，你替我送一下客！」

「不不，我不用送。我自己走好了！你們別送！」約翰船長心虛地說。他對張掛點頭哈腰。「特別不能讓這位兄弟送。他送我，他不瞧個沒有人的地方，就把我的腦袋砍了？」

兄弟，那回真的對不起了。約翰船長又對陳衷紀說，那批亞細亞紅木。那全是那個日本老頭老山晃！全是老山晃的主意！陳衷紀把那幾個歐洲白人送走後，返回大廳裡。

「他娘的，那就是那個白胖子約翰船長！」張掛說，「他都怕我真的給他一個手起刀落了！其實我也是跟他鬧著玩的！」

「湖絲？中國湖絲，我們想做也得跟那些葡萄牙人做。他們更像規矩的生意人。」顏思齊最後決定說，「跟這些荷蘭人做可不行！這群荷蘭人不是什麼幹好事的人！」

「我跟你們說，我今天有一個重大的事情要告訴你們！」顏思齊說。

第十一章

「什麼事？什麼重大的事情？」楊天生和陳衷紀問。

我跟你們說，我要定親了！顏思齊直截了當地說。他那時住在一個閩南大屋裡。他們在長崎的事業發展很快，經過籌劃，在贍住館的基礎上，慢慢建成了一個「大金華」城。他們仍然在海上劫掠，不斷地掠奪外國船隻，商社的生意又有了很大的發展。那些閩南大屋是一些有著尖尖上翹的屋脊、朱梁畫棟的宅子。像閩南人家一樣，那些宅子門前都有一個庭院。房屋門口都掛了個大竹簾子。顏思齊那時候就住那樣的一個閩南大屋裡。那是一個秋後的中午，天氣清爽。楊天生剛好沒有出航，顏思齊把他的幾個兄弟叫到一起，在他的屋裡喝茶聊天。

「你們說，我這屋子是不是欠缺了點兒什麼？」顏思齊故意裝成沉思和寂寞的樣子說，「你們看，我在這屋裡走，落在地上總是一個影子，我想我好像得添個什麼！」

「顏大哥，昨天桃源紀子又到我們商社去了。她最近老往我們商社跑，」陳衷紀說。「她也沒說什麼，一到商社就打理商社的事情，擦洗和清掃。她為我們商社做了很多事情。」

「她那天給我們會所買了好幾款窗簾。她把你書房擦洗得乾乾淨淨，」陳德說。「那簾子掛上去，我們商社更像個高級會所了！」

「是嗎？是桃源紀子嗎？」他在嘴裡沉吟著說。

我想跟兄弟們說的正是這個，我說的重大的事情就是這一個！我今天宣布，我已打定主意，決意娶桃源紀子為妻！顏思齊開誠布公地說。我總覺得她不像個日本女子。她更像我們九龍江的女兒。九龍江你們記得嗎？就是那條從老家西北的山裡流出來的江，一直流入海裡的江！你們說她像些什麼人呢？陳衷紀你說？何錦你說呢？我想不出她像些什麼人，陳衷紀承認說。對對，九龍江！她像九龍江的女子！何錦說。他忸怩了一下身子。我想起來了！她像我們老家江邊浣紗的女兒。太陽還沒出來。太陽只是一些金錢錢。她們就在江邊那裡浣紗了！

「我總說她的名字不像日本名字，倒更像中國名字！」顏思齊說。「桃源紀子？我們中國有一本《桃花源記》，她的名字也是桃源兩個字！」

「這是一個天大的喜事！賢弟有了屬意的人，當然是一件大喜事！」楊天生說。

開臺王顏思齊（修訂版）

「我也覺得你這屋裡是要添一個人了！」

「她也向我表白了心跡，執意要跟我一生。說，即使我要離開長崎也得把她帶走！」顏思齊說。「她一直在說一個在天地之間行走的人，我也不知道什麼是在天地之間行走的人。可她總說我就是那個在天地之間行走的人！我總覺得她有一個信奉。她有一個意念。我娶她之後，將與她患難與共，白頭偕老。」

「我想委託幾個兄弟代我到德川將軍府邸提親，她是他們家的使女。」顏思齊接著又說，「你們得向將軍表明，我非桃源紀子不娶！這份姻緣做成，他將軍府就是我們的親家門戶！」

「思齊弟，我年長於你，這種事情當然得我去！」楊天生說。

「還有我！」陳衷紀說。「我也去。」

「還有我！」張掛也說。「我也去。」

「這事就不要你了，張掛兄弟，你砍砍殺殺還行！」陳衷紀說，「這種提親說項的事，就免你了！你還是去找找有沒有你要的好刀吧！」

「不然我去吧！」楊經說。

「行行，就你們幾位去！」顏思齊朝大家拱手。「兄弟們，你們就等著喝我的喜酒了！」

「三位義士請坐，三位義士請坐！紀子小姐獻茶！」德川將軍說。

他從那個大屏風後面走出來，看見楊天生、陳衷紀、楊經三人站在大廳裡，連忙讓座。可是他感到奇怪，他讓桃源紀子獻茶，可紀子一直沒出現。紀子小姐，我讓你獻茶，你怎麼不出來了？桃源紀子仍然沒有出現。

「紀子小姐，你怎麼不露面呢？」大名將軍又喊。

紀子小姐仍然沒有出現。

「我去看看，」德川將軍說，「她怎麼了？」

「將軍，你不用看了，我們今天就是為了紀子小姐的事來的！她可能不好意思吧？」陳衷紀說。他攔住了將軍，小聲跟將軍說。「將軍，我大哥顏思齊，顏大會首，現在氣候已成，事業在望。我們商社每年有八萬銀子的商務，向幕府納稅近一萬二千多兩……」

第十一章

　　那可不行,不好意思也得獻茶!德川將軍說。再說,你們是提什麼事呢?她怎麼會不好意思?你們說什麼?顏大義士?他怎嗎?他生意做大了?他成了闊人了?可你們來到府上總得喝茶!不喝茶,不喝茶!楊天生和楊經說。不然我去端茶!德川將軍說。那更不敢,怎麼敢勞駕將軍?楊經說。紀子小姐,你不獻茶,也得讓別的丫環獻茶麼!將軍又喊。

　　「來了,來了!」一個小丫環說。

　　我們會首現在正風華當年,屬下有一個商社和幾支船隊。在華人群裡唯他俯首是瞻,且才藝雙全。本人會首還是將軍賜封的『甲螺』,陳衷紀說。一個丫環上來,一人獻上一杯茶。將軍麾下紀子小姐,英姿美貌,是將軍府裡一朵花。本人會首與紀子小姐正好男才女貌,珠聯璧合。我等三人是受會首所托,特前來提親的。不知將軍知不知道,本人會首早就跟紀子小姐暗生情愫了。

　　「你是說,他們早就你來我往,眉眼生情了?」將軍故意揶揄說。「可他們這是私定終身,這可不行!這無論在你們大明王朝,在我們大和日本都是行不通的!男女親事,媒妁之言。私定終身可不行!」

　　「可是將軍,我們這不是來做媒提親了嗎?」陳衷紀說。

　　「既然是你們來提親,她就更得來獻茶呀!」將軍說。

　　「將軍,不客氣,不客氣,府上不是已獻茶了,」楊天生感謝說。

　　「此事要是本人不同意呢?」德川將軍說。

　　「將軍免氣,我們顏會首說了,他非桃源紀子不娶!」陳衷紀說。「我們會首說,他將與桃源紀子小姐患難與共,白頭偕老!」

　　可他們瞞著我就是不行!他們不能私下裡卿卿我我,卻把我瞞得一絲不露!德川將軍裝成很不高興的樣子,把身子坐直,拉拉身上和服的袖子和領口。特別是紀子小姐更不該瞞我。她是我府上的使女,我待她如有養育之恩!將軍說,我突然想起來了,他們私下相與,是不是我夫人讓她去取訂製衣物,結果兩人暗生情愫!將軍故意裝很不客氣的樣子,把臉拉得很長。幾位義士不知道,桃源紀子雖然是我府上的使女,可她自幼受我們滿門寵愛。本將軍和夫人幾乎都拿她當女兒看待了。她與你們會首私相授受,把我們瞞得紋絲不漏。你們說她得受什麼樣的懲戒?

開臺王顏思齊（修訂版）

「將軍免怒，這以後，我們會首及紀子小姐，孝敬你還是來得及的！」陳衷紀說。

可陳衷紀他們沒想到的是，德川將軍表面非常不高興，可他沒有轉身，舉起雙手，朝大廳後面拍了一下手。把浮世繪抬來！將軍喊。兩個僕人馬上從後面舉著根條軸出來。他們把那幅條幅拉下，一幅浮世繪出現在陳衷紀等人面前。裡面是一個淑女和滿眼的櫻花。

「你們看看，這是本人小女桃源紀子親手繪製的浮世繪。那人物多傳神呀！那櫻花多有意境啊！」德川將軍說，「我和本人內人原本想把紀子小姐一直留在身旁。我們早就拿她當女兒看待了。可你們現在卻來提親了！你們的意思就是想把小女紀子從我們兩夫婦身旁帶走？你說這讓我們多為難！」

「慢點，慢點，將軍，我剛才有點沒聽明白，」陳衷紀說。「紀子小姐本不就是府上的使女？將軍怎麼稱其為小女？紀子小姐成了您女兒了嗎？」

德川將軍突然開懷大笑。

「為什麼？因為她要嫁給你們會首，嫁給顏大義士，我決定把她收留為義女了！」德川將軍說。「這樣你們的顏大會首就是我的乘龍快婿了！」

「這麼說，我們顏大會首這個女婿你也認了？」陳衷紀說。

「認了，認了！幹嘛不認？你們今天來提親，實際上我早已內心認可了！我認可了你們的提親，也就是認可了顏大義士了。」德川將軍坦率真誠地說，「顏將軍，顏『甲螺』風流倜儻，多才能幹，本是本府敬重之人。既然顏大義士有意與本府使女紀子小姐聯姻，本府決意收其為義女。顏大會首更是上等佳婿，我豈能不認了？」

「那我們就這麼回去稟報了！就說將軍認了他這個女婿了！」陳衷紀和楊天生說。「我們替我們會首向將軍拜謝了！」

「可就是小女紀子沒有出來獻茶！」德川將軍不滿地說。

「不用了，不用了！」楊天生說。

「將軍，這是紀子小姐的終身大事，她可能有點不好意思吧！」陳衷紀說。「以後我們會首迎娶過去後，再大量罰她獻茶！一日獻三回！」

我說這可是一單好買賣！思齊弟，我們來，我們去那邊說說！楊天生和陳衷

第十一章

紀這天從外面走進來，拉了顏思齊就走說。我敢說，這一筆大買賣我們可以做得十分乾淨利落！我們可以把它吃得乾乾淨淨，神不知，鬼不覺！楊天生他們走進顏思齊的大院子裡。顏思齊和幾個兄弟正在那裡擺布幾面令旗。顏思齊把楊天生的手拂開。你等等，我再跟他們說一下。我們就做幾個簡單的命令就行。單手前舉！前進！顏思齊說，雙手前舉，快速前進！左舉，左轉！右舉，右轉！下旗！停止前進！那開炮呢？一個令兵說。雙手前衝！楊天生把顏思齊拉到了一邊。

「有三艘貨船！有三船湖絲！你知道嗎？馬上要從泉州啟運了！是荷蘭東印度公司定的貨！……」楊天生小聲對著他的耳朵說。

「你說什麼？你說什麼湖絲？」顏思齊急急問。「那白胖子約翰船長不是就要一批湖絲？」

「我有一艘哨船。我們泉州有幾個眼線。他們剛剛從泉州那邊快報過來！」楊天生說，「那是我安插在泉州港的坐探。他們是乘哨船過來的！」

「他們怎麼了？有什麼消息？你說什麼湖絲？」顏思齊又問。

「我覺得這比我們自己從泉州運載出來更省事，也更合算！我是說湖絲！」楊天生說，「你知道荷蘭那個東印度公司吧？」

「知道，他們好幾回想跟我們做生意，可是都沒做成。那是個世界性的大公司，」顏思齊說。

「這是個狗屁大公司！他們也有海上武裝！他們也有官方背景。」陳衷紀說。「他們生意也做，船也搶！他們打劫的事情也幹！他們還滿世界占地盤！」

「這個我們不管，我們不是也一樣幹！」顏思齊說。「我們也打劫，也做生意。你說什麼呢？一單大買賣？什麼買賣？」

我跟你說，事情是這樣！就在最近，有三船中國湖絲要從泉州運出來了！你記得那個荷蘭白胖子，那個約翰船長，前一陣子，他不是也找我們要買中國湖絲？你回絕了他，你說那東西難搞，搞不到？那個約翰船長實際上跟東印度公司是同一個買主，楊天生說。那批湖絲就是東印度公司要的。約翰船長也受雇於他們。我們拒絕了他，他們去落實了，也知道那湖絲確實難搞。主要是中國朝廷封港，所有的外國船隻都進不去。湖絲最近漲價又長得特別厲害。他們就想了一個辦法。他們收買

開臺王顏思齊（修訂版）

了幾條中國船，讓他們到泉州港去私運。像我們從泉州港私運一樣。中國船熟悉中國港口，受到的限制也少。他們運出來後，再從別的港口由別的船隻轉運，最後才轉到東印度公司手裡。這批湖絲從一開始起運，東印度公司就預付了款的。因為是中國船隻運載，又是從泉州直接運載出來。東印度公司不僅解決了貨源的問題，而且那批湖絲還是低價到了他們手裡！現在那三船湖絲馬上要從泉州啟運。

「這消息你怎麼知道的？」顏思齊說。

「我不是跟你說了，我在泉州安插了眼線。那邊有什麼大宗貨船起運，他們馬上知道。」楊天生說，「我讓他們一得到好的消息，馬上駕哨船到長崎來。我們才好策劃行動！」

「你在泉州安插了眼線，我怎麼不知道？」顏思齊說。

「那是好些年前的事了！」楊天生說。「在我還沒到你這裡來時，我就安插了！」

「哨船？什麼哨船？」

「全是梭子船。單帆的，吃水很淺！」

「那湖絲有多少？」

「剛好三大船，三百擔，跟那大胖子約翰要的差不多？」

「我真想把白胖子宰了！」張掛說。

「你的意思是，我們在半路上劫了那幾條中國船？」顏思齊說，「然後把那些中國湖絲囤積在長崎，再轉賣別的人？」

「對，劫了它！到那時湖絲的價錢不知都長到哪裡去了！」楊天生說。

「那三船湖絲不能流到荷蘭人手裡？」

「對，不能讓荷蘭人到手！」陳衷紀說。

「那三艘貨船什麼時候能到？」

「我泉州安插的那個兄弟是乘哨艇過來的。他親眼看見那幾艘船全裝載完了。」楊天生說，「他們出港到航行過來，估計也就晚幾天了。」

「那行，那剛好。我和桃源紀子挑了日子，準備明天成親。」顏思齊說，「等我明天婚禮辦了，我們就動手劫了它。我們多出動一些船隻！多裝些火力！」

「我不戴這個！我幹嘛戴這個！」顏思齊躲著喊。

第十一章

「你不戴不行！你不能使賴！」高貫說。

日本古時的婚嫁儀式也學大明王朝。新郎一般戴一頂小官吏帽，身著大紅長袍，然後騎一匹高頭大馬，督一頂小紅花轎，從男方出發，到女方宅邸迎親。顏思齊與桃源紀子的親事定了後，擇了吉日良辰，這天就要上德川將軍的宅邸迎親了。他們接著馬上要出動打劫那三艘中國湖絲。他讓他的眾兄弟們把他的宅邸張燈結綵裝扮了一番。這天天沒亮，顏思齊就在兄弟們的哄鬧聲中，喬裝打扮起來。兄弟們讓他穿上了一件大紅長袍，又往他頭上戴那頂小官吏帽。明朝的小官吏帽左右兩邊各有一支搖搖晃晃的小翅。

「我戴上這個像啥呀！我才不戴！」他四處躲著喊。「我戴上這個不像個小貪官汙吏了嗎？你們說我像那些吃錢的官嗎？」

可是以高貫、李俊臣和何錦為首，都要他戴那小官僚帽。

「你不戴那帽子怎麼能行呢？」他們喊。「人家當新郎討老婆的都要戴！你不戴怎麼行呢？」

我戴那個像啥！我可不想當一個貪官！他堅絕不戴，他們堅持要他戴，結果他們就奔奔跑跑追了起來。在他的那個閩南大院裡追追趕趕。你追我，我趕你。他們像一群孩子一樣地嬉鬧。他們拚命追他，他拚命地躲。他從屋裡跑到院外，又從院外跑到屋裡。他在屋裡屋外亂跑，他的眾兄弟們到處堵他。最後張掛和王平一齊動手，把他逮住了。李俊臣一臉的惡作劇，把那頂帽子堅決給他戴上。

「都要當新郎官了，還這樣耍賴！你還是會首呢！」李俊臣說。

「都是討老婆的人了！你不把這個戴上饒不了你！」王平說。

「對對，這個可不能讓他逃了！都是成家立業的人了呢！」高貫也喊。

這官帽起碼有知縣大吧？那不是處級的了嗎？他只好無可奈何戴上那頂小官吏帽。可戴上那頂小貪官帽後，他感覺特別不舒服，好像全身到處手足無措。他每走一下，就感覺到那兩根翅子左右搖晃。全身無所適從。他從何錦身旁走過，突然將帽子摘下，直接扣在何錦頭上。何錦兄弟，你戴這個才對呀！他逗笑說。你本身就是個戲子。戲子才戴這個的呀！你說你演貪官，你能不戴這個嗎？哥，這可不是我戴的。這是你戴的！你都要成家娶老婆了，對不？你不戴怎麼行呢？何錦用

開臺王顏思齊（修訂版）

女腔女調的嗓門喊。再說，我是你妹子。我戴這個還嫁人嗎？我這不成了男不男女不女的了！

「那麼好吧，你說你究竟是男的還是女的？」高貫介面問。

「我是女的，」何錦脫口說，可是馬上又改口說，「可我是男的！」

何錦想把那頂小官帽還顏思齊，跑過來追他，他躲開了。他們在顏思齊的住所裡又追來追去。顏思齊死活不戴那頂帽子。

「我好好一個人，我戴那帽子幹麻呀！」

他往頭上挽了挽長髮。他頭上留了一絡長髮。

「我就這樣去娶親算啦。紀子也不會喜歡我戴那頂帽子的！」他幾乎懇求兄弟們說。

大夥走嘍，我們哥要娶老婆了！張掛喊。他們的一長隊迎親隊伍沿著長崎的小街，往德川大名將軍的府邸走。何錦指揮著他的大八音和小八音敲敲打打。張掛仍然搖頭晃腦吹著喇叭。李俊臣領著一幫人在跳大鼓涼傘。緊接著是一台小紅花轎。小花轎後面是十三騎高頭大馬。顏思齊騎馬走在前面，身後跟了十二個騎馬的兄弟當伴郎。他們就這樣一個大隊浩浩蕩蕩地走。他們走到將軍府邸門口，顏思齊率領眾兄弟下了馬。將軍府邸到處張燈結綵，一派將軍嫁女的氣派。楊天生走到他身旁，把剛才那頂帽子給他戴上。

「思齊弟，這是禮節。你跟紀子小姐又是明媒正娶。該怎麼樣，還是怎麼樣吧！」楊天生說。

你們稍等，小婿稍等！他們走進將軍府的大客廳，將軍和夫人已經在那裡等了。將軍讓他們一一坐下，同時獻了茶。小女還在盤頭化裝呢。馬上就出來！將軍夫人十分和氣說。過了一會兒，兩個小丫環就攙著一身紅嫁妝、蓋著紅頭蓋的桃源紀子走出來。她穿的是一身錦繡和服。將軍和夫人走到她面前，低聲跟她說了說什麼。充當司儀的陳衷紀喊，起駕！

「義父，義母，小婿就娶了愛妻走了。」顏思齊雙手作揖。「小婿和愛妻甚感義父義母的養育之恩！」

「顏大義士，祝你和小女桃源紀子成功聯姻！」德川將軍拱手祝賀說。「願你們

第十一章

白頭偕老,相敬如賓,早生貴子!」

「紀子,你要常回將軍府裡看看。」將軍夫人說,「我這裡還留著你的好些浮世繪呢!」

紀子,你跟我顏思齊走吧!他在她的耳邊輕聲說,用一隻手攬著桃源紀子,走出將軍府邸。他把桃源紀子扶進那台小紅花轎子,把簾子掛下。然後又領著眾兄弟,騎上那些高頭大馬,簇擁著那台小花轎往回走。一路上還是大八音和小八音,還是大鼓涼傘。長崎街頭擁滿了看熱鬧的人群。好些長崎人和外國海員從沒見過這樣的迎親仗勢,又是驚奇又感興趣地往裡擠。

「紀子小姐,你跟我們回家吧,你去給我哥當老婆嘍!」張掛興沖沖喊。

「我哥顏思齊娶了桃源紀子,娶了個東洋老婆嘍!」陳德和高貫也喊。

「小開疆,你在玩什麼呀?」小袖紅朝屋外喊。

小袖紅帶著顏開疆回到老家村子後,以替人杵米和磨米粉為生。她原以為村人會對他們好一些,村人厚道。可是她是寡婦生子,在村裡同樣被人們看不起。你說她這是怎麼回事?她好好的海澄不住,搬回來丟人現眼什麼?她的一個本家婆婆說。這天她在一個小石磨間裡推著石磨,顏開疆在外面玩。小開疆,你聽娘的話。娘就是幫人磨米粉,養養牲口,也要把你養大!她在心裡想。那是個小土屋子。門口用一個草簾掩住。顏開疆那時剛剛六七歲。他和村裡幾個孩子在磨房門口的小空地上,堆了一堆土,生起火,在烤紅薯。他們一邊烤紅薯,一邊玩過家家。

「我們在玩娶媳婦和烤紅薯!」顏開疆說。

「你這麼小娶什麼媳婦呀!」小袖紅說。

「娘,我早娶媳婦,你不早享福嗎?」顏開疆說。

你跟誰在一起玩?小袖紅又問。我和瘦狗,阿江,和趙東升,還有赤皮和小翠娥,怎麼啦?小開疆懂事地問。你可別跟他們誰吵架了!小袖紅說。我跟他們是好兄弟。他們把什麼都讓給我,連媳婦也讓給我娶了!顏開疆說。小袖紅一聽,笑起來。這媳婦也能讓的呀!我們就一個小媳婦,他們就讓我先娶了麼,顏開疆說。

「你娶誰當媳婦了?」

「小翠娥,娘,你要不要看看你的小媳婦?」顏開疆說。

開臺王顏思齊（修訂版）

　　小袖紅還在推著石磨。那石磨間的草簾突然被掀開了一條縫。一張小女孩童稚而又甜美的臉蛋露出在那裡。
　　「娘，我是你的媳婦。我是顏開疆屋裡的，」小翠娥說。
　　小袖紅忍不住笑起來。
　　「小翠娥，你可得照顧好你的小夫君，小丈夫顏開疆，懂嗎？」
　　「我知道。」
　　「你別讓他流鼻涕，讓他把衣服穿好！」小袖紅說。
　　「你要我幫他揩鼻涕嗎？」
　　「你不用幫他揩。你讓他自己揩！」
　　小袖紅這時才看見小翠娥也流著鼻涕。
　　「小翠娥，你還是先揩揩你自己的鼻涕吧！」小袖紅說，「不然你進來，讓娘幫你揩揩！」
　　顏開疆長大一點後，有一天走到小袖紅跟前問：
　　「娘，我怎麼從沒見過爹呢？」
　　「他到海上去了！」小袖紅說。
　　「他到海上去幹什麼？」
　　「他走海去了！他行船去了！」小袖紅說，「他去當了海賊！他想在海上搶很多的海船回來給我們！」
　　「娘，你想爹嗎？」
　　「不想！」
　　「郭叔公，恭喜恭喜，恭喜您家男丁興旺！」
　　「郭叔公，恭喜恭喜，恭喜您又添男丁了！」
　　郭叔公啊，您真是精力健旺啊！你瞧你都年近六旬了，你的四房姨娘又給你添了男丁。村裡的一個郭家本家說，您真是體力不減，家脈隆長呀！這一天，郭叔公家的那片大屋張燈結綵，喜慶之聲不斷。那又是一座閩南的大宅弟。屋脊兩邊高高翹起。門前一個大院子，寬大的騎樓下面懸掛兩盞巨大紅燈籠，紅燈籠上面大書一個「郭」字。見笑了，見笑了！郭叔公雙手作揖致謝說。是是，體力不減，家脈壟

第十一章

長！他不知想到什麼好事,看到周圍沒有女人,大聲調笑著說,我跟你們說了吧,我那四房姨娘要是樂意,她還想生幾丁,我就讓她再生幾個丁!你們知道,我郭叔公就好這個色!跟你說了吧,幹這事我就是行!你別看我都年近六旬了,我精力還旺著呢!再說,只要我興起,我想再討幾房姨娘,就再討幾房姨娘。咱有的是良田千畝,海澄又有那兩家米店。我保準她們個個給我添丁!這樣我就更子孫滿堂了!是吧?哈哈哈!

「是是,你老身體健旺!」村人們巴結說。

「添丁那種事,也就是夜裡多勞頓一會兒的工夫!」郭叔公又說。「別人都睡去了,你就多勞頓一會兒,那有啥?你說男人不全好這個嗎?」

管家,你再過來一下,你過來幫我撓撓!郭叔公這時又感覺到背後有點癢癢的了。他在一把大椅子上坐下。郭管家連忙走到他背後,又幫他大撓小撓,撓起背來。你使勁點,你再用力一點!呀,這下舒服了!郭叔公家裡這天正在準備滿月桃禮。郭叔公那年快六十歲了。可是一個月前,他的四房姨太又給他添了個男丁。這天滿月了,按照鄉俗,他們得給孩子做滿月桃禮。送,就送!送大塊的肉,大塊的米桃!郭叔公說。郭家院子裡擺了一溜長桌,人們正在按份數給全村男丁分發滿月桃禮。那是閩南的一種習俗。桃禮一份是:豬肉一條,糯米龜一個和四個紅壽桃。桃禮代表的是吉祥和長壽的意思。郭家管事的正在往十幾個籮筐裡,放滿月龜桃。籮筐裡放滿了,才讓僕人們兩人一筐抬走。爽!爽!你這麼撓就爽!郭叔公一邊讓管家撓背一邊說。我就是要讓人們知道我郭叔公是怎麼添丁的!我郭叔公就好這個色!

「全村所有男丁一人一份!」郭家那個主事的說。「你們各自分去,一家也別拉下!我們郭家就是有這樣的齊天洪福!」

「郭管家,郭管家,那,那顏開疆也有一份嗎?」一個正要出門的僕人問。

「顏開疆?哪個顏開疆?哦,就是那個小寡婦生的野種嗎?」郭管家還在替郭叔公抓撓。「這事我就不懂了。你問郭叔公一下。」

不用問了。你們就抬著桃禮,從他們家門口走過去。半份也不給!郭叔公好像對小袖紅當年沒有從了他,仍然耿耿於懷。你們大聲吆喝著分發桃禮,把那孩子饞

開臺王顏思齊（修訂版）

的！但就是不給！這裡我想說一個理。這添丁的事，也不是人人都可以添的。我的四姨太我想讓她怎麼添就怎麼添丁！可你一個寡婦人家，你說你男人都沒一個，你給誰添丁啊！

「郭叔公分桃禮了，全村男丁一人一份，出來拿嘍！」那兩個分桃禮的僕人喊。

村裡開始分發桃禮了。兩個僕人挑著一筐桃禮，從小袖紅家那小土屋子門口走過。顏開疆聽到了，從屋裡跑出來。他衝到那兩個僕人跟前，伸出了手。

「把你的手拿開，沒你的份！」一個僕人惡聲惡氣地喊。「你一個孽種！你連爹都沒一個，你跟誰拿桃禮！」

小袖紅聽見了，連忙從屋裡跑出來。

「疆兒，這裡沒我們的事！我們不要！」小袖紅說。「你肚子餓了？娘給你磨米糕去！咱們家裡還有一些米！」

第十二章

「時間應該不會錯吧？那幾條船這兩天應該會出現在這裡吧？」顏思齊說。

這是南中國海的一個小島，周圍是萬里海疆。海上有一些薄霧。太陽隱在雲層中。顏思齊與楊天生、余祖、鄭玉坐在一條雙桅的戰船上。另外七八幾條戰船停泊在小島周圍，等待號令。那些船全裝了火炮。更遠的地方隱約還有幾條船。那些船好像是很不經意地出現在那裡的。喂喂，你們的火炮炸藥都裝滿了吧？他同時問一個炮手說。全裝了！火藥全裝了！炮手們說。應該錯不了。我航程算了又算，估計今天就會到這裡了！楊天生說。你泉州那兄弟呢？我又讓他回去了！楊天生說。我讓他們繼續在泉州打探消息！

「這三船中國湖絲是這麼回事，我們不能讓它白白落到東印度公司手裡。」顏思齊說，「我們把它劫了下來，再讓他們拿錢高價來買！我們不能讓他們從中國賺得太多了！」

「對對，這比我們自己去進貨強多了！」楊天生說。

慢點，慢點，船！他們正說著余祖叫了一聲。顏思齊朝海上望去，看見正面海平線上出現了兩個黑點，更遠一點的地方又出現了一個黑點。是那三艘貨船！錯不了，就是那三艘泉州來的貨船了！楊天生說。它們是從泉州駛出來的！中國湖絲！我們把船散開，幾條往西北方向駛去，兩條往東南包抄，另外幾條跟隨我們正面迎上去，顏思齊下令說。不到萬不得已不得開炮，開炮也只能擊落對方的桅帆。顏思齊領著兩艘雙桅快船迎了上去。另外的船隊形成扇面包圍，也朝那三個黑點迎擊上去。槳葉從水上劃過，激起流水的拍擊聲。因為掛了滿帆，船行快速，整條船有點傾斜。那些船上的槍手炮手全端起了槍。顏思齊和楊天生也端起了短統槍，往裡面添了火藥。

開臺王顏思齊（修訂版）

「看一下，風向好不好？」顏思齊問。

「很好。西北偏西！正好！」一個正在拉帆的兄弟喊。

一個打旗語的兄弟在船頭打著令旗。

「把帆拉滿，再拉滿！」顏思齊說。「火炮手準備好！」

靠上去！快！顏思齊喊。那三艘貨船看見海面出現了這麼多戰船，很快就知道他們碰到不測了。對方的兩艘船滿載重物，不知所措停了下來。他們知道他們不是這幾條武裝快船的對手。雖然他們船上的也有武裝。另一艘貨船在海上轉彎，試圖逃離海面。顏思齊指揮那些戰船迅速靠攏那兩條貨船。「嘣」！當面一支火槍射來，顏思齊下意識地低了低頭，躲開了。別開火，別開炮！他們的船很快地把索鉤拋在對方船上，另兩艘快船也用索鉤把那條貨船抓牢。對方一個水手又打了一槍。

「把那個槍手幹掉！」顏思齊喊。

余祖和鄭玉同時向那個槍手射了一槍。那槍手往後一仰，掉進海裡。他們的另外幾艘戰船也同時把另外那艘貨船包圍起來，全拋出索鉤。那兩條貨船很快地動彈不得了。上去！上船去！顏思齊喊。他的這條快船的七八個兄弟全拔刀上了對方的船，另一側又有幾個兄弟上了船。對方的船老大和舵手逼著幾個船員進行抵抗。一陣短兵相接。對方幾個船員被逼跳進海裡。我命不要了！你他娘的什麼破爛海賊！我跟你們拚了！一個船老大模樣的寬臉龐男子喊。這艘船被你們俘走，我身家性命也就沒了！顏思齊剛剛上了對方的船，那個船老大揮舞著一根木槳朝他迎面撲來。

「快把他擋開，把他抓起來！」顏思齊喊。

鄭玉和余祖用刀把那根木槳架住，然後從兩側靠上去，把那根木槳奪下，將那人擒住。那人掙了掙，怒目圓睜，痛苦地坐在地上。

「我家裡還有一個老母。我有一個嬌妻剛剛十八歲！」那船主喊。「你們幹嘛盯上我了？你們這一搶，我就破產了！你們怎麼搶了我的船？」

兄弟，你是哪兒的人？顏思齊走到那人面前。你別管我哪兒人？你們把船還我！那船老大說。你們從這船上離開！那不可能，我們正是衝著你這滿船的湖絲來的！顏思齊說，我們就是不讓你們跟東印度公司做生意的！你說你是哪裡人？我？泉州人，怎麼樣？那我們是福建老鄉了！顏思齊安慰說。兄弟，這沒什麼，懂嗎？

第十二章

你船沒了,可以跟我們入夥幹!我是正經船主,誰跟你們去當海賊打劫海面!那漢子說。打劫海面怎麼樣?打劫海面也是生計!顏思齊說,別人都這麼幹,你憑什麼不幹?你們不就些海賊嗎?你們全幹些殺頭的買賣,我才不幹!那船主喊。你們這些不仁不義的海賊!我是個正經的生意人!那好吧,我就讓你當個正經生意人吧!把他捆了!顏思齊下了命令說。他們把那條船奪下,顏思齊走到船尾,看見另外一條船也被他們控制了。可是這時他發現了一個情況,就是對方那三條貨船的另一艘已經離開了他們那一片海面。也就是那三條船,他們擄獲了兩條,讓一條逃了。那船原本就駛在較後面的地方。可能看見情況有變,快速逃離。那船走了一條大弧線,掛了三張大帆,正悄沒聲息地越駛越遠。顏思齊的兩條快船發現了,追了上去,可是那艘船已經越駛越遠了。

「開炮!把那根大桅給我擊落下來!」顏思齊喊。

可是那船距離已經太遠了,火炮的炮火已經追擊不上。只是在遠處的海面上激起幾支高高的水柱。

「他娘的,讓他溜了一艘!」顏思齊失悔地喊。「三船湖絲,少了一船!那湖絲多值錢啊!」

顏大哥,你看看,那是怎麼回事?他正朝那邊海面上張望著,李俊臣喊。他看見那船突然又轉了個彎。那船往東往南又往西開去,剛好打了個大圈。那船好像在前面又遭受了伏擊似的。可他清楚地記得,在那艘貨船逃竄的方面,他並沒布置伏擊。那麼那裡的前方是發生了什麼了?那時他們距離那裡較遠。他正朝遠處海面觀察,他感到奇怪的是,那條貨船的逃竄的方向又出現了幾艘黑黑的、像影子一樣的船。那時距離很遠,看上去只是一些小黑點。可他看得出來,那幾艘船也是有備而來的,而且是針對那艘貨船有目的而來的。那麼那些船是誰的船?他還看出了一點,那些船明顯的是另一支武裝。因為那支船隊帶有一種擺開開戰的陣勢。他心裡有點不甘了。因為那貨船原本也是他們的。他們不小心讓那船逃離。他心裡不甘心已被他們攔截的那條貨船落入別人手裡。

「那是誰的船?」他問。

「奇怪,誰的船也埋伏在這裡?」楊天生也說。

開臺王顏思齊（修訂版）

「那是我們到口的肉了，可別又讓別人奪了去！」余祖說。「我說我們追過去，開炮射擊吧！」

「等等！」顏思齊說。

他原本還想讓他的戰船射擊。可他不明白對方那幾艘戰船的目的和來路。他雖然不甘心讓別人劫了貨，可是又怕引起沒必要的衝突。因為他始終弄不清楚那支船隊的來歷和目的，貿然攻擊怕引起嚴重後果。讓令兵下令停止射擊。

「再看一下形勢再說！」顏思齊說。

這時候海上一片平靜。

那艘逃竄的貨船明顯地感覺到逃離已不可能了。那船把另外的那幾條船也當成同剛才打劫的船隊的同夥，註定他們逃不脫了。那船看見賊船人多勢眾，只好停了下來。那幾艘戰船朝那船靠攏，那貨船完全被制伏，被占領了。顏思齊又奇怪的是，那幾艘戰船俘獲了那貨船後，並沒有揚長而去，而是劫持了那艘貨船，朝他們駛來。這就更奇怪了，那些戰船是誰？顏思齊在心裡說。他也朝那些船駛去。雙方的船都快靠近了，他才看見對方的船頭上站著一個熟悉的身影，一看是鄭芝龍。

「鄭一官！鄭芝龍！」顏思齊喊。

「顏大哥，我們幫你把這一船湖絲攔下來了！」鄭芝龍也喊。

「賢弟，你怎麼會出現在這裡啊？」他又喊。

他們兩條船靠了一下，鄭芝龍從那條船跨到這邊這條船。兩人見面不由互相捶打對方肩部，揚聲大笑。

賢弟，你怎麼也知道今天這裡有一單大買賣？顏思齊說。我在泉州也有眼線。我也打聽到了這幾船湖絲了，鄭芝龍說。你怎麼會出現在那個方向？剛好把這船貨給攔下來了？顏思齊說。我早就知道你們會在小島那邊設伏，我們就埋伏在另一邊了，鄭芝龍說。

「兄弟，這一船貨就歸你啦！」顏思齊說。

「大哥，你這不是把我看小了？這船是我幫你攔住的，貨當然歸你的！」鄭芝龍說。

那可不行，我們在這行道上，原本就是坐地分贓，見者有份！顏思齊執意說，

第十二章

何況這贓還是你拿下的！你就是不坐地分贓，也得論功行賞！不不，大哥，你這就見外了！我才不跟你坐地分贓，我想跟你入夥呢！鄭芝龍說，我有個想法，我那邊也有幾條船，乾脆我也投靠你來算了。那當然好，可是你義父李旦呢？顏思齊說。我義父李旦前些日子在呂宋去世了！他交給了我幾艘船，讓我自主一個船隊！鄭芝龍說。我那天不是跟你說了，有一天我會跟你一起幹！我想你是個幹大事的人，我還不如跟你一塊兒幹！這以後，我們就可以把事情做得更大了！

「兄弟，你說真的嗎？」顏思齊興奮地喊。

「當然了，當然真的！」鄭芝龍說。

兄弟，我以前看《水滸》總看見一句話，叫什麼來著？替天行道，天助我也！對對，就是這句話，天助我也！顏思齊哈哈大笑。兄弟你來了，真的是天助我也！從今天開始，我們在這一片海上稱王稱霸的日子就到了！賢弟，你說在這一片海上的人們全靠什麼？

「劍戟刀槍，還有火炮和武力！」

「還有呢？」

「人多勢眾！」

「對對，人多勢眾！」

兩人擊掌大笑。顏思齊這時才想起身旁的楊天生。他把楊天生往前拉。

「這也是我的生死兄弟楊天生。紅臉大漢楊天生！」顏思齊說，「他跟你一樣是泉州人！你知道吧，你們那裡陽光大，他把臉都晒紅了！他原本就是經營船隊的。我還讓他經營船隊！」

「楊大哥，見！」鄭芝龍作揖說。

「見，鄭芝龍兄弟！」楊天生也作揖說。

兄弟，我突然有了一個想法，我們現在有二三十個兄弟了。加上你，我們力量就更大了！顏思齊對鄭芝龍說，我們回去乾脆弄個香火，把兄弟們集在一起，祭拜一下桃園三義士，我們也來結成生死兄弟怎麼樣？

「行啊，有難同當，有福共用！」鄭芝龍說。「顏大哥，我今兒跟你說，從今往後，你怎麼說，鄭芝龍就怎麼做！」

開臺王顏思齊（修訂版）

顏大會首，實際上我跟你，我們有好些共同點！首先，你是個大船長，我也是個大船長。白胖子約翰船長說，你辦這個大商社是想獲得更大的商業利益，我們總是在大西洋跑，在太平洋跑，也是想獲得更大的利益！白胖子約翰船長這天煞有介事又來拜訪顏思齊。他還是想從他那裡獲得中國湖絲。另外他已知道東印度公司的三船中國湖絲在南中國海被劫。從一些跡象上看，他隱約感覺到，這是顏思齊等人所為，可他沒有證據。但就在這時候，他在長崎的碼頭上得到了消息，顏思齊在長崎碼頭確實隱匿了三船中國湖絲。他只是不知道那三船湖絲究竟是不是被打劫的那三船湖絲？他這天就是為了這三船湖絲又來找他的。顏大船長，聽說你最近新婚。約翰船長繼續說，我們今天是第二回見面。我是第二回拜訪你，特向你表示新婚的祝福。聽說貴夫人還是德川將軍義女，可見顏大船長在長崎地位崇高，顏面重大！所以在這長崎的地面上，以後在下的諸多事務還得靠你包涵關照。

「你知道目前中國湖絲價格節節攀升。我們都想獲得更大的利潤，我們就得搞到湖絲。我知道你能搞到中國湖絲。」約翰船長又說，「你們都是些漳州人和泉州人。你們能搞到湖絲的上品。頭蠶絲和七里絲！」

湖絲？什麼湖絲？我不是跟你說了，中國湖絲搞不出來了！顏思齊說。他仍然在會所的大廳裡走來走去。一會兒給幾盆花灑灑水，一會兒看一下一隻魚缸裡養的魚。大胖子約翰船長只好跟他走來走去。現在中國海關盯得很緊，湖絲都搞不到了！顏大會首，你是不是可以坐下來，我們認真地談一談？約翰船長建議說。我喜歡這樣走來走去！顏思齊說。那好吧，我只好跟著你走來走去！約翰船長說。你只是有點太胖了！顏思齊說。對對，我是有點太胖了！約翰船長說。我這麼跟你走來走去，有點累了！那你就別走了！可我還想跟你繼續交談呀！約翰船長無可奈何說。

「顏大會首，我們這回是第二回見面了，我們可以說是老朋友了！過去我跟你們船隊的船員可能是有過一些摩擦和芥蒂，可是那都過去了。」約翰船長又說。「我們現在是兩個好朋友。我們有共同的重大利益。你就別再提那批亞細亞紅木了，也別提那回撞船的事情了。我的那個混帳水手要是再敢跟你的船員尿尿，我就把他的那個東西割了，丟到海裡去餵魚！」

第十二章

我跟你說,我昨天把我的兩艘船停在長崎外海,因為昨天潮水小,進不了港,你說那船停在那裡安不安全?約翰船長又壓低了嗓門說。我聽說這裡出了一幫匪徒。是一支強大的武裝。這群該死的海賊!你說他們會威脅我的那兩艘商船嗎?我還是希望你能幫我想想辦法。我是說中國湖絲。價錢好說。我跟你說吧?這批中國湖絲是東印度公司要的。約翰船長繼續說。他們知道從中國搞不出來湖絲,他們原本也買通了幾艘中國船從內陸搞了出來。誰知那幾艘船在海上被劫了!也不知道那是哪一路的人馬?那是群大膽的海賊!不過,你要是能提供給我那樣一批湖絲,我一定給你大價錢!

「可我不是跟你說了不行,沒有辦法!你知道吧?中國皇帝是個混帳皇帝!他把海面都封死了!『喀嚓』!這種事情我可不幹。」顏思齊說,他又用手做著砍頭的樣子。「這種抹脖子的事情,我可不幹!你也知道,我剛剛新婚。我可不能讓我的新婚妻子承擔失去丈夫的風險!」

「可是,顏大船長,我今天再來找你,是因為我得到了一個消息,」約翰船長突然說。「我聽說,你現在在長崎就藏匿有三船中國湖絲!」

「這是誰說的?我怎麼不知道?」顏思齊說。

「顏大會首,這長崎也只是一個碼頭……」

「對對,是碼頭!」

是碼頭就會走漏消息。你們中國有一句話,叫沒有不透風的牆,何況是一個碼頭!約翰船長說。你那三船湖絲剛剛進入長崎港,我就知道了!我這麼跟你走來走去,真的走得有點累了!我也不管你這三船湖絲的來歷。可這三船湖絲,我認為我們可以做一筆交易。我怎麼不知道有三船湖絲的事?我哪來的湖絲?顏思齊仍然佯裝不知道的樣子。顏大會首,你知道我們都是搞貿易的。你的『大金華商』社就是搞貿易的,約翰船長說。在我們這些搞貿易的人的眼裡,一般都只認錢不認別的。那當然,利潤就是娘!有奶就是娘!顏思齊說。你知道吧,我小時候碰到過一件事。我們村有一隻剛出生的貓崽,母貓死了。有一隻狗媽是瞎眼。有人把那隻小貓放在狗媽身旁。小貓就吃起了狗媽的奶。後來小貓一直拿狗媽當娘。你說得差不多就是這個意思吧?貿易的原則就是利潤。利潤高於一切!

開臺王顏思齊（修訂版）

「你不會總是為了那批『亞細亞』紅木，跟我過不去吧？」

「那不會。那是過去的事情了！」

那就更不會因為那回誤會差點撞了你們的船？那當然了，顏思齊說。在海上磕磕碰碰的事多了！那你們就更不會因為我們的船大就懷恨在心吧？那是不可能的事。顏思齊說，我們現在的『漳泉號』比你們的大！

「那你說，那三船湖絲……」約翰船長說。

「我不知道有這批湖絲啊？我哪來的湖絲？」

可我知道你在長崎港口就隱匿著三船中國湖絲！我只是不知道它們的來歷！約翰船長最後威脅說。我的消息不會有錯！那好吧，有三船湖絲你給我找出來，我降價賣給你！顏思齊也說。約翰船長最後只好失望而回。荷蘭人走後，陳衷紀、李洪升和張掛走到顏思齊身旁。

「奇怪，他怎麼知道我們有三船湖絲？」陳衷紀說。「他從哪兒得到的消息？」

就是這個大白胖子！我就是沒有一把好刀！張掛說，我總想在他那個大白肚子試上一刀！我總想給他一個手起刀落！還是先讓我來吧，我先給他個掃堂腿！李洪升說。我們家練了三代掃堂腿了。我得讓他試試我的掃堂腿。我先把他掃趴了，你再給他一刀！

「他應該不會知道東印度公司的那些中國湖絲落在我們手裡吧？」顏思齊在心裡想著說。「我估計他是聽碼頭上說的。像他說的，這碼頭沒有不透風的牆！」

劉、關、張。你知道吧？劉、關、張是三個兄弟。他們不是親兄弟，可他們比親兄弟還親！顏思齊對桃源紀子說。那是三國的事，你知道三國的事嗎？劉、關、張是三個結義兄弟，就是說拜把子，懂嗎？你們日本沒有這種事情。你們日本只有會道，我們是拜把子。這拜把子兄弟就是患難與共，福貴同享！不求同日生，但求同日死！顏思齊拉著桃源紀子，在一張大宣紙上，要她畫劉、關、張的三義士圖。桃源紀子一隻手握著筆。幾個碟子上盛著墨和顏色。那時候夜已深了。在他們的書房門外，蛙聲一片。

「我不會畫什麼劉、關、張。我只會畫浮世繪。」桃源紀子說。「我說我們還是不畫了。我去給你沏個茶。我給你洗洗腳，睡覺吧。」

第十二章

「我不睡覺,我不洗腳,你給我畫!」顏思齊說。「你不會畫,我教你畫。你會畫浮世繪,就會畫劉、關、張。」

我都沒見過劉、關、張。我也不知道他們是哪裡的人,我怎麼畫劉、關、張?桃源紀子說。我跟你說你就畫得出來!他們一個是忠厚長者。人顯得厚道。那個人就是劉備。他是他們的兄長!他的臉應該是比較清明俊秀的。眉毛、眼睛、鼻子比較清楚!顏思齊說。是不是像你一樣俊?桃源紀子取笑說。我有那麼俊嗎?顏思齊說。桃源紀子不由把頭往他的懷裡靠。夫君!顏思齊拍拍她的肩膀。那個關是關公,長鬍子。他繼續說。他們稱他美髯公。也就是他的鬍鬚像柳鬚一樣,一絡一絡的。他是個紅臉大漢,舞大刀,懂嗎?張是張飛,黑臉,大鬍子。使矛,知道嗎?對對,他長得有點像我那兄弟,像張掛兄弟!究竟是你那張掛兄弟長得像他,還是他長得像你那張掛兄弟?桃源紀子說。

「是我那兄弟長得有點像他!」顏思齊說。「我那張掛兄弟說,那千把多年前的張飛是他的祖爺爺!」

「是嗎?一個三國時期的人是你們那張掛兄弟的祖爺爺?」桃源紀子說。

「我們中國有這個事。只要你有個姓,我們就能追根究底查到祖宗!」顏思齊說。

「可我這個還是畫不來。我畫的是浮世繪,」桃源紀子又說。

浮世繪是畫,劉、關、張也是畫呀,顏思齊說。他又求又哄,桃源紀子仍然把頭靠在他胸前。他搜了搜她,她不由投入他的懷中。夫君,我們睡吧,夜深了,桃源紀子依在他的胸口裡說。她不知怎麼感到有點羞澀,把臉埋在他的胸口。夫君,我更想跟你做一件事……她小聲說。紀子,我跟你說,我跟我的一幫兄弟要成大事,我要跟他們結拜成大義。我需要這樣一張圖,你懂嗎?顏思齊說。結拜後我們就更同心同德,我們就能把事情做得更大了。我需要這樣一幫兄弟!我需要這樣一張圖,懂嗎?

「可是大官人,我想要什麼,你知道嗎?」桃源紀子說。「我還沒跟你結婚時,就在心裡想了。我一直在等著這個事情出現!」

「什麼事呢?你說你有什麼事不能跟我說!我們是明媒正娶的兩夫妻!」

163

開臺王顏思齊（修訂版）

「夫君，你說你是哪裡人？」
「我是唐山人。我是大明漢人！」顏思齊說。
「可我是大和日本人！」桃源紀子說。
「那，那麼啦？」
「你想想，我們現在是兩個什麼人？」
「我們是兩夫妻呀！」
桃源紀子仍然依偎在顏思齊胸前。
「你說我們現在最應該做的一件事是什麼？」桃源紀子又說。
「什麼事？」顏思齊一直不明白桃源紀子想說什麼。
　　我們兩人最應該有的是創造一個孩子！我們，一個漢人，一個日本人，我們是兩夫妻，我們最應該有的是一個孩子！桃源紀子說。夫君，你知道嗎？我在還沒和你成親前，我就一直想著這個事。你一定要給我一個孩子。我想我們要是有一個孩子的話，長大了肯定也像你一樣，是個在天地之間行走的人！。他像漢人，也像日本人！得得得！行行行！這是我的責任！顏思齊說，我一定要為這個事情負責！紀子，你是我多好的一個女人呀！你說我們憑什麼不能有！
「我一定要讓你有，有我們的孩子！」顏思齊說。
　　他和桃源紀子面對面站著。他起先從正面用雙手握住她的肩膀。他把她的頭抬起來，在她的臉上親她。他在她耳邊鄭重和誠懇地說，紀子，你放心！這是我的事！我們一定會有。你就把這事交給我好啦！我們肯定會有的！有一個孩子！你今天就辛苦了。明天結拜了，我會有很多兄弟。我跟你，我不會離開你！我要好好愛護你。我此生不會讓你跟我分離。這樣我們就會有了孩子了。我們會有很多很多的孩子！我要跟你好好地生幾個孩子！一個個像你，也像我！他們一個個叫你娘，一個個叫我爹！
　　夜深了。桃源紀子站在那張畫桌前，用色彩塗著一張畫。
「這樣對嗎？這個年長者是劉嗎？」
「差不多，差不多。劉備是個長者。他是他們的長兄。」
「左邊這個是關？他臉會不會太紅了？」

第十二章

「對對,關羽!他是個忠義之人。他臉紅。他一臉堂堂正正!」

「右邊這個張飛?他臉黑?」

「是是,張飛是個好兄弟。他臉黑。可是為了朋友,他可以兩肋插刀!」顏思齊說,「你可能沒聽說過《三國》,就是這個張飛,在長阪坡上一聲大喝,喝退了千軍萬馬!」

你們知道嗎?那畫上右邊的那個就是我的祖爺爺,張掛說。不會吧,那是你的祖爺爺?那可是在三國那會兒的事!傅春說。第二天,在「漳泉號」上,也就是那艘原本的荷蘭船「瑪莉號」上。顏思齊把他們所有的兄弟招集在一起。從今往後,我們全是自家兄弟了,陳衷紀說。我們的心聚在一起,血流在一起!那天所有的船隊根據顏思齊的指令都沒出航。沿著長崎的那一條海岸,全是顏思齊所有的船隻。顏思齊在寬大的甲板上,擺了張供桌。供桌上擺滿了供品。他讓人在正面艙牆上掛了那幅「桃園三結義」圖,畫前擺了個香爐。船艙外陽光普照,日麗風和,太平洋上海浪滔滔。那幅「桃園三結義」圖就是出自桃源紀子之手,她以浮世繪的風格畫了劉、關、張三義士的肖像。顏思齊為首站在祭台前,他的兩旁一邊是鄭芝龍,一邊是楊天生。再接著並排站著陳衷紀、楊經、高貫、陳德等人,依次分成三排排列,站著的還有張掛、李俊臣、何錦、余祖、方勝、鄭玉、許媽、林福、黃瑞郎、唐公、傅春、劉宗趙等,一共二十八個兄弟。顏思齊為首祭拜了劉、關、張義士圖,雙手奉香,高舉過頭。

「在下顏思齊率我等兄弟二十八人祭拜三義士在天之靈,我等兄弟係大陸漳泉人氏,流落東洋,遠離故土,客居瀛洲。現我等兄弟欲舉大事,竊以三義士的歷史壯舉為楷模,以三義士之情義留人間。特在三義士英靈前結為兄弟,不求同年同月同日生,但求此生畢生永相隨。誓有難同當,有福同享。起義舉共進退,拓疆域不辭行!」

「向三義士行跪拜禮!」顏思齊祭拜後,陳衷紀喊。

「我這還騙你不成?這爺爺就是爺爺,孫子就是孫子!這還能假?」張掛說。

「這麼說,你是張飛的後代?」唐公說。

顏思齊率領眾兄弟向「桃園三結盟義圖」行了三跪拜禮。張掛排在第二列的中

開臺王顏思齊（修訂版）

間位子，他的兩旁是楊經、傅春、唐公、余祖和李俊臣。傅春和唐公是新投奔顏思齊的兩個漳州水手。傅春在「漳泉號」上掌舵。

「可那會兒是在三國，三國的張飛怎麼可能是你的祖爺爺？」傅春說。

「這我是聽我爹說的。我是張飛的三十五代孫，我爹是三十四代孫！這祖爺爺就是祖爺爺，能亂認的嗎？」張掛說。

「所以，他叫張飛，我叫張掛！」傅春認認真真地看了張掛一眼。

「不過你是有點像。你的長相像，連大鬍子也像！他們說我連脾氣也像，也像我祖爺爺！」張掛說。

「可是不對呀！」唐公想起來什麼說。「你祖爺爺張翼德是山西人，可你怎麼出生在漳州，現在又在日本？」

「我祖爺爺是山西人，這沒錯！」張掛爭辯起來說。

「可我祖爺爺後來的另一個祖爺爺，從山西來到了福建。那是在大唐的時候。再後來呢？你又不是不懂？我是跟顏思齊大哥在海澄縣殺了人，才逃到長崎來的！你這麼說我就懂了！你以後要是又從長崎跑到呂宋，或者婆羅洲去，你們張家的子孫不是要布遍全世界了？」傅春說。

「這我就不知道了，這我就不懂了！」張掛說。

「把酒擺上來！」顏思齊這時喊。

船上馬上有幾個船工搬上了八大缸酒，並排擺在祭台上。

「把刀拿上來！」顏思齊又喊。

一個僕役用一塊紅布包裹著一把雪亮的小刀走上來。顏思齊第一個用那把小刀歃血為盟，劃開了手指，將血滴入酒缸裡面。接著眾兄弟一擁而上，搶著用那小刀劃血。

「來來來，我先割！我的血多！」李洪升說。

「我全身都是血，怎麼也流不完！我來多割一些！還是我先來！我的血更多！」張掛用他的大嗓門喊。

「我的血像我祖爺爺一樣多！我多割一點！我的血也不少，我也來多割一些！」何錦用他的尖嗓門也喊。

第十二章

「你可不行，你女裡女氣，你哪來那麼多的血呀！你還是還少割一點吧？」李俊臣說。

「你要是多割一點血，你想嫁人都沒人要了！我又不是要給你當媳婦。你管我割多少血！」何錦恨恨地說。

「我只是想多割我的血！我的血會比你少？可你的血是女的血！割你的血晦氣！」李俊臣說。

「我只是有百分之八十的女氣的，可還有百分之二十是男的，」何錦喊，「我怎麼晦氣？」歃完血後二十幾個兄弟各用大碗盛酒，豪飲而盡。

「有難同當，有福同享。起義舉共進退，拓疆域不辭行！」陳衷紀喊。

「有難同當，有福同享。起義舉共進退，拓疆域不辭行！」眾兄弟們喊。

「班傑明先生，我可能又得跟你說說個人教養的問題了！」約翰船長說。在長崎的那個小酒館裡，約翰船長跟日本老頭山晃，又在一個包廂裡喝酒聊天。他懷裡又摟著個日本雛妓。他總是把一隻手插在雛妓身上最貼身的地方。他對女性有一種貪得無厭的表情。「山晃先生，我跟你說一句實實在在的真心話，我真的不喜歡海上生活。我真的喜歡陸地的生活！」他老想拿他的臉去貼那雛妓的臉。藝妓不停地用手擋他。

「你說在海上那有多乏味！海浪，全是海浪！無邊無際的海浪！你說海上哪來的藝妓？哪來的酒吧？哪來的日本小調？可是班傑明先生，我真的不喜歡你那種對什麼都無所謂的樣子，不喜歡你的玩世不恭，不喜歡你總是往賭場跑。」約翰船長又說，「你想想，我們之間每回合作，我給你的酬報不小了吧？可說你的錢財都哪裡去了？我說你只要不往賭場跑就好了。可你總往賭場跑！我說這就是你的教養問題，你說是不是教養問題？」

「你玩不起女人是你總是沒錢！你沒錢是因為你總是往賭場跑！」約翰船長最後說。「可女人對於我們這種水手來說有多重要！你說你要是沒了女人，你的人生有多大價值？」

「別別，別！」那個日本小藝妓說。約翰船長又要把臉往那個日本藝妓臉上貼。藝妓用手擋住他。「先生，你把我臉上的彩妝都蹭沒了」藝妓提醒說。

167

開臺王顏思齊（修訂版）

「彩妝你可以補啊，彩妝不就一層塗在臉上的油墨嗎？」約翰船長說。「可是勝子小姐，你可別忘了，你這會兒是我的！我把你整個租了下來。你整個人是屬於我的。你的小小的紅紅的嘴唇這會兒也是我的呀！」

「別別，別！」雛妓說。

「幹嘛別呢？」約翰船長說。

「山晃先生，我今天邀你到這裡來，是有一件事情想跟你商量」約翰船長說。「我現在急需到手一批貨。那批貨目前很難搞。那是從中國來的。可是中國封港，基本運不出來。前一陣子，東印度公司好不容易弄到了三船那種貨，可是那批貨在運出中國的途中突然失蹤了。」

「什麼貨呢？是不是你運過的那種『亞細亞』紅木？」

「不不，不是紅木。比紅木貴重得多！是湖絲，中國的湖絲。你知道嗎？一種中國的上等蠶絲！我要一批那種中國湖絲。」約翰船長說。

「你知道那個東印度公司吧？我一直跟他們有商務往來。他們那三船湖絲在海上失蹤後，也提出跟我購進那樣一批湖絲！實際上他們早就想跟我要買那樣一批湖絲了。他們的價格給我們可以更高！那你就得跑中國港口了！」老山晃說。

「可我不想跑中國港口。中國的港口外國船根本進不去！可我知道現在長崎就有三船那樣的湖絲。」約翰船長說。「你知道嗎？那個『大金華商社』，就是那個中國商社，現在就有三船那樣的湖絲。他們把湖絲隱匿在長崎港口！」

「這事我怎麼不知道呢？」老山晃說。

「我跟你說這是在長崎港口。港口哪有不透風的牆？」約翰船長說。

「這是我從碼頭上打聽來的。你知道這碼頭上什麼事情我都能打聽得到！那三船湖絲就隱匿在長崎港口。」他舉起杯向老山晃晃了晃。「我去找他們，想跟他們買，可是他們死活不賣。我只是不知道那三船湖絲，跟東印度公司的那三船湖絲有什麼關係？我總覺得那批湖絲就是那三船湖絲！因為那批湖絲來歷不明！」

「你的意思是他們的那三船湖絲，就是東印度公司的那三船湖絲？」日本老頭山晃說。「他們用武力手段在海上占有了那批中國湖絲？導致東印度公司的三船湖絲在海上失蹤？」

第十二章

「我估計情況差不多是這樣！」約翰船長說。

「如果了解到這樣的情況，我們可以向幕府告發，就可以脅迫『大金華商社』出售給我們，而且要低價！」

「約翰先生，你可以把這事交給我！」白人水手班傑明主動提出來說。「我可以把問題搞清楚！我去把情況調查清楚。可我希望你付金幣，最好是現金！」

「你只要把你的習慣改了就行，這是一個教養問題，」約翰船長又說。「你要是也想要個女孩，你去要一個吧。我可以預支你一點錢！只要你把事情搞清楚了！我就付你現金！」

「這可是殺頭的事！這個事情搞清楚了，報到幕府去，那可是殺頭的事！那批華人在長崎就沒戲了！」日本老頭山晃說。「你們先去把事情搞清楚。德川將軍我跟他熟。到時候我只要把事情向他一提，那些華人在長崎就完了！」

「我叫你來，就是為了這事！」約翰船長說。「我估計這裡面有見不得人的東西！這裡有盜匪劫掠的問題！」

第十三章

「我這邊要伕工十名，」陳衷紀喊。

「我要三名。」另一個船主喊。

「我這邊要兩名！」

可是，夫君，我們得去看看呀！看看那個碼頭！桃源紀子說。這是長崎碼頭的一個簡易工棚。幾十個衣著襤褸，伕工打扮的日本農民聚集在那裡，等著打工。德川幕府時期，日本農民處於社會的最底層。農民起義是不斷發生的事。幕府政治高度發展了都市和商業文化，底層的勞動農民成了都市和商人盤剝的物件，造成農民大面積破產，因而起義不斷，社會動盪不安。你說我們家呀，我們家嚴格地說，也是破產農民！桃源紀子說。很多農民在農村破產後，全湧向城市和港口尋求工作。「大金華商社」的船隊很多，他們每天都需要一些伕工。陳衷紀總是到碼頭招收伕工。那些伕工很多認識陳衷紀，知道他要的伕工多，工錢也給得多，全蜂擁而上。

「陳船主，算我一個！陳船主，算我一個！」一個伕工喊。

「陳船主，今天還是上『桃源紀子號』嗎？那船我認得！是裝鐵礦石吧？我自己去好了！」另一個伕工說。

「陳船主，今天你得算我一個了！我家孩子都沒吃的了！」另一個伕工說。

那些日本伕工全爭了起來。他們全想到船隊打工。他們把陳衷紀團團圍住。

「你孩子沒吃的，我母親都病倒了！」

「我昨天在『黑山號』上爭的那三銖錢，還不夠買兩升米！我就想到『桃源紀子號』上做事，這邊同樣打工，一天能多掙半銖！你上『桃源紀子號』去，我就上『烏礁號』。『烏礁號』不是要裝一批印度亞麻？」

陳衷紀在人群裡指指點點。「你。你。還有你。就你們幾個，再多我也不要

第十三章

了！」陳衷紀說。

「現在就圖一個不餓死了！圖一個吃了還能幹點活！」一個伕工說。「那好，那我就跟你走了！」

「幹活和吃飯，就圖一個夠本了！我今年都不種稻了。我連稻種都吃了！」還有一個伕工說。「行行，我也跟你走！」

陳衷紀正在碼頭上招工，顏思齊從碼頭上方的斜坡上走下來。他一身武士打扮。桃源紀子穿了一件細花和服，跟在他身後。她用雙手提著裙裾，邁著日本女人的那種小碎步。

「我說你好好的，你怎麼拿我的名字給一條船命名！」桃源紀子埋怨說。

「我還想把長崎的這些大街小巷全貼上你的名字呢！」顏思齊認真地說。

「你可別，這樣會讓人笑話的！」桃源紀子說。

「我不害臊！傍著自己的夫君出大名！那又怎麼了？她們笑你，她們怎麼也不嫁個像我一樣又盜又搶的男人？」

「夫君！你別再說了！」桃源紀子喊。

「我就喜歡你這個樣子！」顏思齊說，「又羞答答的，又生氣又著急的樣子，你讓我看了就高興！」

「夫君，你別說了，你可別這樣！」桃源紀子跺了下腳，轉過身子說。

顏思齊連忙走回她身旁。「夫人，我是逗著你的！」顏思齊說。「你這種生氣的樣子特別讓我喜歡！」

「夫君，我跟你說的是真的！」桃源紀子說。

「什麼真的？」

「我的名字和船！我不要！」

「可我也答應過你，我要讓你生一個像日本人又像漢人的孩子……」

「別說這個！別說這個！桃源紀子羞急了喊。這是我們的私房話。你怎麼拿到碼頭來講呢！」顏思齊大踏步走下碼頭，把桃源紀子留在後面。幾隻白色的海鳥在桃源紀子身旁飛翔盤繞。

「我就是要在碼頭上講！」顏思齊幾乎宣告似地喊。「我就是要讓人知道我和我

開臺王顏思齊（修訂版）

的愛妻桃源紀子，相親相愛！我們決心多生多養！」

「這些人怎麼啦？」顏思齊看見陳衷紀，問他說。「這裡怎麼有這麼多的人？你工都招了？」

「我們那『桃源紀子號』要卸鐵礦石。」陳衷紀說。「我們只能要十個，可他們一下子來了這麼多！」

「那你就多要幾個吧！讓他們早點把活幹完！」顏思齊說。「他們也是沒辦法的事！他們在家裡種田不行了！紀子，你跟我上那邊礦石場看一看！」

「你說你叫什麼？」顏思齊問兩個正用背架搬運礦石的小搬運伕工說。顏思齊和桃源紀子來到一個露天礦石場。那是一條海岸線。礦石場下面就是一個碼頭。那裡停著好幾艘船，其中有一艘就是「桃源紀子號」。

「你們在當伕工之前是做什麼的？」

「我叫江原一郎。原本在家裡種地。」江原一郎說。

「我叫森村，跟他一樣，原本也種田。」森村說

「那你們現在怎麼不種了？」顏思齊問

「種那莊稼不行了。種田稻子全被幕府徵斂了。給的錢還不夠在百貨店裡買一點糖」江原一郎說。

「幕府不知道鄉下的事情。我們把稻種都吃了！」森村說。「農村待不下去，農活沒人幹了！」

他們站在露天礦石場上面。那裡堆著一堆堆的鐵礦石。因為天空晴朗，陽光明亮。太陽照射在地上和海面上十分強烈。

「夫人，你得打著傘！你別讓太陽晒了！」顏思齊對桃源紀子說。

「我知道。你也別晒了！」桃源紀子說。「你看你汗都出來了！」

桃源紀子擎著傘站在他身旁。她拿手帕去幫他擦汗。

「我沒事。我沒事。你別關照我！」顏思齊說

「那你呢？」他又問另一個伕工。「你怎麼也離家到這裡做事？」

「我跟他們差不多一樣，現在掙錢只有到你們這裡了，不然就得去京都！」那個伕工說。「現在鄉下只有開百貨店還能掙點錢。可百貨店都是有田有地的豪紳

第十三章

們開的！」

「那現在鄉下真的什麼都不行了？」顏思齊說。

「都破產了，農民都破產了！」江原一郎說。

「那你們給我留下來擦船板怎麼樣？」

「什麼擦船板？」

「就是給我當船工，」顏思齊說。「當船工有時也得擦擦船板。」

「那行啊！你讓我給你搖大槳都行！我力氣大著呢！」江原一郎說。

「我給你當錨工，我搖大櫓也行。只要有活幹就行了！」另外那個伕工說。「收錨，搖大櫓，我有的是力氣！」

「你說這日本是出了什麼事了？好像情況很不妙？」顏思齊說。他和桃源紀子走在回家的路上，問，「那你們家呢？夫人，你們家怎麼樣？」

「差不多。我們家在三道藩。現在我父母，還有我兄弟，只有很少的收入。」桃源紀子說，「我母親早就眼瞎了。現在全靠我的接濟才能過上一般的日子，不然就得到大阪和京都去了。到了京都，也只能做下等人的營生。」

「這麼說，你家也是破產的農民了？」顏思齊說。「來來，我來給你撐傘吧。看太陽把你晒的！」

「嚴格的說是已經破產了。可是還不算破產，是因為他們還有我。」桃源紀子說，她用感激的目光看他一眼。「我現在最大的財富就是你了！我們家有我的接濟還不算完全破產！不不，不用，傘我自己來撐！」

「那鄉下人不全反了？」顏思齊說。

「到處都有人鬧了。農民就種田，你種田活不下去，那你不反了？」

「還是我來給你撐傘吧，你走路慢。」顏思齊說。「還好我們做的是海運和貿易。我們要是也種田，那不是也要跟著反了？」

「你別想得那麼高興，這海運和貿易的事好像也不太行了」桃源紀子說。「我那天回將軍府去，聽我們家主人說，這回海禁可能要變得更嚴了。我義父特別提到你們這些外國船。好像港口要定一個數量，一個月進出港只能幾艘船。多了就不准進出港了。」

173

開臺王顏思齊（修訂版）

「那這條禁令首先禁的不就是我了？」顏思齊差點叫起來說。「我的船隊最多，船隻也最多。他這一禁不就是禁我了？」

「另外，據說，幕府還定了，外國貨賣不完的也不能寄放在本國海岸上了，」桃源紀子說。

「那放什麼地方？」

「反正不能寄放在岸上。那你只好用船運走了！」紀子說。「幕府的意思是說，這樣可以控制交易的數量，可以限制貿易！」

「這不等於封港了嗎？可這長崎是從來不封港的呀！整個江戶時期都沒封過港，」顏思齊說。「你看這陽光太大了。你還是把傘給我。我來幫你撐傘！」

「我很早就發現你了！」白人水手班傑明在嘴裡小聲說。「我很早就感覺到你的存在了！我的主呀！」他摸著黑攀上了一艘黑色貨船。他把一條小舢板劃到那條大船下面，攀住了一條纜繩往上爬。那條貨船靜悄悄地豎在夜幕中。他很快就攀上了纜繩的頂端。這裡是長崎一個比較偏僻的港灣。港灣裡靜悄悄地停著幾艘船，其中三艘就是顏思齊他們打劫來的、運載有中國湖絲的那三艘貨船。他的另外幾艘船拘押了那三艘船。

顏思齊將那三艘船拘留在港灣裡等著買家，然後脫手。他怕走漏了風聲，船上仍然扣押著一個船主和幾個水手。他知道那艘船的船長和水手都是中國人。他的本意是，等把那三船湖絲賣了，就把船還給他們。他並不想虜了他們的船。白人水手攀著纜繩爬到了船舷邊上，把身子往上一倒豎，往船裡一翻，就在船上了。他沿著船舷暗影往船上的船樓走，在一根大木樁旁看見一個守夜的人員，他悄悄地摸出一把刀。只見刀光一閃，那人已經無聲地倒在船上。他從船樓進去，進入下層船艙。在最靠裡面的一個小船艙裡，他聽到了什麼動靜，劃了根火柴一照，看見那裡捆著五六個人。那正是被顏思齊扣留的貨船上的海上人員。班傑明把其中的兩個人解開，帶著他們出了船艙。

「小心點，跟我走。別出聲。我是來救你們的！」他說。

他們從船尾往船頭走去。他揮了下手，三人全貼在船舷上。這時又一個守夜的人員朝他們走來。只見班傑明刀光一閃，又把那個人砍翻了。這時船艙低層發出一片

第十三章

　　喊聲,好像是那幾個沒被解救的船員發出的。周圍幾艘船全亮起了燈光。船上有人舉著火把奔跑過來。

　　「有賊上船了!有賊上船了!」那些人喊。

　　班傑明領著那兩個被解救的海員快步朝船頭跑去,幾個守船的人員追了上來。黑暗中,班傑明拔出刀一陣砍殺。他讓那兩個人先翻下船,攀著那條纜繩,下到那條小舢板上。他砍退了兩個人,也翻身下了船。從那條纜繩滑落下去,下到小舢板上。

　　「快划,把小舢板划開!我是來救你們的!」他又對那兩個獲救的人說。「把舢板划到岸邊就沒事了!」

　　他用那條舢板把他們渡到了岸邊。那邊早已有四五個人等著接應他們了。可是一上岸,那兩個從船上被救出來的人馬上又被控制起來。那兩人裡面有一個就是那個泉州船船長。岸上的人又把他們捆上了。

　　「現在我得先讓你們委屈一下。等你們回答了我們的問題,就釋放了你們!」班傑明用生硬漢語對他們說。

　　「我是那艘被扣商船的船長。我知道你們想要什麼?」那個船長說。

　　「先別出聲,我過後再問你。」班傑明說,「現在你們跟我走。然後我就放了你!」

　　「約翰先生,我跟你來到海上幾年了,不知你有沒有想過我是個什麼樣的人?」白人流浪水手班傑明靠在艙門上說。

　　「我可以跟你說,有時候有的問題並不是教養的問題,有時是個性的問題,比如說上賭場的事情,有的人就是天生喜歡賭場,你說怎麼辦?再說,我跟隨您到海上來,我並不是想發財,我不想成為一個富翁,你知道嗎?我也不想擁有什麼船隊」班傑明又說。「我只是想,海上風險也許更多,海上全是大風大浪!我喜歡更多地冒一些險,我需要一種刺激!我生命有一種渴望,就是到海上去歷險!你說這是教養問題嗎?」

　　「可我老覺得待在這海上不好,待在這種船裡不好,」約翰船長說。「我總想從船上逃走,回到陸地上去!我厭惡海上的生活!」

開臺王顏思齊（修訂版）

「可我偏偏喜歡這海上的風浪！」小白人水手班傑明說。「您是不是除了風浪，還覺得海上不安全？我總覺得這裡周圍有很多身分不明的人盯著你，有一些暗藏危機的眼睛盯著你！約翰船長把頭轉來轉去說。他們是一夥強盜。他們總是想把你吞噬掉！我主要是覺得海上太沒情調了。你說在海上去哪裡找你想要的女孩……」這天晚上約翰船長又把日本老頭山晃請到自己的船上喝咖啡。他們在船長艙裡聊天。他甚至把一個藝妓帶到船上。

他跟老山晃聊天時，一直把一隻手插在那藝妓身上貼身的地方。「我總想碰到一些皮膚，碰到年輕女性的皮膚！你知道嗎？人和人的接觸就是皮膚的接觸！年老的男性最喜歡的就是年輕女性的皮膚帶給你的愉悅！我也喜歡女性，可我更喜歡危機，喜歡刺激！」班傑明說。「您說的那種危機正是我想要的。我正是想跟那些不明身分的人打交道，才來到海上的！我想這也可能是因為我的教養問題！很少會有人喜歡危機狀態！」

「班傑明先生，你不是說，你要去把那三船湖絲的事情搞清楚？你弄清楚了嗎？」約翰船長說。

約翰船長朝老山晃舉舉杯子，表示問候。日本老頭山晃也舉了舉杯子。他斜躺在一張躺椅上。「約翰先生，我現在可以說，你想要那三船中國湖絲不是太難了。我是說那些中國人！他們想給你高價也不敢了！你完全可以用更低的價格買下來！」班傑明說。

「我現在不僅知道那三船湖絲的下落，那三船湖絲是怎麼來的，我都調查清楚了。那事正是『大金華商』幹的！他們表面是一群商人，實際上是一夥海盜！他們是海上的一支武裝力量！那三船湖絲就是他們用武裝手段占有的！估計這群盜匪跟這裡海面上的多起劫掠事件有關！現在那三隻商船有兩個人質在我手上。那也是兩個中國船員。他們受雇於那三艘替東印度公司採購湖絲的船隊。他們是在海域上被『大金華商』社武力劫持的。」

「這麼說，那三船中國湖絲真的落在那個顏思齊手裡了？」大胖子約翰說。

「那三船湖絲就藏匿在這裡海港！」班傑明肯定地說。

「那兩個人質還在你手上？」白胖子約翰船長問。

第十三章

「還在我手上!」班傑明說。

「那是人證,先別放了他們!」

「我把他們拘禁在一個小旅館裡,給他們吃的和喝的。」白人水手說。「我要讓他們對我好感,知道他們太久沒接觸女色了,我還讓他們一人嫖了一回妓!」

那我再去找他們,找那個顏思齊!他們是用武力手段占有那批貨物的。那是東印度公司的財產。約翰船長說,這種事情發生在日本。我們把這事告發到最高幕府去,我不信那個『大金華公司』還能辦下去!他接著對那個日本老頭山晃說,現在找幕府告發的事就得依靠你了!你跟幕府熟。他接著又把頭轉向班傑明。他仍然把一隻手插在那個小藝妓身上。那藝妓說,你別老這麼摸我!我怎麼不能摸呢?我幹嘛不能摸?你說你現在的人屬於誰?

「班傑明先生,我現在不跟你討論教養的問題了。」約翰船長後來說。

作為一個海上的冒險家,你有很堅忍的毅力,很出色的冒險精神,這一點我沒表示反對!他又對老山晃說,不過,山晃先生,那個顏思齊要是還可以跟我私下交易,我還是想跟他們進行私下交易!我不想把事情鬧大!我們就是把事情告到幕府去,對我們也沒什麼好處。

「我只是想搞到那三船湖絲。」約翰船長繼續說。「告到幕府去,我們反而什麼也得不到!所以我們還是先別急著告發他!」

「起義了! 起義了!」有人喊。一隊日本的兵士在田埂上行走。一雙雙矮矬健壯、綁著綁腿的腳。那是一隊德川幕府時期的農兵。當時的日本農兵帶有民兵性質。農兵是由上層和較富有的農民組成的。他們堅決維護幕府的利益,與破產農民形成對立。浦之上啊,雲水間……有人在用一種嘶啞的嗓門唱。這是在三道藩地區。這隊農兵將前往一個村莊徵收糧食。對於他們來說,這是一個不可能完成的任務。因為那時的日本鄉村危機四伏。那隊兵士還在行走,一隻鐵鉤耙突然從旁邊伸過來,使勁一拉。一個兵士倒在地上,馬上被拖走了。那是一片蕁麻地。

「鉤耙! 鉤耙!」那個農兵在地上滑動喊。

可是他的喊聲還沒完全發出,幾把砍刀就同時落下去了。你是哪個道的?我是浦之上的!起義的農民互相查問。兩旁蕁麻地裡突然出現了好些貧窮農民。他們

開臺王顏思齊（修訂版）

使用的武器千奇百怪。有的使用鐮刀，有的使用耙地的鉤耙，有的乾脆就使用鋤頭了。他們把農兵包圍起來，進行攻擊。遠處什麼地方有人燒起了大火，有人舉起了起義的旗幟。蕁麻地裡的兵士亂作一團。原野上一片混亂和叫喊。

「媽呀！我的一條手臂呀！」一個農兵喊。「他把我的整條手臂砍掉了！」

「睪丸！我的睪丸！他把我的睪丸踢碎了！」另一個農兵在地裡打滾喊。

「他媽的反啦！全反啦！」

「他們全反幕府了！」

「過不去了，過不去了！前面橋梁斷了！」

「他們全圍過來了！像洪水一樣，像禍水一樣了！」

「夫君，這就是我的鄉下老家。我們家房屋都破落了！」桃源紀子說。顏思齊陪桃源紀子回到她的老家三道藩一趟。

「父親，母親，我回來看你們了！」桃源紀子說。「這是我的夫君。他是個大船主。他有好幾支船隊。可他是個中國人。現在我們的家庭全因為他的接濟。」

「兩位老人，你們好。我用我們中國話說，你們替我養了個好媳婦。」顏思齊說，「我在此感謝你們。我對你們做的事太少了。我做的事都是應該的！在我們中國這叫作盡半子之勞！」

「這是我的父母，這是我的弟弟。」桃源紀子介紹說。那是一座破落的老屋子。桃源紀子的父母坐在一張破榻榻米上，榻榻米上放一張小方桌。她母親眼瞎了，雙手在桌子上摸來摸去。那桌上有一隻陶罐。她好像要給他們倒陶罐裡的水喝。他們家因為使用最廉價的燃料取暖，那是一些蕁麻管，結果把整個房屋燒得焦黑。桃源紀子的一個弟弟坐在門口那裡，背朝著他們，望著遠處一個光禿禿的山。

「那地裡都不種東西了？」顏思齊問。

「不種了。沒有收成。」父親說。

桃源紀子掏出一串銅錢放在他父親手裡。

顏思齊摸出一個銀錠放在桌子上。然後兩人走了出來。

「你們要走了嗎？」父親說。

「我們走了！」桃源紀子說。

第十三章

「他娘的,反了!反了!出怪事了!」李洪升喊。

在「漳泉號」上,顏思齊正用一隻單管望遠鏡張望著海面。因為日本政局緊張,也因為日本海禁政策更加嚴厲了,他們把大量的船隊糾集在一起,隨時準備應付事變。他們跟大名幕府將軍雖然仍然保持聯繫,可是明顯地感覺到形勢變幻莫測。「漳泉號」後面是他們船隊的幾條船,其中包括那三艘被他們劫持的滿載湖絲的泉州船。這時李洪升、高貫和余祖從外面衝了進來。

「反了,反了!我們船上也反了!」李洪升喊,高貫也喊。

「怎麼回事?」顏思齊問。

「我們船上丟了三支火槍,腰刀丟了七八把!」李洪升喊。

「船上的武器怎麼丟了?」顏思齊回頭問。

「顏大哥,你從日本佚工招募來的那七八個船工他娘的全跑了!」高貫喊。

「他們怎麼跑了?他們在船上不是好好待著嗎?他們在船上有飯吃,」顏思齊說。「他們不是說只要我們收留,就一直跟我們幹,他們怎麼跑了呢?」

「我估計那三支火槍和那七八把腰刀就是他們偷的!」李洪升說。「他們一走,那些槍和刀就不見了!」

「你們都點過了?」

「點過了。火槍三支,腰刀七把!」

「那人呢?」

「都跑了。天一亮就沒見了。我已經讓人四處去追了!」余祖說。

這事情真的怪了!顏思齊說。他和他的兄弟們還站在船艙裡,正不知道事情發生的原委。顏思齊對事件的發生特別覺得費解。因為那幾個船工有幾個還是他親自招募的。他們不可能採取逃跑的方式,把一份好端端的工作丟了。因為這意味著生存,意味著混一碗飯吃。因為他們在鄉下都破產了。特別是他們又帶走了武器。他們帶走了武器幹什麼呢?那都是一些老實的船工,武器對他們沒有實際用途。這時就有幾個人推搡著兩個他們招募來的日本佚工,走進艙裡來了。

「顏大哥,我們在那邊海岸線上抓到了這兩個佚工。他們身上還帶著我們船上的槍和刀具!」那幾個兄弟說。

開臺王顏思齊（修訂版）

　　他們使勁一推，那兩個伕工跌倒在地上，就勢跪在顏思齊跟前。

　　「江原一郎？森村？你們幹什麼呢？」顏思齊一看就認出來了。那兩個伕工正是他親自招募來的。「你們不是在船上好好地工作？幹嘛跑了？」

　　「顏船主，我們不是自由的，我們不是自願的！」江原一郎說。

　　「顏船長，我們沒有選擇的餘地。我們只能聽命於大局！」森村說。

　　什麼聽命於大局？你們在船上不是自由的嗎？顏思齊說。沒有。我們在船上也是聽命於道上的。我們道上全起事了！江原一郎說。什麼道上呢？顏思齊說。那是我們的會道。我們的一個組織，江原一郎解釋說。那好吧，那你們說說，你們要走也可以跟我們說一聲，是吧？顏思齊說。我們可以把工錢結算清楚，你們想走就走！

　　「可你們怎麼還帶走槍？帶走腰刀？那是武器，你們怎麼偷走我們的武器幹嘛？」高貫喊。

　　「那不是要謀反嗎？你們又是帶刀，又是帶槍，那不是想謀反嗎？」李洪升也喊。

　　「顏船主，饒恕！饒恕！請饒恕！請你一定得給我饒恕！我們原本是想在這裡做事的。在你這裡認真做事的」江原一郎說。「你知道鄉下全破產了！農民全赤貧化了！我們原本都不想走的。在你這裡做事，有飯吃，有錢拿，有尊嚴，已經很不錯了！鄉下全不行了！現在有一頓飯吃就很不錯了！」

　　「說！說！幹嘛帶刀？幹嘛偷槍？」高貫喊。

　　「我們不是想給你們惹事！我們知道你們對我們好。要是能一直在船上工作，那有多好啊！」森村說。「可是我們不行。我們不是自由的。我們接到道裡的通知了。我們那裡鄉下全起事了，組成了好幾個道。道裡要我們所有的男丁都得參加起事，不參加就對不起神靈。道裡還規定，參加的人每人得隨手攜帶武器一件。我們就借了你船上的刀和槍走了。」

　　「你說你們起事了？是起什麼事？」顏思齊說。

　　「我們道裡跟幕府打起來了！鄉下的農民全起義了！」那伕工說。「幕府不讓我們活，我們得自己活下去啊！起事就是準備推翻江戶幕府，成立新的道府！」

第十三章

「你們是哪裡的？」

「我們是三道藩的。」

「讓他們走吧！」顏思齊對手下的兄弟說。「他是跟桃源紀子同鄉的。」

「那刀呢？」

「不管。也讓他帶上！」

「你說，你怎麼知道我手上控制著三大船中國湖絲？」顏思齊說。

「我喜歡跟著你這麼走來走去，然後一邊聊天。」大胖子約翰船長說。「我原本不喜歡這麼走來走去，因為我胖。我現在也喜歡這樣走來走去了。我喜歡這樣跟你聊天！」約翰船長說。

「你是說你從碼頭上打聽來的？因為碼頭不是一堵不透風的牆！」顏思齊說。

「我發現你跟人談判時，喜歡這麼走來走去！」約翰船長說，「同時讓對方跟著你走來走去！我現在明白了，因為你想控制他！」

「你只是有點太胖了！」

「是是，我是有點太胖了！」

「我這麼走來走去是想控制你？」

「你是想控制我。」約翰船長說。「你這麼走來走去，讓我跟你走來走去，你是想控制我！」

「我完全了解你那三船湖絲的來歷，也清楚了那三船湖絲的下落了，」約翰船長陰陽怪氣地說。約翰船長這天又來找顏思齊談中國湖絲交易的事。他已徹底了解了那三船中國湖絲的下落，也知道了那三船湖絲的來歷。他想用最廉價和直接的方式取走那三船商品。他知道那三船湖絲是顏思齊用武力手段占有的。可是約翰船長沒有正義感，他是個典型的商人，他只是想用最可能的方法，最大限度地獲利，所以他的第一選擇並不是向幕府告發，告發顏思齊等人武裝劫持海上商船的海盜行徑。因為告發只能讓事態橫生，頂多搞垮顏思齊，而他最後並不一定會獲利，甚至根本不可能獲利。

約翰船長這天來找顏思齊談生意時，他正好在他的書房裡。他就在書房裡接待了他。他知道約翰船長是個不負責任、沒有正義感的人。所以他也並不想嚴肅認真

開臺王顏思齊（修訂版）

的跟他談判。他跟約翰船長交談時，仍然在房間裡走來走去。約翰船長只好跟著他在書房裡走來走去。

「我現在有點喜歡你的這種談判方式了！」約翰船長說。「你不喜歡坐下來。你喜歡在房間裡走來走去！」

「為什麼呢？你也喜歡在房間裡走來走去了？」顏思齊問。

「因為這樣走來走去，可以讓身體產生一種不斷移動的感覺，」約翰船長說。「就像在海上一樣，讓身體產生一種鬆弛感，特別是……」

「特別是什麼？」

「特別是，這麼走來走去有利於談判。談判是一種藝術。談判需要一種氛圍，」約翰船長說。「這麼走來走去，可以營造一種良好和輕鬆的談判氣氛！」

「我發現我輸你了！約翰先生，我發現我贏不了你了！」顏思齊下結論說，「你是個很懂得談判的人。我跟你談不來這個！是嗎？你？我跟你說白了吧，我雖然是個商人，我經營著一個商社，可我平時更多的還是一個江洋大盜。我可以把海上的任何一條大船搶了，把海上任何一個敵人滅了。我使用武力手段比談判手段更強！」顏思齊坦白地說。

「你說不信我是個海上武裝？你要不要跟我去海上比一下火力裝備？你說我能不能在一晃眼間，將你的一支船隊殲滅？可我跟你談生意不行。我不懂得談判藝術。我更喜歡去海上打劫，也不喜歡跟你整天沒有意義地扯來扯去！」

「那我們就不扯了。實際上談判並不在於怎麼談，在於你掌握了對方的多少弱點！這才是最重要的！」約翰船長說。「比如說吧，東印度公司在海上丟失了三船中國湖絲，他們是透過幾艘中國船販運出來的。可是現在有人手裡就控制著三船來歷不明的中國湖絲！這裡就產生了一個問題，讓人產生了一些聯想，那三船中國湖絲是怎麼來的呢？那三船中國湖絲跟那丟失的三船湖絲有什麼關聯呢？」

「你怎麼知道我手上控制著三船湖絲？」顏思齊說。

「我不是跟你說過了？那是碼頭上的事。中國沒有不透風的牆，在長崎能有不透風的碼頭嗎？」約翰船長說。「另外，你也知道，我們都是些老鳥了。你是一隻老鳥，我也是一隻老鳥了。你說在那些船上，就停在長崎港口的那些船上，哪艘船在

第十三章

幹啥？你說你這隻老鳥能不知道嗎？我這隻老鳥能不知道嗎？你說我們兩隻老鳥能不知道那些船在幹些啥嗎？」

「這麼說，你是確定我現在手上控制著三船湖絲了？」顏思齊說。

「如果我掌握的情況沒錯，你手上確實控制著三大船中國湖絲！」約翰船長說。

「那好吧，那你說你是真的想要那三船湖絲？」顏思齊說。

「你開個價吧？」

「你知道吧，我跟葡萄牙人有過一回交易。另外你也知道吧，那是斷頭的事，喀擦！」顏思齊又學楊天生的樣子說。「因為中國朝廷混帳，中國皇帝全是小娘養的！中國朝廷把港口全封了起來，所以中國湖絲難搞！搞那個東西是要人命的事！」

「你就別再說『喀擦』了！」

「『喀擦』就是『喀擦』了！這還能假？」

「那是嚇孩子夜裡尿尿的事。」

「『喀擦』就不能尿了。『喀擦』了還能尿嗎？」

你也別提中國朝廷的事了！約翰船長說。中國皇帝哪個娘養的，跟你我也沒關係！你知道在日本罵中國皇帝根本不會有事！可你怎麼就不懂呢？中國湖絲就是被中國皇帝卡住了的？那好吧，我們不談中國皇帝了！顏思齊最後報了價。我跟你說吧，加四成！就是我給葡萄牙人的價格，再加四成！便宜我就不賣了。這是最後一批中國湖絲！你知道你想再搞也搞不到了！你這不是在搶人嗎？約翰船長說，原價我都不要了。你還加四成！對對對，就是搶人！我就是搶你沒商量！

「那你的意思呢？」顏思齊問。

「我是倒四成。你能倒四成，我們就成交！」

「正四成！」顏思齊說。

「倒四成！」約翰船長說。

顏思齊作了一個簡單請便的手勢。

「請便！」

「顏大船長，我們這是在談生意，我們不是在進行武力接火。有些事情可以用武力解決，有些事情不可能用武力解決。」約翰船長胸有成竹地說，「比如說海上貿易，

183

開臺王顏思齊（修訂版）

那更多的只能是談判解決。那可不是可以動用武力解決的！」

「可我們要是談不下去了呢……」

「完全可以談下去，怎麼談不下去了？」

「可我不想談了！」顏思齊決斷地說。

「幹嘛不談呢？我們還是可以再談的！」約翰船長說。

「正四成？」

「倒四成！」

「可我要正四成！」顏思齊說。

「我要倒四成！」

「我不想跟你談了，約翰船長！」顏思齊乾脆說。

「顏大船長，我想提醒你一個事情，無論在世界上的什麼地方，包括在大和民族，在長崎，在幕府將軍管治下的地方，用武力手段占有別人的財產都是違法和犯罪的！」約翰船長把頭抬得高高的，好像要打一個噴嚏，可是一直打不出來。「哈！……哈啾！」他用一種把握十足和成竹在胸的口氣接著說，「我跟你說吧，有人已經將你那三船湖絲的來歷調查清楚了。那三船湖絲好像跟東印度公司有點關係吧？另外，你也不會不知道吧？有三艘泉州來的中國船，那是滿載湖絲的船，前一些日子在南中國海被莫名其妙劫持了。另外，前幾天夜裡，那三條中國船有兩個被拘禁的船員被解救了。現在，那兩人就在我手上，他們隨時可以成為你海上劫掠的人證！」

「可那種事情，你好像也幹過不少吧？」

「是，我以前幹過，可這回我沒幹。」

「這麼說，你這時候就想用這個來要脅我了？」顏思齊說。他把頭轉開。他裝成對那個荷蘭大胖子愛理不理的樣子。何錦笑嘻嘻地出現在他那書房門口，他手裡握著一把刀。李洪升也握著一把刀出現在那裡。「約翰船長，你還是走吧，你趕快走！」顏思齊說。「我有一個兄弟叫張掛。他是中國三國時代的英雄好漢張飛的玄孫。他總想在你那鬆軟的肚子上捅上一刀，然後給你一個手起刀落！」

「我可以給他一個掃堂腿！」李洪升說。「我們家都練三代掃堂腿了。我的掃堂

第十三章

腿沒有掃不倒的！」

「那麼說，你湖絲是不賣了？」

「不賣了！」

「可你就不怕有的人會將你在海上犯案的事告發？」

「沒事，該怎麼樣就怎麼樣？有的人是總想幹這種事的！」

「我的字寫不好，可我還是能寫幾個字。我小時候上過兩年私塾。」顏思齊在一張宣紙上寫：桃源小街。桃源大院。他在嘴裡唏著氣。一邊在嘴裡說，一邊在紙上寫。「桃……源……大……院！」

「夫君，我跟你說過幾回了。你別再拿我的名字說事了。」桃源紀子不好意思說。她在擦拭他以前當裁縫時熨衣服的銅壺。

「你這是幹嘛呀？」顏思齊說。「你老擦拭那個幹嘛呀！」

「我喜歡這個銅壺。」桃源紀子說。

「我喜歡桃源紀子這個名字，」顏思齊說。「你知道我一直在尋找一個桃花源的地方。你就是我的桃花源！」

「你把這個也叫桃源紀子，那個也叫桃源紀子，」桃源紀子說。「叫得我都不好意思起來。人家會說你小人小心眼。你把什麼都叫桃源紀子了！我拿這字去讓人做個大匾掛起來。」

「我要讓人知道我有一個美貌而又賢淑的日本妻子。她的名字叫桃源紀子！」顏思齊自顧自說。「她原本是大名幕府將軍家的。她與本人相戀，帶我去看了一片櫻花。她賢慧自持。她總是用鎮定溫存的眉眼矚目於你。我就在她的矚目下建起了船隊，辦起了『大金華商』社！」

「夫君，你越這樣說，越讓我臉紅了！」桃源紀子嗔怪說。

「我的夫人這時候什麼都不認了。我是在她的屬意下，辦成了些事業，擁有了一片江洋海面。可她不認為這是她的成功！」顏思齊繼續在紙上寫字。「可這大院是我的大院，那條街也是我建的街，我用我夫人名字命名，這完全是我私家的事情。我並沒強求了別人什麼！」

「可是夫君，我們只是一對夫妻。夫妻是家裡的事情，桃源紀子滿臉嬌羞地說。

開臺王顏思齊（修訂版）

可你用我的名字做成了牌匾到處掛，那就變成大眾的事了。我不想成了大眾的事。你這樣起名，你說人家會怎麼說呀？」

「夫人，說真的，我還有一件真正的事情沒做呢！」

「什麼事？」顏思齊狡黠地看桃源紀子一眼，用他正提著的筆往她的下腹指了指。「一個孩子。一個即是日本人，又是漢人的孩子！」

「夫君！你別再說這個了！」桃源紀子害羞地可是同時激動地喊。「你說得我臉全紅了！」

「這才是我們的私事。夫妻倆的私事！」

桃源紀子把身子轉了過去，可是在那裡小聲地悄笑。

「可是夫君，你說我們什麼時候會有呢？」她小聲地說。「你說我們會嗎？我是真的想要，要一個我們的⋯⋯」

「這就是我想跟你說的，夫妻是家裡的事，這種事情就是家裡的事情！」

「可是船隊是社會的事，也是夫妻的事情！」顏思齊說。「我得讓人知道，有些事情並不是平白無故發生的。有的事情你看過去那麼簡單，實際上它很複雜。比如說，顏思齊和桃源紀子⋯⋯」

「可是夫君，我只是一個破產農民的女兒呀！」桃源紀子幾乎抗議地喊。

「可你也是幕府將軍家出來的女子呀！」顏思齊說。

「禁港了！禁港了！」一個日本傜役敲著一面銅鑼，沿著一條沙石海岸走。一邊走一邊高喊：「幕府大將軍令，七月二十日進港，九月二十日出港。月進港船者不得超二十五艘！岸上不得堆放他國貨物，堆放者一律充公所有！在一個小造船廠的一堵木板牆面上，好些人站著看一張日語告示，內容差不多這樣：即日起，各處之商船七月二十日進港，九月二十日出港。進港遲到者不得進港。出港遲到者五十天內出港。進港船隻每月不得超過二十五艘。」

「紀子，你還是回將軍府一趟，看看情況怎麼樣？」顏思齊說。「如果按幕府的規定，我們的商社很難在這裡站住腳了，我們的船多。我們每個月都有船隻來來往往。兩個月出港？我們的那多船停靠哪裡去呢？」

「那好，我明天回去一趟。」桃源紀子說，「我家女主人也差人來叫我回去一下

第十三章

呢？好像將軍畫了幅很好的浮世繪,夫人讓我回去看看。」

「不不,別等明天,你這會兒就回!」顏思齊說。

「一個月二十五艘船,那配額都不夠我們一家商社的進出港呢」!顏思齊說。在「大金華商社」裡。顏思齊和他的眾兄弟們在客廳裡商議封港的事情。他和鄭芝龍等人四散坐在一些椅子上。桃源紀子一直站在他的身旁。

「他們這不叫封港,他們這完全就是禁商了,而且就禁我們『大金華商』!」

「對呀,在長崎就我們『大金華商』最大了。他們什麼大不列顛,什麼東印度公司實際都不在長崎!」陳衷紀說。「要是我祖爺爺,我祖爺爺現在還在,他才不理他這些鬼話!」張掛說。「你就別再說你祖爺爺了!」高貫說。「我祖爺爺在三國的那會兒……」張掛說。「你祖爺爺在三國那會兒還知道有這一片海呢!」李俊臣說。

「他更不知道有一個日本!可你說,他這是什麼事啊?」顏思齊說。「他大明王朝禁港是怕他的皇帝做不牢靠,這日本幕府禁港是怎麼回事啊!」

「我聽說長野那邊又發現了一個大煤礦了!」鄭玉說。

「我聽說,京都那邊路口全封起來了。周圍農民想進去都不行了!」唐公說。

「可他把這港口一封,我們的船進不來,海運這一攤不完了!」顏思齊不解說。「他們幕府也是靠海運收稅銀的。海運沒了,他們還收什麼稅銀呢!」

「顏大哥,要讓我說,他們禁他們的港,我們經我們的商!一個小小的長崎,我從不放在眼裡。我下過南洋,也到過東非邊上。就我知道的,這太平洋之外,還有一個印度洋和大西洋。世界的海洋多著呢,大著呢!」鄭芝龍這時候說。他把雙腳放在地上,穩穩坐在那裡,一副凜然不動的樣子。「自從小弟到了海上經商,我從我義父李旦到黃程,我們就建立了一個宗旨和信念,就是貨通四海,百國販運!我們是什麼政府都不管,什麼國家的生意都做的。在海上我們靠的是實力和能力。我的意思是說,它這個港口不讓我們靠,我們就靠到別的港口去。誰的港口讓我們靠,我們就向誰交稅銀!」鄭芝龍說著朝天吹了口氣,好像要把心中的一股惡氣吐掉。「我就不信沒有這個長崎,我們的船隊就無法靠岸了?就我知道的這東南洋面一帶,港口還多著呢!爪哇、蘇門答臘、蘇祿、古里、暹羅、阿丹、天方。我們靠哪個港口都可以經商。另外,就是它全世界的港口都禁運了,我們找個孤山野島也

187

開臺王顏思齊（修訂版）

可以再建一個港口來。港口是什麼意思？港口是個囤積貨物的地方。港口能裝貨也能卸貨，能讓人們把船停靠在一起，有生意做了，就是港口了。你把你的貨賣給我，我把我的貨賣給你，這也就叫海上貿易！」

「兄弟們，我跟你們說，自從鄭芝龍航行海上，我就什麼也不認了。」鄭芝龍說。「我只認一個誰的船的大小，再認一個誰的船隊大，我從不看誰的臉面吃飯！」

顏思齊一聽，眼睛放出光來，用一種稱道和讚許的目光看著鄭芝龍。然後舉起雙手，放聲大笑。

「真是天助我也！一官弟，你真是我的倚靠之人！我現在真的明白了！」顏思齊說，「庸者鼠目之光也，智者百里之慮也。弟乃大智者，目光萬里之遙也！」

他好像意識到什麼，徑直走到鄭芝龍面前，鄭芝龍也站起來。顏思齊握其手，撫其臂，說：

「一官弟，有你相助，我開疆拓土，無一可懼焉！」

第十四章

「你說什麼？我們娘？我們娘是我娘，還是你娘？」顏開疆說。

「開疆哥，你怎麼到這會兒還不懂呢？」小翠娥氣憤地說。「你娘不就是我娘！我娘不就是你娘！我們倆還分什麼你的娘和我的娘！」

顏開疆在田裡除草。那時他已學會田裡的所有把式了。他這年有十六七歲了。他稍稍長大一點，就開始跟村裡的一幫小兄弟給郭家上房打工了。他穿了一件又短又翹的短上衣，腰間繫了一條汗巾。那樣子完全是一個閩南地區青年農人的模樣了。他趴在田裡除草，看見有一泥鰍從田裡鑽出來。泥鰍！泥鰍！好肥一條泥鰍！他喊。開疆哥，你把泥鰍扔給我，我這裡有個小竹簍！小翠娥在上邊田裡說。我拿回去讓我們娘給你下面吃！又是我們娘！又是我們娘！我娘究竟是不是你娘呢？可我這是在給郭家上房打工！我不是下田來抓泥鰍的！顏開疆說。

「我們娘說，等你以後出息了……」小翠娥說。

「我出息了怎麼樣？」顏開疆說。

「你出息了，我們就不給郭家上房打工了！我們娘說……」

「你又來了，你又來了。我們娘？」顏開疆譏諷地說。「我們娘是我娘，還是你娘？」

「你娘不也是我娘嗎？」小翠娥頂嘴說。「你怎麼了？你到現在還不知道你娘也是我娘？」

「顏開疆，你在田裡是在幹活還是玩兒呢？」郭管家從遠遠的田埂那邊走來，看見他手裡捏著條泥鰍喊，「你是不是不想在我們郭家上房幹活了？」「沒有呀，你沒看見我正扒著草！」顏開疆說。他把那條泥鰍扔到遠遠的地方去。「郭管家，你看我這活，你能給我幾個銅板呢？」「還銅板呢？你幹這活能給你開點小錢就很

開臺王顏思齊（修訂版）

不錯了！」

　　顏開疆長大以後也只能給郭叔公的上房打工。因為玉山村裡就郭叔公家的田多。郭叔公家裡有良田千畝，他還有四五房姨太。剛開始，顏開疆想給郭家上房打工，郭叔公根本不要。因為那村子裡從來不缺各種長短工。「去去去，不能要他！我們郭家上房是正經人家，是有身分的人。我只是多納了幾房姨太，在村裡扒過幾回灰。可我納我的姨太，我扒我的灰。我們憑什麼讓一個外來的雜種在田裡打工？」郭叔公說。「管家，你記得吧？我是曾經想扒他娘的灰，可沒扒成。我還想把他娘納為偏房，也沒納成。雖然她算起來是我的侄媳婦。可你想想，她倒好，她守著寡卻生了個兒子！那野種連爹都沒一個。我怎麼讓他到我們田裡打工？」

　　「可是東家，咱們家裡田多著呢。再說那幾個扛長活的，好幾個年紀大了，下田大活幹不了了！」郭管家說。「我們不再留幾個扛活的，農忙時，田裡有時都忙不過來了！」「田裡忙不過來，也不能要了這個雜種！」郭叔公說。「叔公，你是不是還想著納他娘？你要是想，把她納過來不就是了嗎？」郭管家說。「她都人老珠黃了，我也幹不動了，我怎麼還會要她！」郭叔公說。

　　「那我說，叔公，不然這樣吧！我們把那顏開疆留下來！把那雜種留下來！」郭管家說。「可我們不讓他扛長活，只讓他扛短活。我們田裡忙了，才留他幹活。沒活了就讓他歇著。短活讓他扛，長工不讓他扛。這樣他也就出息不到哪裡去了。我們又能省些銅錢，也能省些米飯！我們田裡的活又不耽誤了！」

　　「好吧，好吧，就這樣吧！」郭叔公最後同意說。

　　「顏開疆，我跟你說，你這短活還是我給你要下的，你就得好好給我扛活！」郭管家在田裡又對顏開疆說。「你用手在田裡捉泥鰍就不行！你得把田給我漚爛！你在郭家上房只是打短工的，懂嗎？」

　　娘，我回來了，顏開疆說。天快黑了，顏開疆回了家。他一回家就趴在一隻大水缸裡喝水。小袖紅原本蹲在地上用竹篾替人編席。那是一種竹席。在閩南農村，人們全用那竹席鋪在地裡晒稻穀。她看見兒子回來，連忙站起來去給他熱飯。

　　「娘，你以後別老讓小翠娥我們娘，我們娘的叫了！」顏開疆說。

　　「她叫我娘有什麼不好呢？」小袖紅心疼地望著兒子說。

第十四章

「她還要我給她抓泥鰍！」

「抓泥鰍怎麼啦？」

「可我還是個短工呀！我在郭家上房連長工都打不上，懂嗎？」顏開疆說。「我是在田裡扛活，她讓我給她抓泥鰍？我不是要連短活也扛不上嗎？」

「浦之上啊，雲水間……」那個嘶啞的聲音又在唱。顏思齊最後迫不得已徹底涉入日本的社會政治，是因為他發現他們在長崎本身已經無法生存。他看見日本政局一天天惡化，而且深知日本的幕府政治繼續實行禁港政策，最終會損害他和船隊的利益，進而損害商社利益。他們最後在長崎將無法存在。他發現他們最終只有援助起義農民，促使幕府政治轉化，從而改變封港政策。這是唯一能保證他們在長崎長久居留的辦法。但這裡的風險當然也大，如果他們對起義農民的援助被幕府發現，而農民起義最終又失敗的話，他們肯定要與幕府為敵，同時公開對立。而幕府是不會允許他們與其公開敵對的，結果他們肯定同樣導致從長崎撤離。但與其不作為而被迫放棄長崎，還不如積極涉入農民起義。

「兄弟們知道，我們其實沒辦法了！我們即使保持中立，不涉入日本政治，我們同樣也得撤離長崎！」顏思齊說。用他們頒布的政令，外國船隻月進港者不得超過二十五艘，同時規定了進出港日期。「七月二十日進港，九月二十日出港，我們的船隊本身就不可能在長崎存在了！我們的商社也沒生意好做了！」

「像鄭芝龍兄弟說的，我們不能以長崎為據點，我們只好另尋他方了！」楊天生說。

可是我們在長崎的固定財產太多了！那是搬不動的！陳衷紀說。那我們只好跟農村會道聯繫了，結成聯盟！我們可以動用大量資金，對他們的軍事行動進行援助！顏思齊下定決心說。這是我們唯一能夠保護自己利益的方法了。如果幕府受到打擊，他們對農民會做出讓步，也許禁港政策會改變。我們就仍然可以在長崎存在下去了！

「那我們只能將下策當上策了！」顏思齊決定說。

「顏大首領，你們來了？」江原一郎看見顏思齊說。

這一天，顏思齊和陳衷紀、楊經、何錦幾個人，打扮成日本農民的樣子，朝一

開臺王顏思齊（修訂版）

個小村落走去。在長崎他已經明顯感到了生存的壓力。他畢竟有著那麼大幾支船隊，在陸地上又有了那麼多的不動產。長崎當時是日本唯一的通商口岸。日本幕府一旦封港，對他的生存造成的威脅是巨大的。他當時龐大的船隊和從屬人員，不是說能隨意遷移就遷移的。即使最後不得不遷徙也得放棄很多。在他還沒採取任何行動之前，他想他也許可以聯繫起義農民，採取資助的方式支援他們行動，說不定可以迫使幕府做出某種程度的讓步。以期讓他的船隊繼續在長崎生存。他們走到那個小村旁邊時，原本在他船上打工的幾個日本伕工迎了上來。

「顏船長，他們都在裡面等你了，」森村說，「我們道上的首領都在村裡等你們了！」

「我們歡迎你們的到來。我們歡迎各界的支持！」一個農民領袖說。

江原一郎和那幾個伕工把他們帶進一個破落的大院子裡。幾個起義農民領袖在那裡等候他們。他們寒暄一下後，各自坐下。

「我想了解的只有一點，就是你們能動員起多大的力量？你們有多大的把握？對付幕府的武裝得有充分的準備，」顏思齊與那些人圍坐在一起。「如果同時起事，三至五個月內能成事嗎？也就是能讓幕府做出讓步，能成事嗎？」

「我們人員是多。反正地都種不成了！家業都破產了！我們已組成十數個道了！就是我們的武器太少了，」一個農民領袖說。「我們經費也不足！打仗得吃飯，我們連糧餉也不夠！」

「坦白地說，我們現在也處境艱難。幕府一禁港，我們船隊就沒法經營了。」顏思齊說，「我們現在的想法和你們一致。就是把江戶幕府擊垮，或者把他們打敗，讓他們做出讓步，你們才能種田，我們也才能出航！」

「對於我們來說，決心是有的！」另外一個農民領袖說。「我們的處境也到這個地步了，已經義無反顧了！」

顏思齊朝陳衷紀使使眼色，所有的人全都心照不宣，包括那些農民起義領袖。陳衷紀和楊經從身上背的大包中，取出四大包銀錠。

「這是我們』大金華商『資助你們的。我們等候諸位義士的成功！」顏思齊最後說。

第十四章

　　開疆哥，你過來，我有話跟你說！小翠娥說。顏開疆在田裡犁田。高高捲起的褲管。晒得黧黑的臂膀。這是另一年的開春。他扶著犁，吆喝著牛，在田裡一趟來一趟去地犁田。他在郭家上房仍然打短工。也就是說，瘦狗、阿江、赤皮，他們全幹上長工了，他還在打短工。他從小就有一種忍辱負重的感覺。他正犁著田時，小翠娥又從一條小田埂上走來。她手提了一隻小提籃。她面前有一隻八哥在跳。她往前走幾步，牠就往前跳幾步。她臉上一直含著絲俏皮的微笑。她走到田邊站下，那隻八哥才飛了。

　　「你不就是我們娘，我們娘麼！你有什麼話說？」顏開疆不滿地說。

　　「我真的有話要跟你說！你過來麼！」

　　「你沒看見我手裡正扶著犁嗎？」顏開疆不耐煩地說。「我在田裡只是給郭家上房打短活，你是想讓我連短工都幹不上嗎？」

　　「我讓你過來，你就過來麼！」小翠娥又喊。

　　什麼話呢？你就不能這麼說？顏開疆說。他拗不過她，只好向田邊走去。小翠娥看他走近了，才把小提籃上面的布蓋掀開，從裡面取出了一根雞腿，然後不出聲遞給他。這是什麼呢？你給的什麼呀？顏開疆說。

　　「雞腿！」小翠娥說。

　　顏開疆馬上下意識地朝周圍看了看。他看見赤皮和阿江在不遠的地方耙地。他怕人家看了。他接過雞腿，背過身子咬了一口。嘴裡一下子滲滿了油。「那你呢？我不吃。我吃過了！」小翠娥又說。「我剛才從村裡走出來，我們娘……」

　　「你就別再我們娘，我們娘了！」顏開疆說。「我不是跟你說了，我娘是我娘，我娘怎麼也成了你娘！」

　　「開疆哥，你給我記住，我是從小就許配給了你的！」小翠娥說。「我長大就是你的媳婦，你說你的娘不是我們娘！」

　　「那是玩過家家的事！」

　　「玩過家家也算數！」

　　開疆，小翠娥剛才給你送什麼吃的呀？小翠娥走後，阿江逗樂說。顏開疆繼續犁田。他把地犁得很深，耙得很細。他把田大片大片地耙平。他知道在田裡最重要

開臺王顏思齊（修訂版）

的事情是深耕細作。阿江和趙東升扶著犁，也從上一壟的田壟裡犁過。

「沒有呀！」他裝樣說。

「怎麼沒有呀？雞腿！」趙東升說。

開疆，我看準了，那小翠娥是要真心跟你相好了！瘦狗在遠遠的地頭那邊喊。你說，她偷偷給你送雞腿，她怎麼不給我送雞腿？那還不全是你們鬧的？顏開疆說。你們小時候鬧著玩，把她許配給了我！她當真的了！你們看，我現在不是躲也躲不開她了嗎？

「這麼說，你們是說定了！」阿江喊。

「那可不行！我才娶不起她，你們說我拿什麼娶她？」顏開疆說。「我在郭家上房只能打短工。我連長活都扛不上！我家就那破土屋子，我拿什麼娶她？」

「你們在那裡坐著，我叫一個，一個上來拿錢！」郭管家說。

在郭家上房的帳房裡，郭管家正在發工錢。他們每回忙過一個季節後，郭家上房就開始給長短工們發工錢。郭管家和一個小帳房一個個給他們結帳。那帳房結了一個的帳，郭管家就給他們一個發錢。顏開疆和村裡那些長短工坐在一張條凳上，排成一排等著發錢。

「郭管家，你說，我今兒能拿幾個銅板？」顏開疆說。「我這一陣子幹的那些活，你是看在眼裡了。你能給我幾個銅錢？」

「郭瘦狗，二貫十三文！」一個帳房喊。

瘦狗走到郭管家桌前，領取了工錢。

「郭赤皮，二貫八文錢！」那個帳房又喊。

赤皮也領了錢，走了。

「顏開疆，一貫十二文！」那個帳房又喊。

顏開疆一聽，愣了一下。

「這不對呀！郭管家，我分的那一塊田，花了六天才犁下來。我那活做得多細，」顏開疆走到郭管家跟前說。「他們兩人的地塊都不比我大，他們工錢倒是多了不少？」

「你懂得什麼呢？他們打的是長工，你打的是短工！長工工錢當然要多些了！

第十四章

郭家全靠他們做活！」郭管家說。「你是短工，你說短工跟長工怎麼比？你說你，你明天就歇工了，你沒活了，他們明天還得下田！你要是覺得我們郭家上房工錢不夠，你可以走人！你不就是個外來戶麼，我們郭家給你一份活幹就不錯了！」

「我們得繼續禁港，我們得繼續戒嚴！」德川將軍說。「我們得讓幕府的精神貫徹下去！」

在德川將軍的府邸上，日本老頭山晃被一個僕役帶著，穿過一個小庭院，走過一個轉廊，然後連蹬四五級石階，走進大客廳裡。德川羽仁那時已端坐在那裡正中間的一把高椅上，身材挺得僵直。他身後的大螢幕上掛著那把黑色長弓，「流泉弓」。當時日本政局天天惡化。一方面是破產農民起義，江戶幕府勢必將起義鎮壓下去。一方面是幕府實行禁港政策，引起各外國勢力反抗。幕府害怕外國勢力向起義農民滲透，引起政局更大動盪。日本老頭山晃走到德川將軍面前，向將軍行了個武士禮，然後靠前遞上一份呈文。

「將軍，我到平戶查了港事報，顏思齊有各類商船三十七艘，出港十二艘，其中二艘停留平戶港。」現留長崎港十三艘，可實際到港查點，他停長崎港口商船有十六艘。老山晃稟報說，「這說明在他的船隻戶頭下，多出了三船商船。這從數量上證實，他多出來的那三艘船，很可能是東印度公司雇用的三船中國商船。」

「東印度公司雇用中國船幹什麼？」

「將軍不知道，那三艘中國船運的是中國湖絲。」老山晃說，「目前中國湖絲在世界各國暢銷，特別熱銷歐洲國家。湖絲大量長價！東印度公司想從中國進口湖絲，可是船隻進不去。」

老山晃聽到將軍輕輕咳嗽了兩聲。將軍，您好像有點輕輕的咳嗽，您要不要我去替您請個大夫？老山晃說。將軍擺了下手。

「事情就是這樣，中國湖絲在世界上大量行銷，可是中國朝廷又禁港。外國船隻進不去，東印度公司只好雇用中國船隊進去私運⋯⋯」老山晃說。

「這私運就不行！你說哪個國家允許私運！」德川將軍說。

「可這還不是事件的嚴重性！事件的嚴重性是我們手上有兩個人質。那三艘販運中國湖絲的中國船隻實際上在日本的外海上遭到劫持，」日本老頭用一種聳人聽

195

開臺王顏思齊（修訂版）

聞的聲音說。「打劫那三艘中國船的人，用武力占有了那三大船中國湖絲。那三大船湖絲價值連城。那夥人是一夥武裝匪徒。為首的就是那個『大金華商』的會首顏思齊！」

「你說什麼？顏思齊？」德川將軍說。

「我說我們手裡有兩個人證，就是這個事實。顏思齊打劫了那三船中國貨後，將船拘押隱匿於長崎港口，準備待價而沽。老山晃說，將軍，我總覺得你的呼吸系統有點小感染。你得找個好醫生。可那碼頭上走漏了消息。有人為了調查整個事件的是非曲直，派人潛上了那三艘中國船上。從那船上解救了兩個被拘押的中國船員。那兩個人完全可以證明商船被打劫的事實！那三艘船現在還在顏思齊手裡！像他這樣明火執仗，公開劫掠，是對德川幕府統治的挑釁！」

「顏思齊？不可能吧？」德川將軍又說。

「顏思齊是個通天大盜！」老山晃說。

「可這是怎麼回事？顏思齊是我們任命的『甲螺』？我讓他管理華人群裔，我們不可能對他不信任。」德川將軍說，「我感覺這個人很有能力。他在長崎有很好的社會基礎。他跟我們日本人親善。他是我們任命的。我們不能不信任我們任命的人，這將造成很嚴重的後果！」

「將軍，你可能不知道，顏思齊表面上開一家商社，經營幾支船隊，實際上他是一支海上的武裝力量，是一群不法華人。他表面經商，實際上常常在海上打劫擄掠，破壞大日本的安寧。」日本老頭山晃說，「他的資產一部分來自經商，但更多的是來自劫掠！他現在在長崎擁有大量的動產和不動產，其中有很多就是透過劫掠獲取的。就我知道，他們最近劫掠的這三艘中國船，雖說是東印度公司雇用的商船，那三船湖絲就足於擴大他大量的資產，進而擴大他的海上勢力！這種強奪虜獲如果不盡快制止，並讓其漸成氣候，說可怕一點，甚至可能威脅我們大和民族的幕府統治！」

「這當然不行！他們擾亂本國海疆的安寧，實際就是對我們幕府管制的破壞。這個情況一定要查清！」德川將軍凝神細想。他們在海上隨意劫掠，那不也是對我們大和律法的挑釁嗎？「可我想不通的是，顏思齊是個很有影響力的人物，他公正仗

第十四章

義,在長崎有很高的聲望,他怎麼會是個江洋大盜?」

「將軍,你要是想查清情況,這很好辦,你只要派幾隊兵士,到顏思齊船隊去查點,就能查出那三艘被擄獲的商船!」日本老頭山晃建議說,「另外我可以把那兩個人證交給你。你親自過問,就能知道事件的整個真實情況!」

「這麼說,這個仗義的大義士是個黑道人物?」德川將軍說。

「他不僅是個黑道人物,他對我們來說,很可能還是一股顛覆力量!」日本老頭山晃說。

「他們哪來的火槍?他們怎麼會有火器?」一個官兵長官問。「他們不就是一群農民嗎?」在三道藩,在農村的廣大地區,在所有農民發生騷亂和起義的地方,幕府的軍士和農兵迅速增援。一匹駿馬騰空躍起,嘶鳴一聲。在一片芒草上面,有一排帶有紅纓的槍矛晃過。到處有軍隊在活動,到處有起義的破產農民奮起抵抗。農民沿著山莊,沿著溝坎,設下層層埋伏。在遼闊的背景上,烽火滿天,屍陳遍野。官兵在集結進攻,農民在組織反抗。可是在與官兵的對峙中,農民的劣勢越來越明顯。主要的是,他們使用的武器大都是一些簡單的刀具,甚至農具,而官兵使用的全是刀槍劍戟。可是就在一片混戰中,農民的陣地上突然響了一槍。一個官兵應聲倒下。

「他們開了槍!他們有火槍!」另外一個官兵長官說,「這個情況不對!這說明他們獲得了某種支持!」

「事情很明顯,一般的農民是不可能擁有火力武器的!」那個長官說。

那是一條田埂。一片荒蕪的土地。「砰」的一聲,從那田埂後面又傳來了一聲槍聲。火光閃過,又一個官兵往後一仰,倒在地上。

「一定要把這個情況弄清楚!」剛才那個長官說。「這說明了一個嚴重情況!」

「對對,農民鬧事是常有的事情。可他們擁有了火力武器,那就說明有更危險的勢力介入!」另外那個長官說。「一定要注意火力武器,一定要注意俘虜!一定要把那背後的勢力搞清楚!」

「把他押上去!把他捆起來!」有官兵在喊。官兵又發起一陣猛烈的進攻,農民很快就潰敗了。幾個起義農民被俘虜了。官兵押著一隊隊的被俘的農民,從一條山

開臺王顏思齊（修訂版）

上走下來。被虜獲的農民中有一個是江原一郎，一個是森村。他們都是曾經在顏思齊船上當過伕工的農民。他們被俘時，身上帶有兩杆火槍和一把腰刀。那些武器也同時被繳獲了。

「火槍？他們哪來的火槍？」那個長官看見了火槍和腰刀又說。「帶走，把他們帶走！把火槍和腰刀呈示將軍帳下！」

在德川將軍府邸，幾個官兵長官晉見將軍，並呈上那兩支火槍和腰刀。

「將軍，現已查明，這兩支火槍係顏思齊船隊所有，這把腰刀也為顏思齊船隊武器！」一個軍隊長官說。

日本老頭山晃一直站在德川將軍身旁。「將軍，你好像一直在輕輕的咳嗽，我還是去替您請個大夫？」他說。他從一開始就一直想影響將軍的決策和判斷。

「這是在哪裡繳獲的？」山晃問。

「三道藩！」

「從誰的手裡繳獲的？」山晃又問。

「兩個暴亂的農民！」

「將軍，現在情況更清楚了。漢人顏思齊勢力滲透到三道藩了。三道藩能收繳到顏思齊的火器，那完全說明顏思齊存在謀反的動機！他不僅在海上劫掠，打劫商船，他還想在政治上謀反！現在他手上還有三船被劫掠的中國湖絲！」老山晃強調說。「他表面是一個商人，實則是個匪盜，他還是一個有政治圖謀的人！您說，他為什麼在長崎的社會擁有很高的聲望？他在華人族群擁有很大的影響力，那就是一個政治人物的作為！可是他的存在和圖謀，完全被我視透了。他經商和劫掠，主要是為了增強實力。在他手裡擁有強大的武裝後，他完全有可能參與農民的謀反和暴亂，以動搖幕府的統治。他在日本完全存在政治動機和政治圖謀。這已是明擺著的事實，請將軍裁定！」

德川將軍凝神思索。老山晃向其稟報的情況，實際已在他的預料之中。他知道幕府的封港政策，實際上可能斷了長崎所有外國商人的生路，其中就包括顏思齊。他知道因為本身生存受到威脅，那些外國勢力可能向起義的破產農民滲透。顏思齊與幕府對抗完全是可能的。

第十四章

「給我帶那兩個叛亂的農民！」德川將軍命令說。

「封港了！封港了！」那個日本傜役仍然敲著那面銅鑼，沿著那條沙石海岸走。海岸下面的港灣裡停著幾十艘海船。「漳泉號」在那些船中顯得特別高大威武。因為它的船體長，船高有四樓，特別是那船豎著幾根粗壯高大的桅杆。那傜役一邊走一邊喊：「封港了！封港了！大將軍令，從今天開始，長崎港口不限期全面封港了！」

「哐！哐！哐！」傜役敲著大鑼。

「本幕府為了平定暴亂，防止盜匪，禁止商貿交往，保證港口平安，整個港口實行封港。」傜役喊，「封港期間，除持有將軍手令，所有船隻一律不得離港！欲入港者，一律著即返航，不得在本港停留！」

將軍，您還是有點咳！您是不是找個大夫？老山晃說。在長崎的街上有大批的軍士在行動。一隊佇列隊的軍士在往港口方向移動，一批批軍士沿著海岸分布下去。幾乎所有的港口碼頭都出現了軍人。一些武士和浪人在街上三三兩兩地走。他們好像全喝了大量的酒，身上全帶刀。到處出現了口令聲，有人在什麼地方吹起了螺號。空氣驟然緊張。一些二三層的建築物上出現了軍隊的旗幟，並有軍人的身影在建築物上晃動。口令！口令！請傳口令！在長崎港口，特別是在「漳泉號」船隊周圍海岸上，出現了更大量的軍士。「漳泉號」停靠的碼頭上，站著一整列帶刀和握矛的軍隊。那陣勢好像是單純應對「漳泉號」的一次軍事行動。

「顏大哥，我覺得今天的形勢好像有點不對頭！封港不是這樣封的呀！」陳衷紀說。「他們好像把整個長崎封起來了。這不像封港。封港只是封鎖港口。這倒像是一次全城的軍事行動！」

「我的祖爺爺張飛以前……」張掛說。

「會不會跟鄉下起事的農民有關？」楊天生說。

「對對，這事有點蹊蹺，那岸上哪來那麼多的軍士？」鄭芝龍也說。

「不可能與鄉下起事的農民有關！」李洪升說。「起事的農民在鄉下，我們這是在海港！」

「可是很明顯可以看出，這是針對港口的軍事行動！」陳衷紀說。

開臺王顏思齊（修訂版）

「我就是沒有一把好刀！我得找一把好刀！」張掛說。「我看說不定是衝著我們來的！」楊天生說。「如果他們只是單純對付農民的起義，他們不可能在長崎市內，在港口布置這麼多的軍隊！」

顏思齊和他的眾多兄弟們大都在「漳泉號」上。他站在一根粗大的桅杆下面。凝視長長的海岸，對形勢作著判斷。那裡到處有軍旗和軍人的身影在晃動，這時高貫、許媽和何錦從碼頭上走下來。

「顏大哥，顏會首，我們剛剛從長崎街上回來。」高貫說。

「街上全出現軍隊了，好像準備跟誰打仗的樣子！造船廠和軍械廠全有軍士把守！我剛才往將軍府門裡望了一眼。我們的紀子夫人不是要回將軍府嗎？我只望了一眼，一個軍士馬上往我的腰間捏了一把」何錦扭扭捏捏說。「我以為他又想調戲我了！你知道幾乎所有的日本軍人全打娘們的主意。可我不是娘們！他是說讓我滾開！讓我別往裡面看！他說那將軍府都戒守了！」

「那個老山晃讓我碰到，我也給他一個手起刀落！」張掛說。

「我想說不定跟農民起事有關！他們都組織起十幾個道了！他們完全可能把幕府弄亂了陣腳！」楊天生說。「說不定這事會牽扯到我們。我們不是給了他們不少資助嗎？他們的幾個伕工還帶走了我們的槍！」

「我還擔心那個大白胖子荷蘭船長，他完全知道我們打劫中國湖絲的事，就不知道他會不會把我們告發了！」陳衷紀說。

「他還弄走了兩個人質。他只要一告發，我們就敗露了！他一心一意想弄走那三船湖絲。他只要把幕府的人帶上我們的船隊，那三船湖絲就暴露了！你們的意思是，今天的封港跟我們有關？他們是衝著我們來的？……」顏思齊沉思了很久說。

「他們布置了那麼多軍人，也是對付我們來的？可他們原本就要封港呀？……我想什麼可能都有！你看，他們不只是封港。他們是把整個長崎封鎖起來了！封港只是行動的一部分！」鄭芝龍分析說。「我想這形勢跟農民起事有關，跟那三船中國湖絲也有關！因為我們確實資助了農民，我們也確實打劫了商船。不過我想，這種形勢的發生帶有一種必然性。我們不說別的，你就說他封港就好了。他封港我們就沒辦法在長崎生存了！反也就反了！」

第十四章

「他們總是喜歡捏來捏去,他們總是拿我當娘們!」何錦說。

「我的祖爺爺以前在三國,可不是這樣讓人拿拿捏捏的!」張掛說。

「你的祖爺爺那時候還不知道有一個日本國呢!」高貫說。

「封港了!封港了!」那個傢夫還在海岸上喊。顏思齊站在船上看見,「漳泉號」停靠的碼頭,幕府的軍士在港口周圍越布置越多。他們最後基本對整個船隊形成了包圍。幕府軍隊對船隊的軍事企圖越來越明顯了。顏思齊完全看得出來,他們是有備而來的。真是山雨欲來風滿樓! 這時一個軍官模樣的人,領著兩大隊兵士,登上「漳泉號」上,請求晉見顏思齊。

陳衷紀把他們帶過來。那個軍官走到顏思齊面前,向他呈上了一份公函。顏思齊展開看了看,沉吟著想了想,向鄭芝龍偏了下頭,暗示什麼。同時又向官兵長官點點頭,做了個手勢,表示同意。幕府的官兵分成幾個小隊,迅速登船。封港了!封港了! 顏思齊的船隊很快地都出現了幕府的大批軍士。他們登上了他的各個船隻進行查點,其中有幾個兵士甚至登上了那三艘劫持來的滿載湖絲的商船。鄭玉和方勝跟在那幾個兵士後面。

「這幾艘船裝的什麼?」一個官兵長官說,

「一批要運往蘇祿的棉絮!」鄭玉說。

「不會吧,什麼棉絮?」一個軍官說。「打開看看!」

一個軍士打開了棉布包裝,讓那個軍官看了。

「湖絲!湖絲!」那個軍官喊,「山晃先生說的就是這批湖絲!」

「湖絲怎麼啦?湖絲什麼呀?」方勝和鄭玉威脅著說。

他們就站在那個軍官身後。可是他們還沒接到顏思齊的號令不敢下手。那些軍士還在船上搜索。在那條船的底層船艙裡發出了一陣響聲。那些軍士打開那個艙門,一下子就看見裡面拘押著四五個人。那些人原本就是那三艘貨船的船員。

「人證全找到了,全在這裡!」那個軍官又喊。「他們非法拘押五個船員!請速稟報將軍!」

方勝一個快刀下去。

「我讓你去稟報將軍吧!」方勝說。

第十五章

「我是將軍家的,我是回娘家來探望將軍和夫人!」桃源紀子說。

桃源紀子挎著個小長方形匣子,像個像模像樣的小媳婦回娘家一樣。她又穿了那件桃紅色和服,看上去鮮豔得像一簇櫻花。可是走到將軍府邸門口,發現氣氛蕭瑟。她看見將軍府前後突然布滿軍士,門口有軍士把門。她感覺氣氛驟然緊張起來。她向守門的軍士通報。那個軍士走進去。將軍府的一個丫環走出來,將她引進去。

「紀子小姐回來啦!紀子小姐回來啦!」將軍府裡的好些熟人跟她打招呼。

她直接走回將軍夫人的後院住所。

「紀子女兒回來啦?」將軍夫人看見她說。

她最先來到將軍夫人住所。她們拉了一會兒家常。將軍夫人接著帶她去看了將軍及夫人最近繪製的幾幅浮世繪。那是一個展示廳。牆上全是一些帶彩著色的浮世繪。我喜歡這張,也喜歡那張,桃源紀子說。我最喜歡這張。這些芙蓉好像都帶著露水了!那是那是。這是我畫的。那你說,將軍這幅怎麼樣?將軍夫人忠厚地問。這張也很好。這張很有氣勢。那都是些軍人吧?紀子問。是是,將軍這一幅是描寫征戰的!將軍夫人說。將軍夫人接著把紀子帶到府邸大廳。將軍坐那裡,好像在沉思什麼。桃源紀子上前拜了將軍,下蹲,鞠了個躬。

「紀子,回來了?」德川將軍說。

「是是,義父,我回來了,」桃源紀子說。

「你那顏思齊好嗎?」

「好好,他讓我給您問好!」

桃源紀子原本還想說什麼,可是老山晃從旁邊一扇側門走進來。他好像要跟將

第十五章

　　軍稟報什麼。德川將軍為了避嫌，向桃源紀子打了個手勢，意思讓她回避。她知道他們商談的是軍機，那不是她們參與的事。她跟著將軍夫人從另一邊側門，走進裡面另一幢房屋裡去，轉過側門時，她故意放慢了一下腳步。她只聽到日本老頭山晃說了句話。

　　「一個農民會道的道首招供了，他們確實收到顏思齊資助的銀兩！」老山晃說，「現在基本可以確定，顏思齊確實參與了謀反！」

　　桃源紀子聽了裝作若無其事的樣子，可是她沒再跟將軍夫人一塊走。她從一個轉廊轉了出來。她從小在將軍府裡長大。她對將軍府的路徑和門道全都熟悉。她從一個邊門走出了將軍府邸，起先只是快步走，可是慢慢快起來，最後就突然奔跑起來了。

　　「紀子小姐跑了！」她聽到身後有人喊。「紀子小姐從邊門跑了！」

　　她只好加快了腳步，乾脆狂奔起來。她知道情況洩露了，而且危及顏思齊生命，不管不顧奔跑起來。

　　「把她追回來！快！把她追回來！」老山晃喊。「別讓她跑了！」

　　德川將軍聽見了，抬起頭來，朝屋頂看著，思索著什麼。他臉上有一絲憂鬱和宿命的神情閃過，可是他的表情沉著。他站起來，對一個僕役作了個手勢。然後指了指他身後屏風上懸掛的那把黑色長弓，就是那把「流泉弓」。

　　「你把這個給我帶上！」德川將軍說。

　　德川將軍接著走出大廳。他大踏步穿過庭院，穿過一個樓廊，從那裡走上一道樓梯。那是一座四層的瞭望塔。也是長崎的制高點。將軍快步爬上瞭望塔。站在塔尖頂層，從那裡可以看到差不多整條長崎小街，甚至可以看到港口。站在塔頂上，將軍就看見桃源紀子在奔跑了。她正朝港口方向奔跑而去。將軍知道那裡是顏思齊的船隊。她的那件桃紅色和服像一襲粉色紅雲。可是因為下擺糾結，束縛了她的腳步。

　　「給我，」德川將軍站在塔樓上，頭沒回吩咐僕役說。

　　僕役跟在他身後，遞給了他弓和箭。德川將軍將弓搭上箭，然後拉開長弓。他只屏息了一會兒。他臉上的表情甚至沒有變化，只聽「撲」的一聲，桃源紀子朝前

203

開臺王顏思齊（修訂版）

　　一撲，撲倒在地上。她撲倒的方向，正是港口的方向。德川將軍看見桃源紀子再沒爬起來，轉過身，揮了一下手。

　　「傳我命令，立即緝拿顏思齊！」

　　拔刀的時候快到了！以血相見的時候快到了！顏思齊小聲地說。他看見在被他們劫獲的那三艘中國商船上，方勝動手宰了日本士官，知道情勢已經發展到十分危急的關頭了。因為那三艘載有中國湖絲的商船離他們不遠，為了方便看管，就被拘押在「漳泉號」後面。他知道那三船湖絲的洩露，肯定會導致他們在海上的劫掠行為的洩露。德川幕府肯定非問罪不可。他這時候完全清楚，德川將軍對他的情況已經有了相當的了解，對他完全失去了信任，隨時準備拘捕他了。他跟幕府的對立基本公開了。他不知道的是，他們資助農民起義的事情，幕府是否掌握了多少情況。可他看見日本軍士在他的船隊到處亂搜亂查，「漳泉號」船上四散站著好些執勤的軍士，知道他們差不多等於把他的戰船占領了，而且碼頭上的海岸增兵不斷。他們的船隊基本陷入幕府官兵的重重包圍之中。他知道日本當局對他們已經不懷好意了。他和鄭芝龍、楊天生互相暗示，準備起義。這時突然看見王平和李英衝開海岸日軍警戒線，從碼頭上飛跑過來，跨上船。

　　「顏大哥，不好了！紀子夫人被德川將軍射殺了！」王平大喊。「她知道德川將軍要緝拿你，想跑回來報訊，半路上被射殺了！」

　　顏思齊當即拔出刀來。鄭芝龍和楊天生也同時拔出刀來。

　　「違我顏思齊者，斬！」顏思齊喊。

　　「違我鄭芝龍者，斬！」鄭芝龍喊。

　　「違我楊天生者，斬！」楊天生也喊。

　　「漳泉號」上的那些日本軍士一聽全擁上來。一個惡瞪雙眼的軍士長官衝到顏思齊面前，顏思齊連想也沒想，連眼也不眨，也不使用什麼招數，甚至不出一聲，簡單乾脆一刀揮過去，那個日本軍士長官的頭飛到天空中去，劃了一個弧線，然後落在舷外海上。屍首在船上倒下。那顆長官的頭顱在空中閃過時，還惡瞪著雙眼。然後才慢慢墜落，海面上濺起一朵小小的浪花。鄭芝龍和楊天生一人抵擋著一群軍士。鄭芝龍砍倒了三個，楊天生砍倒了兩個。鄭芝龍又砍倒了一個，楊天生又砍倒

第十五章

了兩個。鄭芝龍又砍倒了兩個,楊天生又砍倒了一個。顏思齊又橫揮幾刀,連連砍翻了幾個軍士。他的刀法洗練乾脆,像行雲流水。他也不講究什麼套路和招數。左橫一刀,右橫一刀,幾個兵士就全倒在船上了!他砍翻幾個兵士後,衝上「漳泉號」的船樓,站在樓廊上喊:

「兄弟們,把所有上船的日本軍士全趕下去!所有船隻起錨!兄弟們各自回到自己船上!凡登我船入侵者,格殺勿論!」

顏思齊那天停在長崎港口的船隻一共有十三艘。他那時已經有四五十艘大小戰船和商船,可他的更多的船隊全出航去了。那些正登船查點商船的日本軍士,一看顏思齊率眾兄弟和水手造反了,紛紛拔出刀來。這時一個號令,從海岸上方口頭傳遞過來。

「傳將軍命令:立即緝拿顏思齊!」

「傳將軍命令:立即緝拿顏思齊!」

頓時,顏思齊的十三條船全陷入廝殺和混戰中。

「反了就反了!我反了你狗日的!」李洪升喊,「原本不反也反了!我他娘的給你一個掃堂腿!我們家都練了三代掃堂腿了!」

「他把我們船隊大夫人紀子小姐也殺了!」

「我他娘的我的祖爺爺要是還在,他也跟我反了!」張掛也喊。「你們不知道我的祖爺爺就是三國的張飛?你他娘的小日本還夠得我們反嗎!」

「娘們今天也跟著反了!娘們是娘們!娘們才不怕你們!」何錦用女聲女調的腔調喊。「娘們今天也跟著反了!我看你們還敢拿捏我的身子!」

「兄弟們,聚在一起,抱成一團,往外衝!」高貫喊。「上了船,見到顏大哥再說!」高貫、唐公、傅春、劉宗趙和黃碧等原本還在「大金華商」會所裡幹事,一看情況不好也往港口上衝。港口岸上當時原本就布滿德川幕府的軍士,高貫等人從會所方向衝來,半路上與幕府軍士遭遇,結果雙方也陷入大戰。「我入了你娘的!」唐公一刀剁了一個軍士說。

「你別躲!」黃碧對一個日本軍士說。他正用單刀與那個軍士格鬥。你瞧,這樣一刀不是進去了?這一刀不是捅在你的肋骨裡了?高貫等人一路砍殺,把正面守衛

開臺王顏思齊（修訂版）

在碼頭上的日本軍士衝開一個缺口，然後朝自己的船隊衝過去。那邊船上，顏思齊領著眾兄弟正義無反顧，將上船查點的日本軍士一一砍落下海。

「我的手！我的手！」一個日本軍士狂喊。「我的手掌啊！他把我的手掌剁了！」

「血！血！血啊！我身上流的全是什麼啊！」

兄弟們剁呀！砍呀！高貫喊。把他們一個個砍了！這邊高貫領著傅春幾個人往船上衝。那是一條跳板。幾個日本軍士遭到顏思齊等人砍殺，正從船上退下來，高貫等人急著上船，結果遭遇了那幾個日本兵。高貫左砍一刀，右砍一刀，連連剁了三四個人。幾個還在跳板上的兵士不敢退下來，前面又遭到顏思齊等人砍殺，紛紛跳進海裡。高貫上了「漳泉號」後，見了顏思齊。他們匯聚在一起。顏思齊一邊繼續與想衝上船的日軍力量廝殺，一邊詢問情況。

「高貫，那邊岸上還有我們的人嗎？」顏思齊問。

「估計沒有了！」李洪升說。「傅春他們幾個都跟我上船了！」

「岸上還有什麼呢？」

「還有我們的會所，還有我們那條大金華街！」李洪升說。

「那沒辦法，那搬不走了！」顏思齊說。「那街只好留下了！」

「王平，你真的看見紀子夫人被將軍射殺了？」

「她往回跑，她想回來告訴你！將軍爬上了塔樓，用那把『流泉弓』，從後面射了一箭！」

「紀子夫人，我們來生再相聚吧！」顏思齊喊。

「我們現在唯一要做的就是把他們全砍下去，把我們的船奪回來！」顏思齊說。顏思齊的船隊仍然處在一片混戰中。他知道他在長崎再也不可能待下去了。因為只要幕府封港，他的船隊就無法生存了。另外他知道他在長崎幹的一些事，幕府基本都掌握了。特別是他援助和同情農民起義，他與幕府的對立已暴露無遺。特別是德川將軍射殺了桃源紀子，說明他們之間已經沒有任何親善關係，而且情斷意絕了。他知道他的長崎還有十三艘船，他現在唯一需要做的就是把那十三艘船帶出長崎海域，迅速撤離。可是那天登上他們船隊查點，並且試圖占領他們船隊的日本兵士太

第十五章

多了,而且岸上還有增援的軍士不斷的到來。

「砍下去!全砍下去,把船奪回來!」他喊。「不能讓岸上的兵士再登船!」

他又用那種簡捷的刀法,連思索也沒有,連眼也不眨,甚至不用什麼招式,簡單直接地又連連使刀,砍翻了幾個登船的兵士。鄭芝龍也連殺帶剁,捅倒了好幾個軍士。

「兄弟們,堅決跟著顏大哥走!把上船的日本軍士全砍下去!」鄭芝龍也喊。

「你看了沒有?德川那個肺癆鬼也來了!」李洪升喊。這時遠處的海岸上,德川羽仁騎著匹馬,率領大批軍士從島內趕來。他企圖在顏思齊船隊離開長崎港口之前,占領他的船隻,扣留他的船隊。李洪升、高貫、李英、莊桂等人看見將軍的軍隊來勢洶洶,又一齊登岸進行抵抗。岸上一片廝殺聲和號令聲。德川將軍把劍朝前一指,憑藉他兵多勢眾,指揮將士上前。日軍武士紛紛上前。海岸一片混戰。「把他們砍回去!把他的馬腿砍斷!」高貫喊,莊桂也喊。

「眾將兵丁聽著了,大名幕府將軍令:『任何一艘船不得逃離出港!顏思齊手下的眾多海賊,一個也不能放走!』」那個敲鑼的傜役在一片塵土中高聲大喊。

「你別看我只是一個娘們,我的身子骨單薄。」何錦說,「我一個個把你們全挑到海裡去,這把功夫還是有的!」海岸下,顏思齊船隊仍然在跟登船的日本兵士混戰。何錦用他那柔軟的身段與幾個矮胖健壯的武士對峙。他在那船上扭來扭去,身材輕盈得像穿繡花鞋的小女子。他使用的是一桿長槍。他每把腰身扭擺一下,就把一個日本武士挑落下海。張掛在另一條船上,使用的是那把砍刀。他一刀一個砍下去,顯得十分快樂和興奮,好像他正忙乎的是一件十分快活和愜意的事情。我今天真砍了順手了!我真的一個個給他們一個手起刀落!這些日本小兒一個個沒見了!

「你們來吧,你們一個個來!」在另一條船上,李洪升用腿連連掃倒了好幾個人。他每掃倒一個,就用刀剁掉一個。你來試試我的掃堂腿吧!「這是我們家祖傳的!」李洪升喊,「我們家練這掃堂腿,都練三代人了!」

「我們家是祖傳醫術。你看看我怎麼使用手術刀!」楊經文質彬彬說。他喜歡使用短武器,喜歡使兩把短刀。他在另一條船上,用一把短刀去擋一把長劍。他誘使一個日本武士不斷向前,然後用短刀把那把長劍擋住。他把身子閃開後,用另一把

開臺王顏思齊（修訂版）

短刀在對方的後腰輕輕紮上，動作斯文。那武士「撲哧」一聲，就在船上倒下了。「這就跟我做手術一樣容易。你瞧這樣不是扎進去了？你好像也不太清楚我是學醫出身的！」

「傳我號令，各個船隻起錨！」顏思齊喊。「來不及起錨的，砍掉錨繩！」

「漳泉號」上，顏思齊看見大多日本兵士被砍了下去。李洪升、高貫、李英、莊桂等人同時把一波日本兵士擋回碼頭上方，這時已經退據船上。可是岸上，碼頭上，幕府的兵士繼續聚集，而且越聚越多。日本軍士接受命令，不准放走船隊，決心強行占領船隊，所以冒死向前。顏思齊下令起錨。他看見他的一些戰船已經起錨了。他領著眾將士站在船頭，奮力阻擋日兵登船。可他的那十三艘商船有幾條大船錨太重了，一時起不來。他又用砍刀砍翻了一個日本兵士，同時一刀砍斷了一條纜繩。

「斷錨！起帆！」他喊。「把錨繩砍斷，快速起帆！」

那時的一些帆船大都使用一種木製滑輪起帆。所有的船工全部拉起了帆繩。木滑輪「吱吱」地響。那十三艘船的船帆快速升起來。

「起航了！起帆了！」船工們紛紛大喊。「起航了！起帆了！」

「這就是我們在日本的遭遇了！」顏思齊有點傷神地說。「我們給他納稅。我們給了他們多少財富！」顏思齊的十三艘武裝商船就這樣陸續離開了港口。他們把那三艘劫掠來的、滿載中國湖絲的商船也放棄了。他們慢慢駛離了長崎海岸。日本幕府看見他們很快就將逃離，也動用了戰船攔截。長崎的海面上出現了一長排的戰船。可當時的幕府還不太適應海戰，他們的船甚至比顏思齊的海船小。不過他們的船隻數量眾多。日方的戰船從港口周邊包抄過來。顏思齊命令「漳泉號」加速行駛，率先衝進敵人船隊，令一個旗手打旗語號令其它船隻全速前進。

「『漳泉號』率先，各船隻快速跟上！」他喊。

「我就是沒有一把好刀！我得再找一把好刀！」張掛說。「這時候跟你的刀沒關係了！」李洪升說。「現在我們都使用火炮了！我們也不跟日本幕府動刀子了！」

「漳泉號」船大，桅杆高，船帆也大，船行速度快。那船原本就是艘七桅大船。另外「漳泉號」炮火的火力也大。正炮是一門口徑十二寸的大炮，而且是裝在船頭

第十五章

攻擊性的位置上。他們很快向對方船隊衝擊。日方船隊快速合攏包圍。顏思齊讓主炮朝對方的旗艦開了一炮,就把那旗艦的船桅打斷了一根。又打了一炮,又一根桅杆掉落了下來。對方那艘旗艦就變得行動不便,在原地躊躇不前了。顏思齊命令「漳泉號」上十數個槳手奮力划槳,三四個舵手同時操縱那支長長的舵。他們正準備用最快的速度,帶領船隊衝破對方船隊的包圍。對方又有一艘戰船朝他們逼近過來。

「再給他一炮!」顏思齊喊。

「漳泉號」又朝那艘船開了一炮,就又把那艘船打歪了。那船開始起火,再接著就傾覆了。

「排槳!排槳!大舵!大帆!快!大帆!」顏思齊命令說。

「他們不認人!狗!那幕府翻臉不認人!」李洪升說。「那個狗德川將軍,讓我碰上了,我就給他一個手起刀落!」張掛說。這時對方的船隊也開始向他們開炮,整個海面上火光閃閃,濃煙密布。海面上不時有水柱掀起來。可是顏思齊的十三艘船也全裝有炮火,結果雙方互相開火,海面上炮聲不斷。對方的火力畢竟不大。顏思齊的炮火很快就把他們壓下去了。

「朝對方旗艦打!把它打沉了,他們就失去指揮了!」顏思齊又喊。

「漳泉號」又連連向對方旗艦射擊。又一炮把對方旗艦打著火了,再接著一炮,炸毀了那船一側的舷板,那船完全失去平衡,開始傾斜!

「再給他幾炮,把它打沉了!」顏思齊又喊。

「漳泉號」會同另外幾艘戰船連連開火。對方那條旗艦往一側傾翻過去,慢慢地翻進海裡。顏思齊船隊很快就衝開了對方的包圍,向遠海駛去。

「繼續行駛!全速行駛!」顏思齊命令旗手說。「朝西,朝西,再朝南!」

顏思齊船隊開始向遠海駛去。「我們在長崎留下的東西太多了!」陳衷紀說。在一片大海碧波中,以「漳泉號」為首,另十二艘帆船緊隨其後,一路浩浩蕩蕩。「我們是一群以海為生的人!只要在這片海上,我們就無所不為!」顏思齊說。「在這片海上,你說我們懼怕過誰?」那支船隊不像是一支被擊退和被驅趕之師,倒像是一支另有圖謀,另有擴張的海上武裝。實際上,顏思齊武裝當時就是處於這種流寇狀況。他們可以在一個地方長期盤踞,也可以隨風飄蕩,四海為家,伺機圖謀。

開臺王顏思齊（修訂版）

對於那樣一支船隊來說，傷感和懷舊都是沒有必要的，擴張和闖蕩才是他們的精神和選擇！

「紀子夫人，你丈夫顏思齊給你上香了！」顏思齊說。

在撤離長崎途中，顏思齊在船上遙祭起了桃源紀子。他在「漳泉號」上擺了一張大供桌，上面擺滿了供品。按閩南人的習慣，十三艘船全著喪裝。「漳泉號」七根桅杆上全掛了白布。船樓四周的柱子也繫上了白絲帶。船上的船工、水手，以及眾兄弟盡著喪服。顏思齊披了一件白袍，在祭桌前面朝東方祭拜。他雙手高舉三炷清香，臉色凝重。你丈夫顏思齊無能為力，保全你的生命，保護你的安全，攜你回故國家園，我十分痛心十分愧疚。我甚至沒跟你留下一兒一女！而你卻為了保護你的夫婿，用你的纖弱之軀，捨命相報，最終歿於你的義父德川將軍箭下，足見你生之轟轟烈烈，情重如山！

「顏思齊只好下一輩子再報答你了！」顏思齊說著說著泣不成聲。

「你說，紀子夫人那天怎麼突然要奔跑起來呢？」李英在旁邊小聲問王平說。

「你真的看見那是德川將軍射的箭？我那天也正想上街去。我看見滿街全是兵士。我想摸清一點將軍府的情況。」王平說，「可我突然看見紀子夫人從將軍府裡跑出來！我正想去接應她，可她突然撲的一聲就倒了！我朝將軍府望去，正好看見德川將軍那老傢伙站在塔樓上，正把弓收起來。」

「可她怎麼要跑呢？她不能走慢一點嗎？你一跑，他們肯定知道你要報訊兒了！」李英說。

「你說顏大哥，是她的什麼人？」王平說。「他是她的夫婿，她的夫君。他就是她的命了！她的命不也是他的命了嗎？既然她的命也是他的命。她為了他的命，她能不跑嗎？」

「那個老德川將軍是個老混帳！他怎麼下得了手！」李英說。「我們紀子夫人是多麼賢淑一個人呵！」

「你說你真的看見是德川將軍那個老傢伙動的手？」李英問。

「是他從後面射出了一箭！」王平說。「他娘的，她還是他的義女，他還是她的義父呢！」

第十五章

「漳泉號」的船樓上，一面大幡上大書：

「吾妻桃源紀子英靈永存！」

「兄弟們，現在我們得另尋圖謀，考慮下一個著陸點了。現在我把大家找來，是想讓大家議一議，我們的船隊得停到哪裡去？」顏思齊說。「哥，我說像你說的，我們什麼地方也不去了！」張掛說。「我們就在這海上漂！漂到哪算哪！沒吃的沒喝的，我們就搶！只要在這片海上我們還怕啥？我看我們長崎是回不去了，我們也不回長崎了！我們跟日本幕府徹底鬧翻了！」顏思齊又說。他將他的二十幾個兄弟召集在一起。他們有的坐在甲板上，有的坐在舷梯上，有的甚至坐在一圈圈捲起來的粗大的纜繩上。那十三艘船隻結成一個集團，在海上航行。

「我們這回是真正跟德川幕府結仇了。不過我想這也沒什麼。我們只要不要依附在他小日本身上，我們反而可以想辦法圖謀擴張了，那才可能是我們真正安身立命的所在，也是我們圖千年偉業的基礎！真的，衷紀賢弟，我們這回從長崎撤出來，帶走了多少銀子了？」顏思齊突然問。「你知道，這以後就是我們的救命錢了！我們這麼大的船隊每天都要花錢！我們大家都得記住，」他接著又說，「我們在長崎奮鬥了近十載，廣有建樹，置業甚豐，現在長崎岸上還有我們的大量財產，這些以後再找他們日本人要吧！」

「在這片海上我們當然不怕！我們可以吃遍這片海！」楊天生沉思默想了一會兒，說。「可我們總得找個地方靠岸，總得有個地方歇腳。我們雖然只是一群海賊，我們也得有個巢穴！」

「日本長崎？我看那沒什麼，那不就是個有幾個碼頭的島？那種碼頭很多，要再建那樣一個島也不是很難。」鄭芝龍這時候說，「我們不要眼睛總盯著日本！對對，我們家祖上是山西人，可你看我們不是也到了福建，現在又把東南洋都走遍了！我們原本也不是什麼長崎人，更不是什麼日本人。」鄭芝龍又說，「我們是中國人！咱們站著是一條漢子，躺下來是一堆山。我們原本也不靠什麼人，更不看誰的臉色吃飯！」

「對對對，芝龍大哥這話我願意聽！」張掛說。「我們就這麼跟他胡攪蠻攪，也能把他這一片海面攪出無數的波浪來！我們全靠自己給自己打海面！我說我們生來

開臺王顏思齊（修訂版）

就頂天立地！那長崎島沒了，可是世界上的地方多著呢！爪哇、蘇門答臘、蘇祿、古里、暹羅……我不是說過了，既然我們要在這海上掙飯吃，我們的主旨就是遊走四海，百國皆疆！他的港口不讓靠船，我們就靠別的地方去。他什麼港口都不讓靠了，我們找個孤山野島也可以再建一個港口來！」

「對對對！做不來買賣我們就搶！」高貫說。

「慢點，慢點，你們這麼說倒是讓我想起一個地方來了！我覺得有一個地方，我們完全可以白手起家，可以在那裡打下百年基業！」陳衷紀沉思默想地說。他坐在甲板頂艙的一塊艙板上。他眯眼望著遠處無邊無垠的洋面。隔著兩根大桅，他看見那塊洋面上白浪滔滔。「我想起了一個地方。那地方我也是只是聽說的！那島直到現在還是一個荒島，是個很大的島。我聽說在離我們福建老家不遠的海面上，大約也就二三百里的地方，那裡有一個大島叫琉球。琉球？」

「對對，琉球我也聽說過。」李洪升說，「以前在海澄就聽說過了！琉球！陳衷紀又說，「以前海運不行，舟楫不便，過海尋山的人不多。所以那個島現在還是一片荒蕪。我看我們倒是可以上那個島去！只是要在那個島上立下腳來，可能要費一些周折！」

「顏大哥，你是說銀子的事嗎？」陳衷紀又說，「銀子我得去翻翻帳本。我知道大約還有十二三萬多兩。」

「行行，有那些銀兩，我心裡就有底了！」顏思齊說。

「那島很大，我估計比長崎大得多！我是說琉球島。那裡的山很像我們閩南的山。那山上有水，有淡水河。我聽說有好些溪流。」陳衷紀又說。「那不是個世外桃源了嗎？」顏思齊聽說了，用一種熱切的聲音說。

「剛才顏大哥和芝龍大哥說的對，丟了長崎，我也認為沒什麼！留在長崎，我們是寄人籬下。離開了長崎，我們才可能另有圖謀！我們也才不老是寄人籬下！那是，你看那個破德川將軍算什麼鳥人！」張掛說。「他拿我們嫂子紀子當義女，拿咱顏大哥當上等佳婿，可你看他一翻臉不認人的。他還用箭對他的義女下了毒手！我在長崎的時候看過海圖，那海圖對琉球島的位置描繪不是太準太細。」陳衷紀又說，「可我看得出，那島東進可達日本九州長崎，南下可抵達南洋群島。那島的位置

第十五章

正好扼住了整個東南洋！還是一句老話,進可攻,退可守。占據了那島,實際上也就是控制了整個東南洋面！我聽說他們荷蘭人早就在打那個島的主意。只是那是個荒島。在那島上什麼都缺,荷蘭人才拿那島沒有辦法。占據那個島,實際上我們就是建了自己的一個地盤了。那島還有一個好處就是,我們在那島落下腳來,那裡離我們老家漳州可就近了！我們需要老家接濟個什麼都快！」

「那好,那行,我們就定下來,讓整個船隊朝琉球島進發！」顏思齊下了決定說。

我們原本就一無所有。你想想,我們離開海澄時是一群什麼人？可我們現在有了自己的船隊,有了自己的武裝！顏思齊說。我們要是能找一個像琉球島那樣的地方,建一塊自己的地盤,那才是一個真正的長遠之計！

「對對,我們全喜歡海澄米酒！到了那裡喝海澄米酒也有了！」張掛說,「你弄個船過海去,拉它幾壇過來,不就有得喝了！」

「衷紀兄弟說的對。我們就是要建立一塊自己的地盤！我們要控制這一整片海面！」顏思齊說。「有了這樣一個基地,我們可以繼續海上貿易,也可以繼續劫持這一片海面。我們可以出擊四海,又可以堅守自己的本土！說得更長遠一點,我們說不定可以在這裡建起一片自己的樂土家園！」

他們的船隊那時一直行駛在朝正西南方向的海面上。

「那島不是在正西南方向嗎？那我們就繼續往前就對了！」

第十六章

「娘，我跟你說，我不能這麼沒完沒了地打短工打下去！」顏開疆說。「他是故意捏拿我的，想讓我一輩子受窮！」他正趴在一口水缸裡喝水。他每天從田裡回來就在那口水缸裡喝水。太累了！他這天剛剛從田裡回來。他回來天都黑了。「你說他連長工都不讓我扛。」

「他不是故意不讓你多忙點活，多掙點銅板？你是說誰？」小袖紅問。「我是說郭叔公！我總覺得他們郭家上房是在跟我過不去！我總覺得好像你年輕時得罪過他什麼？」「你娘怎麼敢得罪了人家呢？你娘年紀輕輕就守了寡了。」小袖紅說，「那時候誰都欺侮我。後來是你爹仗義救了我。我才跟了你爹。我怎敢得罪了人！」顏開疆喝完水直起腰來。

「我總想把田種好一點，把田作細一點，可是沒用！」顏開疆說。

「疆兒，你從田裡回來越來越晚了！」小袖紅說。

她原本還在地上編席。她看見顏開疆回來了，連忙上灶房去，想給他熱飯吃。灶房門外放了一張犁。

「可是他們也不多給錢！我跟瘦狗他們幹同樣的活，他給我的錢就是少！」顏開疆走到灶房門口，在那裡靠牆站下。「娘，我這兩天一直在想一個事，我想自己租幾畝田種！」

「什麼？你說什麼？你想自己租一些田種？我們自己種田行嗎？我們去哪裡租田？」小袖紅說。「你哪來的錢？你想跟人租田，你先得交人家錢？」「種田我沒事。那田裡的把式我都會了。犁田耙地我都會了！我知道怎麼看稻種，然後就是精耕細作！我看的稻種不會差。可咱就是沒錢！」顏開疆懊喪地說。

「咱自己種田就省得看人家臉面吃飯了！咱自己有了田種，也就用不著眼巴巴看

第十六章

著人家給你那麼一點小錢！那麼幾個銅板！」小袖紅仍在往灶膛裡生火。「可你有沒有想過？你要是沒把田種好，那可是要蝕本的事！」小袖紅說。「這租下田後，就是自己的營生了！那可是輕慢不得的。」「娘，你要是總是前怕狼，後怕虎的，那我們就只能在這土屋子裡，把窮日子過下去了！」

「要租田，我們也只能跟郭叔公租，」小袖紅好像自己對自己說。「在咱們村裡，也就郭叔公家裡有田了！」

「向誰租都不要緊！他有田當然樂意租給我們！」顏開疆說，「可是娘，我們去哪裡拿來錢？沒錢誰會先拿田租你？」

「疆兒，你是真的想自己種田了？你真的想跟人租田自己種了？」小袖紅說。「娘，我總不能總是替他們郭家上房打短工吧？」顏開疆說。「再說，你也得讓孩兒自己拿拿主意吧？我都長這麼大了，我總得要有個自己的主張！」

「喲喲！都長這麼大了！小袖紅忍不住笑起來。「你今年十六歲還沒過完，你都像個大人了？」

「誰讓你讓我爹走了？」顏開疆說，「要是我爹在家裡，主意當然得他拿了！」

「疆兒！你別說這個！是娘對不起你！」小袖紅聽他那麼說，幾乎傷心起來。「從小就讓你沒了爹！可你爹沒什麼對我們不好！他是個大爹！」

「疆兒，你要是真的想租一些田種，娘滿足你的心願！」小袖紅說，「我們去跟郭家上房租田。我想他們會租給我們！」

「怎麼租呢？我們拿什麼去租呢？」顏開疆說。

「疆兒，你不知道，你爹早就替我們想好了！」小袖紅說。她想起了什麼。「你爹早就替咱們安排好了！那時候，我還不要呢！」小袖紅站起來，走進裡屋。她在一隻破木櫃子的一隻小抽屜裡，摸摸索索了一陣子，從裡面找出一個小布包。「你爹那時候非得要我把這個收起來。他說他不是想裝扮我，也不想把我打扮成一個小貴娘子。可他要我把這個收起來！」小袖紅幾乎滿足和得意地回想說。「他說他走了後，我說不定會碰到什麼不時之需！這時就可以拿出來用了！」

「那是什麼呢？爹留下什麼呢？」顏開疆說。「你看這東西咱們這時候不是用上了！咱拿這個去，用這個物品去作抵押，他郭家上房怎會不肯把田租給我們呢？」

215

開臺王顏思齊（修訂版）

她慢慢打開了那布包，裡面露出了當年顏思齊留給她的兩支閃著翡翠光芒的玉簪。「這個不行！這個我不要！」顏開疆把頭轉開說。「這是爹留給你的！你就得留著！爹是怕你忘記了他，才把這個留給你的！」

「你瞎說！你爹才不會怕我忘了他！他知道我有你了，他怎麼會怕我把他忘了！他把這個留給我，就是他怕有一天你要用！」小袖紅說，「比如說有一天你長大了，你正想跟人家租些田種，你正需要錢。你說你現在不就是要用錢了？」

「可那是爹給你！」

「傻孩子！你爹給我的，不也是給你的！」

「可那是爹讓你戴在頭上的！」

「可你沒看見你娘都老成什麼樣了，我還戴那個呀？你什麼時候看見過你娘戴過那個！」小袖紅充滿內心的歡欣和滿足。「可你看，你娘那時有一個多好的你爹呀！他雖然出海去了，可他什麼都替我們想到了！」

「疆兒，你說我們拿這個去抵押能租多少田呀！這兩支玉你爹買給我時就值六兩銀子，現在恐怕不止了！你說能租多少呢？」「我想能租個十來畝十幾畝吧？那就租他十幾二十畝吧，多租一些！」顏開疆說。「只要我們租金付得起就行！不做不做，要做做大一點！可就是他們不知給不給租？再說，你租太多了種得了嗎？我們家也就你一個勞力，娘頂多算半個！」「娘，沒事的！你忘了我有好些兄弟？」顏開疆說。「我們多租下一些田，到時候我的那些兄弟會過來幫忙的！」

「你都有好些小兄弟了？」小袖紅忍住笑說。

「瘦狗、阿江、趙東升，還有赤皮，」顏開疆說。「他們都是我的小兄弟！他們從小就跟我鐵心了！。他們都會來幫忙的！」

「小混小子！你連爹都沒見過，倒是長得跟你爹一模一樣了！」小袖紅滿心讚許說。「你爹還在海澄縣時就廣交四海朋友了。那都是些鐵杆的朋友。你還這麼小，你也廣交鐵杆朋友了！」

「袖紅啊，你叔公原本是不想把田租給你們的。我們郭家上房田產多著呢，租不租不算啥！」郭管家說。「再說，咱玉山村可耕的田也不是太多。咱村就咱郭家上房田多了。咱們郭姓本家有的想租都租不到呢。」

第十六章

　　小袖紅決定用顏思齊當年留給她的那兩支玉簪作抵押，跟郭叔公租田，讓顏開疆經營耕種。她心裡更主要想的是，也得讓顏開疆學學持家理業了。他能不能安身立命，就看他能不能成就家業了。一個男子想成就家業，單靠給人打短工當然不行。雖然她知道郭家上房是個苛刻刁鑽人家，跟他抵押租田說不定沒有什麼好處，可在玉山村子裡也只能找郭家租田了。她起先讓村裡一個中人跟郭管家說了租田的事。中人基本把事情談妥了。她這天就領著顏開疆跟著那個中人來到郭家大屋的帳房裡了。後來是我跟郭叔公說了，說怎麼的我們也都是本村本家，你又孤兒寡母的。郭管家說，我還跟他說你有兩根玉簪。他就說讓你拿來看看，這才說動了他了！可這同情歸同情，規矩歸規矩。手續還是要辦的！

　　「那好那好，郭管家，我小袖紅母子倆謝你從中說項了！」小袖紅說。

　　「可咱那叔公心裡還是有一個結，最後能不能成，我還說不上呢！」郭管家又說。

　　我跟你說咱那郭叔公就好一個心性。他年輕時就娶了四五房妻妾。他祖業大，財產大。那時候他只要看上了誰，誰能看不上他的家業呀！郭管家說。所以他那時想納妾就納妾了。他要哪個姨娘添丁就讓哪個姨娘添丁。更早幾年那當兒，你這個外族的兒子還沒生下來吧？咱那郭叔公倒是真看上了一個小寡婦。那寡婦論起來還是本家，本家姪媳婦。可本家姪媳婦歸本家姪媳婦，那姪媳婦畢竟也是守了寡的。守了寡那姪媳婦也不能太當真了。咱那郭叔公就想把那個姪媳婦納成妾。這也是沒什麼的。那時候也是在明朝。咱們明朝這種扒灰鑽洞的事還是有的！那姪媳婦那時被稱為海澄西門第一美人。可那姪媳婦沒看上咱郭叔公，卻跟一個小裁縫好上了！

　　「郭管家，我們是來跟你談租田的事。我給你帶來了兩支玉簪，別的事情就別談了，」小袖紅知道郭管家提的什麼事，就把話擋住了。「你說的那事跟租田這事沒關吧？」

　　「所以郭叔公就說，那事就算了！咱家雖然有的是田，我們怎麼不讓村裡族人做，拿去租給外種？」郭管家說。「你這個兒子總是有點來歷不明嗎？他連爹都沒一個，這田怎麼能租了他？」顏開疆聽郭管家那麼說，從小袖紅身後狠狠瞪他一眼。郭管家心裡冷叮了一下。

217

開臺王顏思齊（修訂版）

「這麼說，你家是不想租田了？不肯就算啦！」小袖紅說。「這兩塊玉是開疆他爹以前留給我的！我就不信我這兩個玉就租不到幾畝田！」

不過叔公還是答應租的。「我跟我們叔公提起你有這兩個頭飾。你知道咱那叔公就喜歡一些女飾品。」郭管家說，他家裡妻妾成群。他喜歡東房一把，西房一把，給他的那些女人一些金銀首飾。他說，「那好吧，你讓她把那東西帶來我看看。咱先看了物色再說。」「行，要看你拿去看。我這兩個玉在開疆他爹給我時就值六兩銀了！」小袖紅說。小袖紅從懷裡掏出了那個小布包。動作有點遲鈍，神情呆滯了一下。那畢竟是顏思齊給她的兩件信物。她遞給那個中人，那個中人又遞給管家。郭管家拿過玉器看了看。他看見帳房門口光亮一些。走到門口又對著陽光看了會兒。

「這玉不知好不好，我也拿不準！」管家轉頭對族中那個中人說，「我得拿去給郭叔公看看。侄兒，你看著了，這玉簪我拿走了就回來，你是中人！」

「叔公，叔公！好玉！好玉來了！」郭管家說。

郭管家拿著那個小布包，走到後院，來到大堂屋裡。他連連叫了幾聲郭叔公。郭叔公才從裡屋走出來。他手裡拿著那把撓子。他一邊走一邊撓著自己的後背。管家向他連連揮手，臉上一臉的爛笑。他們一塊走到院子裡，將那兩支玉簪放在陽光下，仔細看了又看。不錯，不錯，這是兩塊好玉！郭叔公看了說。她說那是他以前那個相好的送她的。郭管家說。你是說那個小裁縫嗎？郭叔公說。就是那個小裁縫送她的！郭管家說。就是顏開疆他爹！顏開疆哪有爹？顏開疆沒爹！郭叔公糾正說。對對，沒爹！那這玉就更不能還給她了。這玉說不定就是他給她的信物！郭叔公還在心裡憤憤不過。她跟他相好，他給她的信物！這小侄媳婦我沒搞上，倒是讓外人給搞了！她還替他生了個野種！郭叔公說，那小裁縫我從早就看著不是個好人！你看他後來這不宰了人，負案在逃了！她連老情人都沒了，白白替人生了個兒子！這回我要讓她連信物也沒了！

「郭叔公，你現在要是還想要她，你就把她納了？」郭管家諂媚說。「那人兒雖然年紀大了些，可那人形兒還是扎眼的！那人反正還在那裡，你想要不就要了？你想納不就納了？娶自家堂侄媳婦當姨娘，就娶了她當姨娘！」

「她現在都人老珠黃了，我納她幹嘛？」郭叔公說。「我現在也年老了，幹

第十六章

不動了!」

「那你說咱田還租不租給她?」

「租給她!我就要她這兩支玉簪!她要租多少就租給她多少!」郭叔公說。「再說,這兩支玉是好玉。這兩支玉簪那年值六兩銀,現在十二兩銀都不止了!你去跟她好好殺價。反正這玉不能再還給她了!」

慢點慢點,你先別走!你快再幫我抓撓一下!郭叔公說。癢癢!我的背後又癢癢起來了!郭管家要走了,可是郭叔公又把他叫回來。他在一把太師椅上坐下,要郭管家再幫他撓撓背。郭管家只好又走回來,接過撓子,又幫郭叔公撓起背。你使勁點,扒利索一點!郭叔公說。這邊,這邊,好了,好了,那邊!郭管家使勁撓了起來。他想把叔公扒拉得更舒服一點,索性雙手握著撓子使勁地上下撓。我這人老了,皮也厚了!想幹也幹不動了!郭叔公還在嘴裡哼哼說。小袖紅啊,小袖紅,你說你年紀輕輕怎麼就不跟了我!你那時候長的就是一把楊柳腰呀!撓了一陣後,郭叔公才讓郭管家走了。

「你一定要把那玉簪講下來!那玉簪不能再還給她了!」郭叔公最後說。

袖紅呀,你叔公看了你這兩支玉啦。他起先就在那裡瞅著,眼球一動不動,一點也沒神!他說這算什麼玉呢?說綠吧,它綠得不好!說光亮吧,它沒幾分光!郭管家回到帳房裡說。郭管家從後堂屋裡回來。小袖紅和顏開疆看見了,連忙站起來。真的嗎?那不是沒價了?小袖紅說。這我不信!我知道這玉是開疆他爹從漳州府翡翠堂買的。那翡翠堂的宋大拿跟開疆他爹是好熟人!他賣給他都值六兩銀了!他不會糊弄了他!這玉的事就是這樣,有的人說好,有的人說不好!郭管家說,他翡翠堂可以把這塊玉說成天上掉下來的,可在我們那叔公眼就是一錢不值!像這樣的玉,咱叔公房裡一大包一大包放在那裡扔著。他經手的這種東西多了!那這兩個玉就抵不了多少田租了?小袖紅說。可叔公還是說可以租給你一些田,郭管家說。這兩個玉既然是顏開疆的爹給你留下的,他就打算租給你田。為什麼呢?小袖紅說。這你還不清楚嗎?郭管家說。郭叔公就是想要這兩塊玉。他不想這玉留在你的手裡!你不懂嗎?

「郭管家,你跟我娘是說什麼呢?」顏開疆差點想衝過去,把郭管家的

219

開臺王顏思齊（修訂版）

衣領揪住。

「郭管家，我跟你了說吧，這玉不玉的對我來說沒什麼！」小袖紅這時平平靜靜說，「可開疆他爹心裡記著我，我也記著他，這不可夠了？」

現在你說說吧，這兩塊玉你想租給我多少田？你說呢？給個二十畝吧！那不可能！就這麼兩塊不成品和沒成形的玉，你想租二十畝田？郭管家說。你不是說，這是我娘特別捨不得的？顏開疆說。捨不得你就得多給田！那好吧，我也跟你說了，咱郭家上房有的是田！郭管家說。咱郭叔公也說了，你要多少田就給多少田。你田租要是一年沒繳上，這兩塊玉你就要不回了！

「你說你要多少？」郭管家說。

「二十畝！」

「十畝吧？」

「二十畝！」

「算啦算啦，我替郭叔公給你們娘兒做個主！」郭管家說。「就給你十五畝，最多也只能給十五畝田了！而且只租一年，續租以後再說。我現在就把契約寫了，到時候繳不了租，這兩支玉就抵給郭叔公了！」

「行行行，我就要試試我兒開疆有多大的心智和心氣！」小袖紅說。「種不好田，我那兩支玉就不要了！」

你看見了嗎？我看見了！我想那就是那了！對對，那就是那了！經過多日的航行，顏思齊的船隊漸漸接近琉球島了。實際上，當時琉球島也不是單指臺灣一個島。琉球島是以前對大陸外海的一些島嶼的一個廣泛模糊的統稱。當時由於航海條件的限制，我們對外海的島嶼知之甚少。但我們知道外海有相當多的島嶼。那些島嶼的利用很少，因此價值也不大，就將海外的島嶼模模糊糊統稱為琉球島了。當時對於海洋地理的發現手段十分落後，以至大陸對臺灣基本不甚了解，甚至不知道臺灣的存在。在顏思齊將他的船隊抵達臺灣時，正好處在一個被稱為全球地理發現的時代。哥倫布發現新大陸差不多屬於同一時期。雖然哥倫布發現的是美洲大陸。這天顏思齊站在他的「漳泉號」的船樓上，用一支單管望遠鏡望著遠處遼闊的海面，他看見鏡頭裡出現了一片長長的淡淡的像陸地一樣的島影。那時候天已近半下午

第十六章

了。你說風向怎麼樣？他問。還好，還行，偏西偏南！陳衷紀說。這回我們腳下有自己的土地了！顏思齊感嘆地說。

「把帆再拉滿一些！」顏思齊說。

「讓槳手全上槳！」陳衷紀說。

「那島看上去不小！我們得爭取在天黑之前上島！」顏思齊說。「這一陣子，我們奔波得太久太累了！」

「那以前我們怎麼不知道有這麼大一個島？」顏思齊說。

「以前我們沒有這麼大的船呀！」陳衷紀說，「大哥，你忘了？我們的『漳泉號』是後來才從人家荷蘭人手中搶來的呀！」

「這麼說，到了那個島上，我們離家也不遠了！」顏思齊說。

「很近了，近得你拉一拉帆就到了！」陳衷紀說。

衷紀弟，你說我們這回從長崎帶出了多少人馬？顏思齊接著問。我們從長崎出來一共有十三艘船！其中大船五艘，各色中、小船八艘。陳衷紀說，那時候我們還有更多的船隊出航了！我估計那些船隊最後會陸陸續續找我們來！另外我清點了一下，我們自家兄弟出來共二十八人，一個也沒少。還有船員一百九十多人，這樣我們全計帶出來的人員是兩百三十多人。那個狗娘養的德川將軍讓我碰到了，我肯定給他個手起刀落！張掛說。我們原本好好待在長崎，可他卻把我們往這個荒島趕！還是我來吧，我來給他一個掃堂腿！李洪升說。我才不管他是不是將軍，他就是將軍，我也一腿把他掃趴了！讓他顏面盡失！還有，我們銀庫裡還有多少銀兩呢？顏思齊又問。我們在長崎又是劫掠，又是買賣，幹了十來年，銀錢應該還不少吧？我前兩天去查了，我們庫存的銀兩，一共還有十三萬四千六百多兩銀子！陳衷紀說。真的嗎？這下我放心了！這可是一筆大錢！顏思齊說，這說明我們在長崎是幹得太好了！我們以後還這麼幹！我們會更富有，更強大！

「可我們以後花銷也大了！」陳衷紀說。「那是一個荒島，那裡什麼都沒有，什麼都得花錢！」

「對對，可這就是我們的本錢！有這麼大一筆錢，我心中無憂了！」顏思齊說。「上了島後，我們得住下來。我們想在那裡立下腳跟，我們總得建些村子，建些院

開臺王顏思齊（修訂版）

落？我們說不定還得墾田。你不種糧食吃啥？你建村子和墾田是要花好些錢的！」

「大哥，你說我們真的得在這個大島上面落下腳嗎？」高貫說。

「我們得在這個島上落下腳來！我們得在這裡開闢一片新天地！開劈我們自己的天下！」顏思齊說。「我們不能總是倚仗人家的地盤，總是利用別人的港口，總是寄人籬下，像我們待在長崎一樣。我們得有自己的土地，歸我們自己管轄的疆界。這樣我們才有自己的立足之地，才有安身立命之本。我們進可攻，退可守！我們得用自己的雙手，織就一片錦繡江山！」

顏思齊繼續向那條大島上瞭望，越靠近那個島，他發現那個島越大。那島簡直就是一塊俯臥於海上的陸地了。

「這個島真大！看起來我們可以在這個島上好好幹一場！看見這個島，我心裡就踏實了。我們確實得有這樣一塊實實在在的土地才行，」顏思齊繼續說。「我們完全可以在那裡建立一個港口，建造一個城池。這樣我們東出東洋，南下南洋，才有了自己的可靠依據。有了自己的港口，我們就可以把各國的港口連接起來。我們只要有了自己的疆界，我們就會有自己的城池。我們據守一方，我們就能把海上的事情做大！」

「你說我們以後還搶嗎？」張掛說。

「你說我們是一夥什麼人？我們不就是一群海盜嗎？」顏思齊說。

「顏大哥，我們今晚準備在那靠岸？」李俊臣和王平站在下面甲板上問。

「號令船員，張滿帆！划全槳！我們就是要在天黑前靠岸！那個島以後就是我們的島了，我們憑什麼不把船停靠在我們的島上？」顏思齊說。他用手輕輕拍打著船樓的欄杆，表示心情激動澎湃。「以後那就是我們的地盤，我們的疆界了！我們都在海上漂了好些天了，也該上岸歇歇了！」

顏思齊朝島上凝望了一會。

「兄弟們，上了那島，我必親撫其土，親耕其田，親種其粟！」顏思齊最後說。

好了，現在總算看到陸地，看到海岸了！「漳泉號」上的幾個船員說。顏思齊的那十三艘船是在笨港靠岸的。他們靠岸時天已經快黑了。他們看見島上除了滿山遍野的野草和叢林，基本上荒無人煙。他們好不容易找到一個可以停靠的海灣。那

第十六章

是一條平緩的坡岸。土坡下面形成一片海灣。那裡海面平靜。他們先把幾條小船停靠了,再把那十來艘大小船隻停靠在一起,連成一片。顏思齊從日本長崎出來,一共帶出了兩百三十多個人員。他們有的是跟他出生入死、歃血為盟的兄弟,有的是跟他闖蕩多年、飽經風浪的船員。他們大都跟他經過商,打過劫,行過船,走過海。起起落落,世事滄桑。長崎起事敗露後,他們跟他一塊腥風血雨,左衝右突,並且從長崎島上撤離。

「顏大船長,我們都可以上岸了?」他們問。

「可以上岸了!以後這就是我們的海岸,我們的島嶼了!」顏思齊說。「以後這裡就是我們的地盤。我們要在這裡建築村莊和社會,修築大路,建起港口。以後,我們想在哪裡上岸,就在哪裡上岸,想在哪裡停船,就在哪裡停船。這裡是我們的疆界,我們的土地。這條海岸永遠是我們自己的海岸!」

「那麼走吧走吧,上岸去。」他的那些手水和船工說。「那些天砍日本夷仔,砍累了。在海上又待了這麼些天,真想好好睡一覺了!」

「要是能找幾個風塵女人⋯⋯」他們的一個說。

「你做夢吧,風塵女人?」他們的另一個說,「這麼個荒山野嶺去哪找女人!」

因為長期航行,他的眾兄弟和船員們都在船上巔頗累了。海上總是風吹浪湧,晝夜顛簸。一看見陸地,全都急急忙忙急著上岸,急著想踏上踏踏實實的陸地。在地上躺下來,坐下來,歇一歇,享受一下陸地的穩定和平安。結果兩百幾十個人全下了船。他們找到一塊比較平緩的坡地。有人很快地搬來了一些柴火,然後把柴火點燃。他們又從船上搬下來了一些從長崎帶過來的糧米和食品。天很快就黑了。有人舉著火把,在一個山澗下找到了一眼泉水。他們打來了水,就開始做起吃的來了。

「這時要是有個女人⋯⋯」剛才那個船員又說。

「你就別說女人了!」另一個船員說。

「離開了長崎,我把我那裡的一個女人也丟了!」另一個船員說。

「你沒把命丟了就好了!」剛才那個船員說。「我倒是想好好喝上一盆什麼湯!」

我們就這麼先過一夜!顏思齊說,我們明天就得先找個地方安頓下來!別的事情再說!天完全黑下來了。顏思齊和鄭芝龍、楊天生、陳衷紀等人圍著一堆野火烤

開臺王顏思齊（修訂版）

著肉吃。那肉也是長崎帶來的。儲存在船上的。那肉烤熟了後，周圍一陣肉香。顏思齊左右看看，發現周圍漆黑一團。他們上島後首先登陸的是一片緩衝地，再接著是周圍一些隆起的山脊。這時候看過去，那些山脊全隱在夜幕裡。那山上全是一些原始林木。半夜後海風強烈起來，海浪聲聲，林濤陣陣，風聲鶴唳。因為四周一片黑暗，不由有了種莫名的、不可測的、彷彿來自四面八方的恐懼一陣陣襲來。

「我想，明天我們得先把那些船工水手召集起來，把這塊地方平整一下，然後先建幾個草寮。」顏思齊說，「我們得先在岸上安頓下來再說！在地上得先有個住所！」

蓋草寮的事我行！我在老家的時候就蓋過草寮！何錦用尖聲尖氣的嗓音說。我喜歡住草寮，住草寮就像住洞房一樣。我喜歡住洞房！那你還是別蓋草寮，你去建洞房吧？李俊臣說。我就是想建個像洞房一樣的草寮怎麼啦？何錦說。你也別建什麼洞房了，你還是趕快嫁了！你嫁了不就什麼都有了？洞房有了，婆家有了，吃喝也有了？你說我還不該嫁嗎？我都長這麼大了，不該嫁嗎？何錦說。不是說男大當婚，女大當嫁？我還不當嫁嗎？

「我看我明天先到海上去兜一圈，看看有沒有過往的船隻，再劫他一把！」鄭芝龍說。「反正我們原本就是賊。我們還是得當賊！在這島上我看不缺水，可是食物很快就不夠了。我們吃的都是長崎帶來的。要是有過往的船隻，我們總得先跟他們『借』一把米糧！」

「對對，先『借』一把米糧。不『借』還不行呢！」顏思齊說。「眼下我們吃的東西全得靠海上了。我們還是得去打劫！」

「那山上應該會有些虎兔，有些野物吧？我看那林子那麼密！」楊天生說。「明天我和張掛兄弟上山，再叫幾個兄弟去打一些野物下來！」

「對對，我就給那些野物一個個手起刀落！」張掛說。

「我也去！我去打隻大野老虎回來！」何錦比劃著兩條瘦瘦的胳膊興奮地說。「你們別看我瘦，我只要一個拳頭下去，那些老虎準讓我揍趴了！」

「那你不是武松了？」余祖說。

「你還打虎呢？你那幾根瘦骨頭還不夠給老虎啃了？」高貫說。

第十六章

「那山上的虎兔可是野味了，我和思齊弟全好酒，」楊天生說。「我們明天去打下一些野味，回來正好下酒！」

「對對對，我的這把刀還行！我這幾天沒砍人，刀口還可以！」張掛說，「我明天一定要打下一兩頭老虎。我就是不知以前我的祖爺爺有沒有打過老虎？」

「行行，就這樣！」顏思齊說。他一歇下來，又想喝酒了。「去，去，去兩個人，上船去搬兩缸酒過來！」

這裡好像有事了，你們聽！他們正準備著飲酒，鄭芝龍突然說。他們突然聽到空氣中有什麼尖銳之物穿過，發出「唆、唆」的響聲。那聲音來得奇怪，而且恐怖。就是空中有什麼銳利之物穿過，可是周圍悄沒聲息，漆黑一片。他們正轉頭東張西望，又有兩三聲尖銳之物從頭頂穿過！很明顯的，那是一些攻擊的利器，而且是針對他們的。好像是一些箭鏃，又像一些標槍。他們馬上意識到那是對他們的一種攻擊，而且是人為的。那麼那是誰呢？在那麼個荒島上哪來的人呢？可是那裡肯定有人，有人隱藏在周圍黑暗的林子裡，對他們攻擊！顏思齊和他的兄弟們全站起來，拔出了刀。可他們剛站起來，王平就痛苦地大叫一聲，撲倒在地上。他和另外幾個兄弟正圍著另一堆火烤火。那個火堆離那片林子更近一些，結果他們遭到了不明的攻擊。王平受傷撲倒在地上。他身上扎進了一支標槍。

「他娘的，我的屁，屁眼，不不，屁股！」王平說，「他們，他們不知用什麼東西，扎在我的屁股上了！」

顏思齊馬上讓從兄弟們全趴下。他藉著火光低腰走到王平身旁。他看見王平的屁股上扎著一支木製標槍。那是一根兩尺多長，一頭削得尖利的木棒。不知誰從什麼暗處投擲過來，扎進王平的股部。

「不行，不行，這岸上不能待！全上船去！這裡有人！不知是些什麼人？」顏思齊喊。「今晚還是住在船上。這島上有人！他們在暗處，我們在明處。他要暗算你，你整夜睡不著覺！」

「那都是些什麼人呢？」楊天生問。

「現在還不知道！估計他們不喜歡讓我們在這裡上岸！」顏思齊說。「他們把我們當外人。他們攻擊我們是想讓我們離開！」

開臺王顏思齊（修訂版）

「那怎麼辦？」

「我們先上船去，明天再上岸！」顏思齊說。「我估計，今晚他們不會讓你安生留在岸上！」

「蛇！」

他們正驚魂不定，突然又有人喊。不知誰拿火光一照，看見一條兩丈多長的巨蟒從他們腳旁遊開，竄進草叢裡去。

「看來要在這島上落腳，我們還得費好些功夫！」顏思齊最後說。

第十七章

「昨晚投擲過來的就是這樣一些利器了！」顏思齊說，「我看這沒什麼！不過現在可以確定，這裡島上原本就住有了人！」

第二天顏思齊上岸，看見昨晚的火堆周圍全是那種木製的利器和一些箭鏃，他就確定島上原本已住了人了，只是他們是些什麼人，他還不清楚。而且那些人的意圖很明顯，他們就是不讓他們在島上定居下來。他發現那裡的人沒有更先進的武器。他們只能使用那種木製利器和一些簡單的弓箭。大家稍稍放寬了心。他帶著楊天生和陳衷紀爬上了一個山頭察看地形。他看到琉球整個的就是個荒島，可是面積很大。他估計他們登陸的只是那島的一個角落。他發現那島基本就是一塊陸地了。島上一座山連著一座山，山山相連。而且全是荒山野嶺，可是風光綺麗。他們正往山下走時，那裡隱約出現了一條小路。他們就更感到奇怪，在那一片杳無人煙的荒山野嶺中，怎麼會有一條小路？他們就更確定那島上原本就住有人類了！他們又往山下走，突然看見一個衣著簡單，織物粗糙，甚至有點衣不蔽體的女孩，背著一隻木桶，轉過一個山坡，正朝山上走來。他們看見她吃了一驚。她看見他們也吃了一驚，把木桶甩掉，掉頭就跑。

「你回來。別怕！你別跑！」陳衷紀喊。

「我們不會傷你！你回來，」李洪升也喊。

顏思齊領著幾個人下山追趕過去，李英和張掛跑在前面。他們很快把那個女孩包圍起來。他們後來才知道她叫米芽娜。他們最後把她帶回到他們山下正在平整的那塊土坡上。他們想從她嘴裡了解到更多的情況。米芽娜這時才看見，遠處山下的海邊停靠著他們的十幾艘船。

「小妹，你住哪裡？你是這裡的人嗎？」陳衷紀問。「你們這裡還住有誰？」

開臺王顏思齊（修訂版）

　　米芽娜長了對滴溜溜滾圓的大黑眼睛。那眼睛圓得有點不真實，黑得也有點不真實。她看過去還很年輕，頂多十七八歲的樣子。她的衣著雖然簡單粗糙。可是可以看得出身材婀娜。她看見他們時，極度驚恐，而且不可理解。好像她怎麼也不明白，在他們島上怎麼會來了這麼多的陌生人。

　　「你說，你們還有誰？你們還有什麼人？」陳衷紀又問。

　　陳衷紀接著又是用語言，又是打手勢，比劃著跟她交談，問她們在島上還有多少人，他們都住在哪裡？可她就是什麼也不說。張掛性急地對她吼了幾聲。顏思齊打手勢把他止住。顏思齊看見她身上衣物很少，但是戴了各種飾品。那是一些貝類和野乾果子類的東西。她身上只披了件好像是背心一樣的麻布服飾，下身只是一條算是裙子，又像一件簡單的遮掩物一樣的東西。他好像想起什麼，讓人下船去，從船上取來一個包袱。他打開那個包袱讓米芽娜看。那是他在長崎當裁縫時留下的一些女性衣物。米芽娜看得眼睛滴溜溜亂轉，充滿新鮮和好奇，而且很感興趣。好像她對那些衣物特別喜歡。他跟她打手勢，意思將那些衣物送給她，讓她拿回去穿上。米芽娜用一種猶疑的目光看他。可是她馬上連連擺手，表示那衣物太好了，不適合她穿。她接著就又要走了。可是她又連連回頭看那包衣物。她甚至有點沮喪地低下頭。

　　「你先別走。你說你叫什麼呢？」顏思齊問。

　　那女孩有點羞澀又有點屈辱地把頭轉開，沒有作聲。

　　「你叫什麼呢？你有名字嗎？」顏思齊又問。他好像怕把她嚇著了，努力把聲音降得很輕。

　　「米芽娜，」她用輕輕的、像吐出來的聲音說。

　　他把那個包袱打起來，讓她提在手上。他接著做了個手勢，說，你可以走了。她猶猶豫豫拿上了他的那包衣服。顏思齊看見她剛才背的桶放在地上，也揀起來，遞給她。他突然感到一陣奇怪，在那荒島上怎麼會有那樣一個木桶？那是一個做工很精細的木桶。那木桶是誰做的？因為從那島上的土著的技能來說，他們不可能做出那麼好的木桶。那木桶原本被她丟在半路上，不知誰幫她撿了回來的。

　　「這個桶誰做的？」他舉起那個桶，又打手勢說。

第十七章

「阿瓦什，」米芽娜說。

「什麼阿瓦什？」他問。

「漳州人。」

「什麼漳州人？」顏思齊驚奇地又問。

「大哥，你不用問了，」陳衷紀說。「估計他們那裡有一個漳州人，或者是有一個漳州人幫他們造過桶吧。」

顏思齊把桶遞給她讓她走了。

「你可以走了。你有什麼事可以來找我，」顏思齊最後說。

他用手指了指自己，表示他可以幫她做任何事情。米芽娜才慢慢走了。她手裡提著那個裝了好些衣物的包袱，最後消失在一片叢林裡。

「這些人是誰？他們是哪裡來的？」顏思齊不禁疑問地說，「他們怎麼會住在這裡？這裡有多少他們這樣的人？」

現在我們無論如何得在島上住下來！顏思齊說。我估計這裡原本就住有土著人等。我們只能等碰到什麼情況了再說。顏思齊登島的第二天，就和他的兄弟與眾多水手，在海岸旁邊的那個小坡地上平整土地。他帶領著一批人從山上砍來大堆的木頭。他們開始打樁，刨光木料，準備建築寮棚。他們有的人從山上採來大批的棕櫚葉子，準備用那葉子鋪蓋寮頂，且作阻擋風雨之用。

「有這麼個寮棚住，我們夜裡住也舒心了！」何錦說。

「你不是說你要住洞房嗎？你就拿這當洞房吧？」李俊臣說。「你還是趕快找個夫家嫁了吧？」

「我就是想嫁了，可礙你什麼事呢？」何錦說，「你是不是翻倒醋罐子了？」

「我想娶也不會娶你！」

「我想嫁也不會嫁你！」

大夥兒都小心點！別遭了土人暗算！陳衷紀說。看昨天的情況，他們不太高興我們到這裡來！大夥兒身上都得帶刀！他們正在坡地上忙忙碌碌，有的填土，有的挖地基，有的在打樁。可是就在這時候，四周原本一片寧靜的山野林地，突然有人大聲「嗚嗚嗚！」吼叫起來，而且聲勢浩大。好像在那一片山林裡突然出現了

開臺王顏思齊（修訂版）

千軍萬馬。

「怎麼回事？這島上是怎麼回事？遭邪了？」他們有人喊。

「那是些什麼人？他們是從哪裡來的！」另一個人指著四周的山頭說。

我好些天沒宰人了！看來我今天又得宰人了！張掛說。只是我的這把刀有點不好！我總是沒找到把好刀！顏思齊抬頭朝四周望去，看見就在他們頭頂的山上，在那塊坡地的四周，從叢林裡，從任何一個地方，突然露出數百個衣著很少，基本打著赤膊的土人。他們手裡全握著木棍和竹刀，其中也有人握著鐵鐮。他們身上全穿一些奇形怪狀的衣物，身上戴有各色飾品。男女全留長髮。男人們手上還戴有手環和臂環，臉上塗了血。還是我來給他們一個掃堂腿！我一個個給他們掃堂腿！李洪升說。我在我們家都練了三代掃堂腿了！他們不知道那些土人的用意，可是看得出他們來勢洶洶，氣勢洶洶，他們好像不能容忍他們的到來和存在。好像他們已經準備好了對他們發動戰爭，不讓他們停留在島上，準備把他們驅趕出海島。顏思齊正不知道怎麼對付那些人時，那些人一邊呼吼著，一邊舞刀弄杖朝他們包圍過來。楊天生、張掛、陳德、李俊臣和何錦全都拔出了刀。他們的大多數的船工和水手怕對方又投擲標槍，全都張起弓，準備射箭。看來又是一次征戰了！楊天生深明事理地說。我們這些人就是全靠征戰奪天下的！

「我看，還是先別動手，看看他們怎麼樣？」顏思齊思謀著交代說。「我們的武器比他們好。他們不是我們的對手，沒必要激怒他們！」

「嗚嗚嗚！」「嚕嚕嚕」那些人喊。他們跳躍著從叢林裡衝了出來。他們手裡握著簡單的武器，往山下衝。他們的人數越來越多，而且步步緊逼過來。「嗚嗚嗚！」的吼叫聲傳遍滿山遍野。顏思齊領著兄弟和水手持刀站成一圈。還是再看一看。看他們怎麼再說！顏思齊說。可是那些土人也只是威脅地朝他們靠近過來。雙方好像都在評估對方的實力，揣摸對方的用意，估摸有沒有必要最後動手？情況明擺著，土著數量眾多，但是顏思齊等人武器精良。真正動手，雙方都會遭受損失。

「別急別急，看看最後誰鎮住誰！」陳衷紀也說。

最後雙方幾乎面對面，互相威脅著站住了。顏思齊這時才看見對方的一個小山頭上站著一個小老頭。那老頭好像是個首領。他臉上也塗了動物的血，身穿的衣物

第十七章

更加華麗,身上全是貝類和骨頭飾物,背上插滿了羽毛。他手裡握著一把劍。顏思齊他們後來才知道他的名字叫沙玻。顏思齊發現,在那個族群裡,首領好像有著無上的權威。首領可能是個族長,同時又是個巫漢。因為老玻沙在指揮和號令著所有的族人時,還同時像個巫漢一樣做著各種裝神弄鬼的動作。他站在那個高坡上,把劍一舉,那群族人就拚力往前衝。好像為了突破僵局,對方一個臉上也塗了血的壯漢,手舞著一把大鐮刀,朝張掛衝來。張掛拔出刀輕輕一擋,把那把鐮刀削飛了。

「你他娘的不找別人,你偏偏也找你張爺爺來了!」張掛說。「我就是沒有一把好刀!」

最後雙方混戰起來,對方因為人多群擁而上。何錦、李英、莊桂全拔出刀與對方對打起來。可是土人的武器太簡陋了。他們開始有人負傷,有人退卻而去。可是在小老頭沙玻的號令下,又群擁而上。但他們武器較差,傷勢較大,真正衝殺的人並不很多。楊天生他們又一次把老沙玻族人逼退了一回。

「把那小老頭宰了!把他們趕下海去!」張掛喊。

「把他們全砍了,把這個島全占領下來!」高貫也喊。

「行行,住手!」顏思齊喊。「我們先把刀槍收起來,看他們麼樣?」

大哥,你看看,你看看,那裡,那裡!何錦說。那天那個女孩!這時,他們才看見第一天遇上的那個女孩米芽娜出現在那條山坡上。她慢慢地走到那個老頭身旁,表情平靜。她好像對他說了些什麼。意思大約是說這群登陸的漢人對他們沒有惡意。她昨天就見到他們了。他們對她友善。另外她好像還勸老沙坡放棄爭鬥,他們族人傷勢較重。老沙玻把劍一擺,那群人蹦跳著後退了幾步,可是仍然「呼呼呼」吼叫,對顏思齊的隊伍揮舞棍棒,作出威脅的樣子。顏思齊也退到一個高地上站著,中間剛好隔著那一塊平地。他讓他的兄弟和眾多水手退下。他的兩旁站著楊天生、陳衷紀、李洪升、楊經等多人。他讓一個船工敲響一面銅鑼,表示休戰。

「張掛、高貫、李英,你們全退出來,讓我跟他們說話!」顏思齊喊。他提高聲音向老沙玻喊。「你們有誰會講漢話?」

「我會講漳州話,」對方一個男子說。

這時一個臉上也塗了血,身上插著羽毛,名字叫阿瓦什的漢子,從那群人中走

開臺王顏思齊（修訂版）

了出來。顏思齊從高地上走下去。他的幾個兄弟要跟他，被他止住了。他怕激怒了對方。他一直走到阿瓦什面前。

「你不是他們的人嗎？你怎麼會講漳州話？」顏思齊問。

「我是漳州人。我跟你們一樣是漢人，」阿瓦什說。

「那你怎麼會在這裡？」

「我七八年前，跟船出海。我是個船工，沒想到在海上遇到風難，船傾翻了。」阿瓦什說，「我在海上漂了好幾天，後來漂到這裡被他們救了，就被他們收留了。他們給我取名叫阿瓦什。」

「你是哪裡人？」顏思齊說。

「我是龍溪登地村人！」

「這麼說你本姓也姓方？我們是本家！」方勝說。「龍溪縣登地村有我好些堂親！」

你是漳州人，那你怎麼不設法回去？顏思齊說。我覺得他們待我不錯。是嗎，會有這等事嗎？張掛說。那他們怎麼想跟我們打打殺殺起來？怎麼不可能呢？李俊臣說。你說三國的張飛不是你的祖爺爺嗎？你老家在山西，你怎麼也到了琉球島了？阿瓦什又說，我沒回漳州去，是因為我當時也不知道這裡是什麼地方。這裡又很少有船靠岸，我想走也走不了了。

「他們對你怎麼好？」顏思齊又問。

「我在老家是當船工，也是個修桶匠。來這裡後，我幫他們做木桶，他們覺得我的手藝好，就留下了我了。」阿瓦什說，「他們以前不會做木桶，也沒有木桶。他們看見我木桶做得好，就不讓我走了，還給了我一個女人。」

這樣很好。你也是漳州人，那我們就是同鄉了。我也是漳州人，漳州海澄人。我姓顏，叫顏思齊，顏思齊說。你去跟他們說，我不想跟他們做對，不想傷害他們。我們只是想找個地方住下來，在這裡住下來。這裡只是個荒山野島。這島是他們的，也是我們的！我們只是想找一個立足之地。我對他們沒有惡意。我想跟他們和睦相處。他們要是喜歡，我還可以送給他們一些有用的器具和事物。他們不喜歡你們住下來。他們現在有十幾個寨子的人呢！阿瓦什說。他們心很齊！他們曾經跟

第十七章

一群荷蘭佬打得你死我活!

「可這島這麼大,他們住得我們就住得! 他們使用的面積也不是很大,」顏思齊說。「我們只是想在這裡住下來。我們可以把荒島開發出來。這島歸他們的,也歸我們的。你回去跟他們說,我們對他們絕沒有絲毫惡意。大家可以和平相處! 他們真的要跟我們作對,那對雙方誰都不好!」

「那我回去跟老沙玻說說看。」阿瓦什說。

「老沙玻是誰?」

「老沙玻就是那個小老頭。他是我們的族長,也是個巫士。我們都叫他沙玻阿爸。」

「你跟他說,讓他們今天先退了。過兩天我去他們的寨子拜訪他,」顏思齊說。「我想跟他們以禮相待,禮尚往來,和氣相處!」

「你說這兩船是什麼? 是大米?」顏思齊說。

「是兩船緬甸大米!」鄭芝龍說。

一官弟,我真讓你去把天上的珍珠弄一斗來,你也弄來呀! 顏思齊滿臉興奮地喊,情不自禁擂了鄭芝龍一拳。現在我們最需要的就是這個了。我們別的都不要了! 我們就要緬甸大米了! 你想想,我們有多少人要吃飯,我們每天要吃多少米! 顏思齊說。顏思齊登島後,鄭芝龍率領兩支武裝小船隊出海擄掠了半個月,回來滿載而歸。他們出外海虜獲了幾艘貨船。顏思齊跟鄭芝龍上船一看,大喜過望。因為鄭芝龍截獲了兩船緬甸大米。我們剛剛上島。我們不可能馬上在這島上種出米來! 顏思齊說。還好,我們就是一群強盜。我們種不出吃的就搶! 顏思齊看到那兩船大米,喜笑顏開。我們現在最缺的就是米了! 我們又不能跟這裡的原島民要米吃,顏思齊又說。這兩船緬甸大米不是比珍珠還貴了嗎?

「還有呢? 還有那船是什麼?」他又指著另一艘船問。

「那是從中國運出來的東西! 也沒什麼!」鄭芝龍輕描淡寫地說。

「什麼沒什麼?」

「你說中國就出什麼呢? 不就一些瓷器和絲織!」鄭芝龍說。

「這也正是我們需要的! 你想想,那老沙玻族人最缺的是啥呀!」顏思齊說,「盛

開臺王顏思齊（修訂版）

飯吃的砵子，遮體用的布匹！你沒看見他們穿的差不多連身體都遮不住了！我們要是送給他們這樣一些盆盆罐罐和布料，他們還跟我們作對嗎？」

大哥，我跟你說個事，我有一個發現，鄭芝龍說。他們走回岸上，在一個寮棚裡坐下。那時他們已經建起了十幾個寮棚。那是一個山坳，周圍是一些青峰，下面一塊緩衝地。他們的寮棚就建在那片有點坡度的斜坡上。再下去是一條長長的海岸，遠處就是那片洶湧的波濤了。我這回出海差點回到我們那邊去了。我駕著船沿著那遠遠的陸地走了一遭。鄭芝龍說。我都看見我們那邊的山和那邊的陸地了！我感覺從我們這裡到那邊大陸也就兩百多里路，不到三百里路！鄭芝龍又說，另外我感覺，那邊大陸跟我們這個島也就隔著一條海溝，頂多就一道海峽。因為我們這邊海岸線跟那邊海岸線差不多距離相等。實際那裡跟我們這裡相隔很近，隔水相望。這我知道，我聽說，我們這裡離海澄縣都很近了！顏思齊說。實際情況是，它比我們想像的更近！如果行船，也就兩三天的路程。鄭芝龍說，你說這意味著什麼呢？這意味著我們離漳州、泉州不遠了！老家就在我們對面，顏思齊說。這就是說，我們以後可以依託大陸，在這個島上好好定居下來！

我還有一個發現，大哥，我發現這個島大著呢！那天我領著船隊沿著這個島繞了大半圈。鄭芝龍說，我們從南往北走。那天剛好這個潮水。我們從日出到日落，發現還沒走到島的盡頭。我估計這個島跟長崎島差不多，說不定比長崎大！大就好，大才夠我們施展手腳！顏思齊說。我們也得要有這麼大的地盤，才夠盤踞安紮！可我發現有一個情況不好。我感覺到這島上好像住著一些荷蘭人或者西班牙人。那天我從西南方向往東北方向返回。鄭芝龍說，在島上的一個小山上面，我看見那裡有幾個磚石的建築物。那完全不是這裡原來土人的建築物。那是一種外國建築物。那些建築物讓我想起了一件事情。我記得早幾年，我跟隨我義父李旦從商。他不想讓一群荷蘭人寄居在澎湖一帶，那裡距中國更近了。義父怕他們對我們形成威脅，我們曾經用武力迫使他們搬到琉球島來。我想那會不會就是那群荷蘭人！那時我義父曾經同意他們在這裡建一兩個要塞。我們不想跟他們正面衝突。他們實際上屬於東印度公司的武裝商業機構。他們很可能還住在這裡，那就是他們的要塞！荷蘭人？怎麼又是荷蘭人？我們總不會在這島上又跟荷蘭人撞上吧？顏思齊說。那

第十七章

荷蘭人不是徹底跟我們扛上了？你說我們不會又跟那個老對手碰上吧？那個大白胖子約翰船長？」

「可他們很可能就在這島上建有城堡！」

「可現在這裡情況不同了。這裡不是日本！」顏思齊說，「這裡是我們的地面，這裡是我們的島！我才不管他是什麼人！老話說，臥榻之旁豈容他人鼾眠！我們的島就絕不能讓外國人留著！」

嗚，嗚！顏開疆喊。他扶著犁，在田裡趟著水。我看你不走！我看你不往前邁步走！他吆喝著牛說。顏開疆向郭叔公租下那十五畝水田後，決心從那田裡獲取最大的收成。他知道他只有好好經營耕種，好好盤算收支，深耕細作，才可能從那十五畝田裡兒得到更大的紅利，從而改變他在村裡的命運和地位。他再也不當郭家上房的短工了。小袖紅在他身邊不遠的地方耨草。

「娘，你說我們今年這十幾畝田能實收它二三十石穀子吧？」顏開疆說。

「什麼實收二三十石穀子呢？」小袖紅說。

「就是扣掉田租和稻種，及別的一些本錢，」顏開疆說。「我們能收個二十幾石穀子吧？」

「你別想得那麼美！你這第一年種田你就要收那麼多穀子了？」小袖紅說。「我說顏開疆你還是躺在床上做著夢去想吧！」

「娘，你沒看見我這是在往田裡下力氣嗎？我這田翻得多深呀！我這地做得多細啊？」顏開疆說。

「可這是種田，又不是種金子！」小袖紅說。

「我想種田跟種金子也差不多了。我起碼得靠種田把爹給你的那兩塊玉要回來！」顏開疆說。我想我只要這麼好好種田種下去，我過不了幾年，自己也就能買田買地了！到那時候，咱自己有了田，也就不用跟郭叔公租田了！咱圖啥？不就圖個好日子嗎？「到那時，咱不算個大地主，也算個小地主了！你就給我在家裡歇著。你得穿好的，戴好的。我買個小丫環給你使喚！」

去去！你人小口氣倒不小！小袖紅說。你田都還沒種上，就想當地主了！還給我買丫環！你夢去吧！這沒什麼呀！娘，我不知道你會不會算？咱現在先有了這

235

開臺王顏思齊（修訂版）

十幾畝田種，這就是有奔頭了！等我們收成好了，我們就不種這一點了！我們可以再租十幾二十畝田種，顏開疆說。我們每年都多收它幾十石穀子，一年年攢下去，我們就能買地了！嗚嗚！他又喊。你這頭懶骨頭牛！你別想得那麼省心！小袖紅說。我看你今年這些田就夠你收拾了！我們只是娘兒倆，你一租就租了十五畝田！小袖紅說，你田又要翻得深，地又要做得細。你瞧你這半天了，你才翻了多少地！她仍然在田裡踩草。我怕你把季節誤了！你看看今天都七月初九、十了，再晚的稻也得插了，可你田還沒翻好。我怕你田沒翻好，人家都插秧了！

「娘，你別怕，我心裡有底！」顏開疆說。

「你心裡有什麼底？」

「你忘了？我村裡有一幫好兄弟。這時候是農忙，他們還在田裡忙！嗚！」顏開疆又吆喝了一下牛。「等他們手裡的忙過了，我把他們招呼過來，這十幾畝田還不夠他們擺弄一下呢！」

他們正說著，前面水田盡頭那邊突然多了頭牛。小袖紅看見那邊多了一個人在犁田。接著，另外一邊田頭突然又多了兩頭牛和兩個人。那邊田裡多了兩個人在犁田。

「喂喂！你們誰呀？你們下田幹什麼呀！」顏開疆在心裡歡笑著喊。

「我瘦狗！怎麼啦？」瘦狗答應喊。

「那你呢？」

「我趙東升，怎麼啦？」趙東升喊。

顏開疆又看見了阿江和赤皮。他們全牽來了自家的牛，下田裡幫顏開疆耕起了地。

「還有你，阿江？還有你，赤皮？你們全來了？」顏開疆興奮喊。

「我們來幫你把這十五畝田掇弄掇弄！誰讓你心大，一租就是十五畝田！」阿江和赤皮喊。「算啦，我們就認你這個兄弟啦！你的田就是我們的田。我不信我們的田就種不出大稻穀！」

他們正往那邊田裡看著時，小翠娥從另一邊田坎上走了過來。她身上背著個簸箕。

第十七章

「娘，我也來了！」小翠娥說。

「小翠娥，你也來了？你家田種完了？」小袖紅說。

「我家田少，我來幫你撒撒肥！我家的田我爹娘做就夠了！」小翠娥說，「娘，我想開疆哥也許能把田種成！他以後要是種田種出息了，咱不也是沾了他的光？」

「小翠娥，我不是跟你說了，你別總是我們娘，我們娘地喊！」顏開疆不滿地說，「我們娘是我的娘，還是你的娘？」

「你的娘就是我的娘！」小翠娥說。「顏開疆，你別以為你種田種出息了，你都快成小地主了，就連我也這個小農家女兒都不認了！」

「顏開疆！你怎麼回事？小翠娥叫我娘怎麼啦！」小袖紅說。「我就要她叫我娘！你不認她，我認她！」

他們一大群人在田裡忙著，有的犁田，有的耙地，有的撒肥。幾天後，他們就把秧全插上了，田裡綠油油一片。

「娘，我跟你說我心裡有底，你還不信嗎？」顏開疆說。

「顏開疆我說你呀！你連爹都沒看一眼，你爹走時你還沒落地呢。可你怎麼全長得像你爹！」小袖紅滿足和自豪地說。「還在海澄時，你爹就好交四海朋友了，你看你在這村裡也交上這麼多鐵杆弟兄！」

顏開疆看見娘挑著擔肥料在田裡走。那田滑，她差點打失了腳。他連走過去把她的擔子接過了，自己挑起來。

「娘，你說過幾年咱買些田，自己當田老闆，不可能嗎？」顏開疆說。

「行，我說你小子行！我看你能成大氣候！」小袖紅說，「我信！」

我說我們得把這事說妥了！顏開疆說。這你們拿我當兄弟，我也得拿你們當自家人！顏開疆第一年租種那十五畝田，真的獲得大豐收，一共收了五十多石穀子，扣掉田租和穀種，還能剩二十幾石穀子。那是一捧捧黃燦燦的稻穀。顏開疆臉上全是豪邁的表情，心裡溢出一陣陣小佃戶的喜悅。收割時，他把他的那些兄弟全喚來，一起動了手。那是一派繁忙的景象。他們有的在田裡收割，有的在打穀桶裡打穀。小袖紅和小翠娥給他們送來點心。滿田裡全是喜氣洋洋的歡笑聲。

「開疆哥，我看你只要再種幾年地，你都可以自己買地當地主了！」瘦狗喊。

開臺王顏思齊（修訂版）

「對對，我看錯不了！這老財主顏開疆當定了！」趙東升說。

「你算算，你要是還給郭叔公打工，你這一年下來才掙幾個銅板？」阿江說，「可你現在租下這田種，你這一年有了多少石穀子的盈餘呀？」

「是是，那當然是，這種田是賺頭大了！」赤皮也說。

這是給你的，這是給你的！你們一人一擔挑走！顏開疆說。收割完後，他們把穀子晒了。顏開疆跟兄弟們把穀子裝起來入倉。他另外裝了五六擔穀子，要他們一人一擔挑走。什麼？你說什麼？你給我們一人一石穀子？瘦狗說。你們家剛剛挨不了餓，你就嫌家裡糧多了？這可不行，我們怎能要你的穀子？阿江說。你租田種的穀子，收成了，我們一人一擔挑走？顏開疆堅持要讓他們把穀子挑走。翠娥，你也一擔，你也挑走！他說。可這是什麼原因呢？我們怎麼能挑走你的穀子？趙東升說。穀子是你的田裡長出來的。我們憑什麼挑走你的穀子？

「這叫有難同當，有福同享！為什麼？因為這田都是你們幫我種的！田是我租的，可田是你們幫我種的！」顏開疆說。「你們想想，春初那當兒，要是沒你們幫我翻了那兩三天地，我的穀子來得及種嗎？來不及種這田哪來的收成？」

「那你是把我們當打工的，還是當東家了？」瘦狗說。

「你們把自己當打工的也行，當東家也行！你把自己當打工的，我得付你工錢，這穀子就當工錢！」顏開疆說。「當東家也行。你們都是我的自家兄弟。我租了田當東家，你們也是東家。當東家就得分紅利，這穀子就是紅利！」

我突然想起了個事，你們靜一下。顏開疆突然說。他們一般兄弟正七嘴八舌說說道道起來。顏開疆一下子想到什麼。我說，我們來這麼幹好不好？我們其實可以這麼幹！我們全都年輕，全都有勁！我說，我們來一起合夥種這田怎麼樣？這田是我租的，我娘租的，可我們來一起當東家。也就是一種合作社的樣子怎麼樣？顏開疆說，我和我娘租了田，可是我們大夥兒來一起出力。我們一起種田，一起打理！我們種得越好，收成就會越多！我們人多力量大！我們今年收成好了，明年就再多租一些！。我們越租越多，越種越多，到那時我們就可以自己買些田種了！我們來一起合夥做，我們以後就都是東家了！

「什麼叫合夥做呢？」瘦狗說。

第十七章

「也就是租了田，我們大家合在一起做！大家一起出工出力，把田種好！現在我們這田是我娘租的，以後我們有了錢，就可以自己租了！那時候，我們就不租十五畝了，我們租它幾十畝！」顏開疆說。「我們合夥租了田後，大家一齊出力，把田種得更好，我們的收成就會更多！我們合在一起幹，以後還可以分工。有的幹這個，有的幹那個，絕誤不了季節。我們可以把各自的投工計算出來，到時候就按出工的多少把穀子分了！」

「我知道顏開疆的意思。如果我們收成好了，我們除了工錢，還可以分份子的糧！因為大家都是東家，」阿江說。「像郭叔公一樣，他連田都不做，可他收的糧最多，因為那全是他家的田。以後我們田多了，我們分的份子糧也就多！我們不都成了郭叔公了？」

「我想最主要的是，我們合夥種田力量才會大，我們人多了辦法也會多！我們想把田種多好，就種多好！這叫什麼？這叫人多主意好，柴多火焰高！」顏開疆說。「到時候，我們想種多少田就種多少田了。你們想想，我們今年收成這麼好，可我才租了十五畝地。如果我們今年不是租十五畝田，而是租更多的田呢？那我們今年能收多少糧米呀！」

「對對，開疆哥說的對！」瘦狗說。「今年我們要是種多了，那就不得了了！」

「對對，那明年我們就多種一些田吧！」阿江也贊成地喊。「咱們來一起合夥做田！也就是說像農業合作社的那樣子幹了！」

這一天，陳衷紀和張掛、何錦幾個人領著二十幾名船工和挑夫，挑了十幾擔用籮筐裝的布匹和瓷器，浩浩蕩蕩沿著一條小山路走上山去。那裡的高山上全是些小矮樹林子，可是看上去蒼翠欲滴，雲霧繚繞。一些坡地上種了一些稀稀拉拉的穀米。顏思齊和楊天生走在後面，遠遠地殿後。喂喂，衷紀哥，你說我們這是往哪兒去？張掛說。他是臨時被何錦叫上的，他不知道他們要去那裡。張掛，我們去你也去！何錦說。張掛看見他們一行人浩浩蕩蕩往一片青峰走去，大惑不解。我們去那老沙玻寨子，怎麼啦？陳衷紀說。我們去那裡幹嘛？去拜訪那老寨子裡的老沙玻。

「我們是去給他送禮？」張掛說。

「是是，瓷器十擔，絲織五擔，」陳衷紀說。

開臺王顏思齊（修訂版）

「停停！這個事情得問問清楚！我得問問顏大哥去！」張掛說。「我們這是去找那個小土老頭說和？給那隻小老鳥進貢？給他送禮？我們被他嚇怕了？我祖爺爺怎麼的也是三國那會兒的英雄！」

張掛兄弟，這你就不懂了！陳衷紀說。我怎麼不懂了？張掛說。我們想在這裡住下來，我們就得跟人家和平相處。這是有先有後的事。陳衷紀說，人家原本就住在這裡，我們是後來的！我們總得跟人家和氣相待。這跟你家張飛什麼關係？可我們也不能送他禮呀！張掛堅持說。我們來了總是要叨擾了人家。你來了總是要跟人家分地盤。你總不能天天跟人家爭鬥。陳衷紀說，你叨擾了人家，跟人家修修好總是應該的吧！我們給他送送禮，事情不就好說了？他們正缺這樣一些東西，我們就給他送一些東西，他會內心感激我們！

「可那個小土老頭，我看著就不是什麼東西！」張掛說。

「你看他不是東西，他還看你沒什麼東西呢！」陳衷紀說。

「那小土老頭是一隻老鳥！」張掛想到什麼笑起來。「對對對，就是一隻小土老鳥！你看他們身上插了那麼多羽毛！那不是隻老鳥嗎？我真弄不懂他們怎麼要在身上插那麼多羽毛！」

「他插那麼多羽毛是想要飛！」何錦說。

「想飛也得你才飛得起來！」張掛說，「你身上就那麼幾根筋。你走起路來，就是一副水蛇腰的樣子了。你說你想飛不就能飛了？」

這事我問過了，他們身上為什麼要插那麼多的羽毛？那是一種榮耀，一種種姓的榮光。我聽那個漳州人阿瓦什說了，那羽毛是他們射下的鳥兒的毛。陳衷紀接著說。你想想，他們這裡的弓箭那麼差，他們能射下一隻鳥兒多難呀！所以那些鳥兒的羽毛是他們的榮耀。鳥兒射得越多的人，插的羽毛才越多！慢慢的，那羽毛也就成了種姓的榮光！衷紀哥，你懂的事多。我聽說他們這裡人全喝老虎的血，吃老蛇的肉！方勝說。你別小看那個小土老頭，那個小土老頭是個神人！余祖爭著說。我聽說他能隱身行走。你剛剛看著他坐在那裡作著法，可是人突然不見了。他隱身飛走了！喝老虎的血？這有可能，這山上老虎可能多了。難怪他們臉上全塗了血！鄭玉說。吃老蛇的肉？那蛇總在地上爬，渾身滑溜溜的，那肉能吃嗎？

第十七章

「還有呢,還有呢!」高貫說。「我聽說只要讓那小土老頭作起法來,你想見陰間的什麼人,你就能見到陰間裡的人!比如說你張掛。」

「你幹嘛老說張掛!」張掛說。

「你不是總提起你那祖爺爺張飛嗎?這說明你對你祖爺爺是有感情的!」余祖說,「如果說你想見見你的祖爺爺。你去請那土老頭給你做做法。你想你三國的祖爺爺,就能見到三國的祖爺爺!你祖爺爺說不定還請你在陰間喝酒呢!你祖爺爺不也喜歡酒嗎?」

「你知道嗎?他們這裡人全養大蟒!那不可怕嗎?一進門是一條老蛇?」方勝說,「我聽他們說,他們這裡的人死了,還全留在家裡!」

「怎麼可能呢?人死了不是要埋了嗎?」

「人是埋了,可是他們全把靈魂帶回家!」余祖又說。

「那他們家裡不全是鬼魂了?你一進了門,他們祖上的人們全跟你打招呼!」方勝說。

可你們說到死我也不願意,這是咱們中國的瓷器和布匹,全世界全要這種好東西。把這麼好的東西送給他們寨子裡的人?張掛說。那麼一群不懂穿戴打扮的人,一群不明事理的人,我們一上島就給我們臉色看。他們用得上這麼好的碗盆,穿得上這麼好的衣服嗎?你想想,我們以後是要和他們一塊住在這裡島上了。你比他們發達,你懂的事比他們多,你得把你們好的東西教給他,陳衷紀說。以後都是鄉里鄉親了,低頭不見抬頭見,你幫我一把,我幫你一把,大夥兒和和氣氣不是更好嗎?

「我就是沒有一把好刀!我要是有一把好刀,還是讓刀去跟他說話!」張掛說。

「可我是覺得,你送給他布料和碗盆,他們說不定還不要!」何錦扭了一下身子,作害羞狀說。「他們身上不是披幾塊麻布片就行了,不然就蓋幾塊獸皮。我還不敢露呢,可他們的女人全露著大奶子。他們說不定還不要你這東西呢!」

他們不會不要我們的東西。他們只是搞不到。你不知道咱們這些玩意都是好東西!陳衷紀說,你說全世界的人不全喜歡穿咱的絲綢?全喜歡用我們的碗盤?他們不是不喜歡。他們是弄不到。因為他們沒有船可以去運。他們不會不喜歡!他們繼

開臺王顏思齊（修訂版）

續往山上走。可是，他們剛剛上山走了不遠，就被一根根界椿攔住了。顏思齊原本走在後面，這時趕到前面來了。他看見那些界椿很明顯的是剛打上去的，可能前幾天還沒有。他知道，那是老沙坡幹的。他不想讓他們擴大地界。那可能是他替他們設下了的地界。也就是他們不能跨過沙玻族人設定的地界。那木椿上全掛著一些白色的、看過去很磣眼的野獸的骨頭。他帶著那十幾擔禮品還想往前走，剛剛跨過界木，可是馬上有好些箭矢和梭鏢投射過來，插在他們跟前。顏思齊抬起頭來，就看見那一帶小山上突然又站滿了老沙玻的族人。他們全光著臂膀，揮舞著手中的各種武器，「嗚嗚」地吼叫。他們只好站住腳了。

「去告訴你們一下頭人，就說我們首領來拜會他了。我們給他送來了好些禮物，」陳衷紀對那些人說。

「布匹，懂嗎？瓷器，懂嗎？」張掛跟著喊。「裝酒和盛飯的傢伙，全是上好東西！」

這時阿瓦什從對方的人群裡走了出來。

「漢人強盜們，你們只能走到那裡。你們不能再過界了！誰也不准跨過界木！我們頭人沙玻阿爸昨天說了，誰要是跨過界木誰就得死！」阿瓦什說，「我們頭人說了，既然你們要在這住下來，我們也不趕你們走了。這是米芽娜替你們求的情。可你們的地盤只能占到那裡了！」

「可我們想見你們頭人，見你們沙玻阿爸。我們大哥顏思齊不想跟你們爭戰。」陳衷紀說，「我們想與你們和和平平地一起生活，這不好嗎？」

何錦聽說了，像女人那樣扭擺著身子，不管不顧地想跨過界椿去。

「站住！」對方的一個大漢喊。

何錦再往前走，好幾支標槍和箭就全射在他的跟前了。

「站住！沒聽見嗎？」

何錦只好站住了。

「可我們是帶了禮來的！我們是給你們頭人送禮來的。」何錦說。「你們總得讓我們過去嗎！這叫禮尚往來，別不認好歹！」

阿瓦什只好走了過來，顏思齊讓那些挑工把那些籮筐打開，讓阿瓦什看。

第十七章

「那好吧,你們過來幾個。這些擔子就放在那裡,我們幫你們挑了!」阿瓦什說。

第十八章

「你說什麼？你今年想租多少畝田？」郭管家說。

「五十畝！你要是肯我們可以要得更多！」顏開疆說。

這不可能！你一口氣要租下五十畝田？郭管家說。顏開疆第一年獲得好的收益，第二年就準備擴大耕種了。他第一年只種了十五畝，第二年就想種它幾十畝田。第一他有那麼大一幫兄弟，他們可以合夥耕種。第二最主要的是他想擴大經營，擴大收穫。他知道他只有多種田，多收成，他最後才可能成為一個殷實人家，也才可能成家立業。他是沒爹的孩子。他第一年有了好收成，心裡也就有底了。他第一年自主種田就有了那麼大的盈餘，心大手也粗了。他又找到郭家上房去。他把第一年的田租都繳了，家裡的糧倉還有二十石的存糧，底氣也足了。他一開口就向郭管家提出想承租五十畝田。

「小子，你別以為你把田租繳了，你就氣粗了！你想要多少田，我就給你多少田！」郭管家說，「你不想一想，你是個外來戶，你連爹都沒一個！我們郭家本家人多著呢！咱們玉山這一帶原本就人多田少，我怎麼能把那麼多田都租給你？」

「那你去年不是一口氣就租給了我十五畝？」顏開疆說。

「你以為那是郭叔公看上你了？心疼你了？」郭管家說。「那郭叔公是看上你家那兩支玉了！郭叔公想要你的玉，就得多把田租給你了。可你要知道，郭叔公收了那玉是不會再把玉還你了！」

「你這咋說？」

「你那玉值錢，你懂嗎？那玉十幾年前就值六兩銀，現在值十二兩都不止了！」郭管家說，「你那玉又是你那外種爹給你娘的！郭叔公對那兩支玉簪恨著呢！他就想著把那玉收起來，讓你娘連個想念的東西也沒有！」

第十八章

「你們他娘的混帳！」顏開疆開口罵。

混帳？還混帳？你說你一個孤兒寡母怎麼算計得過我們家郭叔公？郭管家說。再說，我們郭家有田也不會全租給你了！想租我們家田的人多呢？我們本家人多。我們家田都不夠租了，怎麼能全租給你？不然這樣吧，你再多租我十五畝田。我們說好了，我先把田租交給你！顏開疆說。你十五畝收我二十二石穀，我就先把二十二石租交了，這樣行吧？你想多租我十五畝田，我得多收你五石穀子！那就得二十七石！郭管家討價還價說。二十七石就二十七石！可這五擔要等到我明年收成了再繳！顏開疆說。那好，我明年再收你那五石穀子。可你今年就得把這二十二石交了？郭管家說。交了就交了！這樣我就一共租你三十畝田了。我原本租你的那十五畝田，我娘用那兩支玉簪押著了，顏開疆說。另外租這十五畝，我先把田租繳了。我就欠你那五石田租，你把契約寫了！

「明年你收成了後還得再繳我五石糧！」郭管家說。「行行。我去問問郭叔公，他答應就行！」

「郭叔公，你說，我們是不是租給他？」郭管家來到上房後院，問郭叔公說。

「租給他，租得越多越好！」郭叔公說。「他租得多，以後欠我們才會欠得多！」
「那就租給他三十畝了？」

「租給他！租給他三十畝！」

「開疆哥，你真的一口氣租下了三十畝田？」小翠娥說。「你會不會租多了？你說你照管得了嗎？」

你忘了？我們是跟瘦狗和阿江他們一塊合夥種的！我們是個合作社你忘了嗎？顏開疆說。這天下午，顏開疆在山場上看著兩頭牛吃草。小翠娥跟他坐在一起放牛。那田是我出面去租的，可種大家來種！我們人多力量大。眾心齊，泰山移！我說，那三十畝田也不是什麼難事。你想想，我們年輕，幾個人一塊兒下地，一天能幹多少活呀！是是，那倒是！以後下田你也算我一個！小翠娥說。我們明年要是再有這樣的好收成，顏開疆說。我們不上幾年，幾個兄弟就全都發財了！

「那對，那你以後成了小地主，我就是個小地主婆了！」小翠娥驕傲地說。

「你說什麼？你成了誰的地主婆了？」顏開疆說。

開臺王顏思齊（修訂版）

「你呀！你成了地主，我不就是地主婆了？」小翠娥說。

「你別想得那麼好使，我成了地主，你就是地主婆了？」顏開疆驚訝地說，「你別想那種沒門的事！我還沒想當不當地主呢？再說，我也還沒想成家的事。我也不知道討誰當媳婦？你怎麼連地主婆都想當了！」

「可我們娘說了……」

「你別總是我們娘，我們娘的！」顏開疆說。「我們娘是我的娘還是你的娘？」

顏開疆，你這個沒良心的！我跟你說了，你這輩子是躲不了我了！你別以為你把田種多了，就闊了，就不要我了！小翠娥說，我小時候就把自己許配給你了。我把自己許配給你就許配給你了！你就是成了小地主，你也得娶了我！

「你以為我真的能把田種好嗎？」顏開疆說。

「我認為你行。神州行，我看行！」小翠娥說。

「可我要是把田種壞了呢？」顏開疆說，「我們沒收多少糧食，我們田裡絕收了？我又變窮光蛋了呢？」

「你又變窮了，我就跟你去逃荒！」小翠娥說。

「我們去哪逃荒？」

「你逃到哪，我就跟到哪！」

「我要是跟我爹一樣，去海上當賊呢？」顏開疆說。

「你去海上當賊，我就去給你當賊婆！」小翠娥說。

我心裡弄不明白，你們高山人怎麼喜歡住這麼高的山？顏思齊說。你們住山下一點不是更好嗎？那裡離海近。我們幹嘛要靠近大海？我們跟海沒相關！阿瓦什說。我們沙玻人大都靠野外的活物為生！山上活物才多！阿瓦什領著顏思齊、楊天生、陳衷紀、張掛和何錦等人朝一片綠色的山嶺走去。那片山嶺筆直豎在他們面前。看過去那片山嶺寧靜而又悠遠。他們只允許他們五個人跨過地界。方勝、余祖和鄭玉與那些挑工只好留在原地。老沙玻族人怕他們進寨子的人太多，對他們形成威脅。顏思齊發現那些山嶺跟老家漳州和龍溪的那些山嶺差不多一樣，都是一片山清水秀的模樣。他們身後跟著那十幾籮筐布匹和瓷器。現在挑那些擔子的全換上老沙玻族人了。他們爬上了一個越升越高的高坡，可是前面還是一層層的山，然後

第十八章

　　拐進一條山溝。那裡地勢變平緩了。他看見山坳那邊，坡上坡下豎著幾十個大大小小的茅寮草棚，形成一個村落。那是一些古怪的搭建物，有的還有兩層。那些寮棚全用厚厚的棕櫚葉子當棚頂，用木樁圍起來當牆。雖然原始簡陋，可是結實牢固。他們剛靠近寨子，看見那裡有幾個赤身裸體的孩子在玩耍。一個身上只披了幾個布條，露出一隻碩大乳房，端著一籮筐野果的中年女子，看見他們愣了一愣，轉身快步往寨子裡走去。好像急著要去告訴誰什麼。那隻大乳房上下晃蕩。接著就有好些男人手持棍棒，從那些寮棚裡衝了出來。那些族人看見他們，又「嗚嗚」吼叫起來。小老頭沙玻阿爸這時才從一個大寮棚裡出來。他手裡仍然握著那把寶劍。他把那劍一擺，那些人的吼叫聲才停了下來。

　　「就是那個小土老頭嗎？我們給他送什麼禮？我過去給他一個手起刀落算了。手起刀落事情不就了結了？」張掛跟顏思齊說。「我可幹不來這種事情，給那群土包子送禮？那可都是些上好的瓷器和布匹啊！你拿好東西給他們，他們也不會領你的情！」

　　「你別胡說了。我們是想跟他們和平相處，」陳衷紀說。「我們這不是去求情，我們是去向他們表示我們漢人喜好禮尚往來。」

　　沙玻阿爸，他們來了，漳州人阿瓦什說。阿瓦什看見老沙玻，緊走幾步，走到那老人跟前。他跟他說了一會兒什麼，然後轉身朝那些挑擔子的族人揮了一下手。那些挑擔子的族人走過去。老沙玻看了看那擔子裡的布匹和瓷器，轉身往寮棚裡走。阿瓦什朝顏思齊幾個人招招手。他們跟著走進那寮棚裡去。那寮棚很大。估計那是他們寨子最大的一個寮棚了。為了顯示老沙玻的尊嚴和富貴，寮棚裡到處掛著獸皮和翎毛。那裡面擺放著一些簡單粗糙的桌椅。走進寮棚後，他們起先站著，老沙玻傲慢地擺一下手，算是請他們就座。

　　「我看得出來，這些人是在哪裡遭難了。他們也許在海上遇上了什麼不測，不然就是在哪裡犯事了。他們有那麼多的大船。他們落難了才逃到我們這裡來！」老沙玻跟阿瓦什當著顏思齊的面公然商議說。「他們沒地方去了，才來了這裡！按理我們不能留下他們。鬼知道他們想幹什麼？他們會給我們帶來什麼？再說，這裡是我們的地兒，他們來了，總會占了我們的地兒！」

開臺王顏思齊（修訂版）

「沙坡阿爸，我知道他們都是些漳州人，也就是過了海那邊的漳州人，」阿瓦什說。「你知道我也是漳州人。我想他們也許會給我們帶來一些好東西⋯⋯」

「他們也是漳州人？」老沙坡很顯然對漳州人有好感。

「對，那是他們的那個頭顏思齊告訴我的，」阿瓦什說。

「我們才不要他們的什麼好東西。我們自己的好東西才多呢！我們有這麼好的寮棚住，有自己的穀米和地薯吃，我們山上有的是野物！」老沙坡自負地說。「我才不要他們的好東西！我只是覺得他們人少。他們不敢侵犯我們，也不敢做什麼對不起我們的事。另外他們可能在這島上也住不長久。這裡沒有他們要的東西。他們連女人也沒有。他們可能住一陣子就會走了吧？」

「是是，我也這麼想！」阿瓦什說。

「還有就是米芽娜，這個傻女兒，她怎麼收了人家那麼多的衣物！」老沙坡繼續說，「在我們寨子裡，收了人家貴重的禮物，她得拿最好的心意回報人家。我看她拿什麼回送人家？」

「那沒事。那是他要送給她的。她不收也不行，」阿瓦什說。「他們今天不也給你送那麼多的布匹和瓷器？」

「那不一樣，他送給我是送給寨子！他送給她那就是另外的事情了！」老沙坡說。「米芽娜女兒也要我留下他們。這傻女兒可能被他收買了！我看我們就留下他們算了！可你跟他們說，他們的地界只能到我們定下的界木那裡！他們要是跨過了界木，我對他們就不客氣了！」

顏大首領，我們沙坡阿爸原本不要你們送的東西，阿瓦什說。他走到顏思齊面前。我們的東西比你們多的是！我們吃的穿的用的都有！他同樣自負地說。老沙坡跟阿瓦什商量好後，在中間的那把椅子上坐下，實際上那只是個木墩。阿瓦什從外面叫了米芽娜和幾個女娃，用幾個大陶碗給顏思齊他們敬上一種不知用什麼樹葉熬的茶湯。米芽娜給顏思齊端茶時，用一種不知不覺的悄悄的帶有羞澀和關注的眼睛，看了他兩眼。我們沙坡阿爸原本也不想讓你們留下來，阿瓦什又說。我們有很多人。我們的武器都很好！我們只要把島上寨子的人們全叫過來，一下子就把你們打敗了，把你們趕走！顏思齊沒說什麼，只是感到心裡好笑。可是沙坡阿爸想你們

第十八章

也許沒地方可去。他說你們肯定是在哪裡犯了事了。你們是落難了才到這裡來。他估摸你們也不會住長久。米芽娜女兒也幫你說情，所以他才同意讓你們留下來，可是你們的地界只能到那些界木那裡！

「可那地界太小了，」顏思齊說。

「就到那裡了，我們不能多給了！那是我們的地界，是我們送給你的！」阿瓦什說。「我們沙坡阿爸還說，你們要是不守規矩，過了那地界，沙坡阿爸的寶劍和我們寨子的箭，什麼人也不認！」

阿瓦什說完，老沙玻揮了一下手，表示送客。顏思齊他們彎著腰從寮棚裡出來。我他娘的張爺爺從來想到哪裡就到哪裡，他怎麼能給我們設了地界？我連大日本都去了三個來回了！我只要帶著刀，誰也不敢阻攔我！張掛氣憤地亂嚷嚷說。我想給誰一個手起刀落，就給誰一個手起刀落！我們還給他們送了那麼多的禮！我祖爺爺在三國的時候說過江就過江了！我張爺爺就不能過了這片海？別跟他們說了，以後再說！陳衷紀說。我們現在人少，先讓著他們一點。顏思齊和陳衷紀他們都要離開那個寨子了，何錦突然拉了拉他，他回頭才看見何錦示意地看他，暗示他往回看，他才看見米芽娜躲藏在一棵棕櫚樹後，站在一片柵欄後面，正用一對默默的好像會說話的眼睛看他。她穿了他送給她的一件漢服，身上赤裸的部分全掩起來，看上去文靜，而且亭亭玉立。

「顏大哥，她站在那裡好像在看你，她好像想跟你說什麼？」何錦用嗲嗲的嗓音說，「她好像跟你有情意了，想跟你相與了，說不定她還想嫁給你呢！大哥，你要是娶個土生土長的土女娃，那也是上一輩子修下的好大的豔福哇！」

「你胡說什麼呢！我們上島才幾天！這話不能亂說，」顏思齊認真地說。可他想了想。「不過，我剛才聽漳州人阿瓦什說，她也幫我們跟老沙坡說了情。我看我們送給她那些衣物送對了！我們先留下來。這種事情不准亂說！」

娘，我看我們過不了這個坎了！顏開疆跟小袖紅說。顏開疆租田種糧的第一年獲得好的收成。他不僅把當年的田租繳了，還盈餘了二十多石糧食。他又拿那二十多石糧食多租了十五畝田。這樣他一共租了三十畝。他租了三十畝地當然有他的根據。首先他有那麼多兄弟。他答應他們合夥耕種，然後各自分成。另外他們可以精

開臺王顏思齊（修訂版）

耕細作，把田種得更好，收成也就更多！可他沒想到的是，第二他就碰到了閩南地區幾十年不遇的旱災了。那一年海澄縣整整一百三十幾天沒下一場透雨。蝗蟲滿地，赤情千里。他那時一心一意想把農田營生做好做大。他知道他只有把田裡的營生做好了，他才可能改變村中卑屈的命運。結果那年他的三十畝水田全部失收。當時一場旱災就可能導致大批的農民破產，可以使一個縣的農田顆粒無收。因為當時抗旱的能力很差。這天，郭叔公在他的上房大廳裡閒坐。他又坐在那把太師椅上。他又把郭管家找了去。郭管家走到他身旁，正想跟他說什麼，郭叔公連連向他擺手。他又要讓他幫他撓背，又遞給他那把撓子。

「慢點，我的背又癢癢起來了！你先幫我撓撓！」郭叔公說。「管家，你有沒有看見？今年顏開疆那野種過不了坎了！」

「他怎麼過不了坎了？」郭管家說。

「你沒看見我們租給他的那些田坡地都高？那田離九十九灣又遠！」郭叔公說。「天這麼旱，他又引不了九十九灣的水，他那田澆不上水，你說他今年過得了坎嗎？」

九十九灣是海澄縣下游的一條灌渠。整個海澄縣的農田全靠那個灌渠澆灌。顏開疆的田離那九十九灣遠，天一旱，澆不上水，那田就全乾了。癢癢！好癢！你快使勁點！我背都癢死了！郭叔公說。你能不能使勁點撓？你都要把我癢死了！叔公，我真使了吃奶的勁了！這樣都撓不了你嗎？郭管家說。他站在他身後，使勁地撓。我想你可能是皮太老，太厚了，才這麼難撓！

「你說的對，顏開疆今年肯定死了！」郭管家說。「他那田都高，離灌渠又遠！那他今年註定旱死無疑了！」

「我跟你說，他的田旱死，就繳不了租了，他娘的那兩根玉簪就不可能要回了！」郭叔公說。「那天他說要租三十畝，你還不肯。我就說租給他！他租得越多，虧本就會越大。我去年就跑了趟漳州府了。我到翡翠堂去讓他們估了估。那兩根玉簪二十兩銀都不止了！」

「現在我知道了，我明白了！」郭管家說。「他田全旱死了，我們那兩支玉就不還他了！」

第十八章

「你說那三十畝田的田租哪值二十兩銀？」郭叔公說。「另外他又事先多交了二十二擔田租了！這一下他註定破產無疑了！」

「東家上算，東家上算！東家，你真是能人，你真是上算！」郭管家說。

我不是能人，我只是背有點太癢了！你快！快快！快快再撓，郭叔公說。郭管家，你也說我皮老，皮厚了？而我心頭最解氣的是，那玉簪是那小寡婦相好的臭裁縫送她的。那會兒我想把她納為偏房，可她偏偏跟那個小臭裁縫相好！她是我的侄媳婦，可我是想把她納為偏房！你說我扒灰就扒灰！可我扒灰沒扒上，倒是讓那小裁縫得手了！現在好了，那兩支玉簪落在我手裡了！我把她的心愛之物奪了！我就是要讓她連個想念和記掛的東西也沒有，這才解了我的心頭之恨！

「叔公，你是不是還想她呀？」郭管家說，「你要是想她，你就把她納了吧？她現在還是你的侄媳婦！」

「你不是也說我人老了，皮厚了？」郭叔公說。「她現在也人老珠黃了，我也幹不動了！」

「癢癢！快撓！」郭叔公接著又說。

「叔公，你是要我把你的老皮撓破了嗎？」郭管家說。

「知縣不能來了嗎？知縣來不了了！怎麼來不了了？」金地主說。「那天我們不是跟他說好好的了？」

「知縣昨天中暑了！」陳鄉紳說。

「怎麼中暑的？」

「他正在坐堂，突然臉色青黃，口吐白沫，」陳鄉紳說，「手腳搖動，就倒在大堂上起不來了！」

那黃貢生呢？金地主問。黃貢生老得不成樣子了。陳鄉紳說，他躺在家裡的大床上還氣喘不止。你用轎子去都抬不動他了！金地主和陳鄉紳領著一群身著青衣的地方名士，在城隍廟前著急。這天海澄縣組織了個特別大規模的求雨祭天儀式。祭祀需要一兩個身分特別大，特別有來頭，起碼官居七品，或者家有萬貫家財的重量級的人主祭，這才感動得了卜蒼。可是知縣中暑了，黃貢生臥床不起。城隍廟前的大場子裡人山人海。到處豎著一些書有「蒼生有願」、「普降甘霖」等字樣的旗幡。

251

開臺王顏思齊（修訂版）

一張大供桌上擺滿供品。這不行，你這海澄縣一百來日沒下雨，這收成就毀了！金地主說。咱們來了這麼多人，可是頂事的人太少了！我再去幾個鄉紳人家看看，不然找個年紀大點的也行！陳鄉紳說。你祭天沒有幾個大貴人，哪裡感動得了天地！不然你主祭吧？還是你主祭吧？你就別推了！你沒看見我都忙得滿頭大汗了？

「來了，來了，你看誰來了？」人群裡突然有人喊。

金地主和陳鄉紳扭頭看見，郭叔公白髮蒼蒼坐在一台小轎子上，正從鄉下那裡往縣裡走來。這回來了個主事的了！陳鄉紳說。他的家世背景也夠了！金地主喜出望外說。陳鄉紳遠遠地趕過去，把郭叔公攔住了。

「郭族長，住腳，住腳！」陳鄉紳喊。

「你這大日頭底下喊我什麼呀？」郭叔公不滿說。

「我們就要你多加一柱高香了！」金地主說。「你是我們這裡的大貴人。你是我們這裡的大戶，家有奴婢成群，良田千畝。」

你們在幹什麼？你們聚這麼多人幹什麼？你們求雨啊？郭叔公說。這倒是好事一樁！我獻隻豬頭吧！你只要跟我們一起朝天一跪，我就不信老天不開眼了！陳鄉紳說。可我不行，我正要上一品居茶館裡去！這日頭太大了！郭叔公仍然坐在轎子上不動。那裡有人等我，我們有要事商量。這求雨的事，還是你們來吧！蔡族長，你家裡的田沒旱吧？金地主生氣問。旱呀，怎麼沒旱？旱那也沒辦法呀！蔡叔公說。只是我家的田全靠著九十九灣。只要把九十九灣的水一車上來，我就旱不著了！沒靠灣的都租人了！可這是海澄縣的事！全海澄縣的事！金地主說。你不替你求，你也替別人求！天機！天機！今年的旱像是一個天機！郭叔公說。我昨晚夜觀星像了！那你是巴不得不下雨了？旁邊一個鄉紳也說。你知道我海澄縣裡有兩個米店！郭叔公驕橫地說。我才不管他下不下雨！你田都旱死了，米價就漲了，不是嗎？幾個災民怒目橫瞪，幾乎想舉起扁擔狠捧下去了。

「失陪了，失陪了，這麼大熱天氣的，我晒不起這麼大的太陽，」郭叔公說。他邊作揖告辭邊讓轎子抬走了。「告辭了！告辭了！改日有好茶再奉獻你們諸位一壺！」

「郭族長，那這麼說，你就是只想自家的田糧，不管別人顆粒無收了嗎？」張舉

第十八章

人也說。「這是廣濟蒼生的事,你就這樣冷眼以對?」

「你知道嗎?這天旱不旱跟我無關了。就這麼旱的天,我也已有二十幾兩的銀子到手了!」蔡叔公故意裝一種超然物外的樣子說。「你們記得以前那個小袖紅嗎?她開滷麵館,跟一個小裁縫相好上了。那小裁縫送她的兩支翡翠玉簪都在我手裡了!那兩支玉簪已值二十幾兩的銀了!」

那你走吧,不用告辭!金地主等人只好讓郭叔公走了。他們幾個地方名士領著眾人開始舉行祈雨祭祀。他們幾個人站在供桌前。金地主揮了一下手,人們抬著整豬整羊繞著人群走了一圈,然後擺在另外兩張供桌上。這樣人前的三張供桌就全擺滿了貢品了。金地主、黃舉人、李員外和陳鄉紳等人每人燃起一炷高香,朝天祭拜。金地主在嘴裡念念有詞,遙祭蒼皇,然後跪拜下去。祈雨的人們齊刷刷跪伏在地。幾個道士在供桌前做起了法術。城隍廟前那個大青石香爐香煙繚繞。人們連連參拜,為了表示虔誠,有的人長跪不起。太陽很快地照得人們大汗淋漓。那幾個做法的道士搖著一把青白大幡,鐘鼓齊鳴。一個道士搖著蒲扇,另一個道士舞著劍,在口中念著咒語。

「蒼天在上,廣濟桑田。解我旱像,普降甘霖啊!」金地主領頭喊。

「蒼天在上,廣濟桑田。解我旱像,普降甘霖啊!」眾人跟著又喊。

毀了!天這回毀我了!顏開疆挑著一擔水走到田裡,把水倒進去。他看見田裡冒起一股青煙,水馬上被田吸幹了,並且發出「滋滋」的響聲。他不由抬起頭,看了看天。毀了,天這回天毀我了!這是幾十畝的水田啊!小袖紅背著一捆豬草從坡下一條小土溝裡走上來。

「疆兒,我跟你說,你就別往田裡倒水了!」小袖紅說。

「不澆那田怎麼行呢?那田不是乾得更快嗎?」顏開疆說。

「你想想,那麼幾十畝水田,靠你這麼挑水,哪夠田喝呢?」小袖紅說。

「那怎麼辦?」

「我說,你下坡到河邊去走一走,看看哪裡離水近,離九十九灣近,」小袖紅說。「哪裡離水近,我們就從哪裡挖溝。我過後去跟人租架水車,你把你那些兄弟全叫來,我們連夜車水,說不定還能把田救回一些!」

開臺王顏思齊（修訂版）

　　我覺得我娘說得對，我們就從這裡開挖。我們只要能把水引過來就行！顏開疆在九十九灣邊找到了一個近水的地點。他領著瘦狗、赤皮等一些人開始挖起了渠溝。那是一個較低的坡地，離九十九灣比較近。九十九灣是海澄縣從九龍江裡引進的一條灌渠。只是在顏開疆找到的提水點中間，隔著郭叔公一個本家的一塊田。那片田靠水近，不缺水。但他們開挖的那條小渠得經過那塊田裡引水，才能將水引進自己的田裡。他起先以為那沒什麼，不就透過別人的田過一下水嗎？鄉里鄉親的，總不會連過一下水都不肯。再說他透過那人的田過水，同樣幫他澆灌了田。這對過水的田只有好處沒有壞處，所以他們就開始大膽開挖了。可他們正挖著時，郭管家就領著一大群人來了。

　　「你們在那裡挖什麼？那是我們家姪子的田。」郭管家說，「你們怎麼不聲不響就在那裡挖管道了？」

　　「我這裡挖了對你們沒什麼不好呀！」顏開疆說。「我們往上車水，你的田我灌了，我的田也灌了。」

　　「我們的田靠河，我們不缺什麼水！」郭管家說。「你讓水從我們的田裡經過，那就不對了！為什麼呢？這叫肥水不流外人田！」

　　「郭管家，你怎麼說這話呢？我這田也是從你家上房租來的！」

　　「這我不管！」

　　「你總不會眼睜睜看著我的田旱死了吧？」

　　「你家田旱死了跟我什麼相關！」

　　現在我明白了，他們這是見死不救呀！顏開疆知道蔡家是故意為難他了，把手裡的一把鐵鍬往地裡一插，仰天長嘆一聲。他們只好又沿著河邊走，繼續尋找提水點。他們很快又找到了一個提水點。那提水點離他家的田遠了好些，開挖的渠溝要遠了好些。但只要能把水引過去就好了。他們很快地開挖起來。顏開疆知道他只有保住那三十畝田，他才可能在老家海澄繼續生存。那三十畝稻田毀了，他也就完了。那三十畝田只要一年絕收，他也就意味著破產了。因為他再也租不起田，種不起稻了。他們家也不可能再有什麼抵押物了。他再無翻身之日了。可是他們正挖著時，郭叔公親自帶了一批更多的人來了。你們上去，讓他們馬上住手！郭叔公說。

第十八章

「你這個外種！你沒看見你身後那裡是一個墳嗎？」郭叔公說。「你怎麼拿起鋤頭想挖就挖了！你開管道是想澆田，可你怎麼不想想，你那挖的是我家的祖墳！」

「郭叔公……」

「你別叫我郭叔公！我不是你的什麼叔公！」

「祖墳？這個是你家的祖墳？」顏開疆無可奈何說。他看見他們挖的渠只是從那墳前繞過。「我不知道那是你家的祖墳，再說，我們也沒碰到你家的祖墳呀？」

「碰到墳？你還想在這裡活？」郭叔公說。「你從我家墳前開了個溝，就破了我們家祖墳的風水了！你是不是還想挖墳啊？」

郭叔公讓他們把那條溝渠填起來。

「這裡的地誰也不能碰！」

娘，我看我們的田保不住了。我的心太大了！顏開疆說。我都沒說你心大，你倒說自己心大了！小袖紅說。你心不大能做大事情嗎？顏開疆最後只能領著他的那幫兄弟在一個小池塘邊踩水車車水了。那是一架很古老的木製水車。他們用水車慢慢地把水提起來，澆進他的田裡。他們最後把水渠開得很遠，而且只能接到一個蓄水很少的小池塘。九龍江水在遠遠的地方流。那池塘的水很快就被他們車乾了。他們得等那個小池塘又慢慢蓄上水。天氣仍然炎熱，萬里無雲。小袖紅給他們擰著毛巾。她擰了一次遞給他們一個。顏開疆、瘦狗、阿江和赤皮不停地輪流爬到水車上面，扶在扶欄上，用腳踩著水車。水車的木葉提了水往上走，可是倒進水渠裡只是一條小小的細流。

「娘，這麼少的水怎麼夠呢？」顏開疆說。

「就看老天開不開眼了！」小袖紅說。「你沒聽說縣上金地主他們都在祈雨了。我看老天也該下些雨了？」

「他們是不是故意不讓給我們水了？」顏開疆說。

「你是說郭家上房？」

「開疆哥，你下來，我上去踩一會兒！」小翠娥說。「踩這水車我行！」

「去去，你回去，你家那幾畝田也旱冒煙了！」顏開疆說。

「可你這邊有我的份子，我那邊有我的父母！」小翠娥說。

開臺王顏思齊（修訂版）

「我心裡想他們是故意要旱死我們！我們經過他們的田引水，他們不肯，」顏開疆說。「我們另挖一條溝，他又說傷了他家的祖墳。他們不是存心不給我們水嗎？」

「這不會吧？我們租的田也是他們家的田，」小袖紅寬厚地說。「他們讓我們缺水絕了收，對他們有什麼好？」

「娘，你別把人心看太好了！你忘了？我們有兩支玉簪在他們手裡。」顏開疆說，「我聽那個郭管家說了，那兩支玉簪比這一年的田租還高。他讓我們絕了收，那兩支玉就是他們家的了！」

「你是說他是故意不還我們那兩支玉了？」小袖紅說。

「我想差不多是！所以他就不讓水給你了！」顏開疆說。「我還聽郭管家說，他故意不把玉還給你，因為那玉是我爹給你的！」

「沒錯，那玉是你爹給的！那可不行，他還沒走，那玉就值六兩銀子了！」小袖紅突然想明白了。「現在，我們只好拚命把田救回來了！我們把田租給他繳了，他就奪不了那兩支玉了！」

「開疆哥，你下來，還是我上去踩一會兒！」小翠娥說。「我踩起來不會比你慢！」

「去去去！我這麼踩都不行了。那田水都喝不上了！」顏開疆說。「這是田裡鬧旱的事，你以為是鬧著玩的？」

娘，你說這五香就是這麼做的嗎？這滷麵就是這麼開的滷？小翠娥說。我年輕時就是這麼賣的滷麵！小袖紅說。我就是這麼做的五香和滷麵！小袖紅那天看見天已過了半下午。她把小翠娥叫上回了家。我們來給他們做一道好點心。我來給他們做一個五香滷麵吃！小翠娥那下午再也沒跟顏開疆說話。你就知道整天對我橫鼻子豎眼！她橫了他一眼說。好像你的事不是我的事！小袖紅一叫小翠娥就跟她回了家。

「娘，你這五香滷麵怎麼做的？」小翠娥問。

「你想學嗎？你能做好嗎？」小袖紅說。

娘，你真的也覺得我笨嗎？開疆哥就是嫌我笨的，小翠娥說。娘什麼時候說你笨了呢？小袖紅說。可是開疆哥不讓我叫你娘，小翠娥說。他就是覺得我笨。他從

第十八章

心裡嫌我。女兒,你別發愣了,開疆哥怎麼會嫌你笨呢?小袖紅說。他是心氣大了。他想早點發個家。他為那三十畝田操心!你想學這個五香滷麵的做法,我教你。小袖紅教起了小翠娥學做五香滷麵。其實這沒什麼,就是一些肉絲兒。你調上一些粉,往裡面加一點蔥。你拿豆皮包了,放油鍋裡炸,這五香就成了。那滷麵就更快了,就是開個滷⋯⋯

「來咧,五香滷麵,五香滷麵!」小袖紅學著以前的唱腔喊。「海澄滷麵!海澄滷麵咧!」

這滷麵就我們龍溪、海澄一帶有!過了同安就沒了。他們那裡主要賣一種肉粽,還有封肉。說起封肉我才想起來,現在海澄縣私塾裡還有一個先生,叫徐先啟先生。他跟開疆他爹那時候就是好朋友。他們總是在一起喝酒。那徐先生就好一個同安封肉。小袖紅在油鍋裡炸著五香。這麼一說,我就想得更多了。你知道嗎?以前開疆他爹就喜歡吃我做的滷麵。他說這吃滷麵也有大講究。他說吃滷麵要大口大口地吃,唏哩嘩啦地吃!小袖紅想起什麼,臉上漾滿微笑。不能像小女子櫻桃小口地吃,要獅子大開口地吃。他一吃就是五大碗。他還不讓人一碗一碗地打,他總要我五碗一塊兒打了吃!

「娘,開疆他爹肯定很俊!」

「他俊。他還是個大爹,好爹!」

開疆,我看我們不管了!我們還是把那條水渠挖了吧!瘦狗說。我跟他們同姓,可我怎麼沒聽說過那是我們家的祖墳!挖吧,不管了!阿江說,救田如救火!我們總不能眼睜睜看著這幾十畝稻田廢了!我看也只好這麼辦了!顏開疆最後說。那天下午他們繼續踩著水車。顏開疆不停地抬頭看看太陽,天空仍然萬里無雲。他和瘦狗、赤皮踩著水車,踩著踩著水車車不上水來了。他回頭一看,那池塘裡的水又乾了。那口池塘太小了。他們把池塘水車乾後,要等那池塘的水蓄起來,起碼還得等半天。可是田裡正在枯黃下去。顏開疆和瘦狗幾個弟兄又走回那個老墳前。他們在墳前燒了炷香,然後就又開挖起那條水渠來了。小袖紅和小翠娥這時從村裡挑了點心來。

「開疆!快住手!挖那條渠溝不行!」小袖紅看見那幾個兄弟又在挖那條透過

開臺王顏思齊（修訂版）

老墳的水渠，連忙喊。「這條管道開不得！你開了就得罪村裡人了，懂嗎？你不管那是不是祖墳，郭叔公說是祖墳就是祖墳了。你挖了，這全村的人就跟我們過不去了！」

「娘，那你說，我們就眼巴巴看著那幾十畝水田黃了嗎？」

要挖也得挖那條透過郭管家本家田裡的那條水渠。挖那條渠灌了我們的田，也灌了他們的田！小袖紅說。他們鬧起來，我們的道理也說得通。挖那條溝得罪的人會少！可那條渠他也不讓挖呀！顏開疆說。我們先挖了，把田先灌了！小袖紅說。等他們不讓挖了，我們再跟他說說情！這田怎麼也是上房的田，再說挖這條渠對他們只有好處，並沒什麼壞處！他們很快地挖好了一條水渠，把水車扛了過來，正要把水車裝上去。郭管家就領著一大群人來了，其中有好些是郭家家丁，還有郭家的一些佃戶和長工。

「顏開疆，你個外種！我不是跟你說了，那渠我不讓挖！你們怎麼挖了？」郭管家說。

「郭總管，你就行行好，你的田就讓我們過一下水！」小袖紅走上前去求郭管家。「我們的水從你田裡經過，我那開疆兒就有日子過了！」

「不行！這是我們家的田。我讓過不過水是我的事情！」郭管家說。

「郭管家，那你是存心讓我們破產嗎？」顏開疆喊。

「你破不破產是你的事情！你有沒有飯吃跟我什麼關係！」郭管家說。

郭家總管，我求你了！你就行行好！小袖紅說。我們是同一個村子的，這田也是跟你們郭家上房租的！你知道，這救田如救火！你只要讓我的渠溝從你田裡過水，你就是對我們的大恩大德了！小袖紅扯下臉皮求起來。我家那三十畝地就有救了！你知道我家疆兒就這一回了！他那三十畝田毀了，我們就沒日子過了！

「這我們不管！」郭管家說。

「就這麼借你的田過一下水都不肯嗎？」顏開疆走到郭管家面前。

「你想幹什麼？你想幹什麼？」郭管家喊。「你想動手嗎？你敢打我嗎？」

「開疆！你別！我們別！」小翠娥跑到他面前攔住他喊。

顏開疆轉過身，招呼了一下瘦狗、赤皮和阿江。

第十八章

「把水車給我搭上！我就不信他連水都不讓我們過！」顏開疆說。

他們很快地把水車搭起來。他們爬上水車開始踩水了。郭管家把手一揮，郭家的那一群家丁和長工全衝了過來。顏開疆他們雖然人少，可是一個個年輕力壯。雙方就在九十九灣河邊打了起來。

「都給我上去！出了人命郭叔公替你們頂著！」郭管家說。「有棍子的使棍子，沒有棍子的使扁擔！」

顏開疆赤手空拳跟郭家的幾個家丁打起來。他徒手擋開一根棍子，又擋開一根棍子。他逼近一個家丁，伸手接住一根棍子。他把棍子一拖一推，那家丁往後跌倒在田裡。他聽到耳邊有一個風聲響過，轉過身就又接住了一根棍子。他把棍子奪過來，一個橫掃，掃倒了三四個家丁。

「反了！反了！那個窮寡婦的兒子反了！」郭管家喊。

「田旱死了，反正也沒得活了！」顏開疆咬牙切齒喊。「我就借你一個田過路你都不肯！我還租你的田啊！」

那邊瘦狗、赤皮、阿江和趙東升也跟郭管家打起來。

「你不認我們這些本家，我也認不得你了！」瘦狗喊。

「開疆哥的三十畝田也有我的份！」赤皮也喊。「你不讓過水，我那份子也沒了！這活路沒了！我也不求你了！」

「你們敢動開疆哥，我就動你！」趙東升喊。

田裡一片混戰。郭家上房雖然家丁眾多。可顏開疆幾個年輕人全身手不凡，而且年輕氣盛。郭家幾個家丁和長工被打退了後，他們爬上水車又開始車水。這時郭叔公領著更多的族人來了。

「誰敢讓他的水過我的田，我就打！」郭叔公喊。「你們都給我上去，好好揍他娘的那個外族的野種！」

那群村人和家丁上來就打開了。顏開疆把一根棍子使得像蛇一樣，在空中亂閃。他幾乎沒使過一回空棍子。那棍子不是點在對方家丁的印堂，就是打在對方的腰間。瘦狗幾個兄弟決心護他，也跟郭家家丁混戰起來。雙方打得更厲害了。可是郭叔公帶來的人太多了。小袖紅怕孩子們吃虧，勸孩子們別打了，退下來走開。

開臺王顏思齊（修訂版）

「算了，我們就不要那田了！我們就讓田旱死吧！」小袖紅喊。

他們剛剛離開水車，郭叔公就讓人把他們的水車推倒在地，把水車櫃子和車水葉子全打爛。那水車變成了一堆碎片。顏開疆和他的幾個兄弟退到那塊田地的邊緣，看見郭叔公的人在砸他的水車，又想衝上去。小袖紅把他拉住了。

「算啦，我們就當沒種那三十畝田了吧！」小袖紅說。「我們就當我們家破產了！」

「要知道我們當初不租那麼多田就好了，」顏開疆說。

「疆兒，這哪是你知道的事情！」小袖紅說，「你哪知道今年會鬧這麼大旱啊？」

顏開疆第二年租種的三十畝水田全部失收。他為了租種那三十畝稻田，把上一年的收入全投了進去。這一失收就意味著他們家所有的投入全部喪失。可我們要是不租那麼多，我們去年的二十幾擔穀子不是還留著？開疆，我們不說後悔話！小袖紅說。該虧就虧了！那沒什麼！可是娘，我們不是什麼都沒了嗎？顏開疆說。我們這一下子全破產！到了晚糧收割完了的時候，郭管家仍然帶了家丁到他們家來收租，因為他們還得付郭家上房五石田租。

「這年頭你們還收租呀？」顏開疆說。

「你租了田當然得交租。這是天經地義的事情！」郭管家說。「哪有你租了田，你田裡沒收，田租就沒了！那以後誰敢租你田！」

「郭管家，那回是我們家孩子不好，是開疆不好，跟你們頂撞了起來！」小袖紅這時候插進來說。「我說郭總管，你還是行行好，你回去跟郭叔公說一聲，說我們家今年失收了。田租等明年收成好了，再一起給吧！」

「那可不行。你明年收成要是再不好呢？」郭管家說。「你當年的田租就得當年交！再說，你明年還有沒有田種都不知道了呢！」

那好吧，我那邊倉櫃裡就還有幾顆糙米了，你們拿走吧！顏開疆說。別的就沒有了！我和我娘連吃的都沒有了，你看著辦吧！你今年交不了租，明年就沒田種了！郭管家說。收不到租，我們家上房就把田收回了！可我娘還有兩支玉簪抵押在你們那裡！顏開疆喊，那可是很值錢的兩個首飾！你交不了租，那兩支玉簪你就拿不回了！郭管家說。你忘了我們寫了契約？你的意思是說，我們要是沒田租繳，那

第十八章

兩支玉簪就沒了？顏開疆急起來說。那租約是這麼寫的！郭管家冷若冰霜地說。那租約上怎麼寫的，就怎麼辦！

「可那玉簪是我娘的。」

「那玉簪是你娘的，也是你的！」

「那玉簪值的不止這麼一點田租吧！」

「這我就不管了！那玉簪值不值錢，我不知道！」郭管家說，「你想要回玉簪，你把田租交了！」

開疆，你別再跟他們說什麼了！顏開疆還想再說什麼，小袖紅把他止住。那玉簪娘不要了！小袖紅說。可那玉簪是爹給你的！顏開疆說。你爹給我的，也是給你的！小袖紅說。他們正說著，那郭管家還不善罷甘休。不過，你家裡田有沒有收成，我也不知道。我們得到田去看看！郭管家說。你那田裡真的顆粒無收嗎？我那田裡黃成那個樣，你又不是沒看見？顏開疆說。可我們也得去看看，你要知道，我們郭家上房就是講一個狠字，郭管家說，除非你顆粒無收，不然你收多少，我們就得收多少！我跟你說了，你們郭家就是狠！你們上房那回田如果讓我過過水，我那三十畝稻田可能不會絕收！顏開疆說，可你們上房心太狠了，你們心狠手辣，你們設計了，想讓我破產！你們不肯讓我從你們家的田過水，你們也沒什麼好吧？

「可絕不絕收我也得去田裡看看！」郭管家不罷不休說。

顏開疆就帶著郭管家和幾個家丁往田裡走。他們走到田中間，看到那成片的稻田真的顆粒無收。田裡是一片焦黃的稻草。

「你看見了吧？就這田！」

小袖紅這時不知從哪裡點了兩支火把，從村子那邊走來。她把一支火把遞給顏開疆。

「郭管家，我那玉簪就不要了！就歸你們上房了！」小袖紅說。「疆兒，我給你一支火把，你到那邊去！我從這邊點起，你從那邊點起！我們來把這片田燒了！」

「什麼什麼？你們想幹什麼？」郭管家喊。「我們快跑！這娘兒倆瘋了！她想把我們燒死在田裡！」

顏開疆母子倆一個從一邊把那片乾枯的稻田點燃。

開臺王顏思齊（修訂版）

「走走，快跑！」郭管家喊。「你們這是幹什麼？你田不種了，也不能把田燒了！」

「你不是不相信我們家田真的沒收成嗎？我就把田燒給你看！」小袖紅不由快活地笑了起來。「這是我們家租的田。我們把田點燃了，圖個熱鬧，不行嗎？」

第十九章

　　這就是我們沒想到，沒料到的事了！顏思齊在嘴裡喃喃說。一官弟，你說你都看見那邊的山和那邊的地了？對對，我那天巡海都看見咱們內地那些山和那些地了！鄭芝龍說。我估摸我們這裡離我們原本的老家內地也就二三百里遠！顏思齊領著眾兄弟和船隊在臺灣登陸後，特別沒想到的是，他們現在與老家大陸就隔那麼一道海峽了。這一天他們又坐在一個大寮子裡商談事情。他們登島後動手建了好些寮棚。建這種寮子我是最在行了！何錦說，我在老家漳州就全建這種寮子！你還是建個洞房把人嫁了吧！李俊臣說。那是一個用柱子和橫梁搭起來的，上面蓋了棕櫚葉子和蒿草的草棚。我們他娘的全虧在日本長崎了！張掛說。我們要是還留在長崎，我們用得著住這樣的棚子嗎？你別再提長崎了！李洪升說。日本幕府我們以後跟他沒完！等我們在這裡把人養好了，養夠了，我們派幾支船隊去把他小日本占了！

　　「你的意思是說，我們的對面不遠就是漳州、泉州了？」顏思齊說。

　　「我估計是！那天我急著返航，」鄭芝龍說，「不然我就登陸去看看。我看著那就是我們泉州的地面！」

　　你說你原本在老家是幹什麼的？何錦說。我殺豬，陳德說。你呢？我唱戲的！你是哪個縣人？我漳浦的。你家還有什麼人？何錦裝出一臉的哭狀。我家還有一個七十老母和一個金枝玉葉的嬌妻，我的兒啊！你算了算了，別在這裡哭喪了！李俊臣說。那後來呢？我出海了，陳德說。為什麼出海？在老家豬殺不得了，陳德說。怎麼殺不得？惡霸你知道嗎？來了提了肉就走！陳德說。那不是沒王法了嗎？早就沒王法了！你說這事怪不？在長崎，那裡遠，我都沒想過回內地！李俊臣說。現在我倒是有點兒想了！想什麼呢？我老家南靖書洋。李俊臣說承認說。我有點想老家書洋了！顏思齊在琉球島登陸後首先沒想到的是，島上原本就有原住民居住，而

263

開臺王顏思齊（修訂版）

且就他們知道的有十幾個寨子，人口眾多。他們那兩百幾十個人根本不是他們的對手。雖然他們的武器和手工落後，可他們原本就在島上居住。他們對島上的一切全都熟悉。另一個問題是，顏思齊登島後是準備長期據守琉球，可是長期據守本身得解決好些問題，首先是吃飯的事，這是生存問題。你當然可以到海上去劫掠，也可以透過貿易解決糧食問題。可無論是海上劫掠或者海上貿易，都不是長期的事。你要在島上落下腳，你首先得解糧食問題。

「這幾天老沙玻那邊寨子靜下來了吧？」顏思齊問。

「不行，我們一過界他們吵吵嚷嚷，射箭！」陳衷紀說。

那時他們雖然和老沙玻達成了初步的和解，可是老沙玻的一些族人，還有別的寨子的人，還是常常騷擾他們。老沙坡給他們設定的地界太小了。他們有時一兩個人單獨出門，還總會受到襲擊。特別是他們的人有時不小心越過了地界，馬上受到攻擊，逼得他們更多的只能待在船上，或躲在自己的寮棚裡。

「你說他們敢跟我們作對是為了什麼？」顏思齊說。「他們不知道我們是一群天不怕，地不怕的海賊嗎？」

「他們就仗一個人多，還有他們原先就住在這裡了！」陳衷紀說。

可我想我們更好的是，剛好有了鄭芝龍掠來的那兩船緬甸米！顏思齊說。要是能回大陸去，我真的得回去看看娘！李俊臣說。我在南靖書洋還有一個娘！要是沒有那兩船大米，我想我們都沒吃的了！顏思齊說。我們從長崎出來，也就帶了那麼一點糧。我們在船上過了七八天，一上了岸都沒吃的了！大哥，我想我還可以再到海上去找米！鄭芝龍說。在海上，我們最大的能耐就是搶了！只要海上有米，有糧食，我們就不怕！我可以去打蛇！這島上有的是虎蛇！高貫說。我們就專門吃虎蛇！我想我們倒是可搗鼓點生意！我是跑貿易出身的，楊天生說。我們可以到外島去，或者回大陸去買回一些米！

「可我老覺得這些事有點不妥。我總想這不是長遠之計！」顏思齊苦思冥想說。「我們是要長期在這裡定居下來。我們得跟老沙玻他們寨子的人和解。我們得建一個港口，建一塊落腳的陸地，我們才可能住下來。我們得保存武裝，我們還想與外地做生意，像我們以前在長崎幹的那樣！」

第十九章

　　我真想給那個老沙玻一個手起刀落！張掛說。我真想給那個大白胖子約翰船長一個手起刀落！你這是瞎扯。你怎麼扯到老沙玻，又扯到約翰船長了？方勝說。老沙玻是老沙玻，白胖子是白胖子！老沙玻是個土著，大白胖子是個洋人，你怎麼把他們扯在一起了？你這是亂彈琴！那老沙玻算什麼老鳥？我自己一個人闖進他的草寮裡去，一刀就把他宰了！張掛說。沒有那個大白胖子，我們用得著跑到這個荒無人煙的野島上來嗎？沒有那個胖子，我們說不定還待在長崎過舒服日子呢？你真想回大陸走一趟？我也有點想，何錦問李俊臣說。我跟你一樣，我家裡還有一個美貌嬌妻！你就別再嬌妻了，李俊臣說。你在日本都當了快十年賊了。你那嬌妻等你也都等成老太婆了！還美貌嬌妻！他們正這麼胡拉亂扯時，顏思齊突然眼睛盯緊了一個地方，好像他想出了什麼好主意。

　　「你們說我們怎麼不這樣幹？」他突然說。

　　「怎麼幹？幹什麼？」兄弟們全問。

　　「我說我們怎麼不把海那邊老家的人們招到這邊來？」顏思齊又說。

　　「老家那邊的人們？怎麼招？」兄弟們又問。

　　我們給錢給糧，給牲口。我們讓他們到這邊安家，來這邊開田！顏思齊說。他的聲音充滿了想像。我們要想在這島上長期定居下來，我們首先要解決糧食問題。我們總不能沒飯吃了就去海上搶！芝龍弟那回是得手弄了兩船緬甸米回來。可要是沒有那兩船米，我們現在吃啥？顏思齊繼續說。解決糧食問題最好的辦法是，我們自己墾田種地。種地好辦，這島上有的是土地。我幾天前就去看了，這裡的土地還特別好，特別肥！甚至比我們老家那邊好！我估摸這裡的土地種什麼就長什麼！有了飯吃，我們才可能留下來！這才是我們的長遠之計。種田我們需要很多人。要人不也容易嗎？我們這裡離漳州和泉州不就隔那麼一片海嗎？我們派上一些大船去那邊把人招引來！我們老家內地有的是人！你們知道，現在老家漳州、泉州人們日子全過苦了。他們大都沒有土地，土地全讓地主老財占了。另外那邊幾乎年年鬧飢荒，人們連吃的都沒有了！你說我們讓他們到這裡開荒，他們會不肯過來嗎？

　　「對對對，這是好主意！」陳衷紀說。「顏大哥，你這主意好！」

　　「我真想把那個老沙玻一刀放倒了！」張掛說。「還有那個大白胖子約翰船長！」

開臺王顏思齊（修訂版）

　　現在老沙玻他們沒把我們當回事，給我們設了地界，那是因為我們人少。等我們人多了，他就得對我們另眼看待了！顏思齊繼續說。我們人丁興旺，他老沙坡人也就拿我們沒辦法了！我們把這個島全開發出來，這裡也就是我們的久居之地了！我看就這樣，我們馬上動起來了！我們把這邊的大船全駛回去，去那邊拉人！能拉多少就拉多少，人越多越好！他轉過頭看了看楊天生。我看就這樣，天生兄，你是泉州人，你泉州熟！你帶一支船隊回泉州府去！陳衷紀和李俊臣你們是漳州人。你們漳州熟！你們幾個人另領一支船隊回漳州府去，從月港拉人。我們能招募多少人就招募多少人！

　　「招募？你是說招募？」李洪升說。

　　「對！給錢，給糧，給銀子！」顏思齊說。

　　「他們來了後，開多少地，給多少地！種多少穀，給多少穀！有了田，有了糧，很多人都會過海到這裡來的！」顏思齊信心十足地說。「等我們人多了，這裡很快就會出現了地主，出現了些村落！也會出現好些農田和人家！這裡也就真正成了我們的地盤！」

　　你說你跟不跟我去？徐先啟說。我不跟你去！董貨郎說。你從來都是跟著我的，徐先啟說。可我這回不跟你了！為什麼你不跟我了？我覺得我這回跟你沒用！董貨郎說，我跟你去了，你幫不了東浯鄉什麼忙！海澄縣這年的特大旱災同時驚動了兩個人。他們一個是私塾先生徐先啟，一個是挑貨郎擔賣貨的董貨郎。這時已距顏思齊離開海澄縣十七八年了。因為大旱，也因為各地貪官徇私枉法，侵吞賑災銀兩，災民幾無聊生之計。徐先啟決定秉公上書，決心給州、縣衙門捅個漏子。弄不好的話，他還準備到北京上訪。雖然他到老了仍然七八天才洗一次腳，他身穿的汗衫仍然臭氣衝天。可他仍然以天下為己任，發誓為民解倒懸之苦！他約董貨郎一起到東浯鄉探視災情，以作上書佐證。他知道董貨郎總是聽他的主意。可是這回董貨郎卻堅持不與他同行。可你非得跟我去！我為什麼非得跟你？因為你去可以給我作伴！我去我也不挑貨郎擔！董貨郎說。這事跟那事什麼相關？徐先啟說。你說你是一個挑著貨郎走四方的人，你下鄉憑什麼不挑貨郎擔？

　　「我跟你說了吧，那東浯鄉都窮得脫褲子了！」董貨郎說。

第十九章

「怎麼窮脫褲子了？」徐先啟說。

「你說我這貨郎擔賣啥？不就賣個針頭線腦嗎？」董貨郎說，「可東浯鄉人都窮脫褲子了。他都窮光屁股了，誰還買你的針頭線腦？我這擔子不是白挑了？」

「東浯鄉真有那麼窮嗎？」徐先啟說。

「你可能天天待在書堂裡，世事不懂。你什麼也不知道，這海澄官府黑了！」他們層層盤剝，苛捐雜稅，都掘地三尺了！我不跟你去，就是知道你去了也解決不了問題！董貨郎說，我跟你說個事吧，你知道嗎？那東浯鄉什麼稅都徵。你聽都沒聽過，那裡徵一種豬毛稅，你知道嗎？這東浯鄉大旱，貪官救災不力不要緊，可他還徵各種亂七八糟的稅。咱們這裡鄉下從來都是徵豬頭稅的，可那鄉裡人太窮了，連豬都養不起了，官府只好做罷了。「可你豬頭稅不交了，豬毛稅總得交吧！他們就是這樣變著法子收稅的！」

「這回我知道了。這回大明真的要完了！」徐先啟說。

「我知道你又要罵皇帝了！」董貨郎說。

你說這皇帝不應該罵嗎？要我說罵他三輩子皇帝還不夠呢？你說他大明皇帝是怎麼治國的？哪有把一個國家都治倒懸了？徐先啟說。可你罵皇帝一點也沒用，咱這裡離皇帝太遠了，董貨郎說。他在京城裡，可咱在海澄縣。這就叫山高皇帝遠了！

「這時我倒是想起一個人來！」

「誰？」

「顏思齊！他都走了十七八年了！」徐先啟說「我說我們還不如像他那樣把他個官人宰了，逃到海上去！」

「他沒準現在還在哪裡當賊吧？」

「這世道當賊也沒什麼不好！」

姻親，姻親，你好哇！徐先啟和董貨郎敲開了一個破落大院。他們來到了東浯鄉。董貨郎還是挑了他的貨郎擔。我說你還是挑上貨郎擔吧，徐先啟說。哪有貨郎出門不挑貨郎擔的。你就是連針頭線腦也沒賣了，也得挑。他們上山又下了山，來到一個莊戶。這裡有我的一個姻親。我們到他家裡去坐坐，聊聊，徐先啟又說。那

開臺王顏思齊（修訂版）

個姻親一開大門看見徐先啟，起先是難堪地愣了愣，接著才高興叫了起來。真沒想到，姻親，是你來了！徐先啟和董貨郎跟著那個姻親走進了大院。看得出那是一個鄉下的大房子，以前好像也是一個鄉宦人家，可現在裡面清貧如洗。那是個午前的時候，可那人家的灶間下房好像久沒生火，看上去清冷落寞。姻親，我是到東浯鄉到處走走的。我是來看看災情，徐先啟說。我來看看官府救災得不得力。我想往州、省上書，再不行的話我可要去北京上訪了！

「這些事我不懂，可我知道姻親你是讀書人！」姻親說。

姻親把他們讓進堂屋。徐先啟走進灶間看了看。

「看起來你這灶房好像好久沒生火了！」

「是是，沒吃的。噢，不不，我們剛剛吃了！」

「我們坐一下就走了！」

「別別，那不行。你們那麼老遠來了，怎麼也得吃個便餐！」

他們的造訪讓姻親忙亂起來。他說什麼也要請他們一頓吃的。他給他們上了茶後，把內人叫到一旁，在她耳邊輕聲說道著什麼。然後就又回來了。我看你好像日子過冷清了？徐先啟說。還可以，還可以……姻親說。孩子們都出去打工找吃的了！徐先啟從包袱裡掏出一些文書和公告來。

「你說你看過這冊子嗎？你有沒有領到過救災銀？」徐先啟說。「你要是領過災銀，你就要在這裡簽上個名！」

「什麼冊子？沒見過這冊子！」

我跟你說，你知道咱們這裡有一筆賑災銀兩，東浯鄉有三百多兩，徐先啟說。也就是銀子。你有沒有從鄉里領取過銀子？或者銅錢？幾串銅錢？你按了手印？沒有啊？什麼銀子？什麼銅錢？姻親說。我們一個子兒也沒見！

「這就是貪了！他娘的！」徐先啟說，「像這等災情，省台和州府都是撥了災銀的！可是都被他們貪官貪了！」

「徐先生，你怎麼又罵人了？」董貨郎說。

「這年頭，像我這樣的窮秀才，不滿嘴粗話才是咄咄怪事！」徐先啟說。

他們站起來執意要走，姻親想攔攔不住。你就不能再坐一會兒？吃個便餐隨便

第十九章

一敘！姻親客氣地說。我已讓內人去等母雞下蛋了。什麼？等母雞下蛋？董貨郎說。沒有，沒有，我說漏嘴了！姻親說。你們一定得在舍下吃個便飯！我已經讓內人去張羅了！不了，不了，我們想在東浯鄉到處走走看看！徐先啟說。徐先啟怎麼也沒想到，姻親的內人真的在等一隻母雞下蛋。他們往外走，姻親只好跟著往外走。他們走出屋門，看見在院子邊上，姻親的老伴正不出聲站在一個雞舍外面，躊躇躑躅，好像在那裡等著什麼。

「你們別過來，別驚動了牠！」老伴說。

「他們要走了，」姻親說。

「牠就要下蛋了！我摸過牠的屁股了，就在那屁眼上了！」姻親的老伴說。「牠昨兒這時候都下了！再下個蛋，我就可以做了飯了！」

徐先啟這時候才明白，姻親的內人是在等母雞下蛋。姻親不由尷尬地乾笑兩聲。

「慚愧！慚愧！姻親有所不知！」姻親說，「姻親家中現就有三個蛋。我是想再加一個蛋，做個便餐。可這母雞偏偏不合作。昨兒這時候牠都下了，今天不知怎麼總也下不來蛋！」

「你就別客氣了，我們走了。」徐先啟客氣地說，「你就別催牠了，別趕牠了！你讓牠慢慢下吧！」

「上船了！上船了！想到琉球島過好日子的請上船了！」李俊臣和高貫領著幾個船工站在碼頭上喊。「青壯年人一上船給兩銀子，供三頓兩乾一稀飯吃。十人給牛一頭！」

顏思齊決定從大陸漳州、泉州二地招募大批墾民，過海開發臺灣。他發現這是他們最好的開發定居方式。首先是臺灣有大量的優質土地。那島上土地肥沃，空氣濕潤，適合耕種。他們只有把臺灣開發了，他們才可能在臺灣站住腳。他們很快地派出了船隊。楊天生率幾艘大船駛往泉州。陳衷紀和李俊臣、高貫等人率了五艘大船駛過海峽，攜帶大批銀兩，停靠在海澄縣的古月港港口。陳衷紀讓人貼出了告示：凡青壯年者上船給銀子三兩，供三頓兩乾一稀飯吃。十人給牛一頭。凡攜帶犁、耙、鋤、錘、剪、臼、桶、斗者，另貼微銀若干。

「有婆娘的帶上婆娘，另給二兩銀子！」另外幾個船工也喊。「到了那邊島上，

開臺王顏思齊（修訂版）

誰開的地多，地歸誰。誰種的穀多，穀歸誰！」

那一年，福建南部地區正好鬧了特大旱災。一連半年沒有下場透雨，農戶們田裡全都歉收或者絕收。剩下的只有一條出路，那就是逃荒。人們一聽說有人開了船隊到碼頭來接逃荒的人。只要過海到海峽對面的島上開荒，就給錢花，給飯吃。開了地兒又是自己的。那不是天上掉下了個好去處嗎？

「銀子銀子！上船就給銀子！」李俊臣喊。

「乾飯！乾飯！兩乾一稀！」高貫喊。

「一張犁給三錢銀子，一把鋤頭給五分銀！」

大叔，請問，這上了琉球島是幹的啥呀？顏開疆問。種地呀！你在這邊麼幹，去那邊麼幹，高貫說。這天顏開疆從碼頭上經過，聽到碼頭這邊吆吆喝喝的，走了過來。他先看了看那張告示，走到高貫跟前。那開的田都歸我的？你開多少，算你多少！上船你們還給銀子？你沒看了告示？一人給銀三兩，十人給牛一頭！這不是白白的捱上好日子過了？你要是力氣大點，勤快點，再做點生意什麼的，再加上祖上積了功德，高貫說。過不上兩年，你在那邊鬧個地主富農都有了！

「那我帶我娘去行嗎？」顏開疆說。

「那可不行。你去可以墾田，你年輕力壯。你娘去那裡幹嘛？」

小心點，小心點。一個年青農人說。大家讓一讓。我內人懷有身孕，請讓下路。顏開疆還想再問什麼，看見一個年輕的農人帶了一個小媳婦，正從岸上走來，想上船。碼頭上看熱鬧的人很多。那農人護著媳婦，分開人群，慢慢往船上走。顏開疆看見他們帶了很多東西。一口鐵鍋，一把鐵鍬，還有碗盆什麼的。那小媳婦懷裡還抱了兩隻小兔崽子。行行行，男人給銀三兩，媳婦給銀二兩。高貫看見了，吩咐一個記帳的帳房喊。鐵鍋煮飯用的不算銀子，鐵鍬給銀五分。那是什麼？高貫看見那小媳婦懷裡抱著兩隻小兔崽子。

「兩隻小兔崽子，」那小農婦說。

「這很好，小兔崽子很好！」高貫說，「這兩隻兔子可以到那邊生養，再給銀子二錢！」

「大叔，你說我帶娘不行，那他帶媳婦怎麼行？」顏開疆覺得不公平問。「他媳

第十九章

婦好像還懷了孩子了！」

「他帶了媳婦可以幫他開荒，你帶娘只能讓你操心。我們讓你去那邊島上，是讓你去開荒，不是讓你去盡孝心的，」高貫說。「再說他帶了媳婦以後可以添丁。他們生養了孩子以後可以繼續開荒。這樣過不上三代，我們就把那個荒島全開出來了！」

你說什麼？你想上哪裡去？上一個荒島上去？去開荒種稻米？小袖紅說。她正往灶膛裡塞火。那不行。我不讓你去！你知道嗎？你還在娘肚子裡，你剛剛兩個多月，你爹就走了。他宰了官府的人走了。我是自己一個把你扒拉下來，把你養大的。現在你長大了，你說你想走了，你就一走了之？

「娘，我這不是想跟你商量麼！你知道咱們快連吃的都沒有了！」顏開疆說。「娘，都是我拖累了你了！咱再也租不起田了！」

租不起田，我們就別租了。沒吃的，我們就去找吃的！小袖紅說。我怎麼累也要養活你！你想想，你不就是我從小養你養到大的嗎？我以後餵豬養雞，給人杵米，我也養活你。我養活你就是為了讓你留在我面前！我只要看著你就好了！

「可是娘，我們娘兒倆這樣廝守著，孩兒還會有出息嗎？」顏開疆說。「咱現在什麼都沒有了！連你那兩根玉簪都沒有了！」

你別跟我提那兩支玉簪。我們沒有那兩支玉簪了！我把那兩支玉簪送給了你那個沒良心的郭叔公了！小袖紅說。我沒有什麼叔公！可是疆兒，我們無論怎麼也得廝守在一起。你娘沒了你爹。你娘就只剩你了！你說你要是到哪兒去，娘到哪兒去找你啊！你知道娘就只剩你了！娘你知道嗎？他們一上船就給吃的！還給銀子三兩，十個人給牛一頭。顏開疆說，到了那島上，你開多少田給多少田，你種多少穀，他們給多少穀。娘，你想想，我們在這內地租個田有多難。我們得拿玉簪去抵押。田裡沒收成了，還得把田租事先繳了！

「開多少田給多少田？哪有這麼好的事？」小袖紅說，「那地他們隨你開嗎？」

「當然隨我開。你開得越多越好！」顏開疆說。「我聽說那個島很大！那島上種什麼長什麼！」

「真有那麼好，那我隨你去！我們一塊兒去開地！」小袖紅說。你別看你娘老

271

開臺王顏思齊（修訂版）

了，我跟著你動動鋤子，掘掘地還行！「他們給你三兩銀子，我只要一兩就成了！不然三錢也行！娘只要跟你在一起就好了！娘能值那麼一點錢就行了！」

「可是人家不要你。人家要青壯年，要能幹活的！」

「那可不行，你走了，娘怎麼辦？」小袖紅連想也沒想說。「娘辛辛苦苦把你拉扯大圖什麼啊？不就圖著跟你相依為命過日子！」

「可是娘，我就是不走，咱也沒日子過了！」顏開疆急了說。「咱什麼也沒有了！咱完全破產了！」

小袖紅再也沒說什麼。她讓淚水流得滿臉都是。可她一直默默往灶膛裡添火。她沒有再回頭看他一眼。娘，你別這樣。你這麼哭我就不走了！顏開疆說。好吧，那我就陪著你過吧。你不讓我走，我就不走了！只要讓娘看著我就好了。誰知小袖紅把淚一抹喊。誰說不讓你走！沒出息！你看見娘難受，就不走了！你一點也不像你爹。你知道你爹是怎麼樣一個人嗎？他安安生生的，你爹還跟你娘好著時，就一心一意想著去闖蕩江湖了！你卻想老想守在娘身旁，連出息的事，連出外開田都不想了！

「那娘，那你是同意讓孩兒走了？」顏開疆說。

「你走吧，你去吧！那裡說不定才是你的好去處！」

「那好，那娘，我去了以後，要是真的能掙了錢，開了田，我就回來接你！」顏開疆說。「我心裡想，那個地方說不定是個好地方。那是個大荒島。荒島才更好划算！你說在一個荒島上，你不是想開多少田不就有多少田了嗎？」

「就是，疆兒，你怎麼沒問問那些接人的是什麼人？」

「我聽他們說，是一支船隊！他們原來在海上，」顏開疆說。「我聽說他們是想把那個島占下來，把那個島建成一個港口！」

「船隊？船隊？」小袖紅說。「船隊……」

她的神情變得痴痴起來。

「這會不會是他呢？他總是說船隊！他總說要到海上去！」小袖紅說。「他現在就在海上。他說不定已經建了好些船隊了！」

「娘，你是說誰啊？」

第十九章

「我說你爹!」

小袖紅突然抓住了顏開疆的手,好像要把他趕走,催他快走。

「疆兒,你走,你快走!我想那說不定就是你爹了!」小袖紅說「他總說要到海上去,要建一些船隊。他總想幹一些大事情。開一個島,那不是很大的事情了嗎?那說不定就是他幹的了!」

是嗎?有這樣的事?那我們一起去!阿江說。我也去,反正我們家那一點田,也典出去了!趙東升說。我們家明年也沒地種了!可我不行。我才不想離開我們村子,瘦狗說。我哪裡也不去!你說他們會不會嫌我太瘦了?顏開疆決定去參加琉球島的開發後,想多帶幾個兄弟一塊兒去。我跟你說吧,去那裡有力氣就行!那會兒內地生活已經很艱難了。那年那場大旱後,農民基本都破產了。更窮的人大都外出逃荒了。像趙東升和小翠娥那樣家裡有少許田畝的也大都糶米賣了田。顏開疆這天把他的那些兄弟叫到了一起。那是一個大廟。廟前有一棵榕樹。他們坐在榕樹下。瘦狗,誰說你瘦了?顏開疆說。你不是說他們要青壯年嗎?瘦狗說。可我算得壯嗎?他們說青壯年就是要年輕一點的。他們沒說瘦的不行!顏開疆說。可我還是不行。瘦狗說,我不想離開我們村子!

「你是說他們一下船就給你三兩銀子?」赤皮說。

「給你三兩銀子,還給吃的!」顏開疆說。

「他們開大船來接人?」

「對對,他們還開了大船來接人。」顏開疆說。「他們的船都停在月港那裡了。」

「那是哪兒來的大老財啦!那麼有錢!一人給三兩銀子?」阿江說。「還給吃的。開了地還是自己的?那他圖啥呀?」

「我從小就沒離開過村子。我還是不想去!」瘦狗說。「那要是去了,我們還能回來嗎?」

「這我就不知道了。不過你要是在那裡發了財,你還想回來嗎?」顏開疆說。

你去不去不礙事。你不就一個瘦狗!阿江說。我肯定要去了!趙東升說。我們家田都典給郭叔公了。我們家以後也沒田了。只能給郭家上房打工了!我肯定也得去!赤皮連想都沒想說。我不去那裡,我也得出去逃荒。我們家連吃的都沒有了!

開臺王顏思齊（修訂版）

那你們去，我也要去！小翠娥說。我們家也一樣。我們家那一點田也賣了。我們家是還有一點米，可那也只夠我父母吃了！

「你去？你跟誰去？」顏開疆說。

「我跟你去啊！」小翠娥說。

「他們不會要女孩兒的！」顏開疆說。

你不是說有人帶了小媳婦，還給兩兩銀？小翠娥說。可人家是小媳婦，你是誰的小媳婦？顏開疆說。我是你的小媳婦呀。我只是還沒過門！誰說你是我的小媳婦？顏開疆說。你說我不是從小就許配給你了嗎？那是小時候鬧著玩的！

「開疆哥，你可別當負心郎！」

「我怎麼是負心郎了？」

「你以為那是鬧著玩的，可我沒把那當鬧著玩的！」

「這男婚女嫁是大人的事。這得媒妁之言，哪有你說了算！」顏開疆說。

顏開疆，我跟你說，你別總是欺侮我！小翠娥喊，我跟你說，我去告訴我們娘！你就別再我們娘，我們娘的了！顏開疆說。我們娘怎麼啦？我們娘就護著你啦？再說我們娘我們娘，究竟是我的娘，還是你的娘！你別以為你還沒當上地主老財，你快當上地主老財了，你氣就粗了！小翠娥說。你以為你一到了那邊，你就能發財了！你就是發財了，我還是你的小媳婦！反正我是肯定不會帶你去的！顏開疆說。人家一塊兒上船的是小媳婦。可你算我的什麼人？

「顏開疆，我問你，你是不是說過，我們租田要是種不好了，你要帶我去逃荒？」

「我沒有答應過你去逃荒。」顏開疆說，「我只是說田的營生做不好了，我只好自己去逃荒！」

「我還是不想去！可是他們要是不嫌我瘦，我就去！」瘦狗說。

「算了，算了，你就別去了！」阿江說。

「我是沒離開過村子。可只要我們去了，還能回來，我就去！」瘦狗又說。

「你還是別去吧。你還是留在你的狗窩裡吧！」赤皮說。

274

第二十章

　　疆兒，你要把這個帶上！帶到海上去！小袖紅說。娘，你已經讓我帶得太多了。你連砵頭都讓我多帶了幾個了！顏開疆說，你是怕我吃飯沒家什麼？這不是吃飯的傢夥，這是你爹的一個物件！這天早晨，顏開疆要離開他們村子，準備上船渡海去海峽那邊島上了。我總覺得你在那邊說不定會碰到他！會碰到誰？我想你說不定會碰到你爹！我總覺得在那邊呼風喚雨，招人去開發那個海島的，說不定就是他！小袖紅說。他以前總說要建一支大船隊。他要去海上占一塊大地盤，那個人不是他是誰？你在海上說不定會碰到他！你是說，我這回出去，說不定會碰到我爹？顏開疆不相信地說。碰不碰上沒關係，可你一定要把這個帶上！小袖紅不知從什麼暗角落裡摸出一個小布包。

　　「帶上什麼呢？」顏開疆問。

　　「這也是你爹臨走時留給我的。他在海澄宰了人。他在月港快上船了！」小袖紅說。「我送他到了海邊，他才把這個留給我的！」

　　「什麼東西呢？」

　　「一把縫紉剪刀。」

　　「他為什麼留給你一把縫紉剪刀呢？」

　　「他原本就是個裁縫。他說他留這個我有時可以防防身！」小袖紅說。「可更主要的是，他要讓你對他有個想念！」

　　小袖紅把那個小布包解開，那是那把顏思齊在差不多二十年前送給她的裁縫剪刀。顏開疆抬起頭望瞭望母親。好像被母親那份深深的眷念感動了。

　　「那好吧，我帶上！」顏開疆說。「我要是碰到我爹，我就跟他一塊回來接你！」

　　來來來，上船就給三兩銀子！李俊臣在船上喊。船開了就有飯吃。一天三餐，

開臺王顏思齊（修訂版）

兩乾一稀！我們給牛還給地，誰開了地誰的。誰也不敢占了你！高貫喊。你想在地裡種什麼就種什麼。地裡種的全歸你的。你自己吃不完，還可以賣錢！顏開疆領著他們幾個兄弟來到了海澄月港碼頭。小衶紅跟在他身後。他們看見整個碼頭人頭攢動。很多人在往船上走，很多人在旁邊看熱鬧。李俊臣和高貫站在船頭那邊叫叫嚷嚷。那船上已經有好些人了。他們大都帶了墾田的家什。一個臉膛很紅的中年漢子扛著一把鐵犁，背著一個包袱從碼頭上擠過去，準備上船。陳衷紀帶了個帳房馬上走過來，對那張鐵犁做了估價。

「行行，好好，你個人給銀三兩，這把鐵犁看過去很重，另給五錢！」陳衷紀跟那個記帳的帳房說。喊：「漳州漳浦人氏王大怕給銀三兩五錢！」

「漳州漳浦人氏王大怕給銀三兩五錢！」帳房跟著喊。

一個小男孩模樣的男子跟在幾個青年身後，也想上船。可是他被陳衷紀攔下了。

「等等，你今年幾歲了？」陳衷紀問。

「我今年十四歲了，」那男孩說。

「你再等兩年才過去吧。我們以後還會要人的！你現在太小了！」陳衷紀說。

「可我不跟你們走不行，我家裡都沒人了！」那男孩說。

「怎麼沒人了？」

「全餓死了！我娘前些天死的，我姐昨天也死了，」小男孩說。

「可還是不行，你還是太小了！」陳衷紀說。

你們是哪兒的？高貫說。顏開疆這時領著幾個兄弟走上前去。我們就這海澄縣的。我們這是幾兄弟，顏開疆說。幾兄弟很好。幾兄弟過去才好。陳衷紀說。兄弟們在一起可以互相照應！你說你叫啥？

「顏開疆，」他說。

「好好，海澄人氏顏開疆，給銀三兩，」陳衷紀說。

「我還帶了一台風車，」他說。

他身後阿江和赤皮兩人抬著一架風車。他租種的那三十畝地絕收後，還剩一架吹穀子的風車。他們接著往又碼頭上搬了好些東西。趙東升帶的東西最多了。他帶了一張犁、一張耙，甚至還帶了一個踩田的木拉躂，還有鐵鍬和鋤頭。另外有兩個

第二十章

籮筐和幾把鐮刀。

「好好好，這風車很好。風車去那邊島上有用途！」陳衷紀看了看那架風車。「這台風車還不錯，很結實。你們抬下船去先放好。風車給銀六錢！」

再接著瘦狗和阿江也往船上擠。瘦狗有點心虛往後躲。

「你們急什麼呢？你們慢慢來！」陳衷紀說。

「你們會不會嫌我瘦吧？」瘦狗說。

「沒事，能幹活就行！」陳衷紀說。

「幹活我行！」

「那瘦就不要緊。你到那邊多吃一點不就胖了？」

「你也給我銀三兩是嗎？」瘦狗沒把握說。

「當然給三兩銀子了。這個誰也不會少！」陳衷紀說。

我跟你說，我另外帶了幾條番薯，瘦狗說。帶番薯過去吃嗎？陳衷紀說。我想帶過去做種。到了那邊切成塊，埋地裡會長藤，瘦狗說。對對，這番薯是好東西！好品種！虧你想得到！行行，這三條番薯一條算一錢銀子！陳衷紀喊。漳州海澄人氏郭瘦狗給銀三兩，番薯給銀三錢！漳州海澄人郭瘦狗給銀三兩，番薯給銀三錢！帳房又喊。我看你這兄弟就更好了！你說你叫啥？陳衷紀看見趙東升問。趙東升，趙東升說。你帶的家什才多了！你好像要把整個家當都搬過去了？大叔，你不知道，我們家破產了。我們家原本也有五四畝薄田，可是這場大旱旱壞了，我們家把田全典出去了！趙東升說。田都沒了，人就無法活了。剩下這些家什留著也沒用，就全帶過去了！

「好好好，行行行，你把家當全搬過去也行！犁五錢，耙五錢。木拉蹚三錢，」陳衷紀折價著說。「鐮刀五釐，籮筐兩釐。」

「上船嘍！上船嘍！」高貫喊。「馬上開船了！」

顏開疆看見船快開了。

「你們等等，我先把銀子給我娘！」顏開疆說。

「那可不行，那銀子是給你到那邊島上安家的。那銀子不是給你家裡的！」陳衷紀說。他這時看到了小袖紅。他覺得她有點面熟，可就是想不起她是誰。「你把銀

277

開臺王顏思齊（修訂版）

子給了你娘，你上島後吃什麼，開什麼地呀？」

「開疆，你走吧，你娘不要什麼銀子。娘拿那銀子幹啥呀！」小袖紅說。「我在家裡會過得好好的。你在那裡好好開田。別記掛娘。你要在那裡成家立業了，娘就去看你！」

顏開疆登上了船。這時船緩緩離岸了。那些船工還在撐篙。他轉過身時，突然看見船上有一個熟悉的身影。那是小翠娥。她站在船尾那邊，背著他。她躲在幾個人影背後，好像是想躲開他。

「翠娥！你怎麼也在這裡？你怎麼也來了？你快回去！」他衝過去喊。

「我不是跟你說了，我要跟你走！」小翠娥說。

「可你怎麼偷偷上船呢？」

「哥，他們也給我二兩銀子！」

「我不要你的二兩銀子！」

「可哥，我要是真放你走了，我怕以後再也看不到你了！」

「你有沒有跟你爹娘說了？」顏開疆焦急問。

小翠娥沒有回答。顏開疆知道，她肯定沒跟她父母商量就走了。她可能怕她爹娘不同意，所以不敢告訴他們。

「這可不行，你爹娘會急壞的！你爹娘會怪我的！」顏開疆喊。「說我把你帶走私奔了！那我成了什麼人了！你快回去！你快下船！你不能跟我走！」

可是這時船已經離岸了。小翠娥站在那裡不動。他回頭看見娘還站在岸邊不遠的地方。他把小翠娥拉過來，拉給他娘看。

「娘，小翠娥也在這裡，也在船上！她要跟我走！」他只好對娘喊。「你回去跟她爹娘說一聲，說等我們回來再去給他們拜堂！」

他們來得很多了嗎？顏思齊說。他們來得越來越多了！李洪升說。他們都是一船船地過來的？昨天都到傍晚了，還有船靠岸，又來了一大船的人！這真的是我沒想到的，顏思齊說。我起先以為先引進一些，以後再慢慢招募，沒想到一下子來了這麼多！因為這是皇帝管不到的地方麼！再說這裡土地好，李洪升說。你想想，皇帝管不到的地方，那不是就沒了官府，沒了老財了！另外，這裡土地好，又不用

#　第二十章

　　買，你開多少算多少，你說誰不來呢？這一天，顏思齊和李洪升、余祖和黃碧幾個人一早來到山上。我看我們自己也得留一手了。我們也得給自己留一塊地。顏思齊說，不然好的地塊就全讓人占了！

　　「看來，我們人丁興旺的時候快來了！」他站直起身說。

　　顏思齊站在山上，看見那邊的山腳下和山腰一帶出現了好些漢人。自從他們派船過海招募墾民後，漳泉一帶幾乎天天有船靠岸，天天有墾民漂洋過海而來。墾民們帶來了各種農具。他們隨便安置一下，就開始上山拓荒了。他特別沒想到的是，在不遠處的幾條山坡腳下，竟然開始出現一些一條條一層層嶄新的田壟了。他心裡暗覺好笑。他好像也受了這種氣氛感染。他跟李洪升幾個人來到山上，自己也想劃一塊地，墾出來，自己栽種。他心裡隱約覺得他有這個必要。

　　「你們從這裡到那裡，給我劃二十畝地，」顏思齊說，「我以後要留著自己耕種！」

　　「哥，你就算了吧！這種地的事，你就別操心了！」李洪升說。

　　「你們記得吧，我們還在船上時，我們剛剛看見了這個島！」顏思齊說。他臉上顯出了一種豪情和英氣。「我就說過了，我上了島，要親撫其地，親耕其田，親種其粟！現在我真的得給自己種一塊地了！」

　　「大哥，你就別了！」余祖說。「你是這裡的統管。你的事情多了！這種地的事，還是我們來吧！」

　　那可不行！李洪升，你說你也占了塊地是吧？還有余祖和黃碧，你們不也全占了地嗎？顏思齊說。你們都自己占了地了，然後勸我別要地。那以後我要是窮了呢？我們的船隊被打垮了，我們的貿易做虧了，我幹什麼去啊？我總不能變成無業遊民吧！那會兒你們都變老財了，我去給你們扛活呀？顏思齊大哥，你這樣說，都要把我說哭了。余祖裝成要哭的樣子說，你說我們是那樣的人嗎？你要真的落難了。我們有一口吃的，總有你一口吃的！你怎麼的也是我們哥！再說我們這麼強大的船隊，我們這麼大的貿易，我們以後就是這個大島的首首腦腦了。我們怎麼會垮了呢？

　　「兄弟，你們要不要聽我說說私心話？」顏思齊說。

開臺王顏思齊（修訂版）

「說，你說說，我倒是想聽一聽你的私心話！」李洪升說。

「你們說，你哥年輕時是個老實角兒嗎？」顏思齊說。

「論老實，你不算老實人！那時我們喝酒一喝就是兩大缸！」李洪升說。「在海澄，你都把官家的人給宰了，你能算老實人嗎？」

我跟你說吧，你們別看我現在有模有樣的，充當了一個大船隊的大船主！論年輕的時候，我是個壞事做絕，醜事幹盡的主兒！顏思齊說。你們知道吧，在長崎那會兒，我是跟桃源紀子成了親，可是我們沒有後嗣。可你們知道嗎？我現在有一個兒子十七八歲了！那是在海澄的時候，我有一個紅顏相好。說白了，是我把她拐了，我跟她私通了。那還是個小寡婦。對對，我也想起來了！她叫小袖紅！李洪升說。她開一家滷麵館，你開了家成衣鋪。她就在你隔壁，你就把人家拐了。我們相好了，是因為有一個官家子弟想把她搶了！有這事嗎？搶人？黃碧說。是搶人。那官家子弟是想勾引她，勾引不成就用搶的了！顏思齊說，有一天夜裡她敲開了我的門。原來那官家子弟真的帶了一幫人，抬了頂小轎子，真的來搶人了！我就帶了刀過去，三把兩把，把那個官家子弟趕跑了。後來我們就相識相愛了，也就是私通了。那時候全海澄的人都知道，我勾引的還是個小寡婦。可誰也不敢說什麼！對對，那時候我們從海外回來，她總是站著看我們喝酒！李洪升說。我們叫她嫂子，她總不讓叫嫂子。可她一心一意跟你好！有兒子的事，我起先也不知道。她有了身孕沒告訴我。我們後來不是把縣衙的家人宰了，我成了殺人犯，只好出逃了！顏思齊說。我們逃到海邊準備上船，小袖紅把我們送到了岸邊。她這時才告訴我說，她身懷六甲了！她身上懷了我的骨血了！我幾乎不相信。可我真的樂壞了！我說幾個月了，她才說兩個月了。可我們已經來不及，只好走了！我就把她和孩子留在那裡了。

「是嗎？有這事嗎？」李洪升興奮地喊。

「算起來，他要在的話，他現在有十七八歲了！我只是不知道他是個男孩還是個女孩！」顏思齊說。「我們在長崎待了十七八年，才流落到這裡。他要在的話，不是有十七八歲了嗎？」

「那你得回去找找他。」李洪升說。「他們要在的話，肯定還待在海澄！」

第二十章

　　我那時候就跟小袖紅說了，我以後有了時機一定要回去看他們。我要帶一支大船隊回去找他們！想想，那才是我的真骨肉！顏思齊說。現在你們明白了吧，我說的私心話就是這個。我找到他們一定要把他們帶回來。我可以跟他們說，這就是我們自己的家園了！我要是找到那孩子。那孩子要是男孩，我總得留給他點什麼吧？你留給他什麼，都不如留一塊地強！你說是吧，你留給他金山銀山，還是種地根本！

　　「所以你才想要一塊地？」李洪升說。

　　「我就是想把一塊地留給他！」顏思齊說。

　　看來那就是琉球島了。顏開疆看見眼前出現了一片開闊的島影。那島原本是一片淡藍色的，接著慢慢變深綠起來。那是一些峰巒和一些翠穀。那山上全是一些翡翠的林子。遠遠望去島上罩著一層薄霧。他們很快就要在笨港靠岸了。因為顏思齊船隊的不斷往返載運，從漳、泉兩地運載來了大批的大陸子弟，當時登臺就有三千來人了。顏開疆和小翠娥、瘦狗、赤皮、阿江和趙東升是其中的一小批。那船慢慢靠岸了。

　　「靠岸了！靠岸了！」船工們喊。「拋錨了！拋錨了！」

　　「笨港到了，豬崽們來了！」其中的一個船工喊。

　　「你說什麼豬崽？你叫誰豬崽？」顏開疆聽了，心裡窩火，走上前計較起來。

　　這船上運載的不全是豬崽嗎？用船運載過海的不全是豬崽嗎？那個船工說。你到南洋去，到呂宋去，用船運過去的就是豬崽呀！你再說，爺們揍你！趙東升喊。爺們在大陸是爺們，在你們這個小島上也是爺們！爺們怎麼成了豬崽！揍他！赤皮喊。顏開疆領著趙東升、阿江和瘦狗朝那個船工走去。娘的，我們乾脆回去算啦！瘦狗說。你把船調回頭！我餓死在老家，也不當這個豬崽！李俊臣看見一場鬥毆就要發生了。他是那艘船的老大。

　　「你給我住嘴！什麼豬崽？」李俊臣對那個船工喊。「這以後他們都是我們的島民，都是你的太上皇！」

　　他把顏開疆擋了擋。

　　「小爺們別生氣！看這幾個小爺還挺結團的！」李俊臣賠笑說。「這就好了，出

開臺王顏思齊（修訂版）

門就得這樣！有你們這樣齊心就不會吃虧了！」

「你還叫豬崽嗎？」顏開疆問那個小船工說。

「不敢了，爺！」船工說。

開疆哥，上了岸後我們得幹什麼？你得告訴我！趙東升說。顏開疆領著兄弟們上岸後，正不知道往哪裡走。他們只知道到了島上就是開荒拓土。可他們首先得幹什麼和做什麼，卻不知從何做起。他們把從老家帶過來的農用具全搬上岸。到了島上後，我們全聽你的！開疆哥，瘦狗也說。你讓我們怎麼著就怎麼著！你更懂事，心也大！我們要開地也得開在一起，以後可以互相幫忙！阿江也說。那沒說的！我們一定要抱成團。我們誰也不能丟了誰！顏開疆說。要住我們也住在一起！住同一個棚子，住同一個村！

「哥，我也聽你的，我也跟著你！」小翠娥說。

小翠娥一上了岸，一直用一隻手拉著他的衣角

「你還說！你還說！我不讓你來，你偏要來！你以為這是鬧著玩的？你看一上了島就把你嚇什麼樣了？」顏開疆說，「咱這是來這邊開山種地！你看還沒下船，人家就拿你當豬崽了！他們真的拿你當豬崽賣了！看你去哭！」

「可我不是有你這個哥嗎？我還是你沒過門的媳婦啊！」小翠娥說。「我們娘……」

「什麼小媳婦？我才不知道什麼小媳婦！」顏開疆說。「你別再我們娘，我們娘的了！我們娘是你的娘還是我的娘！」

「你知道我從小就許配了……」小翠娥說。「我是小媳婦……」

「你別說了，我爹說不定就在這裡！」顏開疆說。「那是大人的事。我爹要是不讓我娶你，我就不能娶你！懂嗎？還小媳婦呢！」

他們正站在那裡不知所措。顏思齊和陳德、李洪升幾個人正好從那個小山上走下來，想到碼頭上去。他們想去看看船隊運載移民的情況。顏開疆看見了連忙迎了上去。

「請問幾個官人，我們是剛從內地過來的。」顏開疆問。「我想問一下，上島後我們得先找什麼人？我們得先做什麼事？」

第二十章

「你是剛剛上岸的？」顏思齊問。「你在內地原本幹什麼？」

「我是個佃農。我種田，」他說。

「我是貧農，家裡原本有幾畝小田，」趙東升說。「可是這回大旱，我們家把田全典出去了，就什麼也沒有了！所以才投奔你們這裡來了！」

來了就好！來了就好！我們來一起開發這個島嶼。我敢說這裡的田地不會比內地的差！顏思齊說，比如說種稻米吧，這裡種的稻米絕對不會比內地的差！你說你是佃農，他是貧農，那你們原本在家裡就都是種田的把式了？對對，我們原本都是種田的！顏開疆說。我犁、耙、種、插，什麼把式都行！那好，我們正需要你這樣的把式。這邊有的是土地！顏思齊說。他上上下下打量了一下顏開疆。他看見他長得壯實，而且虎裡虎氣的，心十分喜歡。我看你長得很壯！小後生長得挺俊氣的！他們是你的夥伴嗎？是，我們一道來的！顏開疆說。你們在這裡等一等，我讓這個兄弟去幫你們叫幾個人來，幫你們搬這些東西。顏思齊轉過身跟李洪升說。你去叫幾個人來幫他搬搬這些東西。他們搬了這麼多家當，看來他們是真想把家安下了！這些農用具我們以後都用得上！那我們先住哪裡呢？顏開疆又問。我們這裡有一種公棚。你們先住公棚裡去。顏思齊說，不過你們要趕快搭蓋自己的寮棚。最好是幾個人合在一起蓋。

「然後呢？」

「然後就開始開地了！」顏思齊說，「你們這些人都是自己來的？」

「自己來的。」

「家裡的爹娘呢？」

「我家裡有一個娘，」顏開疆說。

「那你怎麼不把你娘也帶過來？」顏思齊說。

「他們不肯。你們這邊船上的人不肯。他們要年輕力壯的，」顏開疆說。「再說我娘來了，我也不能讓她下地呀！」

顏思齊看見小翠娥一直站在顏開疆身後。

「她是你的誰呢？」顏思齊說。

「我是他沒過門的媳婦，」小翠娥小聲說。

開臺王顏思齊（修訂版）

「你自己瞎說！」顏開疆說。

「這是真的，我沒瞎說！」小翠娥說。

「小翠娥，我跟你說了！這種事不是我們自己倆私下裡定的！」顏開疆說，「這事得爹娘定了才行！你得等我家裡爹娘去你們家裡提親！」

「可你爹在哪裡呢？你又不知道！」小翠娥頂嘴說。

「好了好了，我不跟你說了！」顏開疆說。

「你們這樣結了伴來真好！你們以後就可以抱成團！這樣就誰也不敢欺侮你們了！你們銀子拿了嗎？你再湊幾個人就可以領一頭牛了！」顏思齊說。「你們可以先住下來，先把寮棚搭起來，然後就可以開地了！開的地全是你的，開多少算你的多少！以後你種多少糧，你就留多少糧！」

顏思齊怎麼也沒想到，大陸來了大批墾民後，臺灣開始出現了一圈圈農田。特別是笨港的地方，那裡從山下到半山腰出現了一層層田坎。他發現，為了便於耕作和生活，在那些小山上和一些坡谷下面，不斷地出現一些寮棚。那是一些簡單的搭蓋物。通常是用木樁打下一些樁基，在上面搞一個木結構，也就是一個木架子，再蓋上棕櫚葉子和蒿草，那就是一個寮棚了。他的草寮在一個斜坡下面，前面是一片開闊地，草棚旁邊有一道淺淺的溪流。周圍兩側和背面都是綠色叢林。為了便於聯繫，他和楊天生、陳衷紀、楊經、李洪升等一些兄弟的寮棚全搭建在一起，相隔不遠，形成一個小村落。大海就在前面不遠的那邊了。

「我想我們只好先住這裡了，以後還是得蓋房子！」顏思齊說。他穿了一身的短衣短褲，手搖一把蒲扇，坐在寮棚裡四周望望。「這裡靠海邊，風暴肯定會多。這種草寮經不起風吹！你們說今天天氣是不是有點太熱了？」

「是熱。天氣有點太悶了！大哥，你有沒看見，這幾天那邊山下寮棚蓋得越來越多了！」陳衷紀說。「這些天，內地那邊來的移民越來越多了。幾乎天天都有船靠岸！他們好像都想把家安下了！」

「對對對，我看見他們還有帶兔崽子的！他們好像要在這裡養一窩家兔！」楊經說。他想到什麼笑了起來。「還有一個帶媳婦的。那媳婦都挺著個大肚子了！」

「那天在海澄那邊上船，我還看見有人帶了兩條番薯。」李俊臣說。「我問他帶

第二十章

番薯是過來吃的?他說是帶過來種的!」

是是,這些天人們蓋的寮棚又增多了!看來內地那邊人們都要往島內遷了。還帶了兔崽子?帶了番薯?那很好。那說明墾民們都想得周到!顏思齊說。他們想把家安下來才好!我只是擔心這種草寮不行。這草寮太簡陋,太不牢靠了。只要一陣風雨襲來,怕連住人都不行!

「所以我們得趕快建一些房屋。」顏思齊接著說。「建房屋得有窯工和泥水工。我們得趕快引進窯工和泥水工!」

他們正說著,一陣強烈的風暴真的來臨了。他們聽海面那邊有一陣「嗚嗚」的吼聲傳來,海面上突然堆積滿天的烏雲,緊接著變得天昏地暗。你說怎麼樣?我說風暴要來了,風暴就來了!顏思齊說。現在的臺灣,也就是那時的琉球是個多風暴的地方,以至從南太平洋刮過來的風暴被稱為颱風。他的那些兄弟看見天變了,都走散了。他們都怕自己的草寮被風吹了。顏思齊剛想怎麼加固一下寮棚。可是一陣大雨瓢潑而下,接著一陣長長的狂烈的風從大海那邊正面襲來。那只是一陣呼吼聲。那陣風過來,山搖地動。周圍的林木瘋狂地搖來擺去。天空一片陰暗。他還站在草棚中,可是那寮棚突然被風掀翻,整個棚頂被風吹刮而去。他突然發現他就那麼孤身站在風雨裡。身上被雨淋得濕透。他這時候才知道臺灣的風暴可怕!那個用棕櫚葉子和蒿草蓋的寮頂一下子被風吹走,他突然暴露在野外,無遮無擋站在沒了寮棚的地上。那草寮只剩幾根木樁。他正想到哪裡去躲躲風雨,看見他周圍陳衷紀他們幾個草寮也全被風吹翻了。那整片山野全處在狂風惡雨中。他正走投無路時,突然發現,在離他的寮棚原址不遠的一片小矮叢林裡,豎著一個用木頭搭起的小三角架。那三角窩棚看上去很結實,上面仍然覆蓋著密密的棕葉。那棚子離他的寮棚很近。他感到奇怪的是,他過去從沒發現在他住所不遠的地方,有那樣一個三角棚子。那三角窩棚原本被那片濃密的小林子遮掩著。林子這時被風吹得翻來倒去,才暴露了出來。他覺得奇怪的是,那棚子好像是人為故意建造在那裡的。那麼,那棚子是誰建的,用來幹什麼呢?那三角窩棚剛好可以容納兩三個人的樣子。他正想往裡面躲,可是突然看見裡面有一對滴溜溜轉的大黑眼睛,正盯著他看。他再認真一看,他怎麼也沒想到,他意外地發現,躲在那裡面的人是米芽娜,她正用那兩隻滴

開臺王顏思齊（修訂版）

溜溜亂轉的黑眼睛愣愣望著他。好像他感到吃驚，她也感到吃驚。這時滿山遍野的狂風暴雨還在下。

「你？你？你怎麼在這裡？」他說。

米芽娜好一陣子沒有作聲，好像不知道說什麼好。她低了下頭，似乎有點愧澀。

「這裡怎麼會有這個棚子？我怎麼不知道有這個棚子？」他又問，「這棚子是誰蓋的？」

米芽娜仍然沒說什麼。她看見風雨那麼大，往裡面靠了靠，騰出個地方，拉了拉他，也讓他進去躲雨。他只好也鑽了進去。

「這個棚子怎麼會在這裡？我怎麼不知道這裡有這樣一個棚子？」顏思齊又問。

「沙玻阿爸，」米芽娜突然說了一聲。

顏思齊臉上不由浮出一絲疑慮。

「老沙玻幹什麼？是老沙玻讓人蓋的這個棚子？」他說。「他蓋這個棚子幹嘛？我明白了，他是想讓人監視我？暗算我嗎？」

米芽娜沒說什麼，神情迷惘。

「他們知道你是漢人的頭，」米芽娜突然說。「他們讓人在這裡監守你！有必要的話，他們從這裡一箭就能射中你！」

「那你呢？那你怎麼也待在這裡？」顏思齊又問。

「我？我？」米芽娜說。

她好像要說什麼，可是一陣支吾，搖了搖頭。

「我？」她又說。她用手拉了拉她身上穿的衣服。「我？」

顏思齊這時才看見，原來米芽娜身上穿著他送給她的一件衣服。他這時才明白，她好像是特意穿了他送給她的衣服來這裡想給他看，又好像是躲在那個小棚子裡守候他的。雖然在風雨中，他看見她穿那樣一件衣服嫵媚動人。

「在我們這裡，我們不能隨便收男人的禮物。收禮物不能收衣服。衣物是我們這裡最最貴重的禮物。」米芽娜最後才說。她的聲音很低。「我們這裡收了男人送的衣服，那就要答應了人家的要求。男人的要求就是求親。你那天送我衣物，我父母，我父母要我拿還你。可我沒拿還你，我喜歡你的衣服。」

第二十章

他用不解的目光看著她。

「那是什麼意思？你說的是什麼意思？」他說。

「顏大官人，顏大首領，我收了你的衣服，我就是答應你的請求了！你得去找我父母，跟我父母提那個事，」米芽娜突然說。「我沒把衣物還你，就是等你來提，提親。我們這裡的風俗。你送了我衣物，你就是準備娶我為妻……」

「是嗎？有這等事？」

米芽娜又點了點頭。

「那可不行，我可沒有這個意思！」他幾乎堅決地說。

「你不答應，我就只好守著你……」米芽娜繼續說，「我們寨子的女子一生也只能接受一個男子求親，不然我們得去找老沙玻占卦，得經他准許。」

那會兒風還在刮，雨還在呼呼地下。山上的風雨聲仍然響成一片。米芽娜突然把頭往他的懷裡靠了一下。他幾乎吃了一驚，一下子張開了雙手。米芽娜吟叫了一聲什麼，突然奔出草棚跑了。

「你得去找我父母，不然你得去找沙玻阿爸！」米芽娜在風雨中喊。

現在我們真的得認真考慮這個事情了！我們得在島上建造村落，建成莊戶。我們一定得在島上盡快建造房屋。你看看，那些草寮全吹翻了！顏思齊站在山腰上，看著一個個傾翻的寮棚。他走到一個倒塌的棚子裡，看見一個陶壺撿了起來。這個水壺還好。沒砸破，還可以用。在那些倒塌的寮棚裡，有好些移民在收拾一些殘留的鍋盆碗碟，有的在一些破爛中搜尋一些舊衣物和濕棉被。我們要是解絕不了住的問題，就會有很多人待不下去，就又回大陸內地去了！可我們這裡需要很多的人！看來這個島每年夏天都會有幾場這樣的強風暴。這太可怕了，我們幾乎一夜之間就什麼也沒有了！很多的勞力！我現在才明白，這個島嶼處在大洋之中，這裡很可能是一個風口。它每年要是有這麼幾個風暴，我們損失就大了！我們一定得維護墾民的財物，才可能讓他們定居下來！

「衷紀弟，我看只好又讓你走一趟了。你再領李俊臣幾個兄弟回月港去！你們要在海峽那邊大量張貼告示，大批招募工匠。我們可以給大把的銀子！」顏思齊又說，「建造房屋，我們需要很多工匠。沒有石匠得招石匠，沒有泥瓦匠得招泥瓦匠，沒有

287

開臺王顏思齊（修訂版）

窯工得招窯工！我們要辦大事，就要有大批的能人！有技能的，我們全得招募來。普通人給三兩銀子，好的工匠我們就給五兩吧！」

我覺得奇怪，老沙玻族人住的也是草寮，李洪升說。像這樣的風暴，他們的草寮怎麼會保存完好？他們幾乎年年都要這麼熬過一回。我知道，那是那老沙玻的緣故！何錦說。他扭了扭腰身。那老沙玻會作法。暴風一來，他就在他寨子裡做法，結果風就吹刮不了他了！那是瞎說！李洪升說。我前一回去他們寨子就看見了，他們的草寮大都建在背風的地方。陳衷紀說，另外他們的草寮全建得結實。他們用很多藤藤蔓蔓把那草寮牽得很緊，建得很結實很牢固！

「可我們是漢人。我們漢人大都住房子裡。我們可以建很多像閩南那樣的大屋！」顏思齊下了決心說。「我們只有把房屋建造起來。讓人們住進去，人們才可能繼續留在島上。沒有房屋住，這島上就留不住人。留不住人，我們的所有的心思就全都白費！」

他們慢慢走回顏思齊原本的寮棚住處，可那裡只留幾根木樁了。我覺得奇怪的是，我昨天碰到一件怪事！顏思齊說。什麼怪事？陳衷紀說。我昨天棚子被掀翻了，可是那裡卻出現了一個小棚子！在我的棚子旁邊的那個小密林裡，那裡出現了一個小窩棚。他感覺奇怪，他昨天夜裡看見的那個三角小窩棚又不見了。那裡仍然一片蔥蔥鬱鬱的小密林子。什麼小窩棚呢？陳衷紀問。就是一個小三角棚子。那棚子蓋在林子裡平時看不見。你瞧這時候就看不見了！可風一刮起來，就露出來了。昨天就是風把林子刮亂了，才露了出來的。顏思齊說，我奇怪是誰把那小棚子建在那裡的？我怎麼不知道那裡有一個小棚子？建那棚子是幹什麼用的？他領著陳衷紀、張掛和何錦幾個人走進那片林子裡去。他們看見那個棚子仍然在那裡。我感覺這個棚子是衝著我來的。那是有人想監視我，暗算我，然後建起來，就近對我監視！

「我感到更奇怪的是，我昨天正想躲進那個棚子裡躲躲風雨！」顏思齊接著說，「可你知道嗎？那裡面有一個人！」

「有一個人？誰？」陳衷紀說。

「你怎麼也想不到，是那個小女孩米芽娜！」

第二十章

「哪個米芽娜？」

「就是我們登島第一天，碰到的那個米芽娜，那個背水的小女孩！」顏思齊說。「我不是看見她穿得赤身露體的，送給她幾件衣服，那個米芽娜！」

「奇怪，她躲在那裡幹什麼？」

我問她躲在那裡幹什麼？我還問她是誰把那個棚子建在那裡的？她輕輕說了一聲「沙玻阿爸」，顏思齊說。這麼說，是那個老沙玻把那棚子建在那裡的。陳衷紀分析說，他們建那個小棚就是為了監視你的。他們知道你是漢人的頭，他們想暗算你！我弄不明白她躲藏在那裡幹什麼？她還穿了我給她的一件衣服。後來她也讓我進去躲雨。她還說他們那寨子有一個規矩，就是不能收受人家的貴重禮物。收了人家的貴重禮物，她就得答應人家。答應人家什麼呢？她說我得到她家裡去提親！這麼說，她躲藏在那裡其實就是為了看你一眼！何錦笑嘻嘻說。大哥，她可能看上你了！她犯了相思病了！我是女子我懂得女子的心理！何錦，你怎麼全沒正經話呢？顏思齊說，你這是胡說啥呢？哥，我覺得你好像又要交桃花運了！你的紀子夫人沒了，可你好像又要交桃花運了！何錦尖聲尖氣地說。我們前回到他們寨子裡去，我就看見她站在寨子邊上，偷偷守著看你，我就感覺她好像喜歡上你了！你想想，他們寨子有哪個男子長得像你這樣風度翩翩，這麼身高體長？

「對對，這倒不錯，」張掛也喊。「我們哥完全可以把那小土妞娶來當壓寨夫人！」

「那可不行！我都是你們哥了，我都是這島上的統領了，我怎麼可能還跟一個小土女子糾纏？」顏思齊堅決反對說。「我想，那老沙玻可能還不會跟我們善罷甘休！他也知道，我們從內地引來這麼多墾民，就是要跟他們爭奪地盤。他們肯定還要跟我們你死我活的爭鬥，我怎麼可能跟他們的女兒有什麼瓜葛！」

「我想這倒沒什麼！要我說顏大哥，你乾脆就把那個小土妞娶了！」李洪升說。「這倒是好事一樁！這種事情一好百好，一了百了！你說你都娶了他們的土妞了，你就是他們的土女婿。你說那個小土老頭還能跟我們過不去嗎？」

「不行不行，這個不能瞎說！」顏思齊接著問。「這些天那些沙玻族人怎麼樣？他們還總是跟我們過不去嗎？」

開臺王顏思齊（修訂版）

「還是那樣！他們好些人老守著界樁！我們的人一過界樁，他們就又是吆喝，又是射箭！」陳衷紀說。「他娘的，那天我們一個大陸伯的一頭羊不知怎麼丟了。後來說是跨過界去吃草，被他們射殺了！那羊再也沒見了。聽說是被他們抬回去宰了吃了！」

「我看我們這幾天還是先把寮棚再搭起來！然後還是回月港去把一些工匠引進來！」顏思齊說。「我們仍然繼續引進墾民。只要我們人更多了。我們的氣勢就更大了！到時候老沙玻就得把土地讓給我們更多了，他們就得跟我們友好相處了！」

「哥，你真的不想那個小土妞嗎？」李洪升說。「你不想當他們的土女婿嗎？」

「兄弟，你們都別胡說！」顏思齊說。

第二十一章

「顏大官人，我們要走了！」一個操漳州口音的漢子說。

「要走？你們要到哪裡去？」顏思齊說。

「我們想回大陸，回內地去！」那個漢子說。「我們不想在這個破島待了。我們不想開這裡的荒了！」

「你們是不是怕那場風暴了？」

「那風暴沒什麼！」

那你怎麼要走呢？你的茅棚是不是被刮了？你不想在這裡多開一些田？顏思齊說。他這天從田裡回來。他扛著把鋤頭。他真的把李洪升劃給他的那塊地墾了出來。他想，弄不好他真的得把小袖紅和顏開疆母子倆從海澄接出來。他只是不知道他們的孩子是男孩還是女孩。他想，他可以回去找他們。因為現在他們待的這個大海島離海澄很近了。另外他深知，只要把那個島開發出來，他們完全可以在這個島上安居樂業，安享天年。他們的後輩子孫完全可能在那島上定居，而且會事業有成。因為那個島完全可以成為一個世外桃源，一個富裕之邦。那時他們已經建起了好些大屋子了。顏思齊給自己建造了個閩南大屋。那屋子就像內地的樣式一樣。正面三大間，前面有一個大院子，然後是兩旁兩個廂房。他這天從田裡回來，就看見他的屋門外站著和蹲著好幾個大陸墾民。他們看見他全站起來。

「我也要走了。我也想回內地去！」一個操泉州口音的男子也說。

「你們怎麼了？你們怎麼都想走了，想回內地去？」顏思齊又問。

「他們把我們的牛給害了！」一個同安口音的人說。

「他們是誰？他們怎麼把牛給害了？」顏思齊又問。

「老沙玻！老沙玻族人！」

開臺王顏思齊（修訂版）

「老沙玻他們怎麼把牛給害了？」

「顏統領，你知道吧？我們剛上島時，你不是給我們十人一頭牛？」那個操漳州口音的人說。「可我嫌牛少。我想多墾一些土地，自己又花錢買了頭牛。」

「那很好啊，自己有一頭牛使起來更方便！」顏思齊說。

「可我那牛中午那會兒還好好的，上午還在犁地，可是下午這會兒，不知怎麼就四腿蹬直死了！」那漳州人說，「我那牛是牛販子從浙江販過來的，才三歲口，壯著呢！可下午我把那牛放了去吃草。那牛不懂事。好像是過了界椿一點，就是在界椿那邊，也不知吃了什麼草就死了！」

「有這種事嗎？他們給你的牛吃了什麼草了？」顏思齊說。

「我也不知道什麼草！反正他們是給牛吃了毒草！」漳州人說。

「還有我的牛！我的牛是前幾天被他們用箭射傷了的！」那個泉州人說。「他們把牛射傷了。我回來把箭拔出來，那牛流血不止。過了兩三天，那牛就死了！我是親眼看見老沙玻族人射的箭！」「還有我的牛！」另外一個墾民說。

「還有我的牛！」又一個墾民說。

最壞的是他們給牛吃毒草！我那牛還沒過界椿呢。牠還在椿這邊，還沒到椿那邊。可把頭伸到界椿那邊也不知吃了什麼草，突然倒地也就死了！一個操同安口音的男人罵罵咧咧喊。我入了他娘的！我才不入他們沙坡族人的娘！那牛死時滿嘴的白沫。四條腿齊蹬蹬，蹬直就死了。顏大哥，你可得給我們做主。我那牛死得慘哪！我買那牛可是花了兩兩多的銀子啊！他們喜歡裝神弄鬼！這事肯定是他們幹的！剛才那個漳州人說，我們好端端的種著田，他們總是要弄出一些事情來！他們知道有一種草能毒死牛。他們就拿那種草給牛吃了！

「所以我說，我們就都得讓著點。他們不讓過界椿，我們就不過界椿，」顏思齊勸解說。「他們不喜歡我們來這裡。他們怕我們占了他們的地盤，所以他們總想把我們往外趕。」

「可那是牛啊。那牛連人話都聽不懂，牠哪懂得什麼叫界椿！」那個泉州口音的人說。

「再說，牛就是吃草的麼。牛又不吃別的東西。牠哪裡懂得什麼是我們的草，什

第二十一章

麼是他們的草！」漳州口音的人說。

沒有牛這田就種不成了，我們想我們還是回去吧！待在這裡不是也沒日子過了？那兩個人說，我們漂洋過海的，從大陸那邊過到這邊，不就圖個平平和和種田嗎？可他們總是使壞招！他不讓你種田！把你的牛弄死，你還過日子嗎？內地日子苦是苦一點，可總不至於把牛賠了吧！我看大家還是先別走！他們正想把我們往外趕，你走了不正好合了他的意？顏思齊說。再說，你們都開了好些田了。你總不能把開好了的田扔了不要！

「我看這樣吧，你們先留下來。他們弄死了你的牛，我再給你們補上。」顏思齊說，「我一人再給你們一兩銀子，你們再去買頭牛！過後，我再去找那老沙坡族長說說，讓他們手下留情！」

他娘的，那是誰？高貫正在路上踉踉蹌蹌地往回走。他突然聽到耳邊有一聲尖銳的聲音響過，把頭一偏，一支箭從他的耳旁穿過。這晚他舉著火把。他剛剛在王平那裡喝了酒。他的屋子在那村子邊上。他快回到家了。他聽到空氣中那聲利器響過，然後「砰」的一聲，扎在他的屋子的門框上。他正想推門進去，看見那裡門邊扎著一支箭。他湊近一看，看見那支箭上面還扎了一隻死鳥。那支箭剛好從那隻死鳥的身上穿過。他這時才知道剛才空中響了一聲，就是那支箭。他把那箭拔起來，看見那箭上還繫有一個小布條。這時他隱約聽到不遠處的草叢裡有一陣腳步聲，他拔出刀追過去。可是那裡兩個人跑了。

「顏大哥，你瞧瞧這是怎麼回事？他們把這隻死鳥扎在我的門框上！」高貫說。他來到顏思齊的屋子裡，把他手裡提著的那支箭拿給顏思齊看。「這上面還有一個布條，那字寫得歪歪扭扭的，不知道寫的是什麼？」

「我也是。我也碰到了這樣一支箭！」他正說著李俊臣也走了進來。他手裡也拿著一支箭和一隻死鳥。「他們也往我的門上扎了這樣一支箭！」

陳衷紀那時正好也在顏思齊屋裡。他拿過他們兩人的箭，比對著看了看。然後把那個布條拉開了，仔細辨認上面那些文字。那布條上面畫了一些符號，布條下方有一個惡毒的打叉，中間好像還畫了一條船。

「那肯定是老沙玻他們的人射過來的！我來猜猜那上面的意思。他好像在警告

開臺王顏思齊（修訂版）

我們，」陳衷紀說。「意思好像是說，是你們開的船。對了對了，他們是說，是你們開船把海峽那邊的人接運了過來的。這島上才有了那麼多的漢人。他們的意思是讓你別再幹這個事了。他們在上面打叉叉。意思是說他們會像射死那隻死鳥一樣射死你！」

「他們想射我什麼死鳥？我沒射他們的死鳥就夠了！他們射我的死鳥？」高貫喊。「我馬上跨過界樁去！砍殺了他們的死鳥！」

「算了算了，你們就當沒這個事。他們把箭射在門框上，那就是他們不敢射在你們身上！」顏思齊分析著說。「這說明什麼？說明他們也不是太想跟我們對抗！他們只敢弄死了我們的牛，他們不敢真的跟我們爭鬥！他們知道真的打起來，他們說不定更吃虧！」

「可他們都在暗處……」高貫說。

「正是他們都在暗處，所以我們更得提防他們點！」顏思齊說。

臺灣接著就開始出現一些村落和房屋了。那是歷史的一個畫面。那些村落和房屋說明臺灣除了原住民外，開始出現漢人的群落了。那是一些磚木結構的建築物。那房屋完全像閩南的建築一樣，並排三間或者五間，屋脊兩邊有高高的翹翅。大戶通常有兩邊廂房，中間夾著一個天井。房屋前面大都有一個晾晒穀物的磚院。笨港這時甚至出現了一條小街。那街上開了各種各樣的店鋪。布店、米店、鐵匠店和瓷器店。

「開疆哥，我們也來這條小街上開一個店怎麼樣？開個布店或者瓷器店。開店說不定能賺更多的錢。」一天，小翠娥和顏開疆在笨港的那條小街上走。他們剛剛從山上開田回來，小翠娥說。「這樣你上山開田，我就可以在這裡做一點小買賣了。以後我們就田有了，錢也有了！我們娘……」

「你別老是我們娘，我們娘的叫！」顏開疆說。「你這麼叫讓人聽了多不好？人家還以為我們倆是什麼人了？」

「我說你怎麼啦？你是說你想把我賴掉嗎？我們還很小我就許配給你了！」小翠娥說。「現在我們又一起漂洋過海來到這裡，我們一塊兒開了地，你想把我賴掉就賴掉呀？」

第二十一章

「我沒說要賴掉你。可你總還是沒有過門麼！」顏開疆說。「這種男女婚嫁的事都是大人說了算的,哪有我們自己私下裡說的!」

笨港的那條小街坐落在港口邊上。港口上來拐往海岸,沿著海岸就是那條小街了。那是兩排簡單的店鋪,低低矮矮的,參差不齊。可是那裡成了臺灣的第一個商業中心。那街起先出現了一些鐵匠鋪和木匠鋪,接著出現了米店、布店和瓷器店。小街拐角的地方,還擺了幾個肉攤。一些漁人打了漁回來了,也用竹竿挑著魚在街上賣。臺灣開始出現了一些民生社會的畫面。顏開疆和小翠娥在街上走時,聽到前面有人在賣肉棕。

「肉粽咧,肉粽咧,香噴噴的肉粽咧!」那賣肉粽的喊。「同安肉粽! 同安肉粽!」

那時他們剛剛開了田回來,肚子正餓著。走走,我去賣兩個肉粽!我們一人吃一個!顏開疆說。他領著小翠娥走到那個肉粽攤前,買了兩個肉粽,遞給小翠娥一個。他們剝開肉粽大口吃了起來。這肉粽不錯!這肉粽有點老家的味兒!旁邊一個也吃著肉粽的老鄉說。你這是哪兒的肉粽?顏開疆問。同安肉粽!你知道同安嗎?賣肉粽的說。我們是從同安過來的。我們同安還有一種封肉!

「你老家是同安?」

「是,是同安。」

「我是海澄縣的。那我們是隔壁縣。你在老家就是賣這個的嗎?」

「我們老家就是賣這個的。我們家做肉粽都有四代人了!」

他看著那個賣肉粽的,好像回想著什麼。可我們家原本是開滷麵館的。我娘原本在海澄縣是賣五香滷麵的,顏開疆也說。你聽說過五香滷麵嗎?知道知道!那種麵很滑溜,很好吃!那個賣肉粽的說。那你娘是開滷麵店的,你怎麼不也開一個?現在我們這裡同安和龍溪老鄉很多!龍溪和海澄老鄉都喜歡吃滷麵!

「真的,開疆哥,我們怎麼沒想到呢?我們就開個五香滷麵館!」小翠娥突然說。她好像也想起了什麼。「我們娘是開五香滷麵館的。我們就開五香滷麵館!」

開五香滷麵館?你會做五香滷麵嗎?顏開疆問。我可沒跟我們娘學!我跟我們娘學過!在老家時,我們娘教過我。小翠娥說。我們娘教過我做五香滷麵!怎麼配

開臺王顏思齊（修訂版）

料和怎麼開滷，娘都教過我！

「你還我們娘我們娘地叫！」顏開疆埋怨說。

「我們娘就是我們娘！」小翠娥說。

過後差不多過了一個月，顏開疆和小翠娥就在笨港小街上開了家五香滷麵館了。小翠娥完全學小袖紅的樣子配料和燒製，那五香和滷麵全像模像樣的了。

「你什麼時候跟我們娘學的？」顏開疆說。

「你忘了？我們去年田裡乾旱，你們在田裡車水，我和我們娘給你們做點心，」小翠娥說。「我和我們娘給你們做的點心就是五香滷麵！」

「你又來了，你又來了！」顏開疆說，「你又我們娘我們娘了！」

「你剛才不也是我們娘我們娘地叫！」小翠娥說。

「可我們娘沒說呀，」顏開疆說。

「可我們娘教了我了！」小翠娥說。

五香滷麵館開了後，小翠娥像顏開疆的娘一樣，站在滷湯鍋後掌勺。

「海澄五香嘍！海澄五香嘍！海澄滷麵，海澄滷麵咧！」小翠娥也像娘那樣叫。「五香！五香！滷麵！滷麵咧！」

顏思齊發現陳德染了瘧疾是在一天夜裡。那是一年中天氣最熱的幾天。他睡不著覺，半夜爬起來納涼。臺灣島雖然臨海，可是到了大夏天夜裡仍然熱浪不減。他只穿了條短褲和短衫，手搖著把大蒲扇，走到屋外。他突然聽到不遠的地方有人在呻吟。他感覺到前面院子拐角的地方好像有人俯臥在地上。他取來一盞燈，走上前一照，那人是陳德。他看見他臉色蒼白，大口喘息，嘴唇發紫。

「兄弟，兄弟，你怎麼了？你怎麼躺在這裡？」他伸手摸摸陳德的額頭。他的手差點被他的頭燙得縮了回來。「你是病了？你發燒了！你是怎麼病的？」

「我想到你屋裡去，可我，我，我沒走到你那裡，」陳德大口喘著氣說。「我也不知怎麼身子發燙。我覺得冷，渾身發抖。我口渴……」

顏思齊想去扶他，可是他站不起來。我口渴。我想喝水。我想到你那屋裡喝水。陳德斷斷續續地說。我走到這裡就走不動了！我就趴在這裡。我全身發抖……顏思齊連忙把陳德扶起來，半扶半攙著，把他扶到他的房間裡。然後很快地給他端

第二十一章

來了水,陳德連連大口地喝水,並讓他在廂房裡的一張床上躺下。這時因為動靜,他屋裡來了幾個兄弟。

「去去,快去,你們誰快去把楊經叫來!」顏思齊說。

可他昨天還好好的。他昨天還在跟我喝酒!何錦用奶裡奶氣的嗓門說。他無緣無故又扭了下腰。他總說,妹子呀,你的人真行,你又能喝,又能上戰場……水,我想喝水!抖,我抖……陳德說。楊經很快地來到顏思齊屋裡,在陳德床頭坐下,給陳德號脈。他用手背試試他的額頭體溫,接著倒吸了一口氣,臉上出現一種驚慌失措和萬萬不相信的表情。他再翻翻陳德的眼睛,看看他的舌頭。他把顏思齊叫到一邊。

「大哥,我看要出大事了!這事不得了了!」楊經緊張和慌亂地說,連連擺手,連連嘆氣。「這就像天塌地陷了一樣了!我們這裡好像要出大禍了!這是一件比天災人禍更可怕的事情!大哥,我感覺大難來臨了!」

「什麼天災人禍呢?什麼大難呢?」

「瘟疫,你知道嗎?一場瘟疫,一場天災!人突然都病倒了!這整個島!」楊經說,「弄不好是一場滅頂之災!所有的人!我們要是無力施救,可能會死好些人!」

「是嗎?瘟疫?什麼瘟疫?什麼天災?」顏思齊說。

這是這種海外大島經常出現的一種熱病。這是熱帶地區。那病叫瘧疾。這種病會傳來傳去,受了感染的人有的會丟命。楊經說,這是一種瘴氣引起的。這種地區常有瘴氣。那瘴氣大都在野地和林子裡。還有就是蚊蟲叮咬傳播。天氣太熱了,這島上蚊蟲很多。蚊蟲把病菌傳來傳去。病患者大都發熱發冷,平白無故的大汗淋漓,接著口焦唇燥。你看陳德弟就是這樣。他的口唇都裂了!我家祖上有醫案說,染這種病的人大都高燒不斷,然後又不斷發冷。最後體力耗盡了,就不治而亡了。

「那不是要死人了?」顏思齊說。

以前我先父在大陸那邊行醫,就碰到過這種瘟病。人一群群死了,成群成群地下葬。像貓狗一樣,沒有保證,沒有尊嚴。有的人上午還在埋葬別人,下午就被人埋了!楊經繼續說,不過我祖上先人研磨過不少方子,其中救了好些人。這種病特

開臺王顏思齊（修訂版）

別容易傳染和漫延。有了一例，很可能很多人就會染上，接著一個傳一個！有時你都不知道怎麼回事就染上了。所以，你得讓這屋裡的人趕快散開，別聚在一起！

「那不是完了？那不是誰都可能染上了？」顏思齊著慌說。

「對對！染不染上那就看你的造化了！」楊經說。

賢弟，這回可全靠你了！你可得給我好好診病。我們可不能讓什麼人死了！顏思齊說。大家都不容易。我們太不容易了。你想想，我們從長崎來到這裡，從海澄來到這裡，大家多難呀！我們可不能讓什麼人死了！我來開一個處方，楊經說，可是顏大哥，這方子我們這裡沒藥。你可得著人乘哨船到內地去買。我劑量開大一些，盡量多買！楊經來到大廳裡，展開紙筆寫起方子：毛茛百斤。青蒿百斤。馬鞭草百斤。這時候顏思齊的屋裡來了好些人。他們聽說島上出現了瘟疫全來打聽消息。人們把楊經團團圍起來，把他圈子在中間。人們明顯地感覺到一種恐懼和驚慌，似乎每個人的生命都受到威脅。他們把平安的希望全寄託在那張方子上。楊經寫好方子後，抬起頭來，把方子遞給顏思齊。

「大哥，你快把這方子拿給李俊臣和張掛，讓他們著哨船回漳州府去買藥！」楊經說。「我們人多，得用大劑量，藥買越多越好。漳州府不夠的話，還得到泉州府去買！把藥全買下來了！」

「這藥要那麼多嗎？」

「要那麼多！你想想，我們現在島上都有三千人了！」楊經說。「我們每人都得喝藥預防！」

「另外幾味草藥這裡山上可能會有，我明兒多帶些人上山去採！」楊經說，「我們現在在島上，也只能先靠自己採藥維持了！」

楊經看見顏思齊屋裡這時來了很多人。

「大家快散開！這裡有病人，大家都散開！」楊經緊張地說。「我們一定要教會人們懂得，除了服侍病人的人，盡量不要去接觸病人。一接觸說不定就染上了！這種病傳染得快！大家都分開！大哥，你也少去陳德床邊！」

「那可不行！我不照顧他，誰照顧他！」顏思齊堅決反對說。

大哥，今兒事情真的有點不妙了！那病傳得太快了！那不是一種疫病，那是

第二十一章

一個瘟魔！第二天一早，顏思齊剛剛起床，鄭玉和余祖就跑了進來。鄭玉一副張惶失措的樣子，說，昨天，不是昨天，就在昨晚，李英大哥，李英大哥也像陳德大哥一樣，一下子病倒了。今天他們南勝村，我們高雄社又有幾個人像李英大哥一樣病倒了！

「幾個了？你說幾個了？」顏思齊說。

「我們新洲社也好幾個病倒了！全是一樣的病！全打冷噤！」余祖也說。「還有發燒。嘴唇都變白了！全躺倒了，起不了床。全是那樣的病狀。」

你們有沒有問清楚了？有多少人？得病的有多少人了？顏思齊說。他轉頭對陳衷紀說。我看我們得有專人統計病人。我們才知道疫病的漫延情況！我那高雄村有十幾個，南勝社有六七個了！鄭玉說。新洲村起先有三個，接著又病倒了一個！余祖說。陳德大哥呢？還躺在床上嗎？鄭玉說。還是那樣，好像更重了！連說話都沒力氣了！顏思齊說。不斷發燒！

「這該死瘧疾……」余祖說。

「這是場瘟疫！」顏思齊說。

顏思齊很快地把兄弟們召集起來，特別讓人去把李俊臣和張掛叫來。昨天他們發現陳德患病已經半夜了。他想他還是天亮再令張掛和李俊臣發船吧。他讓陳衷紀取出了幾張銀票。要快呀！要快呀！他在嘴裡念念叨叨，在大廳裡著急地走來走去。要著快船！最快最快的哨船！

李俊臣和張掛很快地走了進來。

「兩個兄弟，你們今兒就得走！著哨船，到漳州府去！這是昨晚發現的！已經有好些人病倒了！可能會死好些人！」顏思齊說。「這是一種病，一場瘟疫，懂嗎？你們得跟瘟病爭分奪秒！你們得馬上趕回大陸去買藥！越快越好！馬上盡快把藥買回！」

「行行，我們馬上上船！」李俊臣說。

「什麼瘟疫？你跟我說說，我來給他個手起刀落！」張掛說。

「這不是手起刀落的事情！」李俊臣說。

「我們現在最快的船是哪一艘？」顏思齊問。

開臺王顏思齊（修訂版）

「『土生號』，那是艘最小也是最快的船。雙桅的！」李俊臣說。

那船幾天能趕到漳州府？顏思齊說。兩天吧，不用，一天兩夜吧，或者兩天一夜！李俊臣說。還得看風向，看潮水。快點一天多一些！我們全掛滿帆！那你們兩人快乘這艘船到大陸去，多帶幾個水手去！最好是先到漳州府。漳州藥行多！這是銀票！漳州的藥不夠了，再去泉州府！顏思齊交代說。大量購買這幾味藥物，看來這真是一場天災了！我們好不容易在這裡剛剛站住腳，剛剛開了一些田，建了幾個村子。我們剛剛從大陸引來了這些墾民。我們可不能讓這個時疫逼退了下去！

「你們一定要快去快回！」

海龍王，你知道嗎？這是海龍王鬧的鬼！不是不是，是老沙玻，老沙玻做的法！顏思齊沒想到，他發現陳德第一個染上瘧疾後，島上的人們成批成批地病倒了，全是那種急性熱病。而一些體弱的人開始病亡而去了。驟然間，島上充滿恐懼和蕭瑟的氣氛，同時謠言四起。那是在海邊的一個寨子裡。一個草垛下一頭牛在慢慢地吃草。遠處一群農婦正在對著一個簡單的小廟宇燒香祭拜。那廟是用幾塊磚頭搭成的一個小小的房屋形狀。那是大型廟宇的小型替代物。人們就對著那個廟形的小小的建築物燒香祭拜了。那時島上的人們砌了很多那樣小巧的廟宇，供神讓人祭祀。

「我知道事情是這樣！海龍王不讓我們住在這裡。這裡原本是他的御花園。」那個島民說，「我們來了，就占用了他的地方了，他就想辦法治你了……」

「什麼叫御花園？」

御花園是讓海龍王遊玩嬉戲的地方。吃喝玩樂，你知道嗎？那個島民說。可是你瞧，我們來了這麼多的人。我們拿他的御花園來開墾種地，還帶來這麼多的人間煙火！人間煙火會惹海龍王不高興嗎？這你還不懂呀？海龍王是吃人間煙火的嗎？那個島民說。海龍王是海底的神仙。他不喜歡人間的煙火。海底下哪來的人間煙火？他當然不喜歡你們帶來人間煙火了！那海龍王想怎麼樣呢！他想先讓你們著瘟病死掉一批。他在海底的龍宮作法，你們就一個個病死了。那個島民深明事理而且神經兮兮地說。你們害怕了，不就全從這個島上逃了？你要是不逃，他就讓你們全部病死。你們死了走了，這御花園不就又還給他了嗎？

第二十一章

「那你想不想死？你不想死你還是逃吧！」

「怎麼逃呢？」

「離開這裡，回內地去！」

「可我都開那麼多地了！」

「你人都要死了，你還貪那地！」

事情才不是這樣，事情是這樣！我跟你說吧，那不是海龍王作的孽，那是老沙玻他們族裡人鬧的鬼！在另一塊田壟上，一個農人正在搗弄一張破鐵犁。那個鐵犁的犁頭掉了，他想把那犁頭裝回去。另外幾個農人坐在田邊閒聊，看著那人裝鐵犁。你還裝那個犁頭幹嘛？你人都要死了，你還裝那個犁頭！我知道鬼是怎麼鬧出來的！那完全是那個老沙玻！那老沙玻就是個巫神。他本身就會法術！他那把劍是把寶劍！你知道那把寶劍怎麼來的嗎？

「怎麼來的？」一個農人說。

「晴天一個霹靂！就是晴天一個霹靂！」那個擺弄犁頭的農人說。「那是有一回在山上，那是個大晴天，突然響了一聲霹靂。那霹靂響過後，一個山頭裂開，那裡就出現那把劍了！」

「那他拿劍做法幹什麼？」

「他做法是想把我們趕走！」

「他幹嘛把我們趕走？」

這裡是他們的領地。他們原本就在這裡過，在這裡生兒育女。那個擺弄犁頭的農人繼續說。他們用刀把這裡的坡地割開，種上幾棵粟種，吃的粟米就有了。他們想吃葷菜了，這山上有的是虎兔。他們上山追捕一通，打下隻野物，肉食也有了！可你們一來就把他們的地盤占了，也把他們山上的野物嚇跑了。他們怎麼會喜歡讓你們待著呢？不然咋辦？他們的另一個說。這下他們不就給你好看的了嗎？他就在他們的寨子裡做法。他在他的寨子裡舞劍，然後在嘴裡念念有詞。那個農人說。你看，就讓你們那麼多人病倒了！他們要是想弄成一場瘟疫，你想逃都逃不了！

「還弄成了個瘟疫？瘟疫都來了！那怎麼辦？」

「我是想把這裡的東西全扔下，先逃回內地躲一躲！」那個農人說。「把這些犁

開臺王顏思齊（修訂版）

呀，仗呀，還有田，先扔下，躲過一陣子再說。」

那麼走吧，走吧！這島上不能待人了！這一天，笨港的碼頭上聚起了好些人。你知道吧，瘟疫來了，誰也逃不掉！碼頭上一個農人說。一倒一大批！你別以為你現在沒事，事情一來就來了！另一個墾民喊。你早上埋了別人，下午就讓人埋你了！那不是死路一條了嗎？那還是逃吧！這島上不能住人了！墾民們喊。再不逃，你連命都沒了！那一陣子，謠言像一股暗風在墾民中流傳。因為對瘟疫的恐懼，很多墾民害怕了，紛紛想逃回內地。碼頭上人們從四處擁來，擠著要上船。那裡的碼頭下靠著幾艘船，人們紛紛想上船逃命。碼頭亂成一片。好些人在爭奪一隻船隻，想爭奪船隻出海逃生。停停！慢著！余祖喊。這船誰也不能上！李洪升領著高貫、余祖幾個人在那裡堵著人群，不讓上船。你們得把事情說清楚了再上船！他們試圖說服那些島民留下來。可是人們還是呼擁著往船上擠。他們有的挑著雞鴨，有的帶著被卷。有人手上牽扯著小孩。

「讓開，讓開，讓我們上船！」他們喊。

「我們怕死。我們想回內地去。你總不能讓我們在這裡等死吧？」

「我們田不要了，地也不要了，全還你們！你得讓我們走哇！」

「在這島上呆不得了！待在這裡只能等死了！我們不想死。我們回去還不行嗎？」

你們聽好了，你們現在不能走！高貫喊，這裡不讓上船！你們走了，這島誰來開呀？誰管你島不島的！我們什麼都不要了不行嗎？一個墾民喊。可你們是拿了我們的錢的！你們來時一上船就拿了我們三兩銀子！我們什麼都不要了，你們還不讓走嗎？你真讓我們在這裡等死呀？另一個墾民喊。碼頭上秩序大亂。李洪升和高貫他們堵住碼頭，可是有更多的人往碼頭上擠。另外那邊，人們為了爭奪船隻都打起來了。我的鞋呢？你把我的鞋踩了！一個背著只包袱往船上擠的農人說。我的鞋丟哪裡去了？我說孩子，你快跟過來。你別讓他們擠下去了！一個墾民對兒子喊。我們回內地去看看再說！你可跟著你爹呀！

「不行，不行！你們不能走！」李洪升和高貫堵著人群說，「你們剛來時是拿了我們的銀子的！你們地還沒開完就不能走！不能上船就是不能上船！」

第二十一章

「你憑什麼不讓人走？瘟疫來了，你想讓我們一個個著瘟死掉嗎？」那些農人又擠又喊。「我們也沒要你的東西！我們把什麼都留給你們了！我們這麼空身走人，還不行嗎？」

碼頭上正爭執著。顏思齊和陳衷紀一人騎著一匹馬遠遠而來。陳衷紀騎著馬擠進人群裡。

「鄉親們！老少爺們！我說大家還是先別走！我們正去買藥！我們已經回漳州去買藥了！」陳衷紀騎在馬上說。「你想想，大家多不容易呀！我們好不容易上了島。我們過海碰到了多大的風浪！我們剛剛開墾了些田，剛剛種上稻禾。房子剛蓋起來，剛剛安生住下。眼看著稻禾要收了，收成要有了，你們卻要走了！我不相信一場時疫能逼退了大家！」

你還騙我們哪？你不知道那是海龍王不肯借我們地方住的嗎？一個墾民喊。你不知道那是老沙玻在他們寨子裡做法？那些農人喊。他把我們的牛毒死了，他還想把我們的人害死！想死的留下來！不想死的當然得走！留下來只有死路一條！那可不行！你們是拿了我們的銀子，要了我們的牛才來的！高貫喊。你們要走行啊！你們把銀子和牛還了！我們不是什麼也沒拿嗎？我們不是把什麼都還你們了嗎？一個農人喊。我們把牛留下了，房子也留下了，一個中年農人喊。我都在這裡幹半年了！我什麼也沒要你！我就是不想死，不行嗎？高貫連連擋人，可是擋不住，一急起來，伸手拔出了刀。

「我看你們誰敢走？誰先鬧著要走，我就把他剁了！」高貫喊。「我們讓你們來這裡，是想讓你們來發財，你們卻爭著要走！不識抬舉！你們走了，這些地靠誰來種？」

顏思齊看見高貫拔出了刀，連忙把他止住。

「高貫，別拔刀，別魯莽！你拿鄉親們當什麼了？」顏思齊喊。他也騎了馬，走進人群裡，走到陳衷紀身旁。「我看他們要走，讓他們走吧。這裡都是他們的家了。他們有田產，有房產。我們的日子很快會好起來！收成很快會有！內地生活比這邊難。等這場災病過去了，他們過一陣子說不定還會回來的！」

顏思齊想想下了馬，走進老鄉們裡面去。他跟這個人拉拉手，拍拍那個

開臺王顏思齊（修訂版）

人的肩膀。

「鄉親們，老少爺們，你們要走就先走吧！我和我的這些兄弟留在這裡，幫你們看家守舍，幫你們看住家！你們開了多少的地全給你們留著，你們建的房子也給你們留著！這只是一陣時疫，很快就會過去！說起來，大家躲一躲也是應該的！到時候你再回來。你們在內地大都是無地的農民。在這裡，你開多少地，還是多少的地！你的屋子和你的家什全是你們的！你們以後回來全還你們！我們不會讓你們丟失了一樣東西！到時候，我們再繼續開這個島！」

那場瘟疫蔓延後，島上有很多島民病倒了，有的病死了。很多島民撤回大陸後，笨港開始變得蕭條和冷清了。

新開墾的農田因為沒人管理雜草長出來了。

新建的磚房緊閉，田頭農舍到處放著一些閒置的農具。

笨港小街好些鐵木店、米店、布店和陶瓷店都關門了。

顏開疆和小翠娥雖然還開著五香滷麵館，可是生意冷冷清清的。

「海澄五香嘍！海澄五香嘍！海澄滷麵！海澄滷麵嘍！」他用一種寂寞的嗓音嚷。「五香滷麵！五香滷麵嘍！」

我是摳著指頭算日子的。他們都走了七天，今天是第八天了！顏思齊說。他們總不會在海上碰到風浪，出什麼意外吧？顏思齊待在島上一直焦灼地等著李俊臣和張掛買藥回來。他知道他在臺灣的成敗幾乎就等那批藥物，能否救治臺灣境內大批墾民了。他發現人其實軟弱不堪，人的謀算不如天的謀算。你費了多大的力氣，剛剛把一個海島開出了些生氣，剛剛變得喧鬧和興盛起來的笨港，這時又變萬戶蕭條鬼唱歌了。

「按理他們往返也就六七天的路程，今天怎麼還沒見船影？」顏思齊說。

他正往一個小火爐裡吹火，正替陳德熬著一劑草藥。陳德那時還大病不起。他們熬的那藥是楊經領著人從山上採來的。

「這是我們自己採的藥。這藥行嗎？」他問。

「這藥不太行，」楊經說。「這只是本山採的草藥。這藥只能清清火，消炎就不行了！」

第二十一章

「他們會不會買不到藥呢？你開的那方子藥很難買嗎？」他問楊經說。

「按理不會，那藥方了好買，就怕我們要的量大，買不夠！」楊經說。「大哥，你別急，我估計他們可能是漳州府買不夠，又到泉州府去了！這樣就得多走兩天了！」

「李俊臣和張掛回來了！」他們正說著，有人叫嚷著跑進來。「他們買了藥回來了！」

顏思齊正想迎出去，張掛和李俊臣已走了進來。兩人看上去風滔滿臉，臉皮被海上的太陽晒得暗紅，而且沾滿鹽鹼。他們顯然好幾天沒有漱洗，滿臉倦意。他們身後跟著五六個水手，全都扛著大包的藥材走進來。顏思齊看了才知道他們採買的藥材數量真的很多。

「兩個兄弟，你們真讓我等太久了！」他有點埋怨說。

「還好，我們一路順風順水，全掛了滿帆，」李俊臣說，「可那藥太難找了！我們跑了好些地方，才把藥買全！我們到了漳州又到了泉州！」

「這治病就是救命，再晚幾天，我們的很多兄弟都要把命丟了！」楊經說。

「我們真要買這麼多藥嗎？」顏思齊問。

「要！我們人多！有些藥是預防的，多熬一些，大家喝！」楊經說。

「那這藥怎麼熬呢？」

「用大鍋熬！我們從長崎過來，不是每條船上都帶了大鍋？就用那大鍋熬！」楊經說。「把大鍋全分發下去，每個村寨都熬！都多熬一些！讓病人每天喝！一日三餐喝！」

顏思齊領著好幾個人，就在他的大屋門外架起了一口大鍋。楊經把配好的藥往鍋裡倒，然後調上水。這樣可以了，把火燒起來。楊經說，滿滿一鍋熬到五分，然後用陶罐發下去，每個病人發一罐，讓他們連續喝！

「楊經弟，你知道嗎？」顏思齊往大鍋底下添著火說。「我從一開始心裡就有預感，有一天你會解我大難！這是冥冥之中安排好的。」

你想想，你是名醫世家！我的兄弟什麼沒有？行船的，走海的，打劫的，做海外生意的，可就是沒有一個行醫的。但剛好你就是行醫的！你在長崎替德川羽仁看

開臺王顏思齊（修訂版）

病時，我心裡就想了。我無論如何一定要把你留在身旁！你看你這不是解了我大難了？顏思齊又往火堆裡添火。他和楊經望著那口大鍋下熊熊燃燒的柴火。兄弟，你說，我們離開海澄有多久了？我們一路風霜雨雪來到海上多久了？我們從海澄逃出來，在長崎待了好些年頭！我們做了很多生意，幹了很多打船劫海的事！顏思齊滿懷往事地說，我總在想幹一件開天闢地，前無古人的事！我想，也許我們能經商獲利，成了這東南洋一帶的富豪！我們也可能在海上打劫成功，成為海上一支強大的武裝！我還知道在長崎時，只要我們跟幕府將軍合作，我們也會無憂無慮，長命百歲，成為日本僑民。可我們無法跟他們合作！我們最後才來到了這個島上。

「這藥差不多了吧？這藥要熬到什麼時候？」他說。

「還不行，還不透！」楊經說，「這藥要熬透了，藥效才高！」

我們本意是在這裡找一個落腳的地方，讓船隊有個停靠的地點。沒想到，我們卻在這裡開起墾來，成了這裡的地主！顏思齊一邊燒火，一邊繼續感慨地說。不過我發現我們也只有這樣才安下心來。這島上才是我們自己的土地！這裡跟長崎不一樣！這裡才是我們的根基，我們的疆界，我們的立足之本。那時候我就看上了這裡的土地，這裡的土地肥得流油。我想，我們在這裡必會有很好的收穫。我們有二十幾個兄弟，我們又從老家招來了這麼三千漳泉子弟。我心想，我們真的事業有望了！

「這藥行了吧？我們可得盡快讓他們喝！」

「還不行，再熬會兒！」楊經說，「這火候我知道！」

上了島後，我一直在心裡感謝神明！是神明讓我們找到了這塊寶地。這個島是個大島。我們就需要這麼大一個地盤！只有這麼大的地盤，才可能成為我們安身立命的地方，也是我們成就事業的所在。顏思齊繼續說，我從一開始就知道，拓墾這個島，我們需要很多的人！結果我們從漳泉一帶招募來了這麼多的人！你有沒有發現，在這三千漳泉子弟裡，幾乎漳泉兩地所有的種姓都來了。姓陳的、姓郭的、姓鄭的，幾乎什麼姓氏都有！你說有了這麼多的人，我們還有什麼事辦不成呢？可這時候卻偏偏來了場瘟疫！兄弟啊，這是上天給我們安排的一場劫難！他要你成事，他就要你百劫重生！還好我有了你兄弟。我們不能把這些人弄沒了！人是最重要

第二十一章

的,生命是最要緊的! 這是關係到這個寶島生存的原因! 所以,你非得把他們全救過來! 無論是瘟疫還是魔頭,我們不能敗退而走,我們不能認輸,知道嗎?

「我看這藥差不多了!」楊經說。

「再加一把火,把藥再熬透一些!」顏思齊說。

開臺王顏思齊（修訂版）

第二十二章

　　行了行了，小心點！李英，你知道你病了多久了嗎？你是從陰曹地府邊上回來的人！從李俊臣和張掛從內地漳州和泉州購回大批藥物後，在名醫後裔楊經的處方下，臺灣境內的人員大量服用湯藥，染病者開始好轉，未被感染者得到預防，笨港開始又顯示了生機和活力。那條笨港小街和那些簡陋的村落，又開始出現活躍和清明的景象。田疇裡又有人在耕作，米店、布店、鐵店和木器店又開門了。大病一回的李英也能下床了。你先下床試著走走，別走遠。楊經說，先別上山，也別下田！更別把身子傷了！

　　「我覺得我又變強壯了。我的體力又恢復了！」李英說。「你拿那刀讓我揮揮看。我覺得我又可以去海上幹打劫的勾當了！」

　　在李英的房屋裡，李英起床了。在顏思齊的那個廂房裡，陳德也醒過來了。只是身體還顯得虛弱。

　　「大哥，你說我在你這裡躺了幾天了？」陳德問顏思齊。

　　「你在這裡躺了半個多月了！」陳衷紀說。

　　「是嗎？躺那麼久了？那我不是死去又活過來了？」

　　你知道嗎？我們派了一艘快船，到漳州和泉州去購藥。是張掛和李俊臣買回了大批的藥！顏思齊說，可是最主要的是我們有一個行醫世家的後人楊經。你的處方都是他開的。還有你的藥都是顏大哥給你熬的。陳衷紀接過去說，你昏睡在床上，都是大哥給你餵的藥！

　　「哥，那我這條命是你幫我撿回來的了！」陳德說。

　　「你要謝楊經，還有張掛和李俊臣！」顏思齊說。

　　笨港小街的店鋪又全開了。街上開始又出現了吆喝聲。有人在賣米，有人在賣

第二十二章

肉。街上的兩個肉攤前擠滿了人。

「這回得好好吃一口了！我那幾天以為都活不過來了！」一個買肉的對另一個買肉的說。

「是是，是得滋補一下。這回大病了一下，這身子骨好像要全散了架了！」另一個買肉的說。

誰說那是瘟呀？我看不是瘟！瘟哪好這麼快？一個牽著牛從街上走過的農人對一個挑擔子的人說。他吆喝了下牛。我原想等收了秋後就過海去內地相親。我想娶個媳婦回來。可這瘟一來，我都不敢想了！誰知這瘟一下子又好了！是瘟！當然是瘟！另一個農人說，那是我們這裡有了個神醫。顏大官人手下有個神醫！這麼說，我真得過海去討個媳婦了？那個牽牛的農人說。咱是個農家。咱以後可以安心種田了。這以後平安無事了，我也不離開這個海島了。可家裡沒個媳婦不行！

「那是，那對！」

顏思齊蹲在他屋前一塊空地上，正收拾一副犁仗。他想再下田翻地了。這時看見楊經從外面走進來，連忙把他接進堂屋裡去，把他按下，讓他在他的一把大椅子上坐下。

「兄弟，這回我真的得好好敬你了！我把你稱作活神仙，你不會在意吧！」他說。

「大哥，你怎麼這麼說呢？」

「你知道你這一口氣救了多少的命嗎？」

「大哥，你這是誇我的啊！」

「不騙你，你這回救的人可多了！弄不好你也把我救了！」顏思齊說，「這瘟我想就是這樣，除非把它擋回去了，不然不是很多人都要染上嗎？」

「是是，是這樣！」楊經同意說。

「你說那都是你家祖上的單方？」

「是我家裡祖上的單方。那不知道是從哪一代傳下來了！」楊經說。

「兄弟，我想這麼樣！你以後就別的什麼都不幹了！」顏思齊說，「我在笨港街上給你蓋一棟大房子，你開個診堂，就在那裡給人診病好了！你說怎麼樣？最好是

309

開臺王顏思齊（修訂版）

再帶兩個徒弟。你的診堂還得帶一個大藥房。我們在這島上是幹大事業，我們得有大的打算！」

「行，只要大哥相信我就行！」楊經說。

他們正說著，楊天生也從外面走進來。楊天生那一陣子又帶著船隊出海了。他們又開始進行海上貿易了。結果他不知道島上發生了瘟疫。

「天生兄，這回讓你躲過了一劫！」顏思齊說，「你這趟出海讓你躲過了一劫！那幾天我都怕你回來見不到我和我們的好些兄弟了！」

「怎麼回事呢？出什麼事了？」楊天生不解地問。

「我們這島上出了一場大瘟疫。好些人病倒了，」楊經說。

「是嗎？那不是很嚴重嗎？」

「後來是楊經兄弟開了藥，把大夥兒給救了！」顏思齊說。「楊長兄，你這回出海順利吧？你跑了幾個港口？獲利怎麼樣？」

「還行，我們的老客戶還全在！我們這回船隊不是太大。以後得帶個大船隊出去！」楊天生說，「我一說我們笨港這個位置，以後暹羅和蘇祿很多商船都要來看看，準備在我們這裡停靠！」

「瞧瞧，我們又要發達興旺起來了！我們肯定要比長崎幹得更好！」顏思齊興奮地說。

過了一陣子，那些躲回大陸內地逃生的人又紛紛回來了。顏思齊讓他的兄弟們把他們的田產和房產全歸還他們，連牛也還了。

「這真奇了，我們的東西還全在！」

「這屋子我走時都不上鎖了。他們都給上鎖了！」

「還有我那牛。我那牛就在田裡放了。」另一個島民說，「我們走時急著走，連牛也不管了！你瞧他們把牛養好好的了！」

「肉粽！肉粽！肉粽哪！」笨港小街上那個賣肉粽的又喊，「同安肉粽哪！同安肉粽哪！」

顏開疆和小翠娥也把他的五香滷麵店開開了。

「海澄五香嘍！海澄五香嘍！海澄滷麵！海澄滷麵嘍！」

第二十二章

阿媽昨天剛剛走，阿爸你今天也走了？米芽娜躲在一個樹叢後面，在嘴裡說。在漢人的村落裡，瘟疫正在消失和退卻時，老沙玻族人的寨子裡瘟疫還在橫行肆虐。米芽娜用一對驚懼和恐懼的眼睛，天天看著人們把寨子裡一個個死者抬走。這一天，她看見人們也把她的父親，從她家的寮裡抬走了。那是一個簡單的擔架。人們把擔架高舉過頭，朝山上走去。她母親在前天也一樣被抬走了。這樣就意味著她成了個孤兒。那會兒他們寨子裡差不多很多人前幾天還在抬人，過幾天就被人抬走了。寨子裡一片肅穆。天空陰沉，災像環生。人們在寨子裡更多的只能聽天由命了。她沒想到人的生命這麼脆弱。在他們寨子裡，誰都不知道那是一場瘟疫，更不知道那瘟病可以傳染。米芽娜看見人們是成批成批地死去，然後像一些沒有尊嚴的生物被人簡單地抬走埋葬。寨子裡到處有人在搬運屍體。那天，幾個人剛把父親的遺體搬運上山，山下那邊又有人在搬運一個屍體了。整個寨子看上去，一片沉寂和肅殺。

「他們不肯離去！他們還沒走！我看見林子裡的那些野魂和遊魅！」一個老婦人把身子捲曲在地上說。一陣風吹過，林子間有一陣暗影在浮動，就像真的是一些野魂和遊魅。「你們不能出聲，你別哭出聲。哭聲會把他們留下來！他們真的要把人收光了嗎？」

米芽娜沒有做聲。她眼裡除了恐懼，還有就是無法言說的孤獨和和悲傷了。老沙玻的寨子裡有一個習慣，父母過世了的孤兒，都得住到老沙玻的寮棚裡去，成了老沙玻的兒女，從而得到他的護佑。

「這以後你就得住到沙玻阿爸的寮棚裡去住了。」一個年長的女人走到米芽娜身邊。那是她叫姑的人。「你父母都走了，你就是沙玻阿爸的女兒了。你得讓他護佑你。你要聽他的話！」

可是寨子裡仍然不斷地有人傳染瘧疾，然後死去。在老沙玻的寨子裡，人們把唯一求生的希望寄託在老沙玻的作法上。那寨子裡人們不知道瘟疫是場什麼東西，最後都把希望寄託在老沙玻的法術上了。米芽娜這天又看見沙玻阿爸在一個寮棚裡做法術。

「你們把他擺好，在他腳旁放上桂枝！」老沙玻說，「我念起了符咒，你們就往

開臺王顏思齊（修訂版）

他身上灑灑香灰！然後拿聖水給他喝了！」

在那個寮棚裡，老沙玻正對一個病危了的病人作法。那人叫紋猜。他因為高燒基本昏厥過去了。老沙玻手握寶劍，在草寮裡舞動。人們在那草寮裡燒起了艾草，弄得到處濃煙彌漫。他用那把劍在草寮中指來指去，好像在號令什麼，然後在嘴裡念念有詞。

「我正在把他們驅趕！他們原本待在林子裡。我正在把他們趕回林子裡去！」老沙玻解釋說。

在那寨子裡，人們完全聽從老沙玻的說法。老沙玻把瘟疫解釋成林子裡遊蕩的鬼魅。老沙玻繼續揮舞寶劍，然後「扎」的一聲，把劍祭在病人的病床前。好像扎中了一個在草寮裡遊蕩的鬼魂。他從懷裡掏出一張畫滿了符號的符紙，在火裡點燃。符紙燃燒完盡後，把灰燼放在一個陶盤裡，澆上了水。他把那稱為聖水。他讓人把病者扶起來，把那水往他嘴裡灌。那病人的嘴巴基本什麼都吞不下去了。沙玻最後用一枝樹枝，蘸了一些雄黃水，在病人的臉上灑了三遍，然後提起劍，繼續作法，驅逐鬼魂。

「再過三個時辰，紋猜就會好了！你們別驚動了他！」老沙玻最後說。「你們知道在這個世界上，沒有誰的法術比你沙玻阿爸更好的了！紋猜要是沒有好起來，就只把他抬出去埋了。」

你？你怎麼站在這裡？顏思齊看見米芽娜時說。你有事找我嗎？是老沙玻要你跟我說什麼嗎？寨子裡的人們還是不斷地死去，米芽娜慢慢地對沙玻阿爸的法術感到懷疑，感覺到沙玻阿爸的法術作用不是很大。可是這時候漢人的村落裡，人們卻正在恢復健康。那幾個村子裡人們又在田裡耕種了。米芽娜甚至聽說漢人有一些藥物，能夠醫治他們寨子裡人的病症，就下決心獨自來找顏思齊了。她想求他也幫他們把寨子裡的人治好。這天她走到顏思齊的房屋門外，正想走進去找他，看見他正好扛著鐵犁從屋子庭院裡走出來。她連忙轉身對著院牆，不敢看他。她有點羞怯，也不知道怎麼求人，特別是她一直對顏思齊心存感念。看見顏思齊總是有一點羞報。顏思齊出門意外地看見了米芽娜。

「我們，我們寨子裡人都快死光了！我父母也患病去世了！」米芽娜說，「我阿

第二十二章

媽前兩天去世，昨天我阿爸也去世了！」

「他們怎麼也死了？」

「跟你們那些人一樣，是發熱病死的。可你們的人都好了！」米芽娜說，「我父母卻去世了，我現在就是沙玻阿爸的女兒了。」

「你怎麼成了沙玻阿爸的女兒了？」顏思齊問。

「我們那寨子都這樣，誰的父母去世了，就托給沙玻阿爸管教了。所以我們都是他的兒女。」米芽娜目光透出深深的憂鬱。「我們那寨子全靠沙玻阿爸做法術治病。可我覺得他的法術雖然好，可好像治不了什麼病！」

「你待在這裡是來找我嗎？」

米芽娜對著牆壁點了點頭。

「你找我怎麼不走進？你有什麼事啊？」

顏思齊放下犁杖。他把米芽娜領進他屋裡。在大廳裡，他讓她坐下。她不肯坐下。

「你坐坐，你說說！」他說。

「我不行。我不能坐。在我們寨子裡，客廳沒我們女子坐的地方。」米芽娜說。

米芽娜執意不坐。他沒再說什麼。他就讓她站著跟他說話了。可她仍然側著身子，面對著牆。

「顏，顏大首領，我是來，來找你的，」米芽娜說。她用她那對圓溜溜的眼睛看他一眼，可是很快轉開了。她的聲音不安，可是急切。「我們的人跟你們一樣，全發了燒熱。可你們很多人好了，我們卻很多人死了！」

「那是熱病，可也叫瘟疫。我們叫瘧疾。」

「可你們人全好了，我們還在死人。我知道你們可能是服了什麼藥！」米芽娜說，「我沙玻阿爸做了法術。他說那是林子裡的遊魅。他念了符咒，還灑了雄黃水，可是不行，人還是死了！」

「那不行。那病得吃藥，」顏思齊說。

「我知道你們好像有什麼解病的藥。你們的人全得治了。」米芽娜說，「我想來找你們，沙玻阿爸起先不肯。可又有好些人死了，他才讓我來找你們了！」

313

開臺王顏思齊（修訂版）

「我們是過海去大陸買了藥。我們這裡有一個家傳的高明醫生，」顏思齊說。

「藥？什麼藥？你們能給我們藥嗎？」米芽娜說，「醫生？什麼高明醫生？」

「行行，我讓楊經去給你看看，我讓他帶些藥去！」顏思齊說，「楊經就是我的高明醫生。他們家是世代名醫。」

顏思齊站起來想走了。米芽娜好像想起什麼。她抬起頭用一種有點懼怕，又有點害羞的目光看他。顏大首領，顏大官人，你記得，你給了我衣服。我第一回遇見你。那時我不知道你是誰。你就給了我衣服，米芽娜說。在我們這裡，我們不能接受那樣的禮物。那禮物太貴重了！你看你送我的衣服，我還穿著。我們寨子裡的規矩，我父母沒了，沙玻阿爸就是我父親了。我說，你得去跟他說，跟他提我們的事情。

「我得去下田了。我叫楊經跟你去看病，」顏思齊說。

「我喜歡你們這裡的生活。你們有很多好東西，你們的房子，你們的犁仗……」米芽娜好不容易鼓起勇氣說，可她仍然背著身子。「我想，我想跟你過日子……我們在一起……我喜歡你們漢人的生活……」

董貨郎兄，要說中國的臭文人氣，我想我身上的臭文人氣怕是最重的了！徐先啟先生自我打趣地說。從東浯鄉回來，徐先啟一直待在他的書房裡寫作那篇「萬民書」。那篇「萬民書」一共三千兩百個字。他把那「萬民書」稱作「三千兩百言書」。咱中國的臭文人氣首先是又酸又窮，可又不肯負於天下。我就是這樣一個又窮又酸，又不肯定負於天下的人，徐先啟說，你看，我這件汗衫又有半個月沒洗！什麼叫又窮又酸，這就叫又窮又酸！

「那汗衫倒沒什麼，」董貨郎嫌惡地皺皺眉說。「你那汗衫臭，可也沒你的腳臭！」

「我不是正要跟你說，我連一雙新鞋也買不起，我乾脆就連腳也不洗了！我的腳就更臭了！」徐先啟繼續自我挖苦說。「我開始寫這『三千兩百言書』，我就沒洗過腳了！可我無論身上怎麼臭，我就是不負於天下！」

「對對，你腳臭汗衫臭，可你心腸好！」董貨郎客觀評價說。

「我的心腸不是一般的好。我的心腸是以天下為己任的好！」

第二十二章

徐先啟這時候還伏在書案上寫作。這時天快亮了。他轉頭朝窗外看看,那邊已露出一些晨光了。你看我們一夜又熬過去了!徐先啟說。這晚,董貨郎一直在給他舉燈。徐先啟寫累了,他又在旁邊的一張小案幾上給他沏茶。那幾天,徐先啟一直在寫那份折文。因為連連寫了好幾天,他把整個書房全弄亂了。床上放著各種書籍文告,地上到處放著碗盆。因為他們吃完了飯,連碗筷都不洗,就扔在地上了。一張書架上掛著一件破長衫。他們那幾天吃住全在那個書房裡。董貨郎沏好了茶,給徐先啟遞上一杯。

「我跟你說,我奇怪的是,我最近老想起一個人!」徐先啟呷了一口茶說。「你還記得那個人嗎?他麼,他走了十八九年,近二十年了。他是因為宰殺了個仗勢凌人的縣衙家丁,被通緝走掉的。」

「你是說我們縣裡的那個裁縫,顏思齊?」董貨郎說。

對對,我是說顏思齊!我也覺得奇怪,我最近老是想起他!徐先啟說。這個人豪情。他知道我身上的文人氣臭,他總是帶上一壺澆灘,切點封肉,砍幾條五香,然後就請我喝酒!我也覺得奇怪,他沒念什麼書,可是他會讀《桃花源記》,董貨郎說。他是個俠義之士,可我看得出他對你很敬重!他喜好文字!我不知怎麼老覺得他離我們不遠。他就待在那邊海上!徐先啟說。我還老有一種預感,我們最後會去投奔他!我總覺得內陸這個地方不是我們待的。我最後在海澄縣會待不下去。這內地太腐敗了,太黑暗了!我們在內陸待不下去,那就只好去海上了。要是去海上,我們說不定就得去找顏思齊了!

「你說可能嗎?找顏思齊?投靠他?你說可能嗎?」董貨郎說。

「怎麼不可能。那海是很大的地方,可是人是以群分開的。」徐先啟說。「物以類聚,人以群分。我總覺得人只要志趣相投,總會走在一起!」

徐先啟看看天亮了。他又讀了一遍「三千兩百言書書」。讀到得意的字眼,搖頭晃腦起來。董貨郎兄,我這幾天可連累你了!徐先啟說,我每回做個大點兒的憤世文章,總喜歡一口氣做下來。有時一連幾天。這幾天還好有你給我作陪。徐先生,我也正想跟你說,你寫這「三千兩百言書書」剛好讓我解了困,這五天六夜正好讓我歇了!董貨郎說。你知道我那貨郎擔不行了!那貨郎擔根本養不了家,也糊不了

開臺王顏思齊（修訂版）

口。因為這年頭連針頭線腦都賣不動了！這五天六夜，我幫你研研墨，提個燈，沏個茶，不是正好讓我解了困了！我們約了東浯鄉的災民，八月二十日到州府上書，正好是後天。徐先啟說，不知道他們能不能如約！我是說，多來一些人，多造一些勢！起碼讓那些私吞賑銀的貪官臉黃一些！

「我看沒事！那些災民都起來了！」

「我跟你說，這中國的臭文人哄就是總以天下為己任。你總以為天將降大任於斯人，所以你總是餓肚子！」徐先啟說，「你就說我這廩生吧，說起來也是吃皇糧的。皇上每年給你四銀子，這已經是天大的好處了！可你總是養不起家人，餵不飽肚子！而你還總是要為皇上分憂解難！」

「我知道你又要罵皇帝了！這海邊山高皇帝遠！」董貨郎說。

「你總想為皇帝解難，你還總想為民請命！」徐先啟說，「你總是餓著肚子，還在為皇帝，為百姓呼吼吶喊。」

「這臭文人的臭氣就在這裡，你在那裡秉公直書，義憤填膺，」董貨郎說。「可你的汗衫卻半個月沒洗，腳臭無比！」

「所以我總覺得顏思齊乾脆！」徐先啟說，「他乾脆把惡徒宰了，頂多逃到海上去！」

「都不知道這些年他逃到哪裡去了！我總覺得他會成大事！」董貨郎說。

「你看天都亮了！我這麼下來，一共寫了五天六夜！」徐先啟說。

「你那上書的文字都寫好了？」董貨郎說。

「我把那些貪官全痛罵了一通！」

「你把皇帝也罵了？」

「順帶罵了一點！」

「這樣痛快！」

「是，痛快！」

這麼說，你們寨子也死了很多人了？楊經說。我阿媽走了，我阿爸也走了！米芽娜說。這天上午，楊經和張掛、方勝與鄭玉聽從顏思齊的吩咐，跟著米芽娜在那條進山的山路上走。另有兩個挑工挑著兩擔四麻袋草藥跟在後面。他們朝米芽娜他

第二十二章

們的寨子走去。

「我們寨子要吃那麼多的藥嗎？」米芽娜看了不信地說。

「那還多？我們那邊都喝了一船的藥了！」楊經說。

你們怎麼住得這麼高？住這麼高的地方怎麼栽種？方勝說。我們不怎麼栽種，我們主要靠打獵。山高野物才多！米芽娜說。他們快走到了寨口。他們看到寨子口上靜悄悄的。一個女人看見他們好像吃了一驚。她正在那裡晾晒什麼。她那是在晒什麼？張掛說。晒黑爪子豆。什麼黑爪子豆？我們山上摘的一種野豆，米芽娜說。

「可我還聽說，這場瘟病是你們老沙玻做法招來的呢！我聽說你們老沙玻法術很厲害。」方勝說，「他不想讓我們待在這裡，怕我們占了他的地盤，他做法招來了這場瘟疫，想逼走我們。沒想到你們自己著瘟得更厲害！」

「我沙玻阿爸是真的不想讓你們住下來。我們這裡的人從來就不喜歡外人！」米芽娜說。「可他是怎麼也不會做法招來瘟神，也招不來瘟疫的！」

那野豆能吃嗎？楊經說。我們一般不吃，米芽娜說，可沒了吃的就吃！你說你阿爸不喜歡我們，你怎麼又來找我們？張掛甕聲甕氣說。他不喜歡你們，可我覺得你們人不錯，米芽娜小聲說。你們田種得好，房子也建得好。你們那裡有很多新鮮東西！你們那顏首領身材長得真高！我那沙玻阿爸的法術好像不太行！

「你還喜歡我們什麼？」方勝問。

「你們住的房子好。住在裡面什麼也不怕了！颱風下雨都不怕了！」米芽娜說。「你們穿的也好。你們男人穿的像男人，女人穿的像女人！」

「還有什麼？」

「你們用石臼杵米，用鐵犁犁田。我覺得你們從外面帶來的東西都好！」米芽娜說，「你們顏，顏首領，很高昂的。他為人大氣大量。他給了我那麼多衣服。他是你們的首領，是吧？」

他們來到寨子裡，看到那寨子邊上又有幾個人抬著一具死屍往那邊的山上走去。又一個沒了，又一個沒了！米芽娜說。那寨子死氣沉沉。平時總在寨子邊上玩耍嬉鬧的孩子都不見了。他們走到老沙玻的大草寮門口，米芽娜進去通報了一下，就出來把楊經他們讓進去了。寮子裡老沙玻正和他們族裡幾個男人在喝一種茶湯。

317

開臺王顏思齊（修訂版）

「你說你們用的是什麼藥？」老沙玻說。

「我們那藥有幾千年的歷史了。我們那藥是過海從大陸那邊買來的，」楊經說。

「你們那邊病都好了？」老沙玻問。

「你是說病嗎？好了，基本全好俐落了！」

「聽說你們有人是行醫世家？」沙玻說。

「慚愧，慚愧！是我。我們一家是五代祖傳醫生，」楊經說。「你可能不知道，我先父在漳州就行醫多年，名叫楊滄溪。」

我的法術也有幾千年了。在我們寨子裡，只有高人才能得到真傳法術！老沙玻說。我才不管你名醫不名醫，我也不管你叫什麼楊滄溪。他在嘴裡嘟嘟噥噥說，我只是要你的藥。我什麼時候還是得把你們趕走！你知道我這一陣子做法術救了多少人嗎？在我們寨子裡現在活著的都是我救下來的！我救的人起碼都有幾個寨子人了！

「你那個不叫法術。在我們那裡，你那個叫跳神！」張掛說。

「你的法術好，那我們就把藥拿回去了！」方勝說。

只是我昨天做了一個夢！我昨晚接了山嵐古魅的一個夢。老沙玻趕快改口說。那夢說我這寨子裡的人除了用我的法術，還得吃一點海上對岸的藥材，才能好得更俐落！我才讓女兒米芽娜請你們去了！老沙玻頭人，我想問你一件事！張掛從懷裡掏出一支箭來。你說這支箭怎麼回事？這箭射在我們一個兄弟的房門上。上面還扎了隻死鳥！

「米芽娜，你還是讓他們把藥拿出來。我們還是救人要緊！」老沙玻繞開說。

「我們還有好幾頭牛，好幾頭牛被毒死了！」方勝也說。

「楊大醫師，你還是先把藥開了吧？」老沙玻說。「你說那藥得怎麼熬？我讓他們去熬！」

「老沙玻你再問問米芽娜，你說你讓誰在我顏大哥，顏思齊草寮門外蓋了個棚子？一個小窩棚？」張掛又說，「你是想盯住他，還是想暗算他？」

「有這事嗎？蓋一個小窩棚？還有什麼死鳥？」老沙玻裝瘋賣傻說。「什麼箭？誰放的箭？牛怎麼死了？好好的牛，怎麼能毒死了呢？」

第二十二章

　　沙玻頭人，我們顏大哥說，那些事情算啦。那些事情我們不計較。楊經和解地說。我是可以給你的山民們治病。我也相信你的法術高明。我給他們一些藥吃，山民們的瘟病就會好了！我這藥可是從大陸買來的！可我們顏大哥也有一個要求。什麼要求，你說！老沙玻說。老沙玻頭人，你知道，我們又從大陸那邊引過來了三千多墾植者，楊經說。那邊來的人越來越多，幾乎天天都有人過來。我顏大哥說，來的人越多越好，我們的島才會越來越興旺！什麼什麼？你們過海從那邊又引來了三千漢人？你們是把這島當成你們的家了？老沙玻說。這島可是我們的。我們世世代代就住在這裡了！

　　「這島誰開了誰的！自古以來不是這樣的嗎？這地又認不了人！再說你憑什麼說這島是你們的？」楊經說，「老沙玻頭人，你們只是比我們早一點兒來到這裡。我們是同種同樣的人！你說在這島上我跟你有什麼區別？」

　　「你說人多了才興旺？可興旺是你們的事，不是我們的事！」老沙玻說。「你們是種田的，我們是打野物的。你們興旺起來，我們就沒有豹子麋子打了！你們興旺起來我能高興嗎？」

　　我心裡不明白，你們怎麼就不開些田，種些地呀！楊經說。種田那不是正經人幹的事！再說讓地裡長出東西來，總比去山上採摘野果野粟費事！老沙玻理直氣壯地說。正經人得去找活物殺。活物才是讓人吃的。你不去找活物殺，卻在田裡種東西，那是正經人幹的嗎？你說你們顏首領有什麼要求？

　　「我們顏首領說，希望你們能把界樁再拔回去三百丈遠。」楊經說。「我們的人越來越多了，我們的山已經不夠開田了！」

　　「那不行，你們那不是又要占我們的地面了嗎？」老沙玻說。

　　楊經站起來，張掛、方勝和鄭玉馬上也跟著站了起來。

　　「那好吧，我們就告辭了！」楊經說。

　　老沙玻強硬地坐在他的位子上，一聲也沒說。他裝出一點也不想留他們的樣子。楊經他們站起來往外走。

　　「沙玻阿爸！」米芽娜喊了一聲。「你怎麼能讓他們走了呢？」

　　「算了，你們回來！拔三百丈就拔三百丈吧！」老沙玻說，「米芽娜女兒，我跟

開臺王顏思齊（修訂版）

你說，我們這是把地盤劃給他們了。他們是在啃我們的肉，抽我們的筋。他們的地盤越大，我們的地盤就會越小。最後我們會連地上的活物都找不到了！」

「這島上的地方還多著呢！我們絕不會破壞了你的生活。」楊經說。「沙玻頭人，以後我們互相幫忙的事多著呢！你要求我們什麼儘管說！」

「你知道我的祖爺爺是誰嗎？」張掛說。

「什麼祖爺爺？我們這裡沒祖爺爺。」老沙玻說，「像米芽娜，她父母死了，她就是我女兒了！」

「我喜歡手起刀落！也就是手起了，刀就落了，人的腦袋就沒了！」張掛說，「我祖爺爺是使長矛的，我使刀！我祖爺爺是三國時代的張飛，你知道嗎？」

「三國？什麼三國？張飛？那是什麼人？」

楊經把那幾麻袋藥物解開，配成幾堆，讓他們拿去熬。那麼好吧，你們就去熬湯藥，我還是去做法。老沙玻說，在我們寨子裡，還是我的這套法術好。我都做法幾十年了！沙玻頭人，你們有鍋嗎？大的鐵鍋？楊經問。什麼鐵鍋呢？我不知道什麼鍋，老沙玻說。鐵鍋什麼用？你們寨子大，病人多。你得用大鐵鍋來熬藥，這樣劑量才夠，才夠救那麼多人！楊經說。

「我們沒有鐵鍋，我們只有陶罐，陶罐行嗎？」米芽娜說。

「陶罐太小了！你一顆顆地熬，夠幾個人服藥呢？」楊經說。

楊經幾個人跟老沙玻他們來到一個空地上，準備在那裡熬藥。可一看他們連口熬藥的大鍋都沒有，只好叫那兩個挑工回去取來了幾個鐵鍋。他們過了半天時間才從漢人的住地取來了兩個鐵鍋。他們在老沙玻的寨子裡架起了鐵鍋。楊經開始配藥，然後生火熬藥。這藥熬到五分就行了，然後用陶罐給病人發下去，一人一陶罐。楊經對老沙玻說，你得讓病人不停地喝，病很快就會好了！你還是去做你的法吧！他們分派完了後，站起來準備走了。

「那兩口鍋以後我們給你送回去？」米芽娜問。

「這兩口鍋以後就送給你們好了！這鍋煮飯，燒個野物都很好！」楊經說。

「可是老沙玻頭人，你那三百丈可得讓給我們！」張掛說。

「三百丈？這麼點藥就換我們三百丈？」老沙玻又有點反悔了。

第二十二章

「沙玻阿爸！」米芽娜不滿地喊。

天生兄，這回下南洋你們停了幾個口岸了？鄭芝龍說。顏思齊率領他的二十幾個兄弟上島後，鄭芝龍實際上負責起了他的海上武裝，楊天生仍然率領船隊在海上進行貿易。這樣無形中就形成了分工，楊天生率領船隊搞海運，鄭芝龍率領武裝保衛海運船隊和台灣境內住地安全。你們倆兄弟是我最倚重之人！有你們兩人相助我無一事不可成焉！顏思齊說。今後，鄭一官弟你仍把我重兵，守衛海島邊疆，護衛海上貿易商船。楊兄長你仍然主導海上貿易。似此，我們海上劫掠和海上貿易仍可雙管齊下，本島的農耕和港口建設更是如日中天了！顏思齊說，還是那句話，兩手都要抓，兩手都要硬！這一天，鄭芝龍帶了幾艘武裝戰船，在外海接了楊天生返航的商船。楊天生的船隊剛剛下南洋經商回來，帶了大量的商品和銀元。他們把兩條船靠在一起，鄭芝龍請楊天生上了他的船。他們在船樓上坐下，兩人一邊觀看大海，一邊討論臺灣境內和貿易上的事。他們兩個船隊合在一起，一共有十來艘船在海上行駛。

「這回走得可遠了，到了蘇祿、真臘，又到了古里！」楊天生說，「去的時候，我們運了幾大艘香料，回來全運鐵礦石。」

「香料價格好吧？」鄭芝龍說。

「錯不了！我們是跟著南洋的季風走。」楊天生說，「香料，還有布匹，跟著季風走，總是一路漲價！」

那怎麼事？天生兄！你看！他們正坐著聊天，鄭芝龍好像發現了什麼，不由站起來往後看。那天海上萬里無雲，天海一線。他看見他們的兩支船隊合在一起，排成一條長線在海上行駛。你看押尾的那艘船？鄭芝龍看了驚奇地說。那艘『福禧號』，帆突然一張張落下來，這時不見了！楊天生這時才看見，最後押尾的那艘大商船「福禧號」不見了。那是楊天生帶回來的一艘載重大船。那天海風不是很大，為了趕航程，他們讓那些船全張滿帆。可這時候，鄭芝龍發現了一個可疑的跡象，他發現那艘「福禧號」的船帆不聲不響地落了下來，接著又有一張船帆落了下來。最後三張船帆全落下來。那船因為沒有了風力，慢慢落在後面，再過一會兒後竟然不見了。

開臺王顏思齊（修訂版）

「壞了，我們又碰上賊了！」楊天生喊。

「洪升弟，你有沒有看見『福禧號』了？」鄭芝龍問李洪升說。

李洪升站在船尾正在跟一個打旗語的船員說什麼。

「我剛才就看它降下了一張帆，又降下了一張帆。」李洪升說，「我剛才向他們打了旗語，說是他們的帆繩掉了。可這時候連船都不見了？」

「會不會出什麼意外了？」鄭芝龍警覺地說。「我前幾天又看見一些荷蘭船在這一帶活動。」

「我們掉回去看看！」楊天生說。

「你讓他們三艘商船停在這裡，我們率那幾艘炮船回去看看，」鄭芝龍下令說。「掉轉舵！全上槳！快划槳！側帆側帆！」

他們掉轉船頭，往回航行。因為逆風，船行駛不是很快。他們讓所有的槳手划槳。他們還是很快地看到了他們的那艘「福禧號」。那船隻掉了他們幾裡遠。鄭芝龍用望遠鏡一看，吃了一驚，他看見那裡海面上有七八艘小船正圍住「福禧號」，好像要把「福禧號」攔截劫持到哪裡去。

「快划槳，全划槳！全速前進！全速前進！」鄭芝龍喊。他讓旗手給另外兩條戰船打旗語。「左右散開，準備火炮！不知道哪來的海賊，又動到我們頭上了！火炮全上膛！上火藥！」

「所有的槳手和舵手全部備刀！」楊天生也喊。「一個賊子也不能留！」

我估計，我們那艘船上有人被收買了！他們怕我們船多，讓我們的那艘船降了帆。鄭芝龍分析說，這是他們謀劃好的。他們收買了我們的船員，讓船降帆。船就掉在後面，脫離了船隊。他們這時才好劫持我們商船！鄭芝龍和楊天生率領他們的三艘戰船朝那些匪船衝去。對方看見來的是三條武裝炮船，知道炮船隻能遠距離開炮。他們仗著人多船多，堅持要把「福禧號」劫走。

「開炮！把他們全打下去！」鄭芝龍喊。

他們的炮船開始向對方開炮，對方有兩艘船也裝有火炮。他們也向他們開炮。海面上火光閃閃，到處有濃煙升起。可是對方的船體較小。鄭芝龍正面朝一艘賊船開去，將那船從「福禧號」旁邊驅開，然後正面開了一炮，就把那艘賊船打歪了。

第二十二章

　　那些賊船見狀紛紛散去。鄭芝龍的另外兩艘戰船也向那些賊船開炮。一條賊船看見鄭芝龍的火力比他們大,想藉機逃開,徑直向鄭芝龍的大船駛來。對方知道這樣火炮就失去威力了。鄭芝龍也讓船全速前進去撞那艘小船,兩船都快撞上了,那船才躲開。就在兩條船靠得很近時,李洪升又看見了那個荷蘭流浪水手班傑明的削瘦的臉龐。

　　「他娘的,怎麼又是這個小白鬼子!他們怎麼又來了?他們幹嘛老跟我們作對?」李洪升喊。「他們怎不在日本海好好呆著,跑這裡來幹什麼?」

　　他們剛想撞上去,那船是艘哨船,斜拉起帆,一溜煙跑了。

　　「我讓你跑!」李洪升喊。

　　「算了,以後碰到再跟他理會算了!」鄭芝龍說。「先上『福禧號』去!把『福禧號』帶回去!那船上有人被賊船收買了,查到了立斬不赦!」

第二十三章

人好了，就不管了！老沙玻說。這寨子還是我的事！老沙玻獲得顏思齊的醫藥後，救得罹患瘟疫者數百人。他原本答應救治族人後，將界椿往後拔三百丈。可是這時候他又反悔了。他是怎麼也捨不得把他的地盤讓給漢人的。他看見漢人越來越多，勢力也越來越大。他怕最後壓不過漢人，而失去更多的地盤，所以拖延著不去移動界椿。

「沙玻阿爸，咱們這樣可不行！」米芽娜反對說。

「咱什麼事不行？」老沙玻說。

「你得叫人去拔界椿了！我們是答應了人家的啊！」米芽娜說。「我看見紋猜和提助好像都還魂了。他們喝了那湯藥命都好轉過來了！」

那不是因為喝了他們的湯藥。他們好轉過來，主要是我做的法術好！老沙玻說，沒有我做法術，他們能好得那麼快？你說我們答應人家什麼了？我們不是答應人家要把界椿往後拔回三百丈嗎？米芽娜說。拔回三百丈，那他們不是把我們的老底兒全占了？老沙玻說，他們就給了你幾湯藥，我們卻得讓給人家三百丈？

「可阿爸，你記得的呀，人家就那幾湯藥救了我們幾百條人命呀！」

「你怎麼總記著人家的好，你的心怎麼總向著人家？」老沙玻不滿地說。「那只是隨便說說的事。你真的要往回拔三百丈？」

「不是我總向著人家，那是我們答應了人家的！這是互相互信的事情。那醫生是我去請的。」米芽娜說。「我們答應了人家，就得做到！以後有事求人，才好再求人！我看人家的東西就是好！你看這鍋，這鍋熬藥好，煮別的東西也行！」

「求人的事，就這一回，沒有下一回了！」老沙玻不高興地喊。

可他最後還是答應往後拔界椿了。老沙玻族人開始在山上拔起界椿。老沙玻領

第二十三章

著阿瓦什、米芽娜和一大群族人來到一個高山下面。好吧,我再讓給他們一回。這是最後一回了!這是因為你,因為你米芽娜女兒!你答應了人家,我只好答應了你!老沙玻退讓說。他交代族人說,我跟你們說了,把那界椿拔起來,往後退三百丈遠,再重新打進去!懂嗎?這三百丈怎麼算?阿瓦什問。隨便吧?反正就退一個山頭吧!老沙玻說。他接著惡狠狠說,界椿打下後,你們仍然得給我守住界椿。他們敢跨過來,就朝他們射箭!他們的牛過來,還是給它惡草吃!我老沙玻這回輸得慘了!這一場瘟疫讓我輸了三百丈!

「沙玻阿爸,你怎麼老把他們當外人,當敵仇呢?」米芽娜說。

「他們不是外人是什麼人?他們來了總占我們的地盤,」老沙玻說。「他們現在還在占我們的地盤。占了三百丈又占三百丈!他們的地盤越大,我們的地盤就越小。他們不是我們的敵仇是什麼?」

阿爸,我總覺得他們沒對你什麼不好?他們一來就給你送布匹、瓷器,現在又拿藥治了瘟病,米芽娜說。他們只是想把這個島開墾出來。讓這個島荒著總是不好!你看他們把那些田地拾掇得多好哇!一層層的。看上去多麼美麗!他們蓋了那麼多住起來多舒適的房子……米芽娜,女兒!你是不是也想住他們那屋裡去了呀?你怎麼總護著他們?老沙玻有點氣急敗壞地盯著她看。我們寨子裡的人是不住那屋裡去的!你是不是也想跟他們那樣去犁田種地和割稻?那可不合我們寨子裡的規矩!米芽娜只好不再說什麼了。她委屈地啖了啖嘴。

「沙玻頭人,你別跟米芽娜女兒動氣了!」阿瓦什勸解說。「米芽娜喜歡他們那地方也對,可這天底下哪有咱們的寨子好?」

老沙玻的族人仍然在拔界椿。那是一條綠色的峰巒。他們又往後退了三百丈,他們就退到更高的高山地帶了。那裡的山谷和林子特別的沉寂。可就在那山上沉寂無聲時,突然一聲尖利的槍聲從群山頂上劃過。「砰!」那山上從來沒響過那種槍聲,乍一聽,毛骨悚然。老沙玻馬上預感到,那是一個凶兆,一種遭受入侵者入侵的感覺侵入心頭。

「那是什麼人呢?這島上來了什麼人呢?」老沙玻說。

他打了一聲呼嘯,從背上拔出劍來。他把一群臉上全塗了動物的血青年人召喚

開臺王顏思齊（修訂版）

過來，讓他們循著槍聲去看發生了什麼。他的身旁很快地聚起很多族人。因為他們畢竟很少聽到槍聲。那槍聲帶有一種驚懼和一種對安全的威脅。過了一會兒，幾個年輕人赤著腳從一片林子裡跑來。

「沙玻頭人，他們，他們來了！」他們喊。

「他們是誰？誰來了？」老沙玻問。

「一群外國人。跟以前占了我們竹林那個寨子的那群外國人一樣。紅鬍子。眼睛是藍色的。他們以前不是說，他們是荷蘭人什麼的……」

「又是荷蘭人？他們不是已在竹林建了什麼城堡了嗎？」老沙玻疑惑地說。「他們來我們的山上幹什麼？」

「他們說是來打獵的。他們的槍很好，很準。」那些青年的一個說。「他們有一個胖子，好像是那些人的頭！那是一些兵。我們剛才在林子裡看見，他們都打了兩頭山羊和一頭麋鹿了！」

「走，你們跟我看看去。有武器的全帶上武器！打不贏他們，也得把野物留下！」老沙玻說。「那山羊和麋鹿都是我們山裡的野物。他們憑什麼打我們的野物？」

槍擊是一件很美妙的事情。你想想，你手裡托著一杆槍。你可以遠距離發射，擊中野物，那是一件多麼美妙的事情！大胖子約翰船長說。他剛剛開了一槍，低頭看一下槍筒，往裡面吹了口氣，然後端起槍又瞄了瞄。特別是你剛剛射擊的那一刻，你屏息射擊和你射擊完畢後的那一刻，那整個射擊過程讓你興奮！你看見你的擊中物倒了！你說那有多美妙就有多美妙！牠原本是活的，牠還在山上奔跑，可是你的槍一響，牠就倒了！牠瞪著眼躺在那裡！你說那有多妙？他們繼續在林子裡走。

「你們知道嗎？我每回從船上回到了岸上，最喜歡幹的事是什麼嗎？」約翰船長繼續說，「就是射擊活物，射擊野物！也就是打獵。」

你想過了沒有？我們長期在海上航行。看到的全是海浪，除了海浪還是海浪。到了岸上，你說幹什麼最好了？當然是打擊活物最好了。那些兔子，那些麋鹿，一隻隻原本活生生的。他們全生活在陸地上。在海上你根本找不到那樣的活物！你拿

第二十三章

起槍一瞄,一勾板機,牠就死了。那有多美妙!是是是,那是!那是最美妙的享受!一個荷蘭低級軍官附和說。

「你怎嗎?你怎麼總不說話?你是不是還要我再跟你討論一回有關教養的問題?」約翰船長問流浪水手班傑明說。他一直跟在他身後。我原本就不讓你打劫鄭芝龍的商船。可你打劫了鄭芝龍的商船。你自作聰明收買了他們的船員!可你打劫鄭芝龍的商船卻破壞了我的計畫。「我發現你的教養確實出了問題!我不喜歡老看到你一張陰沉沉的臉!」

那是在一條矮矮的傾斜的小山谷下面,大胖子約翰船長和七八個兵士朝山下走去。後面的幾個兵士扛著兩頭被獵殺的野山羊。他們身下不遠的地上,放著一隻的麋鹿。那隻麋鹿雖然被射殺了,可還睜著一對恐懼和溜圓的眼睛。我還喜歡幹的一件事是烤肉。你把你射殺的野物,親手宰了,然後切成一個個肉片。你別再裝那副臉色讓我看了!我該付你的金幣不是都付了?約翰船長又對班傑明說。然後親手拿到火爐裡去烤。你先把烤肉的一面烤熟了,再烤另一面。你把烤肉都烤熟了,然後在上面再蘸些魚子醬和黑胡椒,沾上沙拉什麼的,接著一小塊一小塊吃下去。你這時候要特別注意感受,注意胃裡的感受!在你消化那些肉塊時,那簡直是一種極致,一種人生的級高的境界!

「對對,那是一種境界!」那個低級軍官說,「船長,我第一回看見你身材的碩大,就知道你是個喜歡美味的胃口很好的人了!」

「這回好了!你們東印度公司跟我簽了約。你們建要塞需要建材。我負責提供建材。」約翰船長說,「我以後行船到了這裡島上,就可以上山打打獵,享受射擊的美妙了!」

「還有還有,還有美味!」軍官說。

「是,是,是美味!」約翰船長滿意地說。他轉頭對班傑明說,「我回去再算一下,看看我是還有什麼帳沒跟你付清!」

「船長,船長!豬!一頭豬,野的豬!」一個兵士不知發現了什麼,小聲叫起來。

約翰船長又端起槍來。

327

開臺王顏思齊（修訂版）

「把槍放下！」老沙玻突然喊！

大胖子約翰船長還不知道出了什麼事時，那條山谷的四周山上，突然出現了無數的山民。他們在老沙玻的帶領下，齊刷刷地出現在約翰船長面前。他們全舉著棍棒，持著砍刀，「嗚嗚」地吼叫。老沙玻擎著那把寶劍站在他們中間。荷蘭兵士全端起槍，做出瞄準的樣子。老沙玻把劍一指，山民們全圍了上來。

「別開槍！別開槍！」約翰船長喊。

約翰船長看見山民數量眾多，知道無法對抗，指示那些兵士把槍口放下。老沙玻讓阿瓦什走過來，讓他們把野物放下，然後離開。

「把你們所有獵取的野物全給我們放下走開。這個島是我們的島，這片山林是我們的山林！」阿瓦什說。「我這麼說你們懂嗎？這山上的野物也就是我們的野物！我們頭人要你們馬上離開這裡，以後再不准到這裡來！」

「可這是我們打的呀！」約翰船長說。

「可這是我們山上的野物！懂嗎？」阿瓦什說。

你說的就是這個廟嗎？顏思齊說。就是這個廟！陳衷紀說。顏思齊和陳衷紀領著張掛、何錦和李俊臣騎著幾匹馬，沿著一條小路走來。那裡路旁有一個新蓋的關帝廟，另一側路邊是一個小小的村落。他們下了馬，朝廟裡走去。他們一來就蓋了這座關帝廟了？顏思齊又問。對對，他們自己房子還沒蓋起來，就建了這座關帝廟了！陳衷紀說，你知道我們過海那邊人們全信關帝爺。他們有人過來，就把關帝爺的金身也帶過來了。為了祈保平安，他們很多人出錢就把這個廟蓋起來了！那我們真的得好好祭祀一下了。顏思齊說，我們得祈求神明保佑我們的墾民！他們朝廟裡走去。

「衷紀弟，你說這幾天島上還天天有墾民過來？」顏思齊又問。

「天天有人來。現在他們大都自己漂洋過海而來了。過去我們給牛，給錢，給糧，現在什麼都不用了！」陳衷紀說，「他們是自己買船，或者租船過海而來的。他們冒死也要到這邊島上來。他們需要這裡的土地！這島上有的是土地！他們把家用細軟收拾一下，把牛也牽了，就把家搬上船了！」

「這真有意思，我們那時只要三千墾民，你瞧一下子來了這麼多！」顏思齊說，

第二十三章

「這島上,我看我們這島上是要繁榮起來了?」

「現在到了島上也不用我們安頓了。他們來的人越多,互相招呼的事情也越多!」陳衷紀說,「現在他們全是拖兒帶口,呼親喚友而來的!他們總是先來了一些親友,然後相呼相約同村同族一起過來。現在他們上岸也不用我們招呼了,他們一來就有親友照應了!」

這樣真好,他們把關帝都請過海來了!他們走進了關帝廟,顏思齊在廟裡走了一圈。他看見廟裡供著一座關帝的紅臉神像。那就是大陸墾民跨海帶過來的關帝爺金身了。他讓李俊臣點了一大把香,然後分發給各人。他領頭對著關帝祭拜起來。

「以後這廟裡要四時上供,讓關帝爺保佑我們的村寨平安。何錦兄弟,我把這事就交給你了!」顏思齊吩咐說。「這就是民生。民眾總是把他們最需要供奉的神明帶在身旁,總是把他們最良好的訴求告訴我們!」

「這也是我的祖爺爺。關將軍跟我祖爺爺結拜,所以他也是我的祖爺爺!」張掛說。

他們走出了關帝廟,站在門前,正好可以看到笨港下面的那個碼頭,還可以看到四周的山野田園。笨港那個碼頭人來人往,四處的田壟到處有人在耕作。顏思齊站在一個高坡上,朝四周望瞭望。

「我們一定要把這個寶島建設起來!」顏思齊好像對自己說,也是對眾人說。「該開成田疇的全開成田疇,該築成道路的全築成道路!你看看,我們現在什麼都有了,該來的都來了!連神明也來了!我們有了鐵匠、木匠、石匠、窯工、泥瓦匠,我們要是再引進一兩個私塾先生,和一些秀才舉人什麼的,我們就連文字也有了!」

「大哥,你還想要啥呢?」張掛說。

我還要你們全在這裡娶妻生子!顏思齊說,這樣我們在島上就人丁興旺了!這事我不行,這還是得讓何錦妹子來!張掛說。我才不想娶妻生子。我就是要的話,我也想找個夫家嫁了!何錦裝害羞的樣子,扭扭身子,掩一下臉說。你這不明擺著瞎說嗎?你嫁人你能生兒育女嗎?李俊臣說。

「所以我才還沒嫁麼!」何錦說。

開臺王顏思齊（修訂版）

「大哥，你再說說，你還想要什麼？」陳衷紀說。

我還想，我們在這裡還可以建立吏治。省、州、縣一樣的一些制度。省叫省台，州叫州府，縣叫知縣！當然那是更長遠的事情。顏思齊說，可是有了人，就得有規章制度，就要有人管理。我們得有序可循，有章可取。不然人多了，就亂了！比如偷盜的事誰來管？綱常倫理上的事誰來管？還有家財家產的事情誰來管？眼下我想，我們可以先開上幾條大路，先把人們分成十個或者幾個村寨。每個村寨都得有個村保，讓村保管理村寨。

「對對對，這是眼下最應該做的事情！」陳衷紀說。

顏思齊看見笨港已經出現了一片田園牧歌景象。周邊山下出現了一個個村落，山上全是一層層的梯田。遠處是碧海藍天，近處有農人在田裡吆喝著牛。更令人唏噓感嘆的是，那些過海而來的墾民表現出了對新生活、新家園的傾心熱愛。他們甚至在一些山上種上了香蕉，就在山下不遠的地方，有人種上了一片片桃李。那時正好是陽春三月，那山下一片桃李花開。顏思齊臉上出現了一片心馳神往的表情。張掛、何錦、衷紀兄弟，你們說我這時候想到了什麼？我想到了我們剛離開海澄縣時，我們只是因為宰了個狗腿子。我們只是想去打劫荷蘭商船！在長崎時我們辦了個商社。我們只是想把生意做大！後來我們跟德川幕府鬧翻了，我們走投無路！顏思齊突然舉起雙手，握拳大笑。可你怎麼也沒想到我們最後卻在臺灣登陸。我們發現了一個風光綺麗、四季宜人的寶島。就是這麼簡單的一件事情，可我們走了多久！我總覺得這是天意！我們在幹一件開天闢地的事。我還想在這裡建一個道台和州府。你說，我這個人，更像一個江洋大盜，一個無奸不商的商人，或者更像一個省台都督大人？」

「你什麼都像！你更像一個開天闢地的英雄！」

其實我是在想，有了這個島，我們就有了個立足所在。以前在長崎，我們是寄人籬下。你在那裡過得再好也不是我們的地方！我們現在得一邊把這個島開發出來，一邊還得讓所有跟我們走的人，全過上殷實富足的日子，顏思齊說。我們還得像以前那麼幹。我們仍然擁有船隊，擁有武裝，擁有火炮。我們絕不能讓人侵犯我們的島，我們也有力量保衛我們的島。我們以後可以建立港口，仍然可以跟世界各

第二十三章

國通商。我們原本是靠打劫和世界貿易起家的,我們要仍然這麼幹! 以後這個島誰敢貿然進犯,我們一定得給予痛擊! 我們不能像大明皇帝那樣,躲在京城裡,無所作為。這島原本就在海上,我們仍然可以以海為生! 我們這個島的發達指日可待!

「哥,我再跟你說一個事吧! 在笨港那邊碼頭上,在那裡岸邊,那裡都出現一條小街了!」何錦說。「那條小街什麼都有了! 米店、布店、鐵店、木器店,連同安肉粽和海澄五香滷麵都有了!」

「是嗎? 有這等事嗎?」顏思齊說。「五香滷麵? 誰賣的五香滷麵?」

「反正有人賣五香滷麵!」

「我最喜歡吃五香滷麵了!」

他們從坡上走下來,又一個個跨上了馬。可是大哥,你說我們把這個整個笨港全開發出來,那個老沙玻族人他們會肯嗎? 李洪升說。我想最後他們會肯的。只要我們人多了,他們就會肯的了。他們設欄為界,可是這個島那麼大,他能把整個島都劃進去嗎? 顏思齊說。再說,我們帶來的是農耕,文字,煅鐵,窯藝,土木建築。我們的東西比他們好。他們最後會學我們的。

「可是,顏大哥,據我所知,這島上還有另一夥人!」陳衷紀說。

「另一夥人? 什麼人?」顏思齊說。

「一夥荷蘭人!」

「對對,我聽鄭一官兄弟說過,他從島的另一端,看見過那裡有人在建築要寨什麼的! 他還說,那些荷蘭人是他義父李旦把他們從彭湖趕出來的!」顏思齊說,「我也不知怎麼總是碰上些荷蘭人? 我們的對頭怎麼總是些荷蘭人?」

「我聽說那個城堡已經建五六年了,可是一直沒建起來! 主要是他們缺少建築材料。他們的建築材料大都是從海上運來的。搬運材料很難,所以建得很慢!」陳衷紀說。「他們也知道我們有很多人上島了。他們現在最著急的是把城堡建設起來。他們正在大批地搬運物資,從海上運過來。他們擁有一批武裝,一批兵士。他們知道只有把要寨建起來,才可能跟我們對抗!」

「把他們趕出去!」顏思齊說,「臥榻之側,豈容他人酣睡! 他們也擁有武裝? 擁有什麼武裝? 我們得派人去打聽打聽,看他們有多少人? 擁有多少槍炮?」

331

開臺王顏思齊（修訂版）

「您好，您好，約翰船長！」熱蘭遮城堡總理事長格登說。

「您好，您好，總理事長先生，」約翰船長說。

熱蘭遮城堡總理事長是個身材瘦高的白人。熱蘭遮城堡建在琉球島南部，在現在的台南地區更南端的地方。他從城堡外的石階下把約翰船長迎進要寨裡，又引進他的辦公室。他們互相握手，約翰船長拍拍理事長的腰。他們一個肥胖，一個消瘦形成強烈的反差。約翰船長一走進辦公室，就想找酒喝了。格登理事長，你這裡什麼酒好？你想請我喝點什麼？約翰船長說。熱蘭遮城堡總理事長是個彬彬有禮的人。他開始給約翰船長找酒，讓座。

「我這城堡裡就我這個房間還可以會客，別的房間全都不行！因為那些房間都沒裝修，連坐的地方也沒有。」格登理事長說，「因為我們這個要寨建好幾年了，一直沒建起來！原因是什麼？原因是這裡建築材料匱乏。所有的材料都得從島外運進來！約翰船長，你說你想喝什麼酒呢？」

總理事長先生，你有沒有發現，這個島是個寶地，這裡陽光充沛，水分充足！約翰船長說。他們在格登的辦公室裡走了走。從那個辦公室裡往外望，可以看到那是整個還在施工中的城堡。沿著海岸有一堵新建的城牆。城牆上豎著兩個碉堡。從那個角度，可以看到碉堡上有幾個射彈孔。特別是這裡可以成為我們東南亞擴張的一個據點，約翰船長繼續說。占住了這個地方，就意味我們可俯視整個南太平洋！行了行了，這是老話。這是誰都看得見的！熱蘭遮城堡總理事長說。他走到一個酒櫃跟前，給約翰船長，也給自己各倒了一杯酒。他把酒遞給約翰船長看了看。你看，這酒怎麼樣？可關鍵的是，這裡基本是個荒島。這裡的原始資源豐富，可是生活和生產資料缺乏。

「我跟你說，我已經發現有一大批的中國人，正在往這裡遷徙！」熱蘭遮城堡總理事長突然壓低了嗓音說。「他們正潮水般湧過來，正像過江之鯽撲過來！」

「是嗎？有這個情況嗎？」約翰船長說。

「他們一直沒有開發。我們捷足先登了。所以，我們全在等待你們的後援。」熱蘭遮城堡總理事長說。「這種效率在我們歐洲是難於想像的！你想想，一個要寨，建設五六年了，還沒建起來！如果用戰爭的概念和國家利益來衡量，這很可能是一

第二十三章

種犯罪！困難當然是客觀的。因為這個要塞所有的建築材料和設施全得依靠你們從島外運進來。我們又不能像那些土著和中國人，住進寮棚就開始了開發行動！」

「對對，我們是文明人，居住條件也要文明！」約翰船長贊成說。

「可是約翰船長，我可以坦白地跟你說，我們需要大量的建材運抵本島，」格登理事長說，「我們要是沒有你們的強大的後援，我們這兩個在建的城堡，最後只能選擇撤退！」

「我剛剛接受了你們的簽約。以前的事情我不太清楚！我從沒參與過你們的海運業務。不過我想我們會積極想辦法的。這是我作為一個荷蘭國民的基本責任。」約翰船長真心實意地說。他舉杯與總理事長碰了一下。「在這個荒島上建這兩個要塞，是我們整個東南亞戰略開發的英明所在。可以肯定地說，你們東印度公司目光遠大！你們選擇這裡建兩個要塞，等於遏制住了中國，甚至整個東南亞的海運流通。占據了這兩個要塞，東可以東出遠東，南可以南下南洋！特別是這一整片南太平洋，可以說都在我們的俯視之下！」

「我感覺我們的真正威脅是那些中國人，而不是土著。」格登理事長接著說，「他們起先只是一些流寇，從海上流躥而來。可是他們上島後很快地進行大陸移民。他們已經移進了很多大陸墾民！」

「是嗎？有這情況？」

要是等中國人站住腳後，我們在這裡就很難存在下去了！這是此消彼長的事情。所以我們得盡快把現有的兩個城堡建築起來！格登說。雖然我們依靠兩個要塞的占領是簡單的占領，他們透過開發墾殖是一種複雜和長期的占領。但我們畢竟有兩個城堡，我們還可以跟他們平分天下。格登先生，你知道我們現在的海上力量怎麼樣嗎？你可能不太了解海上航海的情況，約翰船長用帶有炫耀的口氣說。現在我們國家海上的載輪總量占了全世界的百分之六十七，總排水量占了全世界的百分之七十強。我們的船隻總量占到全世界的百分之六十多，也就是全世界有一百艘航船在海上行駛，我們就占了六十多艘。我們的海上武裝力量也是最強最精良的！因為到目前為止，火炮的炮口口徑我們是最大的！

「你說的情況我都知道，可就是我們在建的城堡一直沒建起來！」格登

開臺王顏思齊（修訂版）

理事長說。

「我不跟你扯遠了，你的這兩個城堡的建築運輸，我想我的船隊就完全可以勝任！」約翰船長說。「我的海上運力完全超出了你的建築規模。這一點你完全可以相信我！只是你們的東印度公司過去一直不太信任我！」

「這樣真好，這樣就好！」熱蘭遮城堡總理事長說。他們又互相晃了晃杯。「約翰船長，我聽說您昨天一上岸就上山打獵去了？這島上野物多吧？」

「可惡！可惡！混蛋！混蛋！」約翰船長喊。「那是一批無恥的山民！我的兩頭山羊，一頭麋鹿呀！全是用我的槍打下的！理事長先生，可那些山民硬說，那山是他們的。那山羊，那麋鹿，也是他們的，最後全被他們奪了回去！」

「您這裡有一個詞弄錯了，不是被他們奪了回去，是被他們無理奪走了！」

「是，是，是被他們無理奪走了！」約翰船長說。他用雙手拍打自己碩大無比的腹部。「那是我的羊和我的鹿呀！那是我夢境中的美味呀！你知道我一直喜歡一些烤野羊排，當然得灑一些黑胡椒！」

老沙玻頭人，你有沒有發現？你有沒有看見咱那米芽娜女兒？阿瓦什說。沙玻阿爸，你是不是睡著了？你臉上有一隻蒼蠅！我哪裡睡著了！老沙玻拍了一下自己的臉，趕走蒼蠅。他躺在他的一張粗糙的靠背椅上，好像快睡著了。他的身子下鋪了張鹿皮。阿瓦什坐在他身旁。米芽娜女兒怎麼啦？米芽娜女兒有空總是往他們那些漢人的村子跑？蒼蠅又來了！蒼蠅又來了！你的那隻蒼蠅又飛來了！阿瓦什又說。她對他們那些村子都很熟了！她都會講好些漳州話了！她好像總是在他們那裡找一個人，看一個人。她一盯住了那個人，眼睛都轉不開了！我又不瞎了眼？我是個法術通天的人，我怎麼不知道？老沙玻說。我只是不知道怎麼止住她。我們不能隨著她的性子來。她是從什麼時候開始的呢？

「你知道吧，有幾套衣服，」阿瓦什說。

「我知道她有幾套他們漢人的衣服。」老沙玻說。

「那是他送給她的。他們剛來到島上，那個漢人看見她穿得太少，就送給她了！她一直藏在她的寮子裡，有時拿出來穿穿。穿完了就又收起來！」阿瓦什說。「那蒼蠅！那蒼蠅！你臉上那隻蒼蠅！我們寨子不是有一個習俗，誰收了人家的貴

第二十三章

重禮物,你就得接受人家的提親。那衣物全是貴重的禮物。她好像那天就被他迷惑住了!」

這可不行,我們得設法阻止她。那些漢人好像是在哪裡犯事,才跑我們這裡來的!這些漢人都是些沒有根底的人。老沙玻說,你不知道他們什麼時候來了,什麼時候又走了!他們不像我們寨子。他們有那麼多的船。那船是可以航行的。他們說走就走了,不像我們。我們不要什麼船。我們世世代代住在高山上。我們也不要他們的村子和房子,我們不要他們的田。他們只懂得種田。他們別的也就幹不了什麼了!可是頭人,我心裡想,他們來了是不會走的!我們已經讓給他們那麼多土地了。他們人越來越多了!我們以後可能要跟他們一直待在這個島上了!阿瓦什說。他用一個陶罐喝著茶。你也喝一點茶吧,沙玻阿爸,你也喝一點茶?你的臉,你那隻蒼蠅!我倒是想,這個事情要是能成就了他們其實倒不錯!我倒是覺得把米芽娜許給那個人不錯!

「你說誰?」

「他們的那個頭領,顏大官人!」

這可不行!我不會把我的女兒嫁給他!老沙玻說。那些人裡面最讓我氣不過的就是他了!他是他們的頭!他們的首領!要是沒有他,他們就不可能在我們島上住下來。我們也不用三百丈、三百丈地把土地讓給他們!頭人,你聽我說。你聽我把話說完!那個顏大官人是他們的首領。阿瓦什說,既然我們要跟他們一塊待在島上,我想我們得跟他們和平相處。他們好像也樂意跟我們和氣相待。他們一來就送了你瓷器和布匹。我們的米芽娜女兒要是嫁給了他,他就跟我們成了親戚,有了情分。以後他們說不定會給我們一些更多的好處。比如那回那種瘟病,他們的藥⋯⋯你別跟我提那回瘟病了!那回主要是我的法術做到頭了!他們的藥才起了一點小作用!老沙玻自負地說。你的意思是說,我們不如不跟他做對,要是雙方有了婚姻,他們實際上就會更向著我們?

「對對,頭人,對!」阿瓦什說。「頭人,不知道你有沒有察覺?我們這島上好像變得越來越多事了!主要是他們來了,別的人也來了!你知道安平和竹林那兩個城堡一直在建嗎?」

開臺王顏思齊（修訂版）

「你是說那些紅毛番仔？」

「對對，就是那些紅毛番仔！」

「我覺得更難對付的是這些紅毛番仔！他們有槍的炮，有火力！他們與我們沒什麼相同的地方。」阿瓦什說，「他們根本是跟我們不同的人。他們還帶了士兵，全使用火槍！他們肯定想長期留在我們島上，才建起那麼大兩個城池！他們要是真的想跟我們作對起來，我們還不是他們的對手！」

「他們還在建那兩個城池？」老沙玻說。

「他們建得更快了！」阿瓦什說。「他們好像急著要把那兩個城池建起來！」

阿瓦什和老沙玻來到一片叢林後面。他們透過那片叢林朝山下望去。在不遠的一個山崗下面，那裡沿著一堵陡峭的高坡建起了一個城堡。那城堡下面就是海岸了。那裡有一個碼頭。他們看見那裡停了兩艘大船。有好幾個人正在從船上往下卸一些大箱子。他們使用一種看過去很複雜的起落架。

「那些紅毛番仔厲害！你有沒有看到，他們使用的那種大架子？那麼大的箱子也能吊起來！」阿瓦什說。

「那大箱子是什麼？」老沙玻說。

「那是他們的船運來的！他們什麼東西都是從外面運來的！」阿瓦什說，「那大箱子什麼都有。他們連磚頭、石灰、桌椅都從外面運來！他們的海運能力很強！」

「那大架子是什麼架子？」老沙玻說。

「那是他們的一種設備，叫起落架。我們搞不懂的一種設備，」阿瓦什說。「那是一個架子，有一個輪子，兩條鐵鍊。那鐵鍊一拉，那輪子轉動起來，那大箱子就被提起來了。那大箱子你看有多重！他們好像在加快建那兩個城堡了！」

「這些紅毛番仔！他們搬東西就用那種起落架？那他們不是什麼東西都可以往島上搬了？」老沙玻說。「他們要是把那兩個城池建起來，那我們的這個島不就成了他們的了？他們要是想把我們趕走，不就把我們趕走了嗎？」

「我看差不多！」阿瓦什說。

「這可不行。我們不能讓他們把那城堡建起來！」老沙玻堅決說。

老沙玻回到寨子開了個會。他把南琉球島的十幾個寨子的頭人全找來。他讓他

第二十三章

們聚在一起商討,怎麼對付荷蘭人不斷擴建城堡的事情。他們有的在喝茶,有的在剝堅果吃。現在,我把我們島上十幾個寨子的頭人全叫來了!大家說說看怎麼辦?我起先不知道,也不太在意,他們那城池反正已建好幾年了!老沙玻說。可我前天去看了才知道,他們用船運來了很多大箱子,還使用什麼起落架!他們比我們厲害!他們把那個城池建得很堅固,好像要長期住下來!那些漢人在我們這裡開土地,種水稻就很可惡了!他們動用那麼大的工程建城池,就更可惡了!那天我還在山上遇見了他們的一個白胖子,用火器射殺了我們的野物!

「沙玻阿爸,那你說吧,怎麼辦?」那些頭人們說。

「我的想法是,我們得把他們趕走!」老沙玻說。

「顏大哥,我跟你說,我們可能又碰到那個老對手了!」鄭芝龍說。

「哪個老對手?」

「那個荷蘭的大白胖子,約翰船長!」鄭芝龍說。

「他們不是待在長崎嗎?」

你忘了他們是一支船隊!他們可以待在呂宋,可以待在暹羅,也可以待在長崎,當然也可能來到琉球。他們在全世界的海上航行!鄭芝龍和顏思齊與楊天生站在「漳泉號」上。他們望著海面上的滔滔白浪。我沒想到他們又想對我們動手了!還是那個小白人水手!你說他們怎麼幹的嗎?他們把我們的兩個船員收買了,讓他們半路上把貨船『福禧號』的船帆降下來。我們整個船隊在走,可是活見鬼,那艘船越走越慢,拉在後面,最後就不見了!收買?怎麼收買?顏思齊說。那全是些下流坯子,這種勾當全發生在一些小酒館裡。我們到了哪個港口上了岸,他們就請我們的船員喝酒,然後給你一個女人。他們就聽他的了!楊天生說,那天我和芝龍弟看見整個船隊掉了一條船,連忙掉頭去找,就看見那裡七八艘小船正圍著我們的商船,準備劫走。我們開了炮,炸沉了他們兩艘,才把他們轟走。李洪升就又看見那船上有那個小白人水手了!

「你們又看見那個小白人水手?」顏思齊說,「那說明那個大白胖子約翰船長又來了,他們也在這一帶活動?這真奇怪,我們怎麼總是碰到他們呢?」

「那兩個被收買的船員被我宰了,扔海上去了!」楊天生說。

開臺王顏思齊（修訂版）

「你慢點，我想想。那天我聽我們兄弟說，在島的那一端，好像有一夥荷蘭人在建什麼城堡？」顏思齊回想著說。

「對對，我那回也發現了。我那回巡島一周，隔海都看見他們在建造什麼工程了！」鄭芝龍說。「我估計那是我義父李旦那年……」

那就是他們在建的城堡。那些荷蘭人比我們更早來到島上。他們準備在島上建兩個城堡。顏思齊說，可是他們花了幾年的時間，一直沒建起來。我聽方勝說，主要是他們材料短缺。他們在島上建城堡，那就是他們準備把這個島長期據為己有！我想，那個白胖子約翰船長可能跟那個工程有什麼關係！對對，也許是！那工程缺少建築材料，所以施工很慢，楊天生設想著說。那白胖子是搞海運的。他會不會是替他們搬運材料來的，所以也來了。他們抓緊建設城堡很可能也跟我們有關。因為他們聽說我們在大量的移民，他們想建築城堡跟我們對抗！對對，肯定是這樣！兩位兄弟，你們想到了沒有？我發現這島上越來越熱鬧了！顏思齊說。這海島在一百年前不重要，兩百年前更不重要！可是現在變重要了！

「為什麼呢？因為現在海運變方便了，人們都到海上來爭地盤了！」顏思齊說。「我們的人來了，荷蘭人也來了，葡萄牙人來了，以後說不定日本人也要來了。這海島很快就會發生一場爭奪戰！因為誰都知道這個海島是塊寶地！只有我們的大明皇帝還像個老傻子，待在他的京城裡喘息，不知道這個海島是個寶貝地方！」

「顏大哥，你記得我跟你說過，我們既然要搞海上貿易，要搞貨通四海，百國販運，我們就得建一個自己的港口。」鄭芝龍說，「既然我們在這島上站住腳了，我們就不能把這個地方再讓給任何人！這原本就是咱們中國的疆土！」

「對對，一官兄弟，你說怎麼辦？」顏思齊說。

「堅決把他們趕走！」鄭芝龍說。

你們聽我的號令，我讓放箭才放箭！老沙玻說。他領著一大群青年族人藏身在一片密林裡。他們臉上全塗了動物的血。從那裡剛好可以看見荷蘭人那個停靠海船的港口。那是一個傾斜的碼頭。他們看見那裡停了幾艘大型貨船。幾個荷蘭人正在用那個起落架，從船上起吊一些大的箱體。那就是他們從海外運來的建築城堡的各種材料？

第二十三章

「對對，他們連門窗、桌椅都是從島外用船運來的！」阿瓦什說。

「他們建得好快呀。我們稍不留神，他們就把一個城堡建起來了！」老沙玻說。「你知道他們現在島上有多少人？」

「我估計有上百的人吧？」

「我們打得贏他們嗎？」老沙玻問。

「他們的軍隊不是很多，只是他們的槍炮厲害！」阿瓦什說。

「那我們該動手時就動手！我看我們可以讓幾個人更靠近一些上去！下手一定要狠，要讓他們措手不及！」老沙玻說。「我們不能讓他們舒舒服服地在我們的眼皮低下，把那些大箱子從船上吊到岸上來。我們不能讓他們想在哪裡建造城市，就在哪裡建造城市！這可是我們的島！」

他們又悄悄地移動，在密林裡前行。他們在靠荷蘭人更近的地方，又停了下來。老沙玻讓幾個弓箭手靠上去，更靠近去一些，然後做了個手勢。那幾個弓箭手一齊拉長弓，幾支箭從林子裡無聲地穿射出去。幾個荷蘭人應聲倒下，那個起吊架上正在起吊一個重物，那個大箱子「轟」的一聲落在地上。荷蘭人全亂了。他們不知道敵人埋伏在哪裡。他們開始朝林子裡開槍。

「撲上去！狠狠地宰！」老沙玻把寶劍一指喊。

林子裡突然站起無數山民。他們全「嗚嗚」吼叫著，揮舞著砍刀和棍棒，朝荷蘭人的城堡衝去。荷蘭人措手不及全躲進城堡裡。可是老沙玻的族人很快地遭到強烈的抵抗。那些荷蘭人開始從城牆後面和那兩個碉堡上射擊。老沙玻族人很多人被射傷亡了。他們又衝上去，很多人又倒下了。荷蘭人的城堡太堅固了。他們使用的是熱武力，老沙玻族人使用的只是刀槍棍棒。

他們再衝上去，再退下來。

「我看這樣不行，他們那火槍太厲害了！」阿瓦什說。

「先把他們圍起來再說！」老沙玻說。「他們的火槍厲害，可我們人比他們多！」

第二十四章

你說他們人都來了嗎？徐先啟說。徐先啟寫完了萬民書「三千兩百言書」，從海澄縣東滸鄉動員了大批災民，準備到漳州府攔知府大駕上書。他和董貨郎提前一天到了漳州府。都來了！董貨郎說。整個東滸鄉？徐先啟說。我讓他們每戶至少來一個人！董貨郎說。

「你有沒有讓漳州店家把粥攤全擺出去？」徐先啟又問董貨郎說。「我昨天跑遍了全城，讓那些富人商賈都擺些粥攤，賑濟災民。他們粥攤有沒有擺出來了？」

「都擺出來了！城裡的粥攤大都擺出來了！」董貨郎說，「府衙那條大街起碼擺了七八個粥攤，我看夠吃了！」

徐先啟先生正在梳洗裝扮，不過他的梳洗裝扮也就是把他的那件破長衫整整齊，在頭上挽了個髻子。上書這天，徐先啟和董貨郎提前到了漳州府。他們住在一個小客棧裡，等著第二天與東滸鄉的災民會合，然後到府衙攔駕上書。東滸鄉的災民來了就好！我讓他們辰時一定要趕到漳州，巳時剛好擋住知府的大駕。這回有那些貪官的好看的了！災民都來了！都在東門外等候了！他們昨晚半夜就動身了！董貨郎說。那這樣我們就出去了！我可以領著那群災民先去吃粥，然後就在府衙街口等著攔駕！再上我那「三千兩百言書」！徐先啟說。他接著說，你幫我聞聞，我的身子是不是還很臭？我昨天把裡面的汗衫洗了，不知還有沒有味兒！

「你怎嗎？你不是口口聲聲罵那些貪官是狗官嗎？」董貨郎說。「你還沒見駕就心慌了？」

「那畢竟不行。那知府大人畢竟是朝廷命官，我穿著身臭兮兮的衣服去見知府大人，總是有點不好！」徐先啟說。

「你身上主要不是汗衫臭，你主要是鞋臭！」董貨郎說。

第二十四章

「這就沒辦法了！鞋來不及洗了！」徐先啟說。「另外我這鞋也破了，洗也洗不得了！」

他們走到漳州東門，看見那裡有的站著，有的蹲著，聚了一大群災民。鄉親們，現在你們跟我走。我在打頭走。徐先啟說，你們要是還沒吃，街旁的粥攤都可以吃，盡量吃！我們要齊著一塊兒走。這叫做人心齊，泰山移。我們一定要讓官府知道我們的氣勢！讓知府大人追回災銀，讓那些貪官把吃下去的全嘔出來！我讓你們帶著些牌牌來，你們多帶來了嗎？他看見災民舉起了些牌匾和條幅，滿意地點了點頭。牌匾有的大寫兩個字：飢餓！有的大寫兩個字：絕收！有的條幅寫：嚴懲貪官，救我災民！

「行行，把牌匾舉起來！還沒吃粥的先去吃粥！」徐先啟說。他對幾個為首的說，「我跟你們說，我了解我們現今的知府大人。這個知府有點疝氣，好像還患一點小痔。他每天早晨都得用幾刻鐘時間如廁，所以他坐堂總得拖到已時時分。我們到那會兒攔駕還來得及！」

「知府來了！知府來了！」有人喊。

「那知府今天是來得早了！」徐先啟說。「估計是他的痔瘡好些了！」

徐先啟轉過身，就看見府衙街頭那邊，幾個衙役一路敲鑼，一路舉著「迴避」和「肅靜」的警示牌走來，後面跟著一台八抬大轎。徐先啟領著眾人當街跪下。那是一個壯觀的場面。人群裡到處晃著「飢餓」、「斷糧」的牌匾。徐先啟雙手舉著那封「三千兩百言書」。一個帶刀的衙役跑了過來。

「什麼事？什麼事？」衙役喊。「你這是幹什麼？你們這不是妨礙公務嗎？」

「災民冒昧攔駕，上書知府大人！」徐先啟說。

衙役看見災民人數眾多，又跑回去，接著知府的仗列久久停在那裡沒動。那儀仗隊沒有再往前行，不知知府看見那麼多請願的災民作何感想。可徐先啟還低頭跪在那裡時，那知府的整個儀仗隊列已經調頭往回走了。一個師爺模樣的人走過來，傳達知府大人指示。知府大人因民事繁多勞累，且患有難言隱疾，需緊急回府如廁，敦請眾多災民回鄉安心生產，如有怨情，本府深入視察後，定會給予解決督辦！徐先啟看見知府的大轎都往回走了，知道上書不能了。而知府又是因為

開臺王顏思齊（修訂版）

身患隱疾，無法坐堂，就沒有理由見怪大人了，只好洩氣地長嘆一聲。他的整個計畫落空了。

「我看讓所有災民先回去，我們以後再伺機上書！」徐先啟說。「讓大家別洩氣，我們總有擋住知府大架的時候！」

可就在這時，一個人走到董貨郎身旁，悄悄跟他說了什麼。

「是嗎？有這等事？」董貨郎說。

「徐先生，我跟你說，那知府是在跟我們躲貓貓了！」董貨郎走到徐先啟身旁。「知府大人說他要回家去屙屎，實際上他並沒回去，他從後街繞了一圈，又上大堂去了。他只是躲開了我們的攔駕！」

「這知府也是有意思，災民跟他反映怨情，他倒跟你躲貓貓起來了！」徐先啟說。「走走，那我們就到大堂去上書了！大堂他就沒地方躲藏了！」

徐先啟領著那一大批災民，浩浩蕩蕩朝府衙大堂走去。他怕知府大人又躲貓貓起來，讓董貨郎帶一批災民把府衙後門堵了。

「董貨郎兄，你去把後門堵起來！一定要把後門堵死了，別讓大人又從後門跑了！」徐先啟說。

他們走到府衙門外，在地上跪下，求見知府大人。一個災民把府衙門外的大鼓擂響。知府坐在大堂上，正在處理公文。聽說災民又來求見上書，不由皺起眉頭，心中十分不悅。可是不見災民又沒地方可躲了。

「去去，把他們為首的叫幾個進來！」知府大人對一個衙役說。「把他們的摺子，把他們的『萬民書』接了！」

還是老辦法，別起帆，別露出動靜。悄沒聲息，埋伏在這島四周，等他們過來，鄭芝龍對陳德、李英、何錦和高貫等人說。劫了他們的船，我們什麼也不要，把船鑿沉了就成！他們現在船上運載的全是工地的建築材料，把他們的船打掉，他們的要塞就無法建起來了！把他們的船砸一個窟窿，讓船沉下去？幹這活我行！何錦說。這叫『踹褲底』。就像一個人，你看見他躺在那裡，你使勁往他的褲襠一踹，他還能站起來嗎？幹這活，你們爺們不行，我們娘們來才好！

「何家兄弟，你究竟是娘們還是爺們？」高貫說。

第二十四章

「我們跟顏大哥起事這麼久了,你還不知道我是爺們還是娘們嗎?」何錦說。

「娘啊!他們這回駛來的是艘那麼大的船啊!」一直在用單管望遠鏡觀察海面的陳德說。「我在海上還沒見過那麼大的船!」

「那是一種大型載重船。他們運載那些笨重材料,只能用那種船。那船容易劫持!」鄭芝龍問,「除了那艘大船,還有別的小艦艇吧?」

「還有四艘艦艇,左右各有兩艘,全是快船。船體很輕,兩桅的,全裝了火力!」陳德說。

「那是護衛艦。那是保護那艘大船的!」鄭芝龍說。

「對付這些大船就得我們娘們來才行!」何錦說。

「你究竟是爺們還是娘們?」高貫又說。

「娘們,怎麼樣?」何錦說。「娘們才專幹這種『踹褲襠』的活!」

「船隊準備好!打旗語,從兩翼出發!」鄭芝龍交代說。「『龍溪號』和『河洛號』仍然埋伏在這裡,堵住他們可能的突圍之路!」

這天他們出動了以「龍溪號」為首的十二艘大小戰船。那些船隊迅速起帆,所有的槳手奮力划槳,從兩翼急駛過去。陳德和高貫率領的是一支快船隊,他們從更遠的地方包抄,對方的船隊還沒意識到他們的企圖,保持原速,護衛那艘重船航行。鄭芝龍率領的十來艘戰船從另一翼散開,形成進攻的陣勢,全速前進。

「通知所有的船隊,打散他們的護衛艦,迅速鑿沉那艘大載重船,然後返航。」鄭芝龍對旗語手說。「誰先登船,鑿沉重船,賞銀二十兩!」

「顏大哥,老沙玻的族人跟那些荷蘭人打起來了!」張掛和李洪升說。

「老沙玻族人怎麼跟荷蘭人打起來了?」顏思齊說。

「好像是說,荷蘭人的一個大白胖子用槍打獵,打死了這山上的兩頭野山羊,和一頭麋鹿。」李洪升說,「那槍聲驚動了老沙玻,他們把那大胖子圍起來,把獵物奪了回去。」

「等等,大胖子?哪個大胖子?」顏思齊說。

「我們也不知道。我們只是聽說那些荷蘭人有個大胖子!」張掛說。

「會不會就是那個大胖子約翰船長?」顏思齊說。「我聽鄭芝龍,鄭一官說,他

343

開臺王顏思齊（修訂版）

們又碰到那個大胖子了！他的那個小白人水手回來了！」

「老沙玻想想一不做二不休，就跟荷蘭人打起來了！我感覺老沙玻他們的意圖跟我們一樣，」李洪升說。「他們就是不想讓那些荷蘭佬在這個島上建築城堡。他們想把他們打出去！」

「他的用意很好，可是他們不行！他們的武器太差了！」顏思齊幾乎憑第一反應說。「老沙玻雖然人多，可他們家什太落後了。他們不就一些箭鏃標槍，還有就是棍棒，可那些白人使用的是火槍火炮。」

「不過他們臉上全塗了血，」張掛說。

「那嚇嚇人可以。那些白人不是可以這樣嚇退的！」顏思齊說。

「可他們把十幾個寨子的人全發動起來了。我們剛剛從安平和竹林那邊回來，我看見老沙玻身旁有個女孩，好像是米芽娜！」李洪升說，「他們連寨子的女子也叫上去了，同仇敵愾！他們有好幾千人！荷蘭人頂多也就百把人吧！」

「那不是人數的問題。那是裝備的問題，」顏思齊思謀著說。「人多了，吃虧可能更大。他們有城堡。他們全光著膀子。他們頂多也就把寨子裡所有的人全叫上去，可他們使用的是火力，一倒一大片。塗血？塗血有什麼用？你把所有的人全拚光了，那些荷蘭人很可能還趕不出去！」

「哥，那你說怎麼辦？」

「我們得幫助老沙玻！」

「什麼？幫助老沙玻？幫助那隻寨子裡的老鳥？」張掛說。「他們都想把張爺爺趕出去呢！他們不知道我的祖爺爺是張飛。他們總想把我們逼出島外去。他們還設了地界，不讓我們過界！我巴不得他們自己互相殘殺，雙方全打沒了，到時候就只剩下我們了！」

「這是以前的事，以後就不會了。他會知道只有我們能幫他們！以後這島上什麼人都會來了！都想在這島上插一手了！」顏思齊說，「到時候他們只能依靠我們了！我們也得依靠他們。到目前為止，他們還是島上最大的種族，我們還得依靠他們。我們只有跟他們聯合起來，才可能對付一切來犯之敵！」

「那好吧。你說我們幫老沙玻，我們得怎麼幫他？」

第二十四章

「你們把陳衷紀叫來。」

陳衷紀很快就來了。

「衷紀弟,你說我們現在留在島上總共有多少火槍?」顏思齊問。

「長筒的三十三支,短筒的一十五支。一共四十八支,」陳衷紀說。

「我們沒出海的船還有幾艘?」

「還十九艘。」

「把船上的槍也集中起來有多少槍?」

「應該也有六七十支吧!」

「你給我調集六十支長短火槍,」顏思齊說。「你號令所有的火槍手集中起來,聽我的命令!」

鄭芝龍的船隊迅速包抄了荷蘭的載重船。對方的幾艘護衛艦反抗了,可對方畢竟船少。就這麼打了?李英說。就這麼打了!高貫說。雙方互開了炮火,荷蘭的兩艘護衛艦很快就被擊沉了。那艘載重船想往「龍溪號」的這邊方向突圍。他們想從島上的荷蘭城堡得到接應。可是鄭芝龍的「龍溪號」和「河洛號」兩艘戰船突然出現在前方。那艘載重船馬上失去了方向感,在原地打轉。那載重船幾乎沒有任何防衛能力。李英和高貫幾個人登上了船。那是一艘體積龐大的載重船。船上滿載一些用箱子包裝的重物。李英和高貫連砍帶殺,把船上的好幾個船員砍殺下海。何錦扭著腰身也上了船,一個身材肥胖的荷蘭軍人看見了,拔出刀,與何錦對打起來。

「我知道你們這些白皮豬全瞧不起我們娘們!今兒我就讓你瞧瞧娘們的厲害!」何錦用發尖的嗓門喊。

他一邊扭腰,一邊使刀。他把刀砍得眼花繚亂。那個胖軍士雙手執刀,可是,他衝過來又衝過去,步法笨拙。你的無恥小人!你想拿女性色相誘惑我嗎?軍士說。何錦把刀斜著一揮,把對方的軍刀帶走了。胖軍士丟了刀,連忙想去拔槍。他的腰間插著一把短槍。何錦用刀點在對方的肩胛上,輕輕一送,就把對方推落海裡了。

「我要讓你知道在咱們這島上,娘們也不是好欺侮的!」何錦說,「你別以為咱是娘們,就好欺侮!」

開臺王顏思齊（修訂版）

　　何錦把那胖軍人挑落下海後，扭頭看見高貫、李英等人正用斧頭在船上鑿洞，準備把船鑿穿了，讓船沉入海底。李英拚命揮動斧頭，高貫也拚命揮動斧頭。何錦看看沒有更合適的工具，看見了船上一個大鐵錨。他上前去搬，他的身材瘦弱，猛一下使勁過頭，錨沒搬動，人反而仰面朝天摔倒在船上。李英、高貫「哈哈」大笑。

　　「你娘裡娘氣的，你就別了！」高貫喊。

　　「你就那一把柳腰，就別抱那個大鐵塊了！」李英也喊。

　　可高貫他們怎麼也沒想到，荷蘭人把那條船造得太堅固了。他們找來好幾把斧頭不停地鑿，還是沒把船底鑿穿。何錦爬起來，重新走到那個大鐵錨跟前，他彎彎腰，雙手抱定鐵錨。我就不信搬不動你！誰也沒想到，他輕輕的一起，就把那大鐵錨抱起來了。那鐵錨足有百多斤重。他把大鐵錨抱起來，然後往下一砸，那鐵錨砸在船上，馬上砸出了一個窟窿。何錦把身子跳開，那船開始進水了。鄭芝龍坐在「漳泉號」上，臉上一副悠然自得的神情，看著那條噸位很重的船慢慢沉入海底去。高貫和何錦返回自己的船上。

　　「芝龍大哥，我鑿了一艘船，回家我可要領那二十兩賞銀了！」高貫喊。

　　「鄭大哥，那艘船是我鑿的，賞銀我也要！」另一個兄弟也喊。

　　「誰？誰？你說這船誰鑿的？」何錦說，「這船誰鑿的？誰得賞銀？那我在船上幹了什麼了？那大鐵錨可是我搬的！」

　　我們先別暴露火力！顏思齊說。慢慢靠近過去，打他一個措手不及！顏思齊背上插了一把刀，手持一把短統槍，親自率領火槍隊伍，增援老沙玻的人馬。他要他的火槍手盡量隱蔽自己的火力武器，盡量不要暴露裝備，無聲前進。那時那些島上的荷蘭人還不知道他們有強大的火力武器。他們來到老沙玻人身後很近的地方了，老沙玻的人才發現了他們，並報告了老沙玻。老沙玻起先不解其意，以為他們也是來偷襲他們的。老沙玻歷來不相信漢人。這一下完了，腹背受敵！老沙玻心裡想。他迅速轉過身來，舞起寶劍，衝過來。顏思齊的隊伍向老沙玻連連擺手示意，表示不向他們開火。老沙玻仍然不信，率領族人繼續衝過來。張掛看見老沙玻氣勢洶洶，舉起火槍瞄準了他。

　　「把槍放下！這是我們的態度！」顏思齊下令喊。「全部轉身，背對他們！」

第二十四章

　　他帶領的火槍手們全部轉過身,將背部對著老沙玻,說明他們沒有惡意。老沙玻舉著寶劍,一直衝到他們身後了,才理解了他們的用意,全停下來。

　　「你們怎麼也來了?」阿瓦什說。「這是我們的事,跟你們怎麼相干?」

　　「怎麼沒相干?你說我們顏大哥是什麼人?是英雄,是吧?」張掛說,「你們那個米芽娜是什麼人?是美人,是吧?我這麼說你就懂了吧?」

　　「張掛,你胡說什麼呢?」顏思齊喊。

　　「哥,這英雄救美人的事自古就有了!」王平也說。「今天又不是演出第一遭!老沙玻頭人,你想想這一層關係就明白了。這以後我們就不是冤家是親家了!再說,你怎麼總沒覺得我們的好呢?你想想,這島是你們的,也是我們的。我們跟你們一樣,怎麼能容下外國人!」

　　「我不跟你們爭論這些!你說你們是來幫我們打那些紅毛番的?」老沙玻說。

　　「你沒看見我們帶了槍來了!」張掛舉起槍給他看。

　　「你們可別從背後給我們一槍!」老沙玻說。

　　老沙玻族長,你們先過去!把他們誘出來,我們來給他們一個措手不及!顏思齊說。他這時候看見一對圓溜溜又黑又亮的眼睛出現在老沙玻身旁。那是米芽娜。她的神情好像對他充滿感激和信賴。他又說,他們不知道我們有火器。我們來用這個對付他們!行行!老沙玻說。他朝後揮了一下寶劍,大聲吆喝一聲什麼,他們寨子的族人全返身衝過去。讓他們先來,我們再來!城堡後面的荷蘭人看見山民們退了,又衝了出來,向山民出擊。雖然林子很密,幾個荷蘭人還是朝老沙玻包抄過來。他們發現老沙玻是山民們的頭人,想把他圍堵起來。一個荷蘭兵士甚至舉起了槍,準備向老沙玻射擊。顏思齊他們躲在密林裡,在靠那些荷蘭人很近的地方。他看見那個荷蘭兵士只要一射擊,弄不好真的會傷了米芽娜。因為她正好站在老沙玻旁邊。那個荷蘭兵士正要射擊,可是這時一聲槍響,那個兵士倒了下去。原來是顏思齊的火槍更先響了。這時荷蘭兵士還不知道出了什麼事情。他們還不知道對方有火力武器,全從城堡裡衝了出來。顏思齊看見他們出來的人越來越多了,突然站起來,讓他的火槍手同時向荷蘭人射擊。

　　「朝他們的臉打!朝他們的肚臍打!」顏思齊喊。「把槍集中起來打!」

347

開臺王顏思齊（修訂版）

那些荷蘭人不知道對方有熱武器，突然被他們的火槍一打，全懵住了。

「怎麼回事？他們怎麼回事？他們是哪來的！」那些荷蘭人喊。

顏思齊領著火槍手繼續射擊，又幾個荷蘭人倒了。那些荷蘭人不知道他們的底細，又看見他們埋伏在林子裡，不敢繼續對抗，逃回城堡裡去了。顏思齊回頭看見老沙玻知道他們那是槍戰，全退到遠遠的地方去了，可是一轉頭卻看見米芽娜站在他身後。你那個是什麼東西？你手裡握著的什麼？米芽娜好奇地問。

「你怎麼沒走呢？你怎麼還待在這裡？」他幾乎發起火來。「這是槍戰！這裡全打的火槍！」

「顏大官人，你們怎麼也有這種東西？」米芽娜問。

「我們原本就是一群海盜！懂嗎？」他惡狠狠地喊。「我們在海上就是用這種傢伙殺人越貨的！」

他正想把米芽娜趕走，可是城堡裡的荷蘭人又衝出來了。他們好像弄不清他們的情況。他們試圖確定對方的情況。對方怎麼也會有火槍呢？顏思齊拉著米芽娜躲在林叢後面。他看見一個荷蘭兵士衝到很近的地方了，突然站起來，舉起短銃槍射擊。「砰」一聲，把槍射在那個兵士臉上，那個兵士滿臉鮮血倒了。

「官人，你又射倒了一個，你又射倒了一個！」米芽娜興奮地喊。

她一高興，站起來，拍著雙手大喊大叫。顏思齊馬上把她按倒。這時對方就一槍射過來了。

「趴在這裡，別動！」顏思齊說，「這是槍戰！懂嗎？你一露頭，他就瞅著你打了！他可以在遠處打你！這不是刀槍！」

這天顏思齊一共出動了六十多支火槍，他們向荷蘭人射擊時，火力十分密集，甚至比荷蘭人火力還密集。荷蘭人起先以為他們對付的只是一群使用原始武器的土人，怎麼也沒想到他們會遭到密集的火力反擊，一下子陣腳大亂。他們丟下一二十個受傷和亡命的人員，最後逃回城堡裡去了。

「上帝啊，上帝啊！他們是神靈降臨的吧？」格登理事長說。

「上帝，上帝啊，您接受我的祈禱吧！」約翰船長也說。

這以後，荷蘭人城堡的擴建工程基本被阻止下來了。

第二十四章

「我們的海路運輸基本被截斷了。我最大的那艘載重船被鑿沉了！」約翰船長沮喪地說。

「他們居然有火槍！他們的火槍甚至比我們還多！」熱蘭遮城堡總理事長格登說。

「我估計他們不只是些土人。他們很可能還是一支海上武裝！」約翰船長說。

「看來只好讓公司要求荷蘭政府增派軍隊了！」格登說。

他們手裡全握著些棍棒！顏大首領手裡的那根棍棒可真神了！米芽娜繪聲繪色興奮地說。她很少顯得那麼興奮。因為那寨子裡她是唯一近距離看見漢人開火槍的。他突然站起來，用那棍棒對準那個紅毛番兵士開了一槍，那兵士就滿臉是血倒下去了。連叫一聲都來不及！你這個死女兒，我讓你撒下，你怎麼沒有撒下！老沙玻說。那不是棍棒，那是火槍。你以為那是看熱鬧的地方？他們要是一槍射過來，你就沒命了！

「我就是奇怪，他們的棍棒一射就是一團火！」米芽娜說。「那棍棒裡面怎麼會裝了火！」

「那不是棍棒，那是火槍！」老沙玻又糾正她說。

「我又不懂得什麼叫棍棒，什麼叫火槍。那火槍不是跟棍棒一樣嗎？」米芽娜說。「沙玻阿爸，我真沒想到他們漢人也有火槍，那個顏思齊，顏大官人也會打火槍！」

你真的看見那個顏思齊打了槍啦？老沙玻說。我親眼看見他打了兩槍！他兩槍就打倒了兩個紅毛番！米芽娜說。這麼說，他們倒是真幫了我們？老沙玻說。這天晚上，米芽娜在老沙玻的大草寮裡，用一堆炭火替老沙玻和那些男性族人，燒烤一塊野羊肉。阿瓦什和另外幾個族人在喝茶。那天要不是他們幫忙，我們不知還要有多少人死傷，我們也不可能打贏那些紅毛番。米芽娜說，這一下好了。有了他們，在這島上，誰來我也不怕了！

「這不一樣，他們是他們，我們是我們，」老沙玻用一種緩緩的矜持的口氣說。「對於我們來說，他們也是一群外人！」

「阿爸，你怎麼總要這樣說呢？」米芽娜說。

開臺王顏思齊（修訂版）

「你不懂，女兒。他們不同的是，他們來的人更多，占領我們島上的土地也更多！」老沙玻擔憂地說。

「可他們也給我們帶來很多好東西，他們幫了我們很多忙！他們把那群紅毛番打敗了！」米芽娜說。「他們用一劑海那邊的藥，救了我們好幾百個人！他們從來不侵犯我們，處處護著我們，幫著我們！可我們還毒死了人家的牛！」

我說你不懂就是不懂！實際上，他們也是我們的對頭。老沙玻說，他們才是我們的真正對頭！他們慢慢地把這島一點一點地開墾了，我們就會失去很多土地！可我怎麼也看不出他們對我們不懷好意，你不讓他們過界，他們都不敢過界！米芽娜說。另外，我總覺得，他們跟我們是一樣的人！可到了最後，他們就會把這個島全占了。我們會連麋鹿和兔子都打不到了！老沙玻用爭論的口氣說。他們這是在吃我們的肉。這島就是我們的肉。沒有這個島，我們就沒有肉吃。他們是想把我們的肉一口口啃光！可是，沙玻阿爸，他們真的要把我們的島全占了，那還不容易嗎？他們現在人已經很多了！他們從大陸那邊運來了那麼多的人！米芽娜說，他們還有那麼多的火棍棒，那麼多的火槍，他們要想占了，不是白白占了你了？你對抗得了他嗎？他們還用得著一次次來求你拔地椿？

「這就是說他們還怕我們！因為我們人還比他們多！」老沙玻說，「不然他們早就把我們的島全占了！」

「阿爸，你怎麼沒看到他們的東西都比我們好！他們的屋子住起來多寬敞，多舒服！」米芽娜說，「他們把那些荒山全整成一條條田壟！他們使用犁仗耕地！把田犁得多深！他們在田裡種稻米，收的穀子真多！他們用鐵鍋煮飯！他們織的絲綢多細！」

「他們有他們的好東西，我們有我們的老規矩！」老沙玻不示弱說。

「可是阿爸，我還總在想，我們跟他們說不定是同樣的一種人！以前我們不知道那片海只是一個海峽，以為那海是無邊無際。我們總覺得天底下就我們島上這些人！」米芽娜說，「現在我們知道了，就過了那片海，那邊就有好些跟我們一樣的人了！你說阿瓦什原本不就是他們那邊的人？可他現在也是我們族人！」

「可阿瓦什只有一個……」

第二十四章

「這麼說，你是害怕他們人多？」米芽娜變得伶牙俐嘴說，「你可以拿阿瓦什當自己族人，你也可以拿他們當自己族人！」

老沙玻正拿一塊烤肉啃著吃。他啃了一半，把那塊烤肉放下，側頭認真的朝米芽娜的臉上看了看。

「米芽娜女兒，我問你一句話，你要跟我說真話。你要看著我，你別把頭轉開。」老沙玻說，「你說你是不是真的愛上了他們的那個頭人，那個顏思齊？」

米芽娜用那對圓圓溜溜的眼睛定定地看老沙玻。她沒把頭轉開，也沒眨一下眼睛。她的嘴唇在輕輕地翕動。

「真的！阿爸，我喜歡他。我愛他！他是個大英雄！」米芽娜過了好一會兒說。「他可能不會喜歡我。可我想嫁給他！」

老沙玻把那塊啃了一半的烤肉扔進火堆裡。

「你這個吃裡扒外的小東西！你是我們寨子養大的！」老沙玻說。「你在我們寨子長大了，可你卻想嫁到寨子外面去！」

「我就是想嫁給他。我就是不想待在咱寨子裡！」米芽娜小聲地不妥協地說。「只要他肯，我今晚就跑到他那裡去！」

「好啦，行啦，米芽娜女兒！你真這麼想嗎？」老沙玻突然「哈哈」大笑。

他又在火堆裡撥拉起來，找著那塊肉！

「別把那塊肉燒糊了！」他說，「那肉我剛剛啃了半口！米芽娜女兒，我跟你說了吧，你要是真的喜歡那個顏大官人，阿爸倒是想成全你！」

米芽娜仍然定定地看著沙玻阿爸。

「可是那不是我怕他們！他們火槍很好，很厲害！他們人多！可是他們沒有我的法術好！我只要做起法術來，他們都會敗在我的手下！」老沙玻說。「我想把你嫁給了他，是想，你嫁給了他，他們就不是我們的冤家，是我們的親家了！我們要是聯合起來，我們就誰也不怕了！誰也別想來占我們的島了！」

「真的嗎？沙玻阿爸，你說的真的嗎？」米芽娜差點小聲喊起來。

「我想，這個婚姻，對我們寨子來說，只有好處，沒有壞處，」老沙玻變得深謀遠慮和通情達理起來。「你要是真的想嫁給他，阿爸就讓你嫁給他！」

開臺王顏思齊（修訂版）

「沙玻阿爸，你記得吧？你還記得嗎？我記得小時候你給我算過一個卦，你說大海上有一天會有一艘船漂洋過海而來，那船上會有一個大官人把我接走。」米芽娜用回想的聲音說，「我記得很清楚，那時我阿爸阿媽都還活著，你跟我阿爸說，我註定會跟一個海外來的很遠很遠的人結親，不是嗎？」

海澄五香嘍！海澄五香嘍！海澄滷麵，海澄滷麵咧！顏開疆在嘴裡叫。五香滷麵，五香滷麵！海澄滷麵！顏思齊這天帶著陳衷紀、李洪升、高貫和李俊臣幾個人騎著馬，從笨港的那條小街上走過。突然聽到有人在叫賣五香滷麵，心裡感到奇怪，同時也勾起一點鄉思。因為大陸過臺灣的人越來越多，笨港的那條街也越來越熱鬧了。那條街開了好些米店、布店、鐵器店和木器店。奇怪這裡怎麼真的有人賣五香滷麵？他聽到那叫賣聲好像特別熟悉。他都走過頭了，又掉轉馬頭走回來。他看見在一家米店和布店中間，有人開了家滷麵館。他看見顏開疆戴頂小布帽，和小翠娥站在一個小炭爐後賣麵。

「五香五香！五香！滷麵滷麵！滷麵！」小翠娥也叫。

「你說你這海澄五香，是真的海澄五香？海澄滷麵是真的海澄滷麵？」顏思齊下馬後問顏開疆說。

「我賣的道地的海澄五香和滷麵。你要是海澄人，你嘗嘗看！」顏開疆說。

「那好，你給我打五碗滷麵和剁五條五香！」顏思齊說。

「你是一碗一碗的打，還是五碗一塊兒打？」小翠娥說。

「你五碗都給我打了，擺在那裡！」顏思齊說。「我來一口氣把它吃光！」

你瞧瞧，來了一群好客人了！小翠娥碰碰顏開疆，小聲說。這個人我們那天見過，我們剛上島那天見過他，我們還問了他好些事情！顏開疆說。對對，我們那天一上島就碰到他了，碰到這個大官人！小翠娥說。我以前聽我娘說，我爹也喜歡這樣吃麵！一打就是五碗，然後一口氣吃完！顏開疆說。我爹不吃不吃，一吃就是五碗滷麵。他喜歡五碗一起打了。他不喜歡一碗一碗的打！

顏思齊在滷麵店裡坐了下來。

「來來來，你們也坐下，」他招呼陳衷紀和李洪升他們說，「大家也坐下。你們要幾碗就打幾碗。帳算在我頭上。真沒想到，我們在笨港也能吃到海澄滷麵了！這

第二十四章

多過癮！」

　　顏開疆開始給顏思齊打起了滷麵。他把滷麵一碗碗擺好。你們記得吧？那時候我還住在海澄，你們每回海外回來，總得去找我喝幾天酒。那時候我們也不是喝很多，我們一般也就喝兩缸！顏思齊說。我們就是那會兒決定打劫荷蘭商船的！我們決定下海當起了海盜！還在海澄那會兒，我就喜歡吃這滷麵了！我喜歡一大碗一大碗地吃，幾大碗幾大碗地吃。我總要她們把滷麵一碗碗打好了，擺在那裡。然後我一口氣吃下去，吃完了一碗再吃一碗！對對對，我還記得你吃滷麵的樣！陳衷紀說。你吃滷麵的樣怎麼說呢？你就是狼吞虎嚥！就是像土匪搶的吃一樣！對對，像土匪搶的吃，我們不就是一群土匪！我們就是強盜！顏思齊說。他開始吃起了面。他唏哩嘩啦吃了一碗，接著又吃了一碗。

　　「對對，這滷麵的味道對。喲喲喲！呀呀呀！這滷麵的稠性好，味道也好！」他一吃就叫好起來了。他咬了口五香，吃得滿嘴裡濺出了油。「是是，是這香味！這是真的五香的香味！這可奇怪了，這五香的香味我怎麼這麼熟？」

　　陳衷紀他們這時也全坐下來吃滷麵了。

　　「我跟你們說，我們很多人其實不懂得吃滷麵！吃滷麵你不能慢條斯理地吃，不能幾根麵幾根麵地扒拉著吃！」顏思齊這時又說，「吃滷麵要唏哩嘩啦地吃，狼吞虎嚥地吃！吃滷麵就圖那個痛快勁兒！麵還沒吃，可那麵已經在你肚子裡了，懂嗎？滷麵為什麼要澆這一層滷？就是為了讓麵吃下去更滑溜！你唏哩嘩啦把麵吃下去，然後把嘴一抹，那肚子說有多舒服，就有多舒服！」

　　他一邊吃著麵，一邊觀察起滷麵館。他好像覺得那滷麵館的擺設有點不妥。小後生，你怕也是第一回開的滷麵館吧？你是來這島上了，才學著開滷麵館的吧？你這滷麵館的擺設不對頭，顏思齊說。這滷麵館一般不是這樣擺，要那樣擺。比如說，這案台，這案台要直著排，那爐子和那口鍋要對著店門口開。這樣你打麵方便，招呼客人也方便！這個我不知道，這個我們娘沒教我們！顏開疆說。客官，你好像開過滷麵館？你對滷麵館很熟！不不，我沒開過滷麵館！可我知道怎麼開滷麵館。顏思齊說，我年輕的時候，我有一個很知己，很體貼的女子，她開過滷麵館。

　　他說著緩了一下神，好像想起了什麼事。

353

開臺王顏思齊（修訂版）

「小後生，你來這裡多久了？你在這裡開這個店生意好嗎？」他接著問。

「還可以，還好。漳州來的客官大都在這裡吃，」顏開疆說。

「對對對，你賣海澄滷麵，那你也是海澄縣人了？」顏思齊問。

「我是海澄縣人，」顏開疆說。

那我也是海澄縣人，可我怎麼沒見過你？顏思齊說。他很快地回過神來，笑了起來。你瞧瞧，我離開海澄都快二十來年了。你還這麼年輕。我離開海澄時，你怕還沒出生呢！那是，你離開海澄我還沒出生呢！我今年二十歲不到。顏開疆不好意思笑笑說。大叔，這麼說，你也是海澄縣人了？別叫大叔，你要叫他統領，他是我們這個島上的總統領，李俊臣站在旁邊說。確實的說，我離開海澄縣快二十年了！我覺得奇怪，這五香的香味我怎麼這麼熟？顏思齊又說。小後生，你說你娘沒教你擺設滷麵館，那你的五香滷麵是跟誰學的？

「我們娘。」小翠娥說。

「你別老是我們娘，我們娘的叫！」顏開疆對小翠娥說，「我們娘是我的娘還是你的娘？這樣讓人聽了多不好！」

「我們娘不就是我們娘嗎？」小翠娥不高興地說。

「你們娘是誰？」

「她還留在大陸那邊。她原想跟我一塊兒上船到這邊來。」顏開疆說，「我娘一直跟我相依為命。她原想跟我一起過來，可你們的人不肯。你們只要青壯年。夫妻倆行，可母子倆不行……」

「母子倆怎麼不行？」

「他們說怕我娘拖累了我，開不了地……」

我記得了，我記得你了！那天是你娘送你上船的！陳衷紀想起來喊。你們是在月港上的船！那天剛好是我和李俊臣去接你們上船的。對對，我也記起來了！李俊臣也喊。我們原本就定了，夫妻可以一塊上船，母子不可以上船。因為我們只要青壯勞力！我記得那天你上船了。我們船都要開了，高貫也說，你還說你要給你娘銀子。你娘沒要你的銀子……這麼說，我也記起了，那天你們一上岸就碰到我了！你們兄弟好幾個人！顏思齊也說。你問我上了岸後要先做什麼事，要先找什麼人？你

第二十四章

忘了？你們帶了好些農用具。我讓你們先住公棚裡去！」
「是是，我們那天一上岸就碰到你了，官人！」顏開疆說。
「你說你是從月港上船的，你是海澄人，」顏思齊越想越覺得奇怪，又問。「你的五香滷麵是你娘教的，你娘是誰？」
「她現在還自己一個留在大陸。她只是一個農婦。她是獨自把我養大的。我從小沒見過我爹！」顏開疆說，「那天你們不讓她上船，她就讓我走了！她說她自己一個也會過得好好的！她讓我來這邊賺了錢再去接她！」
「我老覺得奇怪，這五香的香味我特別熟！裡面有一種特別的味道！」顏思齊說，「你說是你娘教你學做的五香滷麵，你說你娘是誰？」
「她一個鄉下的村婦，你不會認識她的。」顏開疆說，「可是她倒是說過，讓我來這邊找找我爹，她說我爹說不定就在這邊。她說我爹那時候總說要到海上來，到海的這邊來！」
「你說你娘是誰？她年輕時在海澄開過滷麵館嗎？」顏思齊說。
「你不會認識我娘的。我娘倒是常常念叨我爹。」顏開疆說，「我娘日子過得苦，可是活得自在。她有時還取笑自己說，她是偷了我爹才生了我的！她就因為這個受了很多罪！」
「你說，你娘叫什麼？」顏思齊又說。
「我娘叫小袖紅。她是，她是在海澄開過五香滷麵館，」顏開疆說。
「小袖紅？小袖紅是你娘？你是不是叫顏開疆？」顏思齊幾乎大叫起來。
「我叫顏開疆，」顏開疆說，「你怎麼知道我娘的名字，也知道我的名字？」
「你說你來的時候，是不是帶了一把剪刀？一把裁縫剪刀？」顏思齊問。
顏開疆走到進滷麵館後面去，過了一會兒出來，帶來了一個小布包。他打開布包，取出了剪刀。顏思齊拿起來看了看，把剪刀還給顏開疆。
「她是你的誰？」顏思齊接著問小翠娥說。
「我是他還沒過門的媳婦！」小翠娥搶著說。
「去去去，這裡沒你的事！你插什麼嘴呢？」顏開疆說。他又問，「大統領，你怎麼知道我的名字？」

355

開臺王顏思齊（修訂版）

　　顏思齊默不作聲，把那幾碗滷麵全吃了，然後出門騎上馬就走了。
　　「你等下把他帶回我那大屋裡去。他是我兒子！」顏思齊對李洪升說，「你記得那個小袖紅吧？他是我和小袖紅生的親兒子！」

第二十五章

「我發現我越來越不像個賊人,不像個強盜了!」顏思齊感嘆地說。

他和陳衷紀在田裡犁地。

「怎麼不像賊了?」陳衷紀說。

「我變兒女情長了。你說強盜能想家嗎?」顏思齊說。

我這會兒在這裡犁地,看著那些山和那些水,你說我怎麼盡想起老家海澄來了!想老家海澄怎麼了?你說你們有沒有發現?這裡的山和水不是很像我們福建老家嗎?是是,是很像!張掛和何錦在前面不遠的地方用鋤頭做著田埂,他們也說。你看那山,山頭全彎彎的。你說它很陡嗎?它不很陡,顏思齊說。這山開成田後,就跟我們老家的山更像了!你看那盤山繞梁的全是一層層的梯田!是是,是梯田!何錦說,還有什麼像?顏思齊朝四周望望。還有那些溝坎和林木,那些淺溪和深澗。反正就是一副山明水秀的模樣!

「對對,是一副山明水秀的樣子!」陳衷紀同意說。

我不知道人們怎麼把這裡叫琉球。其實誰也不知道琉球是個什麼地方!噲,他吆喝了一下牛。我奇怪,我起碼有二十年沒犁過田了。你們說我這把式還行嗎?這裡是在海上,是一個人跡罕到的地方。這裡對於世人來說,很多人可能不知曉,因為更早以前人們舟楫不便。所以誰也不知道海上有這樣一個世外桃源,連皇帝老頭都不知道他有這樣一個好地方!可我們卻因為當賊,因為犯案,卻讓我們發現了這樣一個好地方!我覺得這恐怕就是天意了!

「是,是,這真的是天意!」陳衷紀贊成說。

我特別沒想到的是,犬子顏開疆也過來了!他並不是知道我在這裡尋我而來,他是跟大批的墾民過來的。顏思齊說,我們年輕時就是從大陸逃出來的,現在的人

開臺王顏思齊（修訂版）

們還是不斷地從大陸逃出來。顏思齊抬頭望望。海的那邊是老家，可老家不留人啊！所以我想，這可能就是天意註定要我們到這邊來。將這個島開成一片片的田疇，建起一個新家園。可我們原本只是一些流寇。我們在海上到處漂蕩。誰知我們為了找個地方落腳，卻在這裡找到自己的疆界！找到了自己的家園！而這個新的疆界卻在夢裡一樣，像我們的故土家園！

「是像，什麼都像，像我們老家海澄！」陳衷紀說，「你看那些鳥！那些鳥不也像我們老家海澄的加令鳥嗎？」

他們還在田裡耕作時，有幾隻鳥一直在田裡蹦蹦跳跳。那是幾隻身上有黑白相間羽毛的鳥。牠們總是走在犁杖前。他們扶著犁往前走，牠們蹦蹦跳跳走在前頭。他們前進幾步，那些鳥前進幾步。

「是是，那是加令鳥。我們那邊還叫八哥，」張掛說。

一棵小樹上有一隻鳥在叫，聲音空曠遼遠。

「還有那隻呢？那隻是什麼鳥？」顏思齊說。

「你說那隻鳥叫什麼鳥？」何錦說。

「那是伯勞鳥！」何錦說。

他們正說著時，一群拍著翅膀的鳥飛入一片林子去。

「那我再問你們一下那群鳥呢？」顏思齊又問。

「那不用說，那是一群斑鳩！」

「你說那斑鳩最早可能哪裡飛來的？」

「這裡離海澄最近了，很可能是海澄飛來的，」陳衷紀說。

我知道你們還會來找我！你們人越來越多，你們就又得找我了！你們得求我！老沙玻說。你看，你們不是又來了？你們又來了，又來了！你們又送東西來了！那是什麼？那是布匹？那是瓷器嗎？老沙玻傲慢地坐在正中的那把椅子上。臉上一副愛理不理的樣子。他的跟前放了幾擔布匹和瓷器。那是顏思齊給他送來的。顏思齊和陳衷紀、陳德幾個人在旁邊坐下。你們從島外招來了那麼多的人。他們像潮水一樣湧來，像斑鳩一樣飛來！他們全是衝著我的土地來的。我現在想擋你們也擋不住了！我知道最後占領了這個島的是你們漢人，而不是別的什麼人！說吧，你們找我

第二十五章

什麼事？是不是又為了界樁的事了？

「老沙玻頭人，我們對你一直心存敬意。我們總把你當自己親近的人。也就是我們的親戚和同胞，」顏思齊說。「我覺得我們這樣相處很好。對我也好，對你也好。那天我看見了你們寨子的一些人，也在我們笨港的鐵器店裡買東西了，好像買了一些鐮刀什麼的。實際上，你們也需要我們從內地帶來的器具！」

「那不是正經人幹的事。正經人不會在你們店裡買東西。我們寨子的人不在地裡種東西，我們全在山上打野物。」老沙玻說，「我們寨子有我們寨子的規矩。種土地的都是些沒能耐的人！說吧，你們是不是又想要我把界樁往後再拔一拔？」

「沙玻頭人，要我說，在地上種地是很好的事情，在地上種地收成穩定。你只要種了就有收成！」顏思齊用一種帶有冒犯的口氣說。對於老沙玻的族人來說，讓他們放棄打獵，無異於冒犯神靈。「你知道我們的人怎麼來得那麼多嗎？他們幾乎成批成批地漂洋過海而來，拖兒帶女而來，主要是這島上適合耕種。這裡氣候很好，風調雨順，土地肥膩……」

「對對，就是！種地你是把稻種種在地裡那裡，你只要種好了，它就能長出稻米！有了稻米，你就不怕餓肚子了！」李洪升插進來說。「可你在山上打活物，你不知道你能不能碰到牠。就是碰到了，牠長四條腿，你長兩條腿，你追牠還是很不容易的！」

老沙玻聽到他們那樣說，把臉拉了下來。陳衷紀看見老沙玻臉色不對，連忙把李洪升的話攔下。李洪升，你這就不懂了，咱們沙玻頭人是英雄出生！陳衷紀說，英雄出生就是得打野物。英雄不打獵能算英雄嗎？這些都不要說了！我可以把地樁又拔回一百五十丈。這是對你的回報。你幫我們打了紅毛番仔。我那米芽娜女兒說，她親眼看見你用火槍打死了兩個荷蘭番仔？老沙玻說。可我知道你們這是在吃我的肉，啃我的骨頭！你們要我的土地，就是想把我的肉一口口啃光的！可我也不知怎麼變得心甘情願了。我惹不起你們，也躲不開你們，更趕不走你們！我只好樂意把地塊劃給你們！也就是我樂意讓你們一口口把我的肉啃光！

「老沙玻頭人，你別說這種傷神的話。我們完全可以和平相處！」顏思齊說，「我們開我們的荒，種我們的地。你們在山上打獵，打你們的豹子麋鹿！」

開臺王顏思齊（修訂版）

「說是這麼說，可這可能嗎？你們是靠種田吃飯，我們是靠打野物吃飯。」老沙玻說，「你們把地盤越占越大，最後你們就把地方全占了，野物都沒了，我們到哪裡去打獵呀！」

顏思齊站起來裝成要走的樣子。老沙玻又把他攔住。

「不過，顏大義士，顏大首領，我地樁是要拔了，可我這裡還是有一個條件！」老沙玻說。他臉上浮起一絲狡點的微笑。「你們再坐一會兒。既然你們想在這島上留下來，你們占了我越來越大的地盤，你得好好孝敬我！怎麼孝敬我呢？你明天得帶些人來我這寨子提親！」

「提親？提什麼親？」顏思齊不解問。

「你知道吧？我們寨子的女子從不收受人家貴重禮物。贈送衣物在我們寨子裡是最貴重禮品！」老沙玻說，「我那米芽娜女兒那天跟我說，她小時候我替她占過一卦，她會嫁給一個漂洋過海來的人！你們剛來到島上，你就送給她那麼多衣服！你們又是乘船來的！我那女兒倒是看上你了！緣分到了，誰也跑不掉！你說你還不來提親嗎？」

「老沙玻頭人，米芽娜還那麼年輕，這我確實接受不了……」

「這不是你接不接受的事情。這是我怎麼想的事情！」老沙玻說，「這也是米芽娜女兒說的，她說，既然我們要一起住在島上，你們又有那種射擊的火槍。你娶了我女兒，我就是你的丈人了。我們就可以用那種火槍對付一切外來的人了！」

你說什麼？他們把滷麵館砸了？把糞便潑在滷麵館門口？那些無賴？顏思齊說。等等，你說郭叔公？哪個郭叔公？就是娘娘家的那個郭叔公！他總瞧不起娘，說她是年輕寡婦不好好守寡，說我娘傷風敗俗！顏開疆說，對對，他們把滷麵館砸了，把一大擔糞便潑在門口，我娘最後只好把滷麵館關了！

那是在一天夜裡，顏思齊隔著一盞大油燈，從斜對面望著坐在陪坐的兒子。

「那時，我還小，還不懂事！我聽我娘說，你那時候被通緝了，說你殺了官府什麼人！」顏開疆說，「我娘那時在海澄都住不下去了。他們說娘跟了你。我娘人長得好，又惹來很多人想非分她，娘就把滷麵館關了……」

「後來呢？接著呢？」顏思齊繼續問。

第二十五章

　　我娘以為回到老家村裡可能會好一些，以為村裡人會厚道一些，可是人們同樣瞧不起她。顏開疆說，娘回到村裡以養豬種菜為生，有時還幫人家杵米。她就這麼養活我。可村人們還是瞧她不起，特別是那個郭叔公。那郭叔公又生兒子了。他娶了好幾房姨太。生兒子滿月分桃禮，全村每個男丁一份，他們硬把我的漏掉了！說我不算！可你娘沒錯。她是個懂操守的女子！顏思齊說，她是跟我相好，可她不是那種水性楊花的女人！後來我想自主種田。我給他們郭家上房打工，只能打短工。不能打長工，說我是外族人，還說我是野種！顏開疆說，我想那我就自主種田吧。自己租一些田種也比打短工強。我跟娘說了，娘贊成了我。她把你給她的兩支玉簪，拿去跟郭叔公抵押，租了十五畝田。第二年租了三十畝。那兩支玉簪現在估計很值錢了吧？接著我認真種田，頭年獲得很大的收成。可是第二年，就碰到那場大旱災了！

　　「後來呢？」

　　「那田顆粒無收。我和我娘就把那田放火全燒了。娘的兩支玉簪就讓郭叔公吞了！」顏開疆低下了頭說。「我知道我和我娘完全破產了。我們沒有了能力，生存的能力。我知道在內地很難生存下去了。娘原本就讓我到海上找你。她說你肯定就在這片海上！剛好你們的船去內地招募墾民，我就過來了⋯⋯」

　　「那你娘呢？」顏思齊說。

　　「娘原本想跟我一塊兒來。可你們的人不讓她上船！」顏開疆又說，「她就獨自留在內地了。她還說，在這裡說不定能找到你！」

　　「兒子，你就跟爹過吧！你來之前爹就跟島上要了一塊地了。我尋思著你來了好有立足之地。你還是先跟人把那塊地種好！」顏思齊說，「你滷麵館當然也得開。這裡離海澄很近。什麼時候我跟你一塊回海澄去一趟，我們去把你娘接回來！」

　　「回去我要去跟郭叔公要那兩支玉簪！那是你給娘的！」顏開疆說。

　　「我們不要那兩支玉簪了。我要用三丈的紅綾把你娘全身包裹起來。我要讓人們知道她是金玉之身！然後把她娶回來！」顏思齊說，「我是想做大事業的人，我有大的夢想。我當海盜打劫的也都是最大的船，我在長崎都建了座閩南城了。你看我把這麼大一個島都開發出來了！你說你爹是什麼人？回去我要給那村人一戶細布三

開臺王顏思齊（修訂版）

丈，精米三斗，讓他們知道顏思齊從來就不是卑微之人！」

娘！娘！我是開疆呀！顏開疆敲著那棟破土屋子的屋門。可是裡面沒有聲響。他對顏思齊說，你瞧，我娘把這扇門都修好了。這門原本壞了。我原本要修，娘就讓我去那邊島上墾荒了。娘說等我回來，她就把門修好了。她真的把門修好了！顏開疆這天領著顏思齊回到娘家村裡。顏思齊帶了好幾個兄弟，他們用幾輛大車馱了幾車的布匹和大米，並著人一家一戶分發下去。一戶細布三丈，精米三斗。

「娘，娘，我是開疆呀！」顏開疆敲著門又喊。「我爹也回來看你了！」

可是房屋裡靜悄悄的。他把門一推，門虛掩著。走進了才看見那房屋裡好像很久沒住人了。裡面的擺設雖然整整齊齊，可是布滿灰塵。

「奇怪，我娘呢？她好像不住這裡了！」顏開疆說。

「不然她住哪裡去？」顏思齊說。

「這是誰呀？這不是開疆嗎？」屋拐角的地方有一個人喊。

那村子突然變喧鬧起來了。顏思齊跟顏開疆回到小袖紅娘家村裡，他著兄弟們每戶贈與細布和精米，那村人們幾乎福從天降，人們奔相走告，整個村子喜氣洋洋。人們爭著來看顏思齊父子，好像天上掉下了個大貴人。村裡甚至有人放了起了鞭炮，燒香膜拜，感謝恩典。孩子們在村裡亂竄奔跑。

「這不是開疆嗎？開疆，這是你爹呀？」那村裡人們說。「你爹真是個大爺呀！這米呀，這布呀！」

「開疆，你都長這麼大了！」

「開疆，你爹是個大善人！」村人們又說。「這村裡沒對你們怎麼好，他又是給布又是給米呀！讓這村子沒臉了！」

「可是我娘呢？」顏開疆問。

村人們突然都不說話了，好像有什麼話說不出口。那樣子像是村人們瞞了一個實情。

「我娘呢？她是不是不住這村子了？」顏開疆又問。

這時，一個頭髮白蒼蒼的阿婆走上前，把他拉到一邊。

「你要找你娘，你去村後那破庵裡找吧！你走了後，你娘更受羞了。」那阿婆

第二十五章

說，「村裡人都說她，連兒子都離她去了。她男人沒了，兒子也沒了！她想想反正再也見不到你了，就出家了！」

「可我跟她說過，我要回家來接她的呀！」顏開疆說，「她也說要等我回來接她的呀！」

「可你知道這村裡人嘴損！」

顏思齊和顏開疆在村後找到了那個庵廟。可是小袖紅把自己關在她的小房間裡，再也不肯出來。顏開疆從一扇小窗裡往裡看，可是什麼也看不到。

「娘，娘，我回來了！」顏開疆對著那個小窗門叫，「娘，娘，我和我爹回來了。我爹也回來看你了！」

「你跟你娘說，我回來接她了！你跟你娘說，你爹有了好幾支船隊！有八輩子也花不完的錢財！」顏思齊說，「我們在海峽對面那個島上定居下來了。你爹有了一大塊土地，還蓋了一個大屋。是我們這裡的那種三進廳的大屋。你爹來接她去好好過日子。那邊島上氣候很好，土地肥著呢！到了那裡，我們就種田也行了！我們就不理什麼郭叔公，別的什麼老老少少的混蛋也都沒關了！」

可是那小屋子寂靜無聲。過一會，一個老尼姑從庵的另一邊邊門走出來。

「開疆，你娘不想見你了。她說她把你養大，你也找到你爹了，她的世俗情緣也就結束了。」老尼姑說，「她也不想見你爹了。你爹是什麼人她都記不得了。她讓你爹好好帶著你，去好好掙一分天下。她什麼人也不見了！」

「可是，老住持，我……」顏思齊說。

老尼姑雙手合十。

「阿彌陀佛！」

子不學，非所宜。幼不學，老何為。徐先啟仍然背著身子，面對著那扇深門大院的門窗大聲朗讀。那是在那個私塾的書堂裡。他因為蓄了鬍鬚，臉頰消瘦，人看去蒼老了好些。玉不琢，不成器。人不學，不知義。他身後是他的一批學童。他們抬起頭，正好望著他削瘦的後背。

「子不學，非所宜。幼不學，老何為。」孩子們用童稚的聲音喊。「玉不琢，不成器。人不學，不知義。」

開臺王顏思齊（修訂版）

　　學子童稚們，我很想跟你們說說一個事，就是一個人以後要成為什麼人的事！這人麼，除了讀書識字，還得從小志存高遠！你只有志存高遠，你才可能成為一個對人倫，對社禝有用之人！我最近老想起一個人。他從小就志存高遠。那是我的一個故知。那差不多是二十來年前的事了。他在我們這裡只是一個裁縫。徐先啟不知想到什麼說，可是他從不畏強權，不懼官宦。因為負案人命出走。可是我總覺得他在什麼地方幹著一件驚天動地的大事。我知道他一幹肯定是天翻地覆的事情。因為這個人從小志存高遠！一個人如果志存高遠，他就不會蠅蠅嗡嗡，庸庸碌碌，貪一己私利。你像我們現在的很多貪官狗官，大多就是一些私利之徒。他們不可能志存高遠。一個人心胸狹促，那就只懂得中飽私囊了。這些人，他什麼都貪了，你就是連解民於倒懸的賑災銀兩也貪了。官府把賑災銀兩撥了，可是災銀大都撥進他們自己的錢袋子裡了！因為他們即不志存高遠，那就難免欲壑難填了！

　　徐先啟正說著，董貨郎挑著貨郎擔，突然急急走來。他把貨郎擔放在門口，就把徐先啟叫進他的小書房裡了。

　　「徐先生，我跟你說了，你先別慌！可是你得馬上走人！」董貨郎說。他把聲音壓得很低。「他們來了，漳州府的衙役來了！他們要抓你了！說你是東林黨徒！」

　　「這是怎麼回事？我跟東林黨徒什麼關係？」徐先啟說。

　　「說到底很可能跟你寫那『三千兩百言書』有關係。你揭露賑災銀被貪了，得罪了很多官員！他們這就衝著你來了！」董貨郎說。「我估計那個知府大人也是貪官之一。那賑災銀兩他也貪了。我跟縣裡一個捕頭有點關係。逮你的事是知府大人定的！他們把事跟我漏了底。我們這會兒馬上就得走！」

　　「可我這書堂，這些學子呢？」徐先啟說。

　　「你命都快沒了，還想書堂學子？」董貨郎說。

　　「這會兒就走？我到哪裡去呢？」

　　「我聽說月港那邊每天都有大船來，接人去琉球島！」董貨郎說。「聽說琉球島那邊有人正在大墾荒。人們都漂洋過海去那邊墾荒了！你墾多少得地多少！現在我們這邊人都往那裡跑了！你是個廩生，讀書人，去那邊說不定也有會用！你要是想走，我這貨郎擔也不要了，我跟你一起走！去那邊我們說不定能碰到貴人！」

第二十五章

「你是說他們要來抓我的人？」

「對對，他們說你是東林黨人！」

「這是欲加之罪！」

「對對，欲加之罪何患無辭！」

「那就走吧！」

「快走嗎？」

「他們馬上就來了！」

他們這時聽到院牆門外一片腳步聲。

「他們說不定已經來了！」

「那怎麼辦？」

「我們從後院翻牆走吧！」

徐先啟隨便收拾了個包袱，領著董貨郎來到後院。董貨郎先幫他翻過牆，自己也翻過了牆。他們剛從牆上跳下去，就聽到書堂前面吵吵嚷嚷，叫嚷著要抓徐先啟了。

「你們先生哪裡去了？徐先啟哪裡去了！」書堂裡衙役們喊。「我們是奉令來抓你們老師的！你們老師是個蠱惑人心的黨徒！」

那個學堂後來被封了。衙役們在門上打叉貼了兩張封條。

「東林黨徒！異端邪說！封！」

我們漢人就講究一個大度和氣派！鄭芝龍說。你看看，我們顏大哥今兒多像一個新郎官！顏思齊最後與米芽娜成了親。他去迎親時，送給老沙玻寨子十二頭牛，十二張犁，十二斗稻種。迎親那天他騎了他們從東洋賣回來的十幾匹高頭大馬。他穿了一件白色長袍，頭上戴了頂新郎帽。身上斜披一條紅色緞帶。迎娶米芽娜的是一台小紅轎子。鄭芝龍、楊天生和張掛等十幾個兄弟也騎了那樣一匹匹大馬，當他的伴郎，跟在小轎後面。

「來了，來了！新郎爺來了！」那寨子裡突然全喧鬧起來。

顏思齊下了馬，走進老沙玻的寮棚。他給老沙玻作揖。老沙玻賜坐。寨子裡的女人給顏思齊一道道遞了十二道湯。那些女人有一些年輕女子，也有一些阿婆。那

開臺王顏思齊（修訂版）

全是老沙玻寨子特有的野味湯。我們要做成這樣十幾道湯，得把全寨子的後生人家全叫到山上去，有的去打野物，有的去摘野菜，有的去採野果！老沙玻說。這十二道湯的意思是，讓顏大頭人和我的米芽娜女兒日子過得團團圓圓，和和美美，山高水長。這是山雞湯，這是野鹿湯，這是天雉湯……你嘗一口就行。你全吃也吃不下！老沙玻用一種炫耀的口氣說。顏大官人，我跟你說，在我們這裡山上，只要你想吃的什麼，我們都有！這是野菇湯，這是仙草湯，這是甜菜湯……喝完了湯，顏思齊把老沙玻請到草寮外面，讓他看他送的那些牛和犁。他們來到寨子後，把那十二張犁和十二頭牛一字擺開。他怎麼也沒想到，老沙玻看見那些牛和犁，臉上沒有絲毫高興的神色，倒是露出一臉深深的不滿來。

「這是什麼？」老沙玻不屑地問。

「牛！我全挑最壯的牛！三四歲口的，下田正好使！」顏思齊說，「這牛我們全馴過了，下田就懂得拉犁了！」

「那這呢？」

「這犁呀！我們那邊種田，全靠這傢伙！」顏思齊說，「你田得深犁呀。不深犁田要結疤。深犁就得靠這家什！」

「你把這些全拿回去！我們寨子不能留下這些東西！」老沙玻喊。

「為什麼呢？」

「我們寨子是在山上打野物的，我們不在地裡種東西！」

「可種東西你就不愁餓肚子了！山上有那麼多的野物打嗎？」

「你是說，把這好好的山開出來種田？再把田裡長出來的東西吃掉？」老沙玻說，「這可不行。那不是我們島上正經人幹的事，不是我們寨子裡人的規矩！你把那犁和牛給我帶走！」

兩翁婿就這麼吵起來了。顏思齊怎麼也沒想到，他娶米芽娜當天就跟老沙玻吵架了。

「可我這不是給你的，我是給寨子的！」顏思齊喊。

「可這寨子是我的，我不能留下這些東西！」

「你不要，別人會要！」

第二十五章

「只要我不同意，這寨子沒人敢要！」
「你怎麼不講理呢？」
「我老沙玻就是理！」
「你是死腦筋！你接受不了新生事物！」
「我不懂得新生事物！我只懂得我們寨子的規矩！」
「這種地沒什麼不好啊！」
「可我們只懂得打野物！」
「種地比你那個強！」
「我上山巡山才強！」
「再說，我這是給米芽娜的！」
「給米芽娜也不能要！」
「可我是來娶米芽娜的！」
「你當然可以把米芽娜娶走！」
「你說他們會不會打起來？我們要不要去幫我們哥？」張掛說。
「你別胡來，這是人家家裡的事！我們管不了！」鄭芝龍說。
「顏大哥，我們今天是來娶親，你怎麼跟你丈人吵起來了？」陳衷紀說。
「我想教他們過好一點的日子，他們不懂過舒服日子！」顏思齊說。「我明擺著這是好意，他不懂得我的好意！」

官人，你別這樣，你知道沙玻阿爸人好！米芽娜說。她正在寮子裡面裝扮，聽到外面顏思齊和老沙玻爭吵起來，連忙跑了出來。他一下子不懂你的好意，他接著就會懂了！她身上穿了一套五顏六色的高山盛裝。胸前掛了胸鏈，手上掛了手鏈，腳下戴了腳環。身上和頭上全是裝飾品，身上插了十幾支羽毛。她跑到顏思齊面前，又跑到老沙玻面前。沙玻阿爸，你別生氣，她又說。顏大官人其實也是要我們日子過得好。你一時不理解，你就別跟他計較。

「誰跟他計較？是他跟我計較！」老沙玻憤憤不平說。
「我才沒跟他計較，是他跟我計較！我送你們寨子東西，你怎麼能不要？」顏思齊說。「你連禮尚往來的道理和禮節都不懂！」

開臺王顏思齊（修訂版）

「我才不懂你們什麼禮尚往來！」老沙玻不想再說什麼，轉身背手而去，走進他的寮子裡。米芽娜看顏思齊一眼，也跟了進去。這時有人呼吼了一聲什麼，寮子裡開始有人敲擊地板。那些女子和阿婆把那十二道湯又端出來，讓鄭芝龍、楊天生他們一個個品嘗。然後一些女子慢慢圍攏起來，跳起了圈圈舞。一些男子用一根根木棍在地上敲打。一些人用土語唱起了祝福歌。阿瓦什在寮子裡忙裡忙外。

「米芽娜女兒，好嫁嘍！」這時有一個人喊。

「嫁好了！米芽娜女兒！」人們喊。

寨子裡有幾個女人把米芽娜挽扶了出來。她身上一身披金戴玉的樣子，頭上像漢人一樣蓋了紅頭蓋。顏思齊這邊也有人牽出了馬。顏思齊把米芽娜挽上了小轎子，他自己也上了馬。可是老沙玻一直沒見。阿瓦什說，等等。他跑進寮子裡去，好說歹說，把老沙玻請了出來。阿瓦什手裡端著碗「聖潔的水」。老沙玻不高不興地走到小紅轎子跟前，端過「聖潔的水」，給顏思齊彈了三下，掀開小轎的簾子，也給米芽娜彈了三下，算是給他們祝了福。

「到了你們那裡，可得好好照顧我的米芽娜女兒！」老沙玻拉長著臉說。

「在我們那裡，媳婦們得到的照顧會比你們更好！」顏思齊露出笑容說。

這是一個墨綠如藍的黑夜，只有遠處的海面上空閃著幾點星光。那個曾經懷裡兜著兩隻小兔崽子，跟著丈夫遷徙島上的年青農婦，半夜裡起來給豬餵食。他們已經在島上定居下來了。她舉著盞油燈，提著桶豬食，從他們住的那個小屋子走出來。走到屋後的一個豬舍旁邊，往一個豬食槽裡倒進了豬食。她看豬吃了一會兒食，想起豬舍旁邊的那個兔舍。她已經養了一大群家兔。她從兔舍旁邊抱起一大抱青草，往兔舍裡填。然後又舉著燈看了一會兒兔吃草。可就在這時，一個身影來到她的身後。她還沒意識到什麼，那個身影突然從後面挾住她，堵住了她的嘴。她連一聲叫喊都沒有，就被拖走了。那盞油燈掉在地上，周圍漆黑一片。這時黑暗中又衝出了幾個人，他們又推又拉，有的把她往起抬。就這樣，她幾乎無聲地被抬著拖走了。

「別出聲！」

「別弄出聲響！」

第二十五章

　　那幾個黑暗中出現的人影把那個農婦往山下拖，直到離開了他們那小村落，來到一條小山溝裡。從那裡下山就來到海邊了。那會兒雖然半夜了，可是海濤拍在岸邊還是一片風浪的響聲。他們找到一個茅草叢，把那個農婦放下，幾個人就像惡狼一樣猛撲上去，急急忙忙，七手八腳扒起那農婦的衣服了。那農婦一直處於不知覺的狀態。她幾乎被嚇傻了。她不知道碰到了什麼，幾乎嚇得昏死過去了。可是這時她醒來了，她意識到什麼，發出一聲尖利的叫喊。可是叫聲馬上被海邊的風濤淹沒了。一個黑影朝她的臉上狠狠摑了一下，她又昏死過去，完全癱倒在地上了。他們很快地把她下身的衣服剝光了，馬上有一個人影壓在她的身上。

　　「來來來，一個個輪流！」那些黑影裡面的一個說。

　　「快點，快點。你快一點！大家都快一點！」另一個黑影說。「他娘的，好久沒碰女人了。快點快點！你快一點！大家都來！」

　　在海上的那幾點星光中，可以看到幾個黝黑的身影，輪流把那個農婦強暴了。他們有的幫忙挾著，有的幫忙按住她。她起先還有點掙扎，後來就沒力氣掙扎了。

　　「這回慘了！這回慘啊！天啊！我的媳婦啊！我孩子他媽呀！你昨晚不就是出來餵豬嗎？」第二天一早，那農婦的丈夫在山下草叢裡找到了她。她下身赤身裸體，躺在那裡，被糟蹋得不省人事。「你怎麼在這裡呀？我昨晚整整找了你一夜。你怎麼在這裡呢？你怎麼被人糟蹋成這個樣啦？」

　　那個丈夫幫她整理了一下衣裙，把她扶起來。他架著她往村裡走。

　　「我不能活了，我不想活了，」那農婦有氣無力地說。

　　這時村裡又來了幾個人，他們幫忙把農婦扶回家。

　　「這是怎麼回事呢？那都是些誰呢？」人們問。

　　「媳婦，媳婦，我對不起你啊！我們好好的，我們來這荒島墾什麼地呀！我得找那個顏思齊去！他憑什麼讓人糟蹋了我媳婦！」那丈夫喊。「那是一群混蛋，一群畜生，那都是些什麼人啊！我舉家遷到島上來，是想找好日子過。我沒想到來這島上，我把老婆送了！她昨天就出去餵餵豬！她怎麼就被糟蹋了？我們墾什麼地啊？我們開什麼島呀！她昨晚昨晚，也不知道多少人碰了她！她都昏死過去了！」

369

第二十六章

　　他娘的，這簡直忍無可忍了！那婦人都被糟蹋得不省人事了！也不知道這島上來些了什麼人？陳衷紀說。他們站在顏思齊的客廳裡。顏思齊在天井裡漱口。我估計這不是我們的人幹的，也不是老沙玻他們的人幹的！那這是誰幹的呢？這島上好像來了些別的什麼人了？顏思齊這天一早起床，陳衷紀和楊經就找他來了。他們向他稟報了農婦被整夜輪奸的事情。整整一夜！那婦人都昏死過去了！我聽他丈夫說，好像是好多男人強暴了她！楊經也說。對，我想也不可能！這不可能是我們島上的人幹的！那麼是島外什麼人到我們島上來了？

　　他們正說著，陳德和高貫也走了進來。

　　「這島上不是來了些什麼人，而是來了一大群惡棍！」陳德喊。「昨晚不止那個婦人被糟蹋了，昨天大白天的，南勝和登岐那邊村子，也有兩個婦人同時失蹤了！」

　　「怎麼又是婦人呢？」

　　「這說明婦人更容易受到威脅！」

　　去去，去個人把鄭芝龍和楊天生叫來！我們島上不能容忍出這樣的事情！顏思齊感覺情況嚴重了。我的感覺是，昨晚有惡魔入侵我們島上了！很可能是哪裡流竄來的一批流寇！也許是一群什麼都不受約束的匪幫！大哥，我來了！我差不多知道情況是怎樣的了！顏思齊正要叫人去找鄭芝龍，鄭芝龍從外面大跨步走進來。我前天就看到束興島和人面島那邊停了幾艘船。那兩個島是外海島礁。我們沒管到那裡。我以為那是幾艘過路商船，也不想多管。看起來昨天登陸的就是這一些人了。看他們行事的樣子，那是一群倭寇！

　　「一官弟，你那些戰船全回來了嗎？」顏思齊說。

第二十六章

「除了那兩支巡島的船隊，大的戰船全回來了！」鄭芝龍說。

「天生兄的船隊呢？」顏思齊又問。

「他那些跑海運的船大都在海外，護航的炮船倒是回來了！」鄭芝龍說。

看來，該來的都來了！我們過去把這個叫什麼？叫粉墨登場。顏思齊說，也就是說，你把臉塗成紅色的白色的黑色的，然後一個個到戲台子上去表演！我倒是要看看這回是輪到誰了！顏思齊把眾兄弟請到他屋外的大院子裡。他院子靠一側的地方，也擺了條大石條。像閩南那些鄉下大屋一樣，到處擺放一些石條。那石條是讓人坐座歇息，沏茶下棋的地方。他喚來了米芽娜，讓米芽娜在石條上給兄弟們沏茶。

「小嫂子，還是我來吧？」陳衷紀說。「這沏茶是我們閩南人的功夫。」

「可我也懂得沏茶了！我嫁給了你哥，我就是你哥的屋內。」米芽娜開朗地笑笑說。「當了閩南人的內室哪有不會沏茶的！」

「可這沏茶還是男人們的事，還是我們來吧，」鄭芝龍說。

「我們閩南人把沏茶叫功夫茶，這功夫你也會了！」陳衷紀說。

「你別說這沏茶是你們的功夫，我一嫁過來，你哥就教會我這個功夫了！」米芽娜說，「你哥說，我們家裡總是會有一些客人。我們家也不只是我們的家，我們家有時是公堂。我要當這個家的主婦，首先就得學沏茶！」

「這真難為小嫂子了，」高貫說。

天生兄，你也來了！顏思齊說。我剛剛聽說了，我們島上好像來了些什麼惡棍！楊天生說。楊天生來了，他也在長石條的另一端坐下。那時他們眾兄弟已經圍著那條長石條在周圍坐下了。你說是不是？該來的都來了！首先是我們來了，接著荷蘭人來了，現在日本人和倭寇也來了！顏思齊想到什麼「哈哈」大笑起來。這說明什麼？說明我們這些年幹的事全沒錯。首先是我們打劫海外商船沒錯。我們是因為當了海盜，我們才有了自己的武裝！然後是我們在長崎經商。我們因為做生意賺了錢，才可能到這島上開發！我們幹得最好的一件事情，就是在這島上登陸！我們來了，他們也來了，說明這是一塊風水寶地！這是一個海外寶島！問題是我們來得比他們早！

顏思齊喝了杯茶。

開臺王顏思齊（修訂版）

「我心裡琢磨，這個海島一百年前可能不重要，兩百年前更不重要！可是現在變重要了！」顏思齊說，「為什麼呢？因為一百年前，兩百年前，海運並不發達！海就不重要，海島就更不重要！現在海運變發達了，以後一百年，或者幾百年，海運會更發達！人們全依靠海運做生意，那時候這個島就會變得更重要了！所以我們的島絕不容許進犯！」

「對對，顏大哥所說極是！」鄭芝龍說，「現在我們在這裡登島了，開墾了這裡的土地，建立了我們的村莊，我們有了自己的農人和農婦。我們這裡就容不得侵犯，這島上的人就不能讓人欺侮！」

天生兄，我看這事又得託你了！你的眼睛準！你先上東興島去看看，看看那些倭寇有多少人，他們帶了什麼樣的武裝！顏思齊說，一官弟，你可得帶著船隊把海面看緊了！你一定要堵住他們的逃竄之路，別讓他們跑了。他們膽敢侵犯我們的島，凌辱我們的姐妹！一定要把血債討還！這是我們的島，我們的地界，而不是別的什麼地方，不是誰都可以在這裡胡作非為的！

「那麼好吧，我走了！」楊天生說。

「我們一定要把他們滅了！」鄭芝龍說。

「還有就是，我們還得更大批地招募墾民！把大陸那邊的墾民全運過來！沿海的不夠，從內地招！福建的不夠，廣東、浙江招！我們得把這個當基本的策略，就是人越多越好！人來得越多越好！」顏思齊堅決地說，「只要肯來就提供方便，該給銀子就給銀子！拖兒帶口也不要緊，帶了老娘也不要緊！我們還要有更多的鐵匠、木匠和工匠。我們得造更多的鋤、犁、耙農具，我們得開更多的田，得建更多的房！我們只要有了更多的田，更多的房，更多的人，這島上就是我們的家園，誰也就別想輕易來犯了！」

思齊弟，我上了東興島就看見，他們整個船隊朝我們這邊駛來了。我跟在他們後面過來。楊天生說。他們在東興島停靠，好像是在那裡集結！他們很可能是把東興島當一塊跳板，可是目標還是我們的大島！楊天生領著顏思齊和陳衷紀騎著馬，朝一個青色峰巒上爬去，然後又下降到一個崖壁上。那裡是一片茂林。他們下了馬，走到那片茂林後面，從那裡往山下看。那裡地形險惡，可是個很好的觀察點。

第二十六章

山下是一個隱祕的海灘。因為海灘兩邊有兩道峰巒插入海裡,中間那一塊海灘就成了平地。海灘的外側海面上又布滿了各種島礁和亂石,因而形成了一個隱祕的地形。他們從那個崖壁上看到,在那一片礁石和荒灘上停靠著十幾艘大小船隻。海水在那裡的礁石間激蕩。顏思齊用一支單筒望遠鏡朝那裡看,看見好些日本武士打扮的人聚在那裡燒篝火,好像正圍著火燒烤什麼。他們好像喝了很多酒,幾個男子還圍著火在跳武士舞。

「這就是那些倭寇了吧?入侵我們島的就是這些人了吧?」顏思齊問。

「就是這些人!昨晚那件慘絕人倫的事就是這些畜生幹的!」楊天生說。

「是這些人強暴了我們村人的媳婦?」顏思齊說。

「就是這些人!」楊天生說。「他們像一群畜生,把我們的農婦拉下海灘,集體強姦了她!」

「你看他們還在喝酒跳舞!」顏思齊說。「他們還不知道死已經臨頭了!」

「我們還有兩個村婦失蹤了,可能也落在他們手裡,」陳衷紀說。「說不定就被關在那裡的哪一條船上!」

「你說他們知道我們在島上的駐紮情況嗎?他們知道我們的武裝力量嗎?」顏思齊問。

「估計他們還不太清楚,可是他們已經知道我們的墾荒情況了!」楊天生說。「他們看見我們建了那麼多的村寨,他們肯定知道我們有多少墾民了!」

「你估計他們有多少人?」

「用那些船隻計算,估計有兩百多三百來人!」

「我們一定要把他們滅了!在我們的這個島上,絕不能容留這些倭人!」顏思齊說。「無論動用多大的力量,也得把他們趕到海裡去餵魚!」

陳衷紀這時也用那個望遠鏡看那些倭寇。他看著看著,吃驚地張大了嘴。他看見那個日本老頭山晃也在那些倭人中間。

「日本老頭!那個日本老頭,他怎麼也當了倭寇了?」陳衷紀說。

「日本老頭?哪個日本老頭?」顏思齊問。

「就是長崎那個日本老頭!向德川將軍告我們密的那個日本老頭,山晃!」

開臺王顏思齊（修訂版）

「是嗎？山晁？他也淪落當了倭寇了？」顏思齊說。

陳衷紀滿滿拉開一把長弓。他站在一塊大青石後面，射出了第一箭。一個正在大嚼烤肉的倭寇歪著嘴倒下，手裡還握著那叉烤肉。陳衷紀那一箭正好射中那倭寇的喉頭。緊接著，陳德、李英、鄭玉領著一群火槍手，藏在叢林裡，馬上進行了一番射擊。待在海灘上正在吃烤肉和喝酒的那群倭寇一陣混亂。他們有的想往船上逃。那裡的海邊停著他們的十幾艘船。可馬上被他們的頭領趕了回來，像一群沒頭蒼蠅「哇哇」叫著往山上這邊衝。張掛、李俊臣、何錦、余祖全拔出刀來。

「兄弟們，砍了！」他們喊。「把那些混蛋倭人全趕進海裡去餵魚！」

他們領著數十個兄弟朝倭寇衝去。倭寇喔喔喊著，迎上來一陣砍殺。林中全是刀劍的錚錚之聲。那些倭寇全是亡命之徒，而且全是武士出身，刀法嫻熟。他們跟倭寇砍殺一陣子後，退了回來。陳衷紀要求兄弟們再交仗一陣後，佯裝撤退，朝後側的一條山谷退去，把敵人吸引上山。

「行了，我看可以退了！這是顏思齊大哥的計謀，」陳衷紀說。「顏大哥要我們攻擊一陣子後，佯裝撤退。他想把他們引進淺水河上游山上。那裡是老沙玻族人的地界。顏大哥想讓老沙玻族人把那些倭寇宰了！」

「用不著了，用不著跟他們玩什麼把戲了！我不就行了，只是我這把刀又砍鈍了。」張掛說。「我只要再換一把刀，再帶幾個人過去，就可以把他們全砍翻了！」

「我看也是，我的腰身雖然軟了一點，可砍他們幾個也還行！」何錦一邊舞著刀，一邊扭著身子也說。

「你還是去扭你的大鼓涼傘吧！」李俊臣說。

「你是不是還勸我去嫁人呢！」何錦不高興說。

「你不就是個嫁人的貨嗎？」

「我就是嫁人也不會嫁給你！」

你們不知道，顏大哥的意思是讓我們把他們引進淺水河那邊，最後引上山，讓他們離開了海岸。陳衷紀說，倭寇都是從海上來的。他們熟悉海，懂得海。你讓他們離了海岸，沒了船，他們就逃不脫了！對對，這群混蛋倭人就是乘船來的！我們不讓他們上船，他們就只能去赴死了！陳德說。那才用不著，我一個人就行了。我

第二十六章

真的得換把刀了！張掛說，你不知道我祖爺爺以前就是這麼砍殺敵人的。他在長阪坡上，一個人就砍掉了千軍萬馬了！你祖爺爺那會兒不是砍掉了千軍萬馬，是大喝一聲，嚇退了千軍萬馬！李俊臣說。喝怎麼喝呀？就是大喊一聲麼！張掛說著和何錦就又往倭寇群裡廝殺過去。

「我他娘的就是沒碰到把好刀！我老想請個人幫我再打把好刀，可總是碰不到個好打鐵的！」張掛吼喊著說。「你看這把刀，還沒砍幾個人，刀口就捲了！」

「你別以為我身子單薄就得去嫁人！我使的全是快刀！」何錦說。他奔跑起來也是邁的碎步。「你說那個李俊臣砍殺的人比我多嗎？」

「我讓你們撤退，你們就撤退！」陳衷紀最後喊。「這是顏大哥的計謀，你們不聽也得聽？」

陳衷紀左一刀，右一刀，把一個倭寇逼到一棵小樹下。他輕輕地把刀一抹，那個倭寇倚在樹幹上，直接就倒了下去。他把那刀使得像削瓜一樣。三個倭寇瞅了個空檔，齊齊殺上來。陳衷紀又左一刀右一刀，把他們擋開，然後大喊一聲：

「撤！」

真的要撤了嗎？真的要撤了嗎？張掛喊。我還沒砍夠呢？就撤了？這不是便宜了這些小東洋佬？我再砍他一陣子，再撤！何錦說。他和張掛齊齊殺上去，幾個倭寇看見他們來勢兇猛，跳著躲開。我這把刀真的得換了！張掛又說。你看我來給他一個手起刀落！他們又衝殺了一陣子，然後才退下來。那些倭寇看見他們退了，哇哇叫著衝上來。陳衷紀領著眾兄弟們節節敗退，朝一條小溝谷上退去。那條小溝谷坡度平緩，可是節節升高。溝谷的底部有一條澗水。到了一半的時候，那群倭寇好像停了一下，張掛和何錦又殺上去。結果那群倭寇被他們吸引著一直往山上走。陳衷紀算了一下，那群倭寇至少有一百幾十人。他轉頭一看，已到了他們約好了的，顏思齊領著兩排火槍手和弓箭手埋伏在那條溝谷兩側了。

「顏大哥，我把那群倭種引上來了！」陳衷紀喊。

倭寇繼續往山上爬，顏思齊從後面瞄準了一個為首的倭寇，扣了一槍，那倭寇就倒在那裡了。那些火槍手接著一齊射擊。倭寇又倒了幾個，可是一看對方火力很猛，很快地隱進一片叢林中。在那林子裡火槍的作用變小了，不易瞄準。不過他們

開臺王顏思齊（修訂版）

的射擊已經把倭寇下山的道路封死了。陳衷紀領著張掛他們從山上撤開，實際上只留給倭寇上山的路。倭寇確實不想上山。他們在原地散開，分成了好幾個團夥，就地跟顏思齊和陳衷紀廝殺起來。那些倭寇全一身的武士打扮，使用武士刀。在那條峽谷兩邊一陣混戰。

「他媽的這些浪人！他們一散開，你就難對付了！」顏思齊說。

「對對，他們的個人技術普遍不錯！」陳衷紀說。

「我真的得換把刀了！這把刀不行！」張掛喊。

他們開始把倭寇往溝壑裡壓擠，不過倭寇人數眾多。他們分成了兩幫，一夥往山上衝，一夥往山下海邊突。

「山上的放他們走！往海邊的堵住，」顏思齊喊。

「對對，不能讓他們下船！讓他們上山去死吧！」陳衷紀說，「這些倭人不怕海，到了海邊也不能讓他們上船！」

「你看我一扭身，就給他一刀！」何錦說。

顏思齊這時手裡仍然端著支火槍。他們已經把敵人隔絕在山上。這時那夥往山下衝突的倭寇不顧一切往山下衝。一個倭人揮著軍刀「哇哇」叫著衝了過來，顏思齊正好跟他面對面碰上。顏思齊只好舉起槍，面對面朝那個倭人臉上開了一槍。他看見那個倭人的臉都被他打爛了，血肉模糊地倒在地上。

「我走了……」那個倭寇說。

可是又一個倭寇衝過來，他又要再開槍時，槍裡沒火藥了。他只好把槍插在身上，拔出刀來。兩個下山的倭寇立時撲到他面前。他仍然用那種行雲流水的刀法，不使用什麼招式和架勢，用一種非常直接和簡單流暢的線條，一刀砍翻了一個，另一個又被他回手一劈，跌進那條深澗裡去了。

「看起來，他們的個人技術是真的不錯，可是還是不經劈！」他自己對自己說。

這時他突然看到了一個奇怪的景象。他看見一個年輕農人身上背著個孩子，頭上纏著條白布，正用一把鐵鏟跟一個倭寇砍殺。那孩子也全身穿了喪服。他感到奇怪的是，那農人背著個孩子作戰，身上還穿了喪服。那農人是誰呢？他看見那個農人像在田裡剷田一樣，專心致志，死心塌地地跟那個倭人一鏟一鏟地對打。那倭

第二十六章

人使用武士刀，他使用鐵鏟。那倭人把刀劈過來，他用鐵鏟去擋。他用鐵鏟往那倭人身上鏟，那倭人用刀去架。顏思齊看見他已經連續鏟倒了兩個人了。他還是一鏟一鏟地鏟。

「我的臉！我的臉！他把我的臉鏟掉了一半了！」一個倭寇用手捂住臉喊。

「媽的！媽的！那鐵鏟厲害！」另一個倭寇跌跪在地上喊。

可是再鏟下去，那農人漸漸的體力不支了，他身上又背了個孩子。鐵鏟使用起來也不如腰刀順手。一個倭人看見他體力快接續不上了，揮著把軍刀「哇哇」叫著衝身上來。顏思齊看見情況不好，連忙堵上前去，用手中那把刀將對方軍刀擋開。他剛想往那個倭人身上劈時，那個農人從側面一鏟，把那個倭人鏟倒在地上了。

「你怎麼了？你怎麼背著孩子打仗？」他問那個農人。

那個農人突然放聲大哭。拄著那把鐵鏟，仰起頭，對著那片青山，對著那片藍天徹聲慟哭。他放肆而又放任地哭了好一陣，讓哭聲在那片原野迴響，讓淚水在臉上到處胡亂流淌。

「我孩子他媽死了！我幹嘛要到這島上來開荒啊？全是那個顏思齊。我聽信了那個顏思齊！她是上吊死的！我孩子他媽死得慘啊！」那個農人喊。「她昨晚，昨晚，不知被他們多少畜生連續糟蹋了一夜！她沒臉活，也不想活了，就上吊死了！」

「你孩子他媽就是昨晚那個婦人啊？」顏思齊說，「你別了，你還背著孩子，你回去吧！這些惡棍讓我來處理吧！」

「不不，我還沒鏟夠！他們幾個人糟蹋了我孩子他媽，我就要讓他們死幾個！」那農人說。「他們什麼人糟蹋了我孩子他媽，他們就得把命償上！」

「那你總不能背著孩子呀！」顏思齊說。

「我孩子沒地方放了。他媽死了，我把孩子放哪裡呢？」那農人說。「把他留在家裡不也沒人照顧，我只好把他背來了！」

「那不然這樣吧，你接著跟我幹！我盡量把倭人引來，你盡量地殺！」顏思齊尋思著說。「我用刀來跟他們格鬥。我只是用刀耍弄他們。我把他們弄轉向了，你就從背後給他一鏟！把他殺死！他死了，他很可能就是昨晚的那些畜生裡面的一個！」

377

開臺王顏思齊（修訂版）

這時正好有一個倭寇衝到他們跟前。顏思齊用那把刀在那個倭寇面前晃了兩晃，挑逗著讓那個倭寇轉了下身。那個農人看准了機會，從背後一個鐵鏟下去。那個倭寇大叫一聲躺倒在地上，掙扎了兩下，死了。他是不是死了？那農人不放心地問。死了，肯定死了，你用那麼大的勁！顏思齊說，不然你去摸摸看，肯定死了！那農人彎下腰，摸了一下倭寇，看看他有沒有鼻息，然後站起來。

「死了，真的死了！」他放心地說。「你說他是昨晚那些畜生的一個嗎？」

「肯定是了！你沒看見他就像畜生一樣！」顏思齊說。

那個年輕農人又放聲大哭。

「全是那個顏思齊！就是那個顏思齊！」農人說，「沒有顏思齊，我們怎麼會到這島上來？」

「兄弟，你就別怪我了！」顏思齊說。「我就是顏思齊！我再弄幾個倭寇讓你砍了殺了吧！」

顏思齊發現，整個戰場的情況正朝他預先設計的方向發展。那些倭寇起先跟他們在林子裡混戰。然後有一撥往山下海邊衝突，有一撥往山上奔逃。這樣就好！這樣就好！顏思齊看見了，滿意地說。往山下海邊衝突的，堅決堵住！往山上跑的讓他們走！那群往山上奔逃的倭寇像一群沒頭蒼蠅，嘎嘎叫著，往山上林子裡衝。這時候山越來越高，好像完全到了高山地區。不過，他們很快地放下心來，他們發現他們已經逃離了顏思齊的包圍。他們意識到逃出了包圍後，突然不作聲了，暗自僥倖逃脫了一次圍殲。他們四處散開，朝山上走去。準備尋找新的路線，繞開顏思齊的包圍，再繞道下山，回到海邊。可是他們正走著時，突然感覺到四周陰森森起來。那山上到處是林子。那林子好像罩著一種不祥的氣氛。隱約感覺山上埋有千軍萬馬。他們又重新握緊了刀。可他們不敢退下山去。他們只能繼續往山上走。

「呀！」突然一個叫喊聲。一個倭寇倒下去了。

「啊！」又一個叫喊聲。又一個倭寇也倒了下去。

那兩個倒下去的倭寇身上全扎進一根長長的竹槍。那些倭寇不知道林子裡埋伏著什麼人，面臨著多大的威脅，喪魂失魄轉身往山下奔走。老沙玻這時出現在坡上的一片林子裡。他高舉著那把寶劍正在做法。沙玻的族人們突然全站起來，像一堵

第二十六章

牆一樣出現在那些倭寇面前,滿山遍野發出一片「嗚嗚」的吼叫聲。倭寇被他們的聲勢和氣勢嚇壞了,轉身不顧一切往山下奔逃。老沙玻的族人們看見倭寇往山下奔逃而去,從林子裡射出千百枝箭和竹槍。那些倭寇紛紛倒下。

「呀!」又一個叫喊聲。又倒下了一個倭寇。

「啊!」又一個叫喊聲。又有一個倭寇倒下。

老沙玻仗著他人多勢眾,用劍東指一下,西指一下,指揮他的族人把那些倭寇全包圍起來。然後把劍往前一指,所有握鐮刀和砍刀的族裡青年全衝了出來。日本倭寇起先還進行了抵抗,但畢竟寡不敵眾。混戰中又有一批倭寇傷亡後,僅剩的一部分跪地求饒。

「老沙玻頭人,這些求饒的倭人怎麼辦?」一個小頭人問。

「把他們帶回去,先當牛馬使用!」老沙玻說,「我們寨子有把外族人轉變成族人的習慣。以後再把他們轉變成為族人!」

「把他們轉變成我們的族人?」

「把他們身上的倭氣去掉,不就是我們的族人了?」

「沙玻頭人,我們這裡事完了,上山的倭寇全被打垮了,」阿瓦什說。「我們要不要下山去幫顏首領他們殺殺倭寇?」

「下山!當然下山!誰讓他是我的女婿呢?我們族裡的所有勇士全部下山!」老沙玻說,「那漢人家裡有我們的女兒米芽娜!誰侵犯了她,誰就是我們的敵人!另外我也得讓我那個大陸來的海盜女婿知道,我老沙玻跟他是不是仗義?打虎殺賊總得自己家人!」

那群追擊上山的倭寇最後衝破包圍,回到海邊只剩很少一部分人。他們這時候才知道他們真的上當了。他們要是還留在海邊,他們的死傷就不會那麼慘重。他們萬萬沒想到的是,他們會落入老沙玻族人的包圍圈。他們和原本留在岸邊的那群倭寇匯聚在一起,急急忙忙上船,準備駕船逃離。他們還在卸跳板和起鐵錨時,顏思齊就領著他的眾兄弟趕到了,再接著老沙玻也領著他的一撥人馬趕到海岸邊上。幾個還沒上船的倭寇全被顏思齊和老沙玻的人馬斬殺在岸上。這時候,那十幾艘倭寇的船隻中有五六艘快離岸了。日本老頭山晃出現在一艘大船的甲板上。他好像是從

開臺王顏思齊（修訂版）

船艙裡什麼地方鑽出來的。在那條船上，他完全像一個幽靈。他走到甲板上，指揮著那些船快速離岸。

「快起錨！快撐船！快划槳，划全槳！」老山晃喊。「那錨起不來，把錨繩斬斷！」

顏思齊率領眾兄弟準備登船殺敵，可是來不及了。因為那五六條船駛離海岸了。他們在岸邊遭到了抵抗。他們把那些來不及上船逃離的倭寇，斬殺在岸邊和淺海上後，就眼睜睜看著那五六條倭寇船隻離岸了。

「我他媽的這把刀又鈍了！我老想換一把好刀，總找不到把好刀！」張掛說。「我剛剛砍了幾個。我本可以多砍幾個！我也不知知麼回事？我跟我祖爺爺一樣了，一到了海邊就沒有辦法了！」

「我就慢了一步，不然讓我上船，他的大帆就起不來了！」何錦賣弄地說。「我上了船，一扭腰，就可以把他們全砍下海去！」

「沒事，這下沒事了，我早就在海上撒下了大網！你們都看見了？都看見那個日本老頭了嗎？」顏思齊一臉泰然地說。「那個日本老頭山晃也在船上嗎？這樣就好！我早就在海上斷了他們的逃生之路了！」

鄭芝龍站在「漳泉號」的塔樓上，用一支單管望遠鏡，朝海上巡望著。有了，來了！他在嘴裡說。他們在島上幹了喪盡天良的事，這會兒想逃了！在此之前，鄭芝龍早在海上布下了一個網狀的、數量眾多而且防守嚴密的船陣，等著倭寇的船隻出逃。他從望遠鏡裡看見，那五六艘倭寇船隻越駛越近了。那些賊船顯然知道他們勢單力孤。可是為了逃命，他們只能硬著頭皮往鄭芝龍船隊裡鑽。

「將來船堵住，火炮準備開炮！」他向旗手發出命令。「讓左右兩側戰船收攏包圍！」

那些倭寇船隻越駛越近。鄭芝龍知道那些倭寇近乎絕望。因為他們甚至連繞開包圍圈的想法都打消了。他們只能硬碰硬向他們的排列整齊的炮艇和戰艦衝撞而來，試圖撕破包圍逃生。這些倭寇的賊船一艘也不能放過！鄭芝龍喊。他看見，那些逃竄船隻已經進入他的火炮的射程裡了。他正想下令開炮，突然從望遠鏡裡看見對方的那艘大船上出現了兩個農婦。她們被拉拉扯扯來到船頭。幾個倭寇提著刀，

第二十六章

押解著她們，顯然把她們當成人質。鄭芝龍一看，心想，可惡！那些倭寇什麼都幹得出來！那兩個被押解的農婦中的一個突然一頭撞向桅杆，可是馬上被拽住了。這時，那個日本老頭山晃走到前面來，用手指著那兩個農婦，同時又比劃著船。

「對方船上的將軍，請放開一條生路，讓我們通行！」他大聲嘶嚷著喊，意思大約說，「否則，我們這邊船亡人亡，貴方還有兩位尊貴的女性在我們船上！」

「還尊貴呢？你們都把她們糟蹋成什麼樣了，還尊貴呢！」鄭芝龍在心裡喊。

他一看就知道，那兩個農婦很可能就是昨天大白天被擄走的、下落不明的島上婦人。他一時措手不及，不知道怎麼辦才好。開炮吧，那兩個婦人肯定隨船而亡，煙消雲散。不開炮，只能讓開一條路，讓那些可恨的倭寇眼睜睜逃離。

他稍一離神，那些賊船很快地駛近了。

他從望遠鏡裡看見，那兩個農婦臉上有一種受了凌辱和刺激後極度的悲憐。她們在船上肯定受了百般的糟蹋和凌辱。她們已經痛不欲生，可她們還被那些惡人拿來當人質。她們不停地掙扎著身子，以死示威。她們對著這邊戰船大喊大叫大哭。好像要他們殲滅船上之敵，對她們不要顧忌。可是鄭芝龍還是拿不定主意開炮。他當然知道那兩個農婦受辱後抱有必死的決心。那是兩個聖潔之女，她們必以赴死保持貞節。但是他怎麼也不忍主動開炮，導致她們在自己的炮火中喪生。雙方正以生死相持著，鄭芝龍突然看見，那個剛才撞向桅杆的農婦咬了一個倭寇的手，那倭寇原本從一側拘持著她，這時大叫一聲，鬆開了手。那婦人毫不猶豫縱身一跳，跌進大海。另一個農婦也試圖往海裡跳，可是她們已經把老山晃惹惱了。那些倭寇已經清楚逃生無望。老山晃拔出刀來，擺出武士的架勢，把村婦劈斬在船上。

「開炮！」鄭芝龍幾乎同時喊。

那時雙方船隻已經靠近，鄭芝龍船隊的火炮平平直射在倭寇船上。海上一片濃煙。因為炮火猛烈，倭寇的所有船隻幾乎被頃刻殲滅。在煙雲裡可以看見，對方的那條大船一根桅杆倒了，接著又一根桅杆倒了。另一條大船的船帆引起燃燒。有兩艘船甚至傾覆了。日本老頭山晃站在那條大船的船頭上，搖搖晃晃地往前走，又跟跟蹌蹌地退下去。最後他在甲板上跪下，把他身上的武士服解開，雙手舉起刀準備剖腹自殺。

開臺王顏思齊（修訂版）

「把他連同那條大船滅了！」鄭芝龍喊，「省得讓他在那裡要死了還擺姿勢！」

一聲火炮馬上響起，鄭芝龍千真萬確看見那門火炮把老山晃直射得粉身碎骨。那條船的好些木頭碎片直飛天空。

「好！這門炮打得真準！誰打的？」鄭芝龍看了看喊，「鄭七，那炮是你打的？你晚上把身子洗洗乾淨，到我大帳裡，我請你喝酒！」

你說這種子為什麼要橫著撒，不能直著撒？米芽娜在田裡學著播撒稻種說。我這種子是不是撒得太稀了？你小心點，別踩著爛泥田了！一個跟米芽娜一塊撒種的農婦說。奇怪，在這島上，爛泥田好像比內地多！因為這裡地力肥，你知道吧？爛泥田都是些肥田，另一個農婦說。橫著撒才勻，懂嗎？這種子不能撒得太密，也不能撒得太稀。

「我奇怪的是，這裡全像我們泉州老家！」剛才那個農婦說。「只是這裡太陽更大一點，土地也更肥一些，風也吹得更大。」

「那時我們當家的非得要我跟他到這裡來，我心裡害怕！我不知道我們來了能不能過下去。」另一個農婦說，「可他圖這裡地多，我還是跟他來了。等你住下來後，你才發現這裡跟老家幾乎沒變。就連早晨開門看到的，也差不多是跟我老家漳州一樣的山！」

二月立春是怎麼回事？米芽娜問。春是什麼意思？三月驚蟄是什麼意思？米芽娜一直弄不太懂節氣的事。立春就是入春了，這時候地裡什麼都長，所以就得播種了！剛才那個農婦說。你說這裡氣候像我們那嗎？這裡什麼都像！氣候也像，像我們老家。我們說入春該撒種了，你看這裡一入春也該撒種了！那個漳州來的農婦說，你看一入了這春，那草兒呀，那樹枝頭呀，全長新葉了。你再不播種行嗎？那驚蟄呢？驚蟄是什麼意思？你說驚蟄嗎？驚蟄就是地氣動起來了。地是有氣力的，地會冒氣力，那個泉州農婦說。有時這會兒會打雷！因為雷是促地氣的。這時什麼都在成長，所有的草木莊稼都在長。你這時得往地裡下肥了！你的收成就全看這會兒了！你肥下得多下得勤，你的收成就會好！

「米芽娜，你們那寨子連這些都不懂嗎？」那個漳州女人說。

「我們那裡都沒有這個區分。一年四季沒有區分！」米芽娜說，「我們那裡種的

第二十六章

東西很少。我們就種一點野粟。還是任它自己長的。」

米芽娜小嫂子，那你學了就可以回你寨子種了！在上面一壟田裡耙地的陳衷紀說。他吆喝了一下牛。你說服了沙玻阿爸，讓寨子裡的人也學著種。你一寨子的人，只要懂得種，過日子就不愁了。種是根本！對對，陳叔子。我們那寨子也開始墾地種田了！起先我沙玻阿爸老攔著。米芽娜說，陳叔子，你什麼時候去我們寨子裡看看。你去教教他們種田。沙玻阿爸說種田不是正經人幹的事！可是他慢慢地就攔不住了。你想想，地裡能長稻米，誰還想總是餓肚子呢！

這時顏思齊牽著頭牛，扛著張犁也來到田裡了。

「夫君，我早上的飯給你熱著，你吃了沒有？」米芽娜說。

「吃了。我別的事情可以不在意，吃飯的事豈能忘了！」顏思齊說。

「大哥，你島上的事情多，這犁田的事你就別幹了！」李洪升在另一邊地頭上壘著田埂，說。

「我沒什麼事了！我讓鄭芝龍負責武裝的事，讓楊天生專管貿易，」顏思齊說。「我們兄弟們多，各有各的事幹。我反而沒什麼事了！」

你說我們這塊地能翻完嗎？顏思齊說。今天嗎？能，應該能，陳衷紀說。夫君，我想明天回寨子一趟。不是說立春了？立春怎啦？立春得播種了！米芽娜，你連這個也懂了？顏思齊說，那好吧。你想回就回吧。我想回寨子，去看看他們開始播種了沒有？米芽娜說。你回寨子別忘了給你沙玻阿爸帶幾隻雞鴨。他喜歡肉食，顏思齊說。另外，你回寨子，要是看他們田裡人手不夠，可從我們這裡多叫些人回去，幫忙農忙，教教他們農事！你讓何錦、方勝、黃昭、王平幾個人去幫你忙！

「那好，那我明天就回娘家一趟！」米芽娜說。

米芽娜一直跟在那兩個農婦身後撒種。

「再來呢？再來呢？春分為什麼會在三月，清明、穀雨又是什麼季節？」米芽娜接著又問。

「小心小心，別踩著爛泥田了！」剛才那個農婦說。「春分就是春分了。春分就該插秧了……」

我看我們也是可以跟他們學一學的，老沙玻說。蒼蠅蒼蠅！阿瓦什說。米芽娜

383

開臺王顏思齊（修訂版）

與顏思齊成親後，把她從漢人那裡學來的農種技術慢慢地一項項地帶回了寨子。老沙玻原本看不起漢人墾田和種植。當時老沙玻的寨子除了狩獵，還是刀耕火種的農作方式。他們一般隨便把地砍一砍，把荒燒了，然後用刀在地上刻出一些溝來，就把種子下了。至於種子長得好不好，他們就無能為力了。老沙玻還特別瞧不起在田裡耕種的人。他認為在山上打獵才是正經事，在田裡種東西沒出息。可是他看到漢人生活上的優越性，想法也變了。寨子裡甚至有人開始拓荒和種地了。

「照他們漢人的做法，我想想也是有一些道理！你在田裡種的，總是比去山上採的好。只是我還沒求籤問過山神！」老沙玻說。老沙玻這天跟阿瓦什在他的寮棚裡閒聊。他躺在那張用木頭搭建起來的躺椅上。「你別看我那女婿剛娶親就跟我吵吵鬧鬧起來，實際上，他對我還是很孝順！他每回讓米芽娜回來，總給我帶幾隻雞和幾隻鴨！」

「蒼蠅！蒼蠅！沙玻頭人，你臉上的蒼蠅！實際上，我們寨子很多人也開始在墾地種田了，學習漢人種莊稼種稻穀了。」阿瓦什說，「你是個大頭人，你還在這裡想不通，人家很多人去笨港小街買了犁，買了鋤頭了。這種好事情一學就會。你想管也管不住了！」

「我真想睡覺，我想睡一會兒了！」老沙玻說。

「蒼蠅！蒼蠅！沙玻阿爸，那蒼蠅又要落在你臉上了！蒼蠅！」阿瓦什說。「沙玻阿爸，你到米芽娜他們村子去過，你看他們除了種田，那村子還跟我們有什麼不同？」

一隻蒼蠅飛來飛去，老想落在老沙玻臉上。他揮手打了一下。

「你說什麼不同？」

「他們全蓋了屋子，全住在屋子裡。」

「那又怎麼啦？」

「那屋子牢固結實，不怕風不怕雨！他們的房子還分了客廳和臥房。」

「還有呢？」

「還有他們家家戶戶養了豬。」

「對對，他們家家戶戶養了豬！養豬有什麼好？」老沙玻說。「你不就為了吃一

第二十六章

口肉麼。你為了吃一口肉,你得天天養著牠?要吃肉我們山上有的是!」

「我們山上有是有,可是你不知道你能不能把牠打下來!因為牠們在山上跑。」阿瓦什說,「蒼蠅,蒼蠅!他們吃肉是在圈子裡養著,想什麼時候吃就什麼時候吃!我們想吃肉卻得去山上追!」

「那是呀。他們吃肉在圈子裡養著,那多省事呀!」老沙玻承認說。「我們吃肉總得去山上追。牠長四條腿,我們才長兩條腿。要追上一頓肉吃還真是比較難!」

「對對,那對!」

「那看起來,我們也得學學他們的樣,把這山地擺布擺布!我們也來把這山改造成田!」老沙玻想。「我們家家戶戶也來養豬,以後吃肉就不用上山去追了!我們請他們幾個師傅,也來建造一些房屋吧!」

「那當然好了。我們什麼時候把米芽娜和顏大官人請回來,」阿瓦什說。「讓他們幫我們出出主意,我們也來學學他們的樣子,把房子蓋起來?」

「這麼大的事,我們還是不能定!」老沙玻想到什麼猶豫起來。「我還是得去做做法,問問山神,求一個籤,看我們這麼做好不好?」

「我看那就不用問了!我們蓋了屋子,在圈子裡養豬,我們就不在山上打野物了!」阿瓦什說。「野物是山神的生靈。我們不打山上的生靈了,山神會不答應嗎?」

「這倒也是!」老沙玻承認說。

「那我們也來把這山開了,把我們的那些山全建成田!」阿瓦什說,「我們也來把屋子建了?也把豬養了?」

「我想睡覺,我想睡一會兒了!」老沙玻說。

「蒼蠅!蒼蠅!」阿瓦什說。「那蒼蠅又要落你臉上了!」

這時老沙玻草寮門外,有人喊:

「女兒米芽娜回來了!」

「什麼?你說誰回來了?」老沙玻問。

「米芽娜回來了!」外面那個人喊。

他們還坐在那裡時,米芽娜手裡提著幾隻雞鴨走了進來。她一身風風火火的,

開臺王顏思齊（修訂版）

可是看上去青春而且幹練。

「阿爸，我回來看看你，也回來看看那些開始墾田的人播種了沒有！」米芽娜說。「我回來時，我夫君讓我給你帶了幾隻雞鴨。」

「你看看，我不是跟你說，我那女婿孝順著呢！」老沙玻說，「我的米芽娜女兒每回回來總給我帶些雞鴨回來，我嘴裡就總有肉吃了！」

「那雞鴨也是他們家裡養的！」阿瓦什說。「我看見顏統管家裡就養了好大一群雞鴨！」

第二十七章

「娘,我和小翠娥回來看你了!你開開門看看我們!」顏開疆喊。

「娘,我和開疆哥回來看你了!」小翠娥也喊。

顏開疆領著小翠娥過海回到他們老家村子那個破庵裡,走到小袖紅剃度後住的那個小房間門口。他準備把小翠娥送回娘家,然後正式把她迎娶回臺灣,完成婚嫁儀式。娘,我準備到小翠娥家下大聘之禮,然後把她迎娶回琉球了,顏開疆說。我們想向你拜一個大禮!謝你的養育之恩!顏開疆說。娘,小翠娥給你磕頭來了!小翠娥也喊。可是那小房間裡靜悄悄的,安靜得像沒有人一樣。這時前回那個老尼姑又出來了。

「顏開疆,你娘看見你們要成親了,很高興。她說她已經削髮出家了,」那老尼姑說,「她與塵緣沒了關係,不想再見你們了!她讓你什麼時候都不能欺侮小翠娥。她是小時候跟你患難長大的!」

「可我怎麼也得見見我娘,我是她一手養大的!」顏開疆說,「我們在那邊賺了很多錢。我們家有了宅院田產,我們現在可以一輩子孝敬娘了!」

老尼姑雙手合十。

「你們走吧,阿彌陀佛!」

那我們就這麼回吧!我算是正式把你迎娶回家了!顏開疆對坐在轎子裡的小翠娥說。那是一台小紅轎子。我只是不忍心把娘獨自留在這裡。顏開疆領著小翠娥返回大陸海澄,正式向小翠娥提親,同時迎娶回臺灣時,顏思齊命李俊臣、鄭玉和高貫駕一艘大官船,停靠在月港碼頭。那艘大官船張燈結綵,披紅掛綠。顏開疆騎著馬,領著那台小紅轎子上了船。上船時,岸上和船上的兩幫吹鼓手鐘鼓齊鳴,鑼鼓聲聲。船上幾根大桅上燃放了一串串鞭炮。開船了!新人和新娘回新家臺灣了!李

開臺王顏思齊（修訂版）

俊臣喊。他們上了船後，船就離岸了。船還沒掉頭時，顏開疆站在船頭，朝海澄大地長跪下去。

「娘，疆兒就走了！疆兒的家已在彼岸。我把小翠娥迎娶回家了！」顏開疆說，「海澄故地，顏開疆離你而去了！此生開疆拓土，另造家園，我已義無反顧了！」

一拜天地，二拜祖宗，三拜高堂！顏開疆把小翠娥迎娶回臺灣後，在顏思齊那個大房子裡舉行了婚禮。大房子裡充滿喜慶。大堂上，兩根巨型紅燭紅光搖曳，祭祖和謝神的香火，雲煙繚繞。顏思齊和米芽娜坐在大堂之上，接受了顏開疆新婚夫婦的禮拜。

「疆兒，你娘就不肯見你一面嗎？」顏思齊說。

「我在她門口泣叫了半天，她怎麼也不肯見我！」顏開疆說。

「看來，她出世的念頭不變了！」

「爹，我以後再回去看她！」

「要說什麼叫大好河山，這就是一片大好河山，」顏思齊站在高台上感慨地說。

顏思齊後來在臺灣建築了一個高台。那是一個標緻性的建築。一個帶有權威象徵的、實際上是一個高大土墩的建築物。那高台兩旁有兩條階梯。那個高台象徵著臺灣拓墾的成功。高台上方書有「開臺王府」。顏思齊當時沒有明說，可他那時已經有了自立為王的思想。那高台上建了一個大堂和幾個亭閣。顏思齊有時在那大堂裡議事和休閒。他那時把已開發的地方劃成十個村寨，令他的十個兄弟當了那些村寨的村保。又以那個高台為中心，開成幾條井字形大路。從而把十個村寨分割開來管理，大路又將那些村寨連接串通起來，互相聯繫。期間楊天生有一回隨船隊海外經商回來，顏思齊把鄭芝龍也從海上召回，將二十幾個兄弟召集到大堂裡。

「我們現在可以明確地說，我們在這個島上定居下來了。這個島成了我們的不可侵犯的疆土！我想給這個島起個名字，過去我們把這一帶島嶼全叫琉球。我覺得這個名字不太像我們漢人的叫法。」顏思齊說，「琉球？琉什麼球啊？以後我們將在這裡千秋萬代繁衍生息。我們要管理這個地方，我們要有我們的制度和體例。雖然我們原本只是一群海賊，一個海上的武裝，可我們在這裡開拓了疆界。所以我們得給這個島起一個確定和正制的地名！」

第二十七章

「我們聽你的,顏大哥,你說什麼名好?」陳衷紀說。

顏思齊仍然穿了一套白衣白袍,看上去儒雅俊朗。兄弟們知道,一個地方社會一旦形成,權威就得確立。這也是保證這個地方長治久安的需要。這同時也就是這個高台的意義所在。這高台也成了我們的地方標誌,成了一個景觀。所以我一直想圍繞這個高台作一個聯翩想像。你站在這個高台之上,可以看到前面那個海峽。這時候你看到的就是高台下的那一灣海水了。所以我想給這個島起個山水之名。他用手比劃著。你們看,這裡台下有灣,灣上有台。灣就是那一灣海水。所以我想將這個島叫作臺灣,你們以為如何?

「行行,就叫臺灣!」陳衷紀附和說。

「對對,這個名字比那個琉球島好多了!」鄭芝龍也說。

顏思齊說,我們現在什麼都有了,連各類人等都有了。我們來了,也就把很多東西帶來了!我們的耕種把式,鋼鐵淬煉,我們的窯藝和陶藝,你們說,我們還什麼沒有呢?要我說,我們就缺一個教書的私塾先生了。要是再來幾個私塾先生,我們就連文字和文章風範都有了!

「這還不好辦?我們可以像募集工匠一樣,去募集幾個來!」李洪升說。

「如果請不來,大哥又太著急了,」張掛也喊。「那大哥你就讓我一個過去好了,我看見些窮秀才讀書人什麼的,把他們一個個捆了,不就送到島上來了!」

「那可不行。那私塾先生都是有學問的人!可不能無理!」顏思齊說。

「我看這樣,真的沒有這樣的人到來,我們可以想法去請!」陳衷紀說,「我們可以給他俸銀,給他各種禮遇!」

他們正說著,一個下人引著兩三個人走到高台上來,然後走進大堂。其中一個細瘦的身影一下子映入顏思齊眼簾。他起先愣愣看了一下,接著直奔過去。他抓住那人,又是搖晃,又是捶打。怎麼是你呢?怎麼會是你呢?顏思齊喊。我正說著要去大陸募集幾個你這樣的人來,你真的就來了!那個人也一陣豪笑。我也心想著是你。我一直在想投奔你。我一直在想,你可能就在這海上的這邊。沒想到你真的就在海上的這邊!顏思齊的眾兄弟們看見他們打打鬧鬧,一直愣在那裡,不知道出了什麼事。

開臺王顏思齊（修訂版）

「哈哈！哈！這真的是上天賜我的了！我命中有貴人！」顏思齊喊，「暈，暈著我了！你真的把你暈著了！你們瞧，我總是要什麼，天上就掉下來個什麼！我要誰，誰就來到我面前！」

他又跟那個個子細瘦的人牽扯在一起。

「你別這麼搖我，你真的要把我搖倒了！」那個人求饒一樣說。「你年壯力氣大，我是個窮酸書生，你是想把我摜倒在這地上了？」

你們知道這是誰嗎？這是誰嗎？這是徐先生，徐先啟老先生！那天他們正在大堂裡商議著聘請私塾先生的事時，徐先啟被一個下人引來到議事堂上。顏思齊看見他幾乎不敢相信。可他一下子奔了過去。一個又窮又酸的窮秀才，一個懷才不遇的老私塾先生。他跟兄弟們說，他的腳臭，他總是七八天不洗一回腳。他的汗衫也臭，他總是半個月不洗一回汗衫！顏思齊繼續大笑，繼續大喊。他把徐先啟拉來拉去，推來推去，把他介紹給自己的兄弟。哈哈哈！他卻自己來了！他總是以天下為己任！總是為民請願，總想替皇上分憂解難！他總是顧不了自己，可總是憂國憂民！他每年有四錢的俸銀，連肚子都吃不飽，可他卻說他吃的是皇糧！他好酒，跟我一樣好酒，可他一喝了酒，就罵皇上，罵朝廷，罵狗官！他一邊替皇上分憂，一邊罵皇上。可是你們瞧，他來了。我們正說著，我們就缺一個私塾先生，我們就缺文化和文字了！這個窮秀才就來了！你們說這不是天賜予我的嗎？徐先生，你說你怎麼知道我在這裡呢？

「你別叫我先生，你叫我兄弟就行了！」徐先啟說。

「可你畢竟是我的先生！」顏思齊說。

「可我們是兄弟！」徐先啟說。

「可你本就是我的先生！」

「可我們本就是兄弟！」

「那好，兄弟就兄弟，兄弟也行！說起來也是，你那時總是叨我的酒喝！論起來是兄弟！」顏思齊說，「好了，我們不說這個。你說說你是怎麼來的？你怎麼知道我在這裡？」

顏大兄弟，你說你還認得他嗎？徐先啟把董貨郎往前拉了拉。董貨郎兄，你怎

第二十七章

麼也來了！顏思齊喊。我怎麼能忘了？那會兒我們總是仨在一起喝酒！顏思齊說，徐先生，你說你們是怎麼來了？我哪裡知道你在這裡？我是沒地方可逃了，才逃到你這裡來的！徐先啟說。顏大兄弟，你不知道，徐先生在內陸也犯事了！董貨郎說。那內陸真不是人待的地方！他怎麼犯事了？顏思齊說。他像你一樣在內地也被通緝了！怎麼會呢？他是個秀才，他總不會也宰了人吧？你說他是不是老糊塗了？他好好的書不教，卻去上『萬民書』，把知縣和知府全告了。董貨郎說，他跑到東浯鄉去。那裡發了大災。他去調查賑災銀兩的事！那賑災銀兩全被貪官貪了。然後他領災民上『萬民書』！把那些貪官全告了。結果人家就拿他當東林黨徒要抓了！現在他跟你一樣，官府到處張貼要抓他了！他就是這樣活生生地把自己逼上了絕路。你說你好好一個私塾先生不當，你去反官府反貪官，你不把自己搞完了！還吃皇糧呢！泥巴一口都啃不上了！

「我是沒地方可逃了，才逃到你這裡來的！」徐先啟說。「我聽說有人在這裡招人開荒拓土。我心想，你官府抓人總不會抓到這裡來吧！」

「你怎麼知道我在這裡呢？」顏思齊說。

「我哪裡知道你在這裡。我是上了島後，才聽說這裡所有的事情都是你幹的。我的大兄弟幹的！」徐先啟說。「我早就知道你會幹些大事情！你的心早就在這邊海上了！兄弟，你幹的這些全是石破天驚的事，這是開天闢地的事情！」

我早就跟董貨郎兄說過。你是個志存高遠的人，你是個辦大事情的人！我總覺得我最後會在什麼地方遇見你，會投奔你！徐先啟說，你瞧這不是？我完全沒想到的是，你真的在開一個大島，你拿它當一片疆土開出來了！我只是不知道你們會不會要我？我可是手無縛雞之力，讓我幹掘地的活可幹不來！你就別再賣弄了！我們正急著要一個特別酸和特別窮的秀才呢！顏思齊說。我們剛剛還在商量要去大陸招聘幾個來。我這個兄弟剛剛還說，要是真的請不來，還準備回去抓幾個來呢？徐先生，我們怎麼會不要呢？我說只有你來了，我們這也才會有了自的根源和來歷，這台島上也才會有了文章風範！

「可我不知道，你們是怎麼逃出來的？」顏思齊問。

「他們不是把我當東林黨徒了？」徐先啟說，「後來董貨郎兄給我報了訊。一個

開臺王顏思齊（修訂版）

捕頭告訴了他。他才和我從私塾的後院翻牆爬出來！我們剛從私塾裡出來，那邊捕快就把學堂封了！」

「你也會翻牆？」

「不是說，狗急了也跳牆嗎？」

「徐先生，你怎麼把自己比成犬了？」

「是是，雅犬！雅犬！」徐先啟說。

「後來呢？」他又問徐先啟。

「我們就到海口了。我們從月港上了船！現在往這裡跑的人多了，幾乎天天都有船往這裡駛！」徐先啟說，「我裝成一個老叫化子。我一上島就全聽到人們在說你了！你說我心裡多樂！我說我這一生就一個好兄弟，怎麼也沒想到就在這裡碰到了你！」

「你還是那個老樣子，一身的窮文人骨氣！你又窮又酸，可是總以天下為己任，總是為民請命！」顏思齊說。「你的汗衫不洗，腳下臭不可聞，可你把天下的事情全攬到自己身上了！你就是我的好兄弟！」

「你怎麼還記得我的腳臭？」徐先啟說。

「你忘了那會兒我們喝了多少酒，我們一喝就是半夜！」顏思齊說。「那時候，我整夜就聞的腳臭了！」

「我現在還腳臭嗎？」

「你說你什麼時候好好洗過腳了？」顏思齊說。「你汗衫半個月也不洗一次！」

「慚愧，慚愧！」徐先啟說。

「不過這下好了！」顏思齊接著又說。

「什麼這下好了？」徐先啟說。

「這下臺灣就什麼也不缺了！」顏思齊說，「有了你，文字和風範也就全有了！」

何錦大哥，你們怎麼也來了？米芽娜喊。在老沙玻的寨子，山上一派春耕農忙景象。沿著寨子四周的山坡上，到處是墾出來的一層層的梯田。梯田上有的人在耕田，有的在耙地。幾個衣著豔麗的女子，跟在米芽娜身後在插秧。因為沙玻族寨子剛剛學著耕種，顏思齊怕他們寨子忙不過來，讓何錦、王平、傅春、方勝、鄭玉

第二十七章

帶了漢族村子的十幾個人過來幫忙。米芽娜一看樂了。你別叫我大哥，你要叫我大姐！何錦說。

「你怎麼是大姐呢？」

「我原本就是你大姐麼！」何錦說。

「你說你們怎麼來了？」米芽娜看見他們非常高興。

「顏大哥讓我們來的！」方勝說。

「你們顏大哥昨天就讓我叫你們一些人跟我回寨子，可我想你們也忙，就沒叫了！」米芽娜說。

「我們都下田了，是你夫君下地裡把我們叫來的！」鄭玉說。「他說雖然我們那邊田裡也忙，可我們種田總歸是老把式。你們還不太懂行，我們過來幫幫你們是應該的！」

「我夫君對我們寨子真好！」

誰讓他娶你為妻呀？王平說，在我們那裡女婿要盡半子之勞。而我們哥，心全向著你了！王平大哥，你怎麼胡說起來了！米芽娜羞紅了臉說。他們一邊說笑著，一邊在田裡忙起來。何錦看見田裡一張大犁。我還是來駛這張大犁吧！犁田我可是個好把式！何錦說。小嫂子，你們寨子還有那種女孩穿的花花綠綠的衣裳嗎？王平說。要那衣裳幹什麼？米芽娜說。你拿出一件來給何錦姐姐穿穿！方勝說。他穿那衣服行嗎？他就是穿那花花衣服的。他不是說是你的大姐嗎？我能駛大犁吧！何錦說。你還是別駛大犁，你去跟她們那些女孩插秧吧！我幹嘛要插秧？你跟她們摻在一起不是更好嗎？她們插秧，你也插秧。你不是跟她們是一堆的，你不也急著要嫁人嗎？

「我嫁不嫁人關你什麼事？」何錦說。

方勝和鄭玉在田裡耙地。他們看見田裡一片繁忙景象。犁田耙地的犁田耙地，插秧的插秧。太陽暖暖的，從寨子後面那些峰巒射過來，景緻十分清晰明朗。青山綠樹，海闊天空。

「何錦妹子，你有事沒事不是總要嚎幾聲。今天這麼熱鬧，你怎麼不來一個我們老家的村歌呀！」方勝說。「你不是能唱一首『天黑黑』？」

開臺王顏思齊（修訂版）

「行行，我就來一個『天黑黑』，那你們得讓米芽娜小嫂子來一個他們這裡的高山調！」何錦說。

「行行，你先來了，再讓小嫂子來！」王平答應說。

何錦說著就在田裡唱起起來了。他一邊吆喝著牛一邊唱。

天黑黑，要下雨，

阿公啊扛鋤頭巡水路，

巡著一尾雙溜鼓，

嘿唷依約真正處味。

阿公要煮鹹，阿嬤要煮淡，

兩人相打弄破鼎，弄破鼎

嘿唷依約氣了都要死！

何錦剛唱完，米芽娜就唱起來了。那甜美的歌聲在青山綠水間迴盪。

高山青，澗水藍，

阿里山的姑娘美如水呀，

阿里山的少年壯如山唉。

高山青，澗水長，

姑娘和那少年永不分呀，

碧水常圍著青山轉唉！

啊！啊！啊！唉！唉！唉！

姑娘和那少年永不分呀，

碧水常圍著青山轉唉。

好好好！人們喊。一頭牛跟著哞叫了一聲！山裡歡聲笑語。顏思齊這時扛著把鋤頭，出現在人群後面。米芽娜眼尖，看見了跑過去。夫君，你怎麼也來了？米芽娜高興地說，接著羞赧地低了低頭。

「我是這個寨子的女婿，農忙當然得來幫幫忙了！」顏思齊說，「米芽娜，你唱的那就是高山調嗎？」

「我從小就唱這種調了！」米芽娜說。

第二十七章

　　顏思齊的到來，讓那一片農忙的農田更歡騰起來。在那田裡，穿漢裝的和穿沙玻寨子服裝的全在犁田和插秧。整個山坡上笑聲一片，歌聲一片。

　　「嚕！嚕！嚕！」不知什麼地方有人對著顏思齊歡叫了起來。

　　「嚕！嚕！嚕！」歡叫聲傳遍整個田園。

　　六月過後七月天，七月在我們老家這會兒得過普渡節了！這個節有意思，我們那裡叫鬼節。是紀念逝去的人們的節！我們以後也得過這個節！普渡是普渡眾生的意思，是普渡那些先我們而去的亡靈，這裡其實含有感恩的意義，顏思齊說。這天他在那個高台上的大堂裡，與陳衷紀幾個人商議事情。這是我們老家的一種憐憫心節。我想我們今年收成好，我們還是得把這個節過起來。想想我們一路過來，傷亡多少，死傷多少。在長崎我們常有擄掠，常有兄弟傷亡。登島後，征戰連連又有多少兄弟赴難。單那次瘧疾大流行，就有多少孤魂野鬼死無歸所。就連我的前任嬌妻桃源紀子也在征戰中，失去性命。我們都得來過一個普渡，安慰和超渡我們的過往亡靈！

　　「普渡了！普渡了！」一群孩子跑著喊。

　　笨港的小街上，這天天一亮就有好些孩兒在街上叫嚷奔跑。幾乎所有的村社都出現了搗米糕的米糕桶了。人們一邊用棒杵棰搗米糕一邊吆喝。一種節日和普渡眾生的隆重氣氛漸漸彌漫開來。有的村子開始殺豬。人們提著大塊大塊的肉在村子裡走。到處都有人在宰殺雞鴨，有人在露天擺設了「三牲」。那是一隻豬頭，一整隻雞和一條整魚。閩南人把那叫「三牲」。

　　「賣鈴當鼓嘍！賣鈴當鼓嘍！」董貨郎喊。

　　到了臺灣後，董貨郎又繼續經營他的貨郎擔。因為臺灣經濟持續繁榮，他的貨郎擔物品也變豐富起來，幾乎什麼百貨都賣。他把貨郎擔裝飾得花花綠綠的。他挑著貨郎擔一個村一個村地走，也把一些詼諧和和睦帶遍了南臺灣島。他的貨郎擔到了哪裡，就吸引了哪裡的一群群婦女小孩。

　　今天上供的東西越多越好，因為我們今天祭拜的是天下亡靈，顏思齊說。這雞鴨魚肉不能少，還有那米米白麵，是讓亡靈吃飽肚子的！另外這普渡節也是大吃大喝節！我們在世的人也得敞開大吃大喝！所以這供品不能少！在顏思齊的大屋

開臺王顏思齊（修訂版）

門前，他讓米芽娜和幾個下人，當院擺了張方桌，然後把滿桌的供品擺上。那是一些四時瓜果和美味佳餚。同樣是整豬和整雞，另擺大米一斗，乾飯一盆。供品擺滿後，顏思齊站在桌前拈香祭拜，遙祭四海亡靈。接著有鞭炮響起，到處香煙繚繞，然後開始燃燒紙錢。

「去去去，去把兄弟們全叫來！」顏思齊說。

祭拜完畢，他在他的大院子裡擺了十幾張桌子，把兄弟們全叫來喝酒。整個場院喧騰熱鬧。顏大哥，我們還是老規矩嗎？還是一人兩缸嗎？張掛說。還是老規矩，一人兩缸！顏思齊說。我們還是來猜拳吧！何錦說。誰跟你猜拳。你不就滿身的騷勁兒嗎！張掛說。我滿身的騷勁兒也比你滿身的憨勁兒強！何錦說。

「我的祖爺爺張飛⋯⋯」

「你就別提你祖爺爺張飛了！」

「高貫，我們來划拳吧！」李洪升說。

「行行！」他們就猜起拳來了。「五魁首呀！六六順呀！八進士呀！當朝一個呀！」

「你們不跟我划拳，我來唱一支錦歌吧！」何錦說。「不然我給你們唱一個戲？」

這時有人走來通報喊：

「老沙玻頭人來了！」

我聽說你們過什麼普渡節，我也來了！老沙玻還在老遠的地方就喊。顏思齊站起來，就看見老沙玻領著他的一大群族人，從屋角那邊大路上走來。他們肩挑擔裝著筐筐禮品。居然還有人牽著一群牛羊。老沙玻很快地來到他跟前。他看見老沙玻一身盛裝打扮。他身穿一身高山大褂，身上掛滿了各種貝殼飾品。那是一件條狀的、色彩鮮豔的無袖長衫，頭上的髮夾裡插著三根燕翎。

「岳父，你來了正好。你也來跟我們喝一缸！」顏思齊說。

「顏大首領，顏大官人，我是帶我們寨子一些人來答謝你們的，」老沙玻說。「我聽說你們今天過什麼普渡節呀？」

「是是，普渡節。」

「什麼普渡節？」

第二十七章

「這是我們閩南人的一種習俗。我們很多兄弟在來這裡的路上沒了。他們在海上，在陸地上征戰，人沒了！他們的亡靈大都無家可歸，」顏思齊說。「我們六月稻穀收成了，收入豐盈。這全是托那些亡靈的福。為了表示我們對亡靈的悼念和敬重，同時也把亡靈引回家，我們就備了些祭品拜祭亡靈！」

「這有意思，以後我們寨子也可以學學你們！這對生者是一種勸勉，對死者是一種告慰！」老沙玻說，「你最近沒去我們寨子看看，我們把房屋也建起來了！」

「你說答謝我們？答謝什麼呀？」顏思齊問。

我們也種田了，也種稻米了！米芽娜嫁給你，我們什麼都學你們了！老沙玻說。我問了山神。我在家裡做法。山神要我學習你們的事物。特別是你們的科學發展觀！我們也蓋了房子，也養了豬。我們也用牛犁田了，收成就好了！你還是喝酒吧！你答謝什麼呀！顏思齊說。老沙玻朝身後招了下手。過來！這是二十四頭牛，這是二十四頭羊，這是二十四擔我們那裡出的高山米！岳父大人，你這是在看我的小心眼了，顏思齊說。我娶了你女兒米芽娜，送了你十二頭牛，你這下就送我二十四頭牛了！你總是要壓我一頭，你才高興呀！

「不止這些呢！你去備幾匹馬，跟我上山去看看！」老沙玻說。

顏思齊不解其意，可是又不好違拗老丈人，只好暫停酒宴，備了幾匹馬，讓陳衷紀幾個兄弟一道，跟老沙玻上了山。

「我們回來再喝嗎？」張掛說。

「回來再喝！」

他們騎著馬跟著老沙玻上了山。他們到了老沙玻原來打界樁的地方，看見他們族裡的很多人正在撥界樁。那些界樁全牽著藤藤蔓蔓，從這個山頭連到那個山頭。界樁上面還掛著些野獸的骨頭。

「岳丈大人，你這是幹什麼呀？」

「賢婿，我以後跟你再也沒有邊界了！在這島上再也不分你我了。」老沙玻說，「這島上的地也是你的地，這島上的土也是你的土！」

我唯一想告訴你的是，在這島上，我們絕不能讓他人侵犯！老沙玻又說，無論他是哪裡來的人，無論以什麼藉口，想占領我們的島，我們絕不容許！老沙玻從背

開臺王顏思齊（修訂版）

後拔下寶劍，雙手擎起在空中。顏思齊肅然起敬。

「我一定遵老岳丈所囑，誓死堅守本土！」

「來來來，岳父大人，你也得學我們的樣，你也得喝兩缸！」他們從山上回來，顏思齊跟老沙玻說。「這也是我們老家漳州的習慣，普渡得陪過往亡靈好好喝兩杯。你也得喝！喝不動了，我們把你抬回去！」

「這可不行，這可不行！」老沙玻說著舉酒缸，猛喝一口。「好酒好酒！這是什麼酒！」

「海澄米酒！」

「子不學，非所宜……」徐先啟先生念。

「子不學，非所宜……」書童們念。

「幼不學，老何為……」徐先啟先生又念。

「幼不學，老何為……」書童們又念。

「為……」徐先生強調念。

「為……」書童們拖長聲音加強念。

徐先啟來到臺灣後，顏思齊又讓他辦起了私塾。他把他新建的一個大議事廳騰出來，在裡面擺上一些書桌，放了一條長案，就讓徐先啟在那裡教起了書童了。那私塾前面有一個天井。天井裡也有一棵大梔子花樹。這時天近傍晚了，那棵大梔子花樹後斜射來幾抹夕輝。剛一看上去，跟海澄的那個私塾差不多。徐先啟仍然背著身子誦讀課文。他身後的書堂裡坐了十幾個書童。他們抬頭誦書時，正好望著徐先啟的背影。經就是要誦和念的。什麼叫『經』，『經』就是有歌和謠的意思，懂嗎？我們說和尚誦經像唱歌一樣，我們讀這『三字經』也得像唱歌一樣。這能幫助你們記憶，知道吧？這時我再念，你們跟著念！徐先啟又轉過身去。

「玉不琢，不成器……」徐先啟先生又念。

「玉不琢，不成器……」書童們又念。

「人不學，不知義……」

「人不學，不知義……」

「義……」他又強調念。

第二十七章

「義……」書童們又拖長聲音念。

就在這時，顏思齊和董貨郎又出現在那裡的一個窗戶裡。徐先啟一抬頭就看見他們了。顏思齊又朝他抬了抬手，讓他看他手裡提的一個提盒。

「徐先啟先生，我又帶來了一壺燒酒，兩塊封肉和幾條五香。」顏思齊示意地又說，「我和董貨郎先上書房去，在那裡等你。我們今晚又可以耗到半夜了！」

「行行行，你們先到書房去，我過後就去！」徐先啟說。「我帶這些孩兒再吟誦幾遍，就可以去了！今天我得洗洗腳了！」

「不用洗了！不用洗了！」顏思齊說。「喝酒都來不及了，還洗腳。反正你就腳臭！」

「你們別把封肉先啃了吃了！」

「我們等你再吃！」

我說這人是說不清楚，道不明白的。天黑以後，他們就在徐先啟的書房裡喝起來了。董貨郎兄，那時候我就跟你說了，有的人志存高遠，有的人心胸狹隘。徐先啟喝多了，話就又多了起來。你說說，我們的這個顏大首領，這顏大兄弟，他幹的什麼事啊？他原本就是一個賊。他在海上打家劫舍，成了東南一個大海盜。人家好好的一條外國商船，在海上好好的航行，他把人家搶了！把人家的船奪了來，變成自己的船！他想占人家一個地盤。那海面是你的海面，可你陸地上總得有個落腳點，結果他就開了這麼大一個島！你看看，這就是一種志存高遠。他賊也當，開天闢地的英雄也幹！他這大兄弟我是認了！可你看看，我們大陸的那些狗官，他們還什麼都貪。那大陸到處飢荒遍野，餓莩滿地。可那些狗官就不知道開地只懂得貪！你說，我徐先啟雖是窮書生，可我就不信你大明皇帝糊塗，你好壞不分，是非不明，可這天下還是你的天下呀……

「行了行了，你就別再罵皇帝了！」顏思齊說。

「我幹嘛不罵？這裡離大陸皇帝更遠了！」徐先啟說，「他還在北京城裡貓著，我們都在這外海島上了。你怎麼罵，他也聽不見了！」

你說那皇帝，你不罵不是白不罵了嗎？他那皇帝不行了！結果你看怎麼樣？那可不是罵罵就罷了的事。人家內地都不待了。你治國無方，人家就走了，就逃了。

開臺王顏思齊（修訂版）

人們就全往有好處的地方跑了。你看我們顏大兄弟這麼折騰一下，占了個大島。他給錢給糧，讓人們開發這個寶島，人們不是全來了，全往這個島上跑了！只是顏大兄弟，我也得跟你申明在先，你以後治這個島，要是你也貪，你也腐的話，我還是會照罵不管的！你知道我雖然只是個窮書生，我的腳臭，汗衫也臭，可我從來就是個鐵肩擔道義的人！到那時我還是該罵就罵！

「該罵！該罵！」顏思齊說。

「我們自古說，禽鳥擇良木而棲。」徐先啟說。「這個大島這麼好的地方，你說誰不往這裡跑？鳥兒不往這裡飛？」

「徐先生，你記得我那時候喜歡《桃花源記》嗎？」

「是呀！」

「你說我怎麼喜歡上這個地方了？」

「這地方原本就是好地方！」

「我總覺得這裡也有一種世外桃源的味兒！」顏思齊說。

「是是，是，是世外桃源！」徐先啟說。「連皇帝都管不著的世外桃源！」

鄭統領，陳總管陳衷紀讓你快速回島，臺灣出大事了！鄭芝龍這天正統領數艘戰船在海上逡巡。在臺灣期間，鄭芝龍一直統領著顏思齊的武裝，負責海上的巡務和保護島上多支船隊的商船。這天他正率領數艘戰船從東南方向駛來。海上一片風平浪靜。他在船樓上放眼遠眺，看見遠處天海一色。他正為島上的安平富足心舒氣爽時，突然看見船隊身後有一艘哨船快速趕來。他讓船隊放慢速度，快速降帆。原來是臺灣境內的一個快報。那艘哨船是鄭芝龍跟臺灣的聯繫船隻。那哨船追上後，那船上頭目在船上向鄭芝龍作了一個揖。陳總管讓你盡快回島一趟，有大事商量！那個頭目說。

「什麼事呢？」鄭芝龍說。

「在下在船上不便說，陳總管讓你速回！」

李洪升，張掛，臺灣境內出什麼事了？鄭芝龍說。鄭芝龍接到消息後，馬上調轉船頭，往回笨港方向返航。船靠岸後，他一登岸就感覺氣氛不對了。島上多了好些蕭瑟之氣。天空陰沉。李洪升和張掛在碼頭接了他。

第二十七章

「我們臺灣境內出什麼事了?」鄭芝龍又問。

「顏大哥染病了?」李洪升說。

「什麼病?」

「還是那種病!熱病,」張掛說。

他前幾天還在喝酒。我和高貫那天從山上打了隻野狐。我們拿來火裡烤了,張掛說。然後讓鄭玉去叫顏大哥。他一來我們就喝上了。那天他特別痛快,喝了好些酒。誰知第二天他就病倒了。我們把楊經找來。他一摸脈,就說又是那種熱病了!

「重嗎?」鄭芝龍說。

「現在病重了!」

顏大哥病得怎麼樣了?鄭芝龍問楊經說。他上岸後,與李洪升、張掛直奔顏思齊住所。陳衷紀從大廳裡迎出來,跟鄭芝龍見了面。他們走進客廳,沒有下座,幾個人全站在地上。人們都來不及落座了。陳衷紀很快把楊經找來。我看起色不好了!楊經說。這怎麼可能呢?鄭芝龍大驚失色喊。我前幾天回島,還到顏大哥府上來過,他氣色好著呢!怎麼一下子就病倒了?

「那病就是這樣。你還不知道怎麼回事,他就病倒了!」楊經說。

我把該下的藥全下了。楊經接著說,還好我們現在已經開始從大陸多方進藥!臺灣境內已開了藥鋪了!他們幾個人一塊來到顏思齊的房間,顏思齊已處於昏迷高燒之中。米芽娜在旁邊不敢出聲地哭。顏開疆在給父親熬藥。我們現在藥品十分齊全了,幾乎什麼藥都有。楊經又說,可是我有一個感覺,大哥這回感染得很深。他原本身強體健,所以起先沒意識到,他又好喝酒,等汗表出來,已經很深了!

「那怎麼辦?」鄭芝龍說。

「我繼續給他開藥,可後事好像也得有所準備了!」

「是嗎?有這麼嚴重嗎?」鄭芝龍說。

「我已經著人往呂宋了,楊天生現在還在呂宋。」陳衷紀說,「我讓火速通知楊天生大哥速回!」

方勝,你怎麼來這裡了?在呂宋時,楊天生一看見方勝就問。楊天生的貿易船隊當時還在呂宋。他看見方勝突然出現在呂宋感到很奇怪,因為方勝並沒跟他們船

開臺王顏思齊（修訂版）

隊出航。你不是待在我們臺灣境內嗎？楊天生站在一艘貨船上，正在督看一些搬運伕工往船上裝貨。那回出航他們帶了一支不小的船隊。陳德、李俊臣、王平、唐公等跟他一塊兒出了航。他們正在把一批運往中國的貨物往船上裝貨。陳德和李俊臣陪著方勝出現在碼頭。楊天生連忙從船上下來。

「方勝是從我們臺灣境內趕來的。他是乘哨船來到呂宋的。他找到我們的旅館裡去了！」李俊臣說。「他說我們臺灣境內出大事了。我們大哥，我們顏思齊大哥病重了！」

「怎麼回事？顏統領出什麼事了？」楊天生抓住方勝，把他推開又拉回，好像方勝有了天大的責任。「你們怎麼讓顏統領病了？」

「還是那個病。那回大流行的那種病。只是這回他自己感染上了！」方勝說，「陳衷紀陳總管讓你們留下一兩個人負責海運，別的人全回去。跟大哥見上一面。我有一艘哨船。趕個順風，我們五六天之內就能回到臺灣境內，不然就來不及了！」

楊天生回到臺灣境內時，顏思齊基本昏迷不醒了。米芽娜一直趴在他的臂彎裡哭。他再醒過來，已經臨終了。陳衷紀看見他醒過來，連忙把眾兄弟全叫到他床前。顏思齊想掙扎起來，可是體力不支。米芽娜想去扶他，他擺了一下手。意思他已經不行了，扶他也不可能了。

「大哥！」鄭芝龍喊。

「大哥！」陳衷紀喊。

「賢弟！」楊天生喊。

徐先啟這時也從外面進來，衝到床前。顏統領，顏兄弟，你看你看，你要我來，我就來了！你喜歡跟我喝兩杯，可我們還沒怎麼喝。徐先啟說。可我來了，你卻要走了！這以後我罵皇帝也沒人聽了！也沒人罵我腳臭和汗衫臭了！你是以天下為己任的人，你怎麼能這麼就走了呢！

「你，你，你還是文字！風範！」顏思齊有氣無力著說。

「我觀一官賢弟策略謀劃在我之上，且豪氣不減。」顏思齊作最後的遺囑說。「數年來海戰過百，拒敵數千，且對眾兄弟豪爽仗義，望共推之，尊其為我的繼任者，不知公等看法如何？」

第二十七章

「顏大哥所囑極是！」楊天生、陳衷紀等人一致贊同。

鄭芝龍雙手抱拳，跪拜在地。

「大哥囑託，鄭芝龍刻骨銘心。為振大業，粉身碎骨，鞠躬盡瘁，在所不辭！」

疆兒，你，你過來！顏開疆原本跟楊經趴在一個火爐前熬藥。藥熬好了，楊經把藥倒出來，看了一下劑量。顏開疆聽到父親呼喚，端了藥走過來，準備給父親服用。可是他看見父親嘴唇發白，目光無神，知道父親很可能不行了。他準備給父親餵藥，父親擺了擺手。父親用手指了指鄭芝龍，讓顏開疆給鄭芝龍下跪。

「去去，去拜見你鄭芝龍叔父。從今往後，咱們姓顏和姓鄭的要世世代代相隨相從，永結同盟！」顏思齊最後說，「你，你，你以後要跟隨芝龍叔父左右，開疆拓土，無往不前……你聽清楚了嗎……」

「孩兒知道了！」顏開疆說。

顏思齊溘然長逝。

開臺王顏思齊（修訂版）

後記

　　我寫作的這部長篇最早是某地方電視台約寫的長篇電視連續集，後來知道投拍電視有諸多困難，特別是資金的投入太大，電視台放棄拍攝計畫。我在電視劇本的基礎上又改寫成長篇小說。因為那是兩種藝術形式，所以增加了創作的難度。現在小說完成了，能獲得出版，我首先要感謝出版社的眼光和對我作品的鼎力支援。

　　當時有關方面讓我寫作這個題材時，我並不想接受。一個是不太熟悉這個題材，一個是我對寫作長篇小說有畏難情緒。

　　首先我對這個題材不是太熟悉，雖然顏思齊是我的同鄉。顏思齊就出生在現在我的老家，過去的海澄縣，現在的龍海市。不過他真正的出生地點是在現在廈門市的海滄青礁村。可當時廈門還沒出現，海滄在歷史上曾歸龍海的海澄縣管轄。所以說他是我的家鄉人。可是對於這個人，過去我只聽說過一些傳說。據說是一個海盜，是個打打殺殺的人。可是他最早到臺灣拓墾，這是一個事實。因為即使是個海盜，他可以在海上橫衝直撞，可他也需要一塊陸上的定居地。這也是他上島開發的主因。特別是他從漳州和泉州引進了三千「漳泉子弟」，臺灣也才得到早期的規模開發。

　　可我對那一段歷史並不了解。這時我的一個朋友就極力鼓勵我寫作這個題材。他只有一個理由，因為你的個性特別適合寫作這個題材。

　　「你是說我像個土匪嗎？」我說。

　　「你差不多就是個土匪！」我那朋友說。

　　可是這裡涉及一個體力的問題，另外我從沒寫過長篇小說。我知道這是個大題目。可我身體不行，我患有嚴重的糖尿病，還有嚴重的糖尿病眼疾。然後我年紀確實大了點，不過後來我還是寫了。整整寫了兩年多，我投稿後，第一回接到編輯的

後記

電話。他只說了兩個字:「很好!」

我就知道我的作品成功了。

寫作這部長篇,我沒獲得太多的支持。因為有人斷定我寫作不了這個東西。可我知道,這種題材只有我才可能寫,而且也只有我才可能寫出它的那種滄桑,那種斑駁,那種義無反顧,那種歷史的深邃和那種恣意妄為。

因為歷史的樣本原本就是這樣。

在歷史上,開疆拓土從來就是男人們幹的事。因為事件的最早的起因,都是男人們為了拓寬生存空間,為了某種神祕的生命和歷史使命,而從古老的陸地和破敗的家門出走。這整個過程,是一曲英雄史詩,一種波瀾壯闊的行程。不能歇一口氣,不能鬆一下勁!幹了那些事的人,是一群以海為生的精靈,是一些在暗夜裡奮力行船的人。他們身上有一種堅勇和一種無所顧忌。無聲的暗夜船槳划過海面發出流水的響聲。滄海之上是一彎清清的冷月。

在小說裡我選擇了一種色調,那是一種蒼老的古銅色。因為那是些古老的帆船,船體是古銅色的,船帆也是古銅色的。纜繩和排槳,以及那根「吱呀吱呀」作響的大櫓也是古銅色的。以前的船帆為了讓帆布在海風吹拂中更結實,還特意把白帆布浸泡在朱丹裡,那顏色最後也變成了古銅色的。總之,這裡的故事涉及海上的各種風險,涉及堅忍,涉及奮爭,涉及生命力的強勢。

最後我還是要感謝海澄鎮對本書出版的支持。海澄鎮是我寫作小說的原形地。海澄鎮的前身是海澄縣,也就是那個最早通商港口月港的所在地。海澄縣後與龍溪縣合併,組成龍海市。海澄鎮保持到今。

另外我還要感謝我的幾位朋友,他們在我的創作中給了我很大的鼓勵和策動。首先是我的一位在漳州政界吃餉的朋友楊榮中。他的身體曾經罹患絕症。可是因為他的仗義和他的豪情,也因為他為人的坦蕩和上蒼的擔待,他已經度過了他的生命的隘口。現基本恢復正常。他對我懷有一種出奇的文化情結。他幾乎什麼都支持我,從道義上到理論上。還有康建輝和康美壽,這兩位在書法上全有很高的造詣。書法從來是我崇尚的藝術。曾繼才、蔡海龍、甘國文、郭亞宇、方文泉為我提供了好些關於顏思齊的故事和傳說。還有一位是顏思齊的後人,他叫顏亞輝。他給了我

開臺王顏思齊（修訂版）

好些創作上的支持。我找到他時，他送給了我兩公斤「杏鮑菇」。可以說，那是我到目前為止吃過的最好的白色菌類。他說那是做出口的。現在我去菜市場買菜，一看見「杏鮑菇」，連價錢都沒問就買了！

　　「杏鮑菇」是個好東西！

海迪

後記

開臺王顏思齊（修訂版）

作　　者：	海迪 著
發 行 人：	黃振庭
出 版 者：	崧燁文化事業有限公司
發 行 者：	崧燁文化事業有限公司
E-mail：	sonbookservice@gmail.com
粉 絲 頁：	https://www.facebook.com/sonbookss/
網　　址：	https://sonbook.net/
地　　址：	台北市中正區重慶南路一段六十一號八樓 815 室
	Rm. 815, 8F., No.61, Sec. 1, Chongqing S. Rd., Zhongzheng Dist., Taipei City 100, Taiwan (R.O.C)
電　　話：	(02)2370-3310
傳　　真：	(02) 2388-1990
總 經 銷：	紅螞蟻圖書有限公司
地　　址：	台北市內湖區舊宗路二段 121 巷 19 號
電　　話：	02-2795-3656
傳　　真：	02-2795-4100
印　　刷：	京峯彩色印刷有限公司（京峰數位）

國家圖書館出版品預行編目資料

開臺王顏思齊 / 海迪著 . -- 修訂一版 . -- 臺北市：崧燁文化, 2020.09
　面；　公分
POD 版
ISBN 978-986-516-487-4(平裝)
857.7　　109014586

官網

臉書

─ 版權聲明 ─
本書版權為九州出版社所有授權崧博出版事業有限公司獨家發行電子書及繁體書繁體字版。若有其他相關權利及授權需求請與本公司聯繫。

定　　價：520 元
發行日期：2020 年 9 月第一版
◎本書以 POD 印製